基层岗位能力素质培训模块化课程系列教材

基层台站气象信息网络

李江明　主编

气象出版社
China Meteorological Press

内容简介

本书介绍了计算机的组成及工作原理、计算机日常维护与排除故障方法，介绍了计算机网络的基本概念、工作原理和组成结构，介绍了局域网与互联网应用基础知识、网络综合布线、网络管理系统、气象信息网络的建设发展、气象业务系统的部署与运行维护、气象信息化发展规划和未来市县两级气象业务服务布局，重点讲解了信息安全技术与法规制度、交换机和路由器的工作原理与配置管理方法，为县级气象综合业务岗位人员提供了所需的信息网络专业基础知识和基本业务技能。

图书在版编目（CIP）数据

基层台站气象信息网络 / 李江明主编. -- 北京 : 气象出版社, 2022.11(2023.10重印)
ISBN 978-7-5029-7853-2

Ⅰ. ①基… Ⅱ. ①李… Ⅲ. ①气象－信息网络－研究 Ⅳ. ①P409

中国版本图书馆CIP数据核字(2022)第214416号

基层台站气象信息网络
JICENG TAIZHAN QIXIANG XINXI WANGLUO
李江明　**主编**

出版发行：气象出版社
地　　址：北京市海淀区中关村南大街46号　　**邮政编码**：100081
电　　话：010-68407112(总编室)　010-68408042(发行部)
网　　址：http://www.qxcbs.com　　**E-mail**：qxcbs@cma.gov.cn
责任编辑：周　露　郝　汉　　**终　　审**：吴晓鹏
责任校对：张硕杰　　**责任技编**：赵相宁
封面设计：艺点设计
印　　刷：北京中石油彩色印刷有限责任公司
开　　本：787 mm×1092 mm　1/16　　**印　　张**：20.5
字　　数：552千字
版　　次：2022年11月第1版　　**印　　次**：2023年10月第2次印刷
定　　价：98.00元

前　言

随着信息技术的迅猛发展和气象现代化建设的全面推进，诸如计算机技术、网络技术、气象大数据云平台、人工智能气象应用、网络安全态势感知等新技术在气象部门各领域得到了广泛应用，极大地提高了气象工作的质效。随着气象事业发展进入新阶段，技术进步对基层台站的人员素质提出了新要求，要保障单位信息网络和各类气象业务系统的正常、安全、可靠运行，信息网络管理与维护人员不仅要了解计算机和网络基础知识，还要熟练掌握信息网络系统、网络及数据安全、气象业务系统等的建设与运行维护（简称运维）技术。按照中国气象局气象干部培训学院基层岗位能力素质培训模块化课程体系建设的安排部署，中国气象局气象干部培训学院四川分院作为牵头单位承担了基层台站气象信息网络模块的课程开发与配套教材编写任务。本书的编写目的也在于此，希望为市、县两级业务人员提供一本针对性、通俗性和实用性强的信息技术培训教材，以提高业务人员的信息技术应用能力和信息化建设水平。

本书编写过程中坚持“系统性、科学性、实用性”的原则，依据中国气象局气象干部培训学院评审通过的《基层台站气象信息网络培训课程教学大纲》，紧密结合基层岗位能力素质要求，力求用通俗的语言和业务工作实例进行讲解。本书前半部分介绍计算机应用、计算机网络的必备知识和基本技能；后半部分在梳理基层台站信息网络系统建设与发展、气象业务系统应用与维护的基础上，重点介绍信息网络和气象业务系统的部署、运维与常见故障处理方法，此外还介绍了气象信息化发展规划和未来市、县两级气象业务服务布局。

本书共分为 6 章，主体内容由中国气象局气象干部培训学院四川分院的老师们编写。其中，第 1 章计算机应用基础由齐玲主笔，第 2 章计算机网络基础由米德勇主笔，第 3 章网络信息安全由杨春勇主笔，第 4 章气象信息网络系统由四川省气象探测数据中心方国强主笔，第 5 章气象业务应用系统由张新华主笔，第 6 章气象信息网络发展历程与规划由国家卫星气象中心何恒宏主笔。此外，从事一线业务及管理的技术骨干陈琳、胥志强、袁媛等也参与了有关章节内容的编写，全书由李江明统稿。书中 1.2 节内容主要参考教材《计算机组装与维护》（黑马程序员编著，人民邮电出版社），第 2 章和第 3 章部分内容主要参考教材《计算机网络基础》（刘勇编著，清华大学出版）、《计算机网络（第 7 版）》（谢希仁编著，电子工业出版）、《注册信息安全专业人员培训教材》（朱胜涛等主编，北京师范大学出版社）

和《网络工程师教程》（雷震甲主编，清华大学出版社）。

本书在编写过程中参考了大量的书刊、法律法规和有关资料，中国气象局气象干部培训学院、四川省气象局、成都信息工程大学、雅安市气象局等单位的多名专家对本书的修改与完善提出了宝贵意见和建议，还有许多为本书编写提供帮助和指导的专家不一一列举，在此一并感谢！

由于水平所限，书中难免存在疏漏之处，欢迎读者批评指正。

作者

2022年6月

目　录

第 1 章　计算机应用基础

内容提要

本章简要介绍了计算机组成及工作原理，包括计算机部件及外设、常见接口、操作系统的概念及分类、磁盘阵列技术、服务器基础知识。重点介绍了计算机日常维护、故障检测与排除方法。

1.1　计算机组成及工作原理

1.1.1　计算机系统概述

1. 计算机系统组成结构

无论是哪种类型的计算机，其系统组成是相同的，由硬件系统与软件系统两大部分组成，如图 1-1-1 所示。

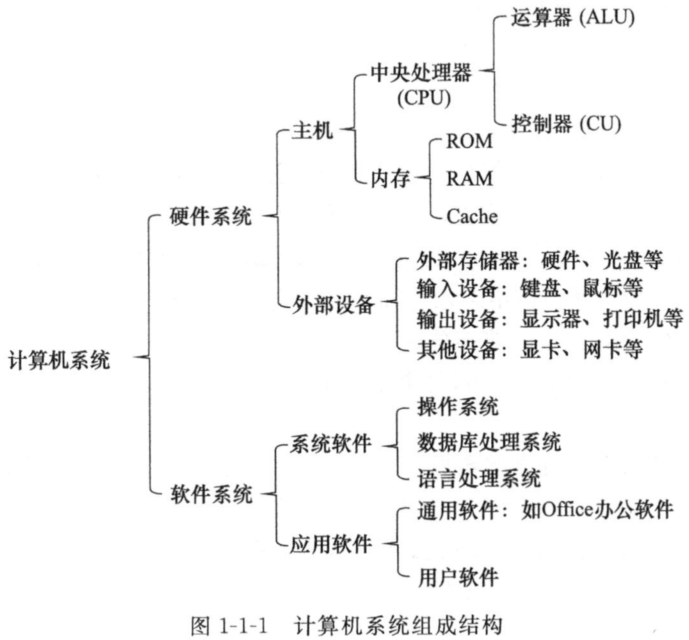

图 1-1-1　计算机系统组成结构

计算机硬件系统就是一系列直观可见的物理设备，它是计算机工作的物质基础。计算机软件系统是运行在硬件系统上的各种程序。人们使用计算机就是通过软件驱动硬件工作。计算机之所以能完成各种各样的工作，就是由于软件的丰富多彩。

2. 计算机工作原理

计算机系统是依据冯·诺伊曼结构设计思想设计的，冯·诺伊曼结构设计思想的基本要点如下：

(1)计算机采用二进制数的形式表示数据和指令;

(2)计算机将数据和指令存放在存储器中,并自动地逐条取出数据和指令进行分析、处理和执行;

(3)计算机硬件由控制器、运算器、存储器、输入设备和输出设备五大部分组成,部件之间相互配合,协同工作。

运算器用于对数据进行加工处理,包括算术运算和逻辑运算;控制器用于控制计算机各部件协调工作,并使整个处理过程有条不紊地进行;存储器用来保存信息;用户通过输入设备将数据和指令输入计算机;输出设备将计算机处理的结果输出显示或打印。

1.1.2 常用计算机部件及外部设备

1. 机箱

机箱主要用于放置和固定各计算机硬件,分为立式与卧式两种。机箱的正面面板上有开/关机按钮、重启按钮、USB 接口、音频接口、指示灯等,背面面板上有各种类型的接口,用于连接不同的设备。

选购常识:散热性,做工,安全设计,附加功能。

2. 主板

主板又称为系统板或母板,它是一块多层印制电路板。从外观上看,主板是一块方形电路板,其上布满了各种电子元器件、插座、插槽和外部接口,由于大部分计算机元件都直接或间接连接到主板上,因此主板的好坏直接影响到整机性能。

选购常识:主板技术指标(芯片组、支持的 CPU 及内存类型、是否集成显卡),品牌,工艺材料。

3. 中央处理器

中央处理器(CPU)是一台计算机的运算中心和控制中心,负责计算机内数据的运算和处理,并与主板一起控制、协调其他硬件设备的工作。CPU 的种类决定了计算机所使用的操作系统和相应的软件,目前主要有 Intel(英特尔)与 AMD(美国超威半导体公司)两大品牌,产品主要是双核和四核 CPU,其中也不乏六核和八核等更高性能的 CPU。

性能指标:主频,外频,缓存,前端总线频率。

选购常识:考虑计算机用途,CPU 主频和核心数量,CPU 包装等。

4. 内存

内存是计算机暂时存储程序和数据的硬件,内存由内存芯片、电路板等元件组成。计算机工作时所处理的数据都是存放在内存中的,计算机断电后内存中的数据就会消失。

性能指标:容量,速度,带宽,CAS 延迟时间,金手指数量。

选购常识:容量,品牌,兼容性,鉴别真伪。

5. 硬盘

硬盘是计算机中最重要的外部存储器,通常用于存储永久性的数据。相比于内存,硬盘的容量大、可靠性高,在断电后数据也不会丢失。硬盘分为传统的机械硬盘(HDD)、固态硬盘(SSD)、混合硬盘(HHD)三种。

性能指标:硬盘容量,硬盘缓存容量,数据传输速度,主轴转速。

选购常识:用途,容量,性价比,品牌。

6. 光驱

光盘驱动器(简称光驱)用于读取光盘内容,按读写方式分为只读光驱和可读写光驱(又称刻录机)。光驱正面面板上有出仓按钮、指示灯等,背面有数据线和电源接口。

选购常识:读盘能力,数据传输速率,品牌及售后服务。

7. 显卡

显卡又称为显示适配器,负责主机与显示器的通信,它可以将 CPU 处理的影像数据转换成显示器能够解析的格式,然后将数据送到显示器形成影像。显卡由显示芯片、显示内存和 RAM/DAC(数字/模拟转换器)等组成,分为独立显卡与集成显卡。

性能指标:显示芯片运算速度,显存容量,刷新频率,分辨率。

选购常识:明确要求,包装做工,品牌。

8. 电源

主机电源是安装在机箱内的封闭式独立部件。台式机的标准电源为 ATX 电源,它可以将 220 V 的交流电源转换为 3.3 V、5 V、12 V、24 V 的直流电源。

选购常识:功率,安全认证,做工,品牌。

9. 显示器

显示器是计算机的主要输出设备,主要分为 CRT 显示器(学名"阴极射线显像管")和 LCD 显示器(液晶显示器)两大类。

性能指标:屏幕尺寸,可视角度,分辨率,点距,亮度和对比度,色彩饱和度。

选购常识:性能,用途,外观,包装。

10. 键盘和鼠标

键盘是计算机基本的输入设备之一,按照键盘的接口可以将键盘分为 PS/2 接口键盘、USB 接口键盘、无线键盘。

选购常识:功能,手感,做工,品牌。

鼠标也是计算机的基本输入设备之一,市场上的鼠标主要是光电鼠标和无线鼠标。

选购常识:手感,功能,品牌。

11. 打印机

打印机是计算机的外部输出设备之一。现在办公常用的一体机是集打印、扫描、复印、传真等功能于一体的设备。

性能指标:分辨率,打印速度,纸匣容量,缓存容量。

选购常识:明确用途,稳定性,品牌。

12. 扫描仪

扫描仪是计算机外部输入设备之一,它利用光电技术和数字处理技术,通过扫描的方式将数字和图像输入到计算机。

性能指标:分辨率,扫描速度,色彩位数,感光元件,主机接口。

选购常识:明确用途,价格,品牌。

13. 音箱

音箱属于计算机的一种外部输出设备,用于播放声音,是多媒体计算机中不可或缺的外部设备。

选购常识:音质,声道,用料,做工,品牌。

1.1.3 计算机常见接口

接口一般是指主板和某类外部设备之间连接的部位，不同的设备需要使用不同的接口。计算机常见的接口主要有以下几种。

1. 串口

串口称为串行接口，PC 机（个人计算机）一般配有两个串行口 COM1 和 COM2。串行口的数据和控制信息一位接一位串行地传送。

2. 并口

并行接口主要作为打印机端口，采用的是 25 针 D 形接头。所谓“并行”，是指 8 位数据同时通过并行线进行传送，这样数据传送速度大大提高。

3. RJ-45 接口

RJ-45 接口用于将计算机网卡与局域网或通过 ADSL 调制解调器与互联网相连接的接口，用于计算机和互联网的数据交换。RJ-45 有两种接法，分别为 T568A 与 T568B。最常见的是 T568B 接法，即白橙、橙、白绿、蓝、白蓝、绿、白棕、棕的接法。

4. USB 接口

USB 是通用串行总线（Universal Serial Bus）的英文缩写，是一种统一的传输规范。USB 接口支持设备的即插即用和热插拔功能，一般线上是公口，机器上是母口。根据时代发展，USB 技术标准分为以下三代。

第一代：USB 1.0/1.1 的最大传输速率为 12 Mbit/s。

第二代：USB 2.0 的最大传输速率为 480 Mbit/s。

第三代：USB 3.0 的最大传输速率为 5 Gbit/s。

5. PS/2 接口

PS/2 接口是一种 PC 相容型电脑上的接口，可以用来连接键盘及鼠标。一般情况下，PS/2的鼠标接口为绿色、键盘接口为紫色，PS/2 可以与 USB 接口互转。

6. VGA 显示接口

VGA（视频图形阵列）接口即电脑采用 VGA 标准输出数据的专用接口。VGA 接口共有 15 针，是显卡上应用最为广泛的接口类型，它传输红、绿、蓝模拟信号以及同步信号（水平和垂直信号）。

7. DVI

DVI（数字视频接口）是一种用于高速传输数字信号的技术，分为 DVI-A、DVI-D 和 DVI-I 三种接口形式，DVI-D 只有数字接口，DVI-I 有数字和模拟接口，目前应用主要以 DVI-D(24+1) 为主。

8. HDMI

HDMI（高清多媒体接口）是一种数字化视频/音频接口技术，可同时传送音频和影像信号，最高数据传输速度为 18 Gbit/s，同时无须在信号传送前进行数/模或者模/数转换。

9. DP 接口

DP 接口是显示接口（Display Port）的英文缩写，是一个标准化的数字式视频接口标准，主要用于视频源与显示器等设备的连接，也支持携带音频、USB 和其他形式的数据。目前 DP 接口发展到 1.4 版本，最高达 32.4 Gbit/s 的带宽，可兼容 USB、Type-C 接口，能支持 10 位的 4 K 120 Hz输出，也可以支持 8 K 60 Hz 输出。

10. IDE 接口

IDE 接口(硬盘和光驱接口)用来连接传统的 PATA(并口)硬盘、光驱等设备。主板上的 IDE 接口一般有两组:主硬盘接口(IDE1) 和从硬盘接口(IDE2),IDE2 多用于连接光驱。当用一个 IDE 接口连接两个 IDE 设备时,必须通过跳线分别设置为主设备和从设备。

11. SATA 接口

SATA 即 Serial ATA(串行 ATA),是由 Intel、IBM(国际商业机器公司)、Maxtor(迈拓公司)和 Seagate(希捷公司)等共同提出的硬盘接口新规范,使用 SATA 接口的硬盘又叫串口硬盘。SATA 接口通过 1 根七芯数据线与 SATA 硬盘或光驱相连。

12. M. 2 接口

M. 2 接口是 Intel 推出的一种替代 mSATA 接口(迷你版本 SATA 接口)的新的接口规范,与 mSATA 接口相比,M. 2 接口体态更小,速度更快。M. 2 接口有两种类型:Socket 2 和 Socket 3。

13. 音频接口

一般计算机主机上有两个音频接口,一个用来连接耳机、音响等,用于供音频信号的输出;另外一个用来连接麦克风,供音频的输入。

1.1.4　操作系统概述

1. 操作系统的概念

操作系统(OS)是覆盖在裸机上的第一层软件,编译程序、数据库管理系统及其他应用程序都运行在操作系统之上,操作系统为这些软件提供运行环境。操作系统控制和管理整个计算机系统的硬件和软件资源,并合理地组织调度计算机的工作和资源的分配,以提供给用户和其他软件方便的接口和环境。

2. 操作系统的分类

操作系统随着计算机技术及其应用的日益发展而逐渐发展和不断完善,其功能由弱到强,在计算机系统中的地位不断提高。

(1)单道批处理系统

20 世纪 50 年代末至 60 年代初出现了批处理系统,实现了对作业的成批处理,但内存中始终只有一道作业,故称为单道批处理系统,旨在解决人机矛盾和 CPU 与 IO 设备速度不匹配的问题。然而其仍不能充分利用系统资源,现已很少使用。

(2)多道批处理系统

20 世纪 60 年代出现了多道批处理系统,它将用户提交的作业视为一个队列,然后由作业调度程序按照一定的算法从该队列中选出若干作业调入内存,使它们共享计算机系统资源,即同时把多个作业放入内存,并允许它们交替执行。

(3)分时系统

分时系统的出现是为了满足用户对人-机交互的需求,此时计算机系统不再单纯地执行计算任务。具有了人-机交互能力的计算机系统,功能上将更加丰富。分时操作系统采用时间片、动态优先数等方式使 CPU 轮流为多个用户终端或多个任务服务。

(4)实时系统

20 世纪 60 年代后期,随着计算机在工业过程控制、军事实时控制等方面的应用,出现了各种实时操作系统。实时系统能及时响应外部事件的请求,在规定的时间内完成对该事件的处理，并控制所有实时任务协调统一地运行。

(5)个人计算机操作系统

个人计算机操作系统是一种单用户的操作系统，主要供个人使用，功能强，价格便宜，能满足一般个人操作、学习、游戏等方面的需求。

(6)网络操作系统

20 世纪 80 年代，随着计算机网络技术的发展，网络操作系统应运而生。网络操作系统一般由服务器和客户端两个部分组成，其主要目标是管理网络中的共享资源，提供网络操作系统安全运行的保护手段，如容错、磁盘备份等。

(7)分布式操作系统

分布式系统通过分布式操作系统将分布在不同地域的网络中的计算机整合成为一个整体，由分布式操作系统统一进行资源的分配和共享，实现任务的最佳分配，协调各计算机之间的同步，实现它们之间的通信及平衡其负荷。

(8)移动操作系统(IOS 和安卓系统)

IOS 是由苹果公司开发的移动操作系统。苹果公司最早于 2007 年 1 月 9 日的 Mac World 大会上公布这个系统，原名为 iPhone OS，后来陆续套用到 iPod touch、iPad 上。IOS 与苹果的 Mac OS 操作系统一样，属于类 Unix 的商业操作系统。

安卓(Android)是一种基于 Linux 的自由及开放源代码的操作系统，主要使用于移动设备，如智能手机和平板电脑。与 IOS 相比，Android 平台的最大优势是开发性，允许任何移动终端厂商、用户和应用开发商加入到 Android 联盟中来，允许众多的厂商推出功能各具特色的应用产品。

3. 主流操作系统简介

目前，主流操作系统主要有 Windows 操作系统、Linux/Unix 操作系统、Mac 操作系统。

(1)Windows 操作系统

Windows 操作系统是微软公司在 20 世纪 90 年代开发的图形化界面操作系统，分为个人版和服务器版，比较有影响的个人版操作系统有 Windows 7、Windows 8、Windows 10。

- Windows 7 操作系统：Windows 7 操作系统在 2009 年发布，稳定性和兼容性较好；相比之前的 Windows 系统，增加了一些新特性和功能，包括全新的浏览器、Windows Media Center(视窗多媒体娱乐中心)、触摸功能、保真媒体 PC、Aero 背景主题和高级网络支持等。
- Windows 8 操作系统：Windows 8 于 2012 年发布，采用 Modern 桌面显示风格，特别强化适用于触控屏幕的平板电脑设计，使之也可以应用于平板电脑；取消了经典的“开始”菜单，增加了应用商店、分屏多窗口、支持云计算等新功能。
- Windows 10 操作系统：Windows 10 操作系统于 2015 年发布，相对于 Windows 8 来说没有重大改进，只是重新添加了“开始”菜单，在细节上做了一些调整。

(2)Linux 操作系统

Linux 操作系统诞生于 1991 年，是一套免费使用和传播的类 Unix 操作系统。Linux 操作系统支持多用户、多任务、多线程，能运行主要的 Unix 工具软件、应用程序和网络协议。Linux 操作系统以灵活、稳定和高效著称，在服务器、超级计算机、嵌入式系统等领域都有广泛应用。在互联网和智能设备高速发展的今天，围绕人们生活的手机、平板电脑、路由器、电视机等智能设备都可能搭载了 Linux 操作系统。

Linux 操作系统发行版本比较多，如 Red Hat、Ubuntu、Debian 等，不同的版本具有各自不同的特点。相对于 Windows 操作系统来说，Linux 操作系统界面并不太友好，普通用户操作有难度，因此，它并不是个人计算机的首选操作系统。

(3)Mac 操作系统

Mac 操作系统是由苹果公司自行开发的操作系统，它基于 Unix 内核，提供了图形化操作界面。Mac 操作系统的界面非常独特，突出了形象图标和人机对话功能，但它只适用于苹果机架构，在普通计算机上是无法安装 Mac 操作系统的，而且 Mac 操作系统也不兼容 Windows 软件。目前，Mac 操作系统已经更新至 Mac OS Monterey 12，相比之前版本，Mac OS X 简单易用且功能强大，从桌面到应用软件，都设计得非常简约，浏览器、邮件、各种软件以及多设备交互等都简单高效。

1.1.5 服务器基础知识

服务器是计算机的一种，相比普通计算机，它具有高速的 CPU 运算能力、长时间的可靠运行、强大的 I/O 外部数据吞吐能力以及更好的扩展性。

1. 服务器操作系统

目前，服务器使用的操作系统主要有两类：Windows Server 和 Unix。

(1)Windows Server

Windows Server 是美国微软公司开发的服务器操作系统，主要有 Windows Server 2012、Windows Server 2016、Windows Server 2019 等版本。它使用图形界面，操作配置简便，缺点是成本较高、安全性相对较低、能承受的访问量较低。

(2)Unix

应用最广泛的 Unix 系统是 Linux，Linux 由世界各地热爱程序与网络的人共同开发、维护，完全免费。除了成本上的优点之外，Linux 还具备性能极高、稳定性很好、安全等特点。目前，大多数大、中型企业的服务器都运行在 Unix/Linux 系统之上。

2. 服务器的特性

可从可扩展性、可用性/可靠性、易用性、可管理性等方面来衡量服务器是否达到其设计目的。

(1)可扩展性

为了保持可扩展性，服务器需具备一定的可扩展空间和冗余件，如磁盘阵列架位、PCI(外设组件互连标准)和内存条插槽位等。可扩展性具体体现在硬盘是否可扩充，CPU 是否可升级或扩展，系统是否支持 Windows NT、Linux 或 Unix 等多种可选主流操作系统等方面。

(2)可用性/可靠性

服务器是为网络中的客户机提供服务的特殊计算机，这种特殊性在于“持续不中断”的服务，这就要求服务器具备高可靠性。除了要求各配件质量过关外，还可采取必要的技术和配置措施来提高可靠性，如硬件冗余、在线诊断等。

(3)易用性

服务器的易用性主要体现在服务器是不是容易操作，用户导航系统是不是完善，机箱设计是不是人性化，有没有关键恢复功能，是否有操作系统备份以及培训支持等。

(4)可管理性

该特性主要体现在服务器有没有智能管理系统，有没有液晶监视器和自动报警功能，是不是有独立于系统的管理系统等。能够及时监控服务器工作状态，发现并及时排除服务器故障，就可以尽可能降低服务器出现故障的风险，并降低服务器故障造成的损失。

3. 服务器的种类

(1)按服务类型分类

- WWW 服务器(WWW Server)

WWW 服务器也称为 Web 服务器(Web Server)或 HTTP 服务器(HTTP Server),它是互联网(Internet)上最常见也是使用最频繁的服务器之一,WWW 服务器能够为用户提供网页浏览、论坛访问等服务。

- FTP 服务器(FTP Server)

FTP 服务器是专门为用户提供各种文件的服务器,以实现文件资源的共享。用户只要使用 FTP 客户端软件登录到 FTP 服务器上就可以下载所需文件和资源,同时也可以上传文件到 FTP 上供其他用户下载。

- 邮件服务器(E-mail Server)

Internet 上电子邮件的收发都是通过邮件服务器实现的,邮件服务器就像邮局一样,可以为用户提供电子邮件的接收、存储和发送服务。

除此之外,还有很多其他类型的网络服务器,例如:数据库服务器(Database Server)、域名服务器(Domain Name Server)等。

(2)按服务器外形分类

- 机架式

机架式服务器的外形像交换机,有 1 U(1 U=1.75 英寸①)、2 U、4 U 等规格。机架式服务器安装在标准的 19 英寸机柜里面。

- 刀片式

刀片式服务器是指在标准高度的机架式机箱内插装多个卡式的服务器单元,以实现高可用和高密度,每一块"刀片"实际上就是一块系统主板。

- 塔式

塔式服务器是一种最常见,同时也是使用范围最广的服务器结构类型,因为它的外形以及结构都跟我们平时使用的立式 PC 机差不多。与普通主板相比,服务器的主板扩展性较强,插槽更多,个头也更大一些。我们平常说的通用服务器一般都是塔式服务器,它可以集多种常见的服务应用于一身。

- 机柜式

一些高档企业服务器内部结构复杂、内部设备较多,有的还具有许多不同的设备单元,或几个服务器都放在一个机柜中,这种服务器就是机柜式服务器。机柜式通常由机架式、刀片式服务器再加上其他设备组合而成。

除以上两种分类方法之外,还有一些其他的分类方法。比如,根据体系结构的不同分为 IA 架构服务器和 RISC 架构服务器,或是根据服务器的规模不同分成工作组服务器、部门服务器和企业服务器等。

1.1.6 磁盘阵列技术

磁盘阵列的全称是"Redundant Arrays of Independent Disks",简称 RAID 技术。RAID 的初衷是为大型服务器提供高端的存储功能和冗余的数据安全。

---

①1 英寸=2.54 厘米(cm)

1. 主要功能

(1)通过对磁盘上的数据进行条带化,实现对数据成块存取,减少磁盘的机械寻道时间,提高了数据存取速度。

(2)通过对一个阵列中的几块磁盘同时读取,减少了磁盘的机械寻道时间,提高数据存取速度。

(3)通过镜像或者存储奇偶校验信息的方式,实现了对数据的冗余保护。

2. 基本原理

RAID 是一种把相同的数据存储在多个硬盘的不同地方的方法。通过把数据放在多个硬盘上,输入输出操作能以平衡的方式交叠,改良性能。因为多个硬盘增加了平均故障间隔时间(MTBF),储存冗余数据也增加了容错。

目前,RAID 技术大致分为两种:基于硬件的 RAID 技术和基于软件的 RAID 技术。其中,基于软件的 RAID 技术是在 Linux 下通过自带的软件就能实现的,配置灵活、管理方便,同时还可以将几个物理磁盘合并成一个更大的虚拟设备,从而达到性能改进和数据冗余的目的。基于硬件的 RAID 技术比基于软件的 RAID 技术在使用性能和服务性能上稍胜一筹,具体表现在检测和修复多位错误的能力、错误磁盘自动检测和阵列重建等方面。

3. 磁盘阵列技术的分级

根据对数据条带、镜像和数据校验这三种技术的运用或组合运用策略和架构,可以把 RAID 分为不同的等级,以满足不同数据应用的需求。RAID 每一个等级代表一种实现方法和技术,等级之间并无高低之分。在实际应用中,应当根据用户的数据应用特点,综合考虑可用性、性能和成本,选择合适的 RAID 等级以及具体的实现方式。

1.2　计算机日常维护

计算机在使用过程中,需要经常维护保养,以减少各部件的损坏,使计算机保持最佳的工作状态。除了硬件维护保养,计算机软件也需要维护,如修复系统漏洞、查杀计算机病毒、备份数据等,让计算机更好地为用户服务。

1.2.1　计算机维护的基础知识

良好的工作环境与操作习惯,可以减少计算机硬件设备的损坏,硬件设备无损坏可以保证计算机工作状态良好,而且能延长计算机的使用寿命。

1. 计算机使用环境要求

(1)避免温度过高

通常,计算机应该工作在 5～35 ℃的环境下,过高的温度会影响计算机电子元件的性能。同样,计算机在温度过低的环境下,电子元件性能也会受影响,增加出错率。

(2)环境湿度适宜

计算机工作的环境相对湿度最好在 35%～80%。湿度过高容易造成计算机元件、芯片、线路板生锈腐蚀和磁盘发霉等。湿度过低则容易引起静电,损坏元件中的集成电路,导致计算机故障。

(3)灰尘不能过多

如果计算机工作在灰尘较多的环境中,灰尘会进入机箱附着在电路板上,这样会影响电路板的散热,甚至引起线路短路。最好定期清除机箱中的灰尘,做好计算机的清洁工作。

(4)电源电压稳定

计算机需要工作在稳定的电压下,电压不稳定容易对计算机线路造成损害。如果家庭中电压不稳定,最好给计算机配备一个稳压器。

(5)远离磁场干扰

计算机中的许多存储设备都以磁信号作为载体记录数据,强磁场会对这些设备产生很大的影响,如磁盘受到强磁场干扰可能导致数据丢失。

(6)防止强光照射

计算机有些组成部分是塑料材质,长时间强光照射会使其变色、硬化,破坏原有光泽,影响美观。

2. 保持良好的使用习惯

(1)避免频繁开关机

开关机时,通常要求电源关闭 30 s 后才可再次开启电源,过于频繁的开关机容易损坏计算机电源。另外,在关机之前,应当先关闭应用软件,避免数据丢失或软件损坏。

(2)不要轻易触摸机箱内元件

机箱内的计算机元件都比较精密,不要轻易用手触摸,手上的汗渍或静电容易损坏电子元件,特别是不要在计算机运行状态下触摸机箱内的元件。

(3)不移动运行状态的计算机

计算机在运行状态时尽量不要移动,否则由于倾斜或震动会导致计算机运行出现故障。

(4)正确摆放计算机

计算机摆放应当平稳,并保留必要的工作空间,用于放置其他外部设备。此外,计算机的摆放高度要适中,否则容易造成使用者疲劳。

(5)定期清洁计算机

对计算机定期进行清洁,避免灰尘或其他污渍影响计算机正常工作。除此之外,还要养成一些其他的良好习惯,如定期查杀计算机病毒、做好安全防范、在系统运行时不进行非正常的重启操作、定期扫描清理磁盘等。

3. 计算机硬件的维护保养

计算机维护保养工作的重点就是计算机硬件的维护保养,包括 CPU 主板、内存、硬盘等。在维护保养之前,需购买计算机清洁套装,准备相关工具,如清洁液、防静电软毛刷、擦拭布、吹气球等,在保养计算机时还需了解以下注意事项。

(1)拆卸计算机之前要关闭电源。

(2)打开机箱前,双手要触摸一下地板或墙壁,释放身上的静电。

(3)计算机各部件要轻拿轻放,避免摔碰而导致计算机部件损坏。对于主板或插卡,要尽量拿边缘位置,避免接触板卡的集成电路。

(4)拆卸计算机部件时要注意各插接线的方位,以便正确还原。

(5)在固定计算机元件时,元件摆放不要有偏差,尤其是主板,如果主板安装不平,会导致插卡接触不良。

4. 修复系统漏洞

操作系统漏洞是操作系统在硬件、软件、协议的具体实现和系统安全策略等方面存在的缺陷和不足。漏洞本身不会对系统造成危害,但黑客等不法分子会利用这些漏洞对用户的计算机发起攻击。因此为了维护计算机的安全,用户必须及时修复系统漏洞。

(1)Windows Defender 是 Windows 操作系统自带的一款软件,它可以用来扫描系统漏洞,还可以对系统进行实时监控,及时移除、隔离和预防恶意软件。

(2)Windows 更新可以为 Windows 操作系统软件和基于 Windows 操作系统的硬件提供更新程序,Windows 更新可以解决已知的问题并帮助修复扫描到的安全漏洞。

(3)通过第三方软件修复系统漏洞。修复系统漏洞的第三方软件有多种,其中以 360 安全卫士最为有名。

5. 查杀计算机病毒

计算机病毒也是一种计算机程序,它会破坏计算机的正常使用,轻则造成个人资源和财产的损失,重则会造成社会性的灾难。因此,在日常使用计算机的过程中,要做好病毒防范。可以安装杀毒软件并及时查杀病毒,如 360 杀毒、金山毒霸、深信服 EDR、百度卫士等。

6. 预防网络攻击

随着网络技术的发展,网络攻击越发肆虐,严重威胁着计算机的安全。一般可通过设置防火墙预防网络攻击。

7. 数据维护

随着大数据时代的来临,数据安全的问题日益突出,为防止数据被破坏或丢失,维护数据安全也成为计算机维护不可缺少的一部分。一般可通过备份还原浏览器收藏夹、使用云盘同步数据、恢复误删数据三种方式对数据进行维护。

1.2.2　计算机性能检测与优化

计算机使用一段时间后会出现各种问题,如开关机变慢、硬盘读写效率变低等,这时就需要对计算机进行性能检测与优化,以提高计算机的工作效率。计算机性能检测与优化可以通过操作系统自带的工具实现,也可通过第三方软件实现。

1. 计算机性能检测

计算机性能可通过操作系统内置工具进行检测,也可通过第三方软件进行检测。

(1)Windows 10 性能监视器

性能监视器是微软公司提供的一个管理控制台,可以帮助用户监视和分析系统性能并生成报告。Windows 10 性能监视器的开启方法:打开“控制面板\\管理工具”,双击“性能监视器”,监视窗口如图 1-2-1 所示。

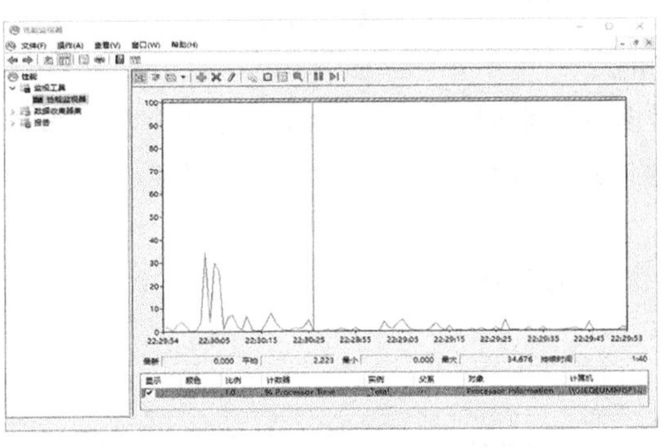

图 1-2-1　性能监视器窗口

性能监视器以折线图表示计算机系统资源使用情况,横坐标为时间,纵坐标为监视值,不同的选项用不同的颜色加以区分。

(2)Windows 10 资源监视器

资源监视器是 Windows 10 自带的另一个系统监控工具,它实时监控 CPU、内存、硬盘、网络的使用情况。打开资源监视器的方法:选中"计算机"图标,单击鼠标右键,选择"属性\\控制面板\\管理工具\\资源监视器",监视窗口如图 1-2-2 所示,单击 CPU、磁盘、网络、内存后面的展开按钮,可以看到详细信息。

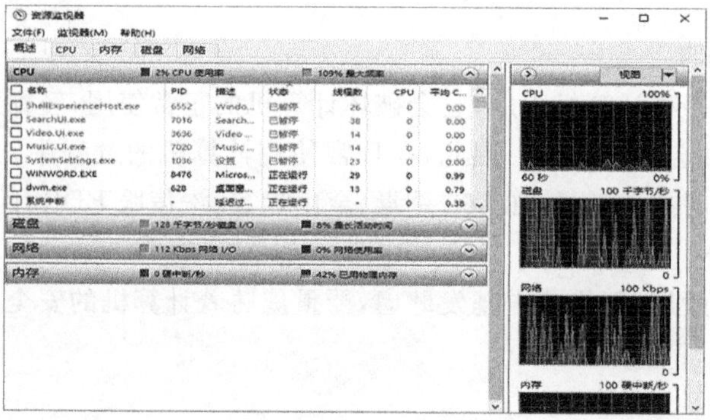

图 1-2-2　资源监视器窗口

(3)使用第三方软件检测计算机性能

常用的系统性能监控软件有鲁大师、360 安全卫士、EVEREST Utimate 等,可以测试 CPU、内存、磁盘、主板等各硬件设备的性能,并对计算机整体性能进行评估。

2. 磁盘优化

磁盘是使用最频繁的硬件设备之一,随着使用时间的延长,磁盘产生的垃圾与磁盘碎片会越来越多,需要定期对磁盘进行清理与优化。

(1)清理磁盘垃圾

系统工作时产生冗余的垃圾文件会影响磁盘性能,进而影响计算机性能。为了优化磁盘性能,需要定期清理磁盘垃圾。

(2)整理磁盘碎片

磁盘碎片会影响磁盘的性能,也会隔断存储在磁盘上的数据,磁盘读写会磨损磁头臂及磁头电机,影响磁盘使用寿命,因此需要定期整理磁盘碎片。Windows 自带的整理磁盘碎片工具会定期进行磁盘碎片整理,用户也可以手动进行整理。

(3)检查和修复磁盘错误

不正常的开/关机、过多的磁盘碎片、环境的温度过高等因素都会导致磁盘损坏,出现磁盘读写错误等问题,因此我们要定期检查磁盘错误并进行修复。

3. 内存优化

优化内存可以提高计算机的工作效率。Windows 操作系统内置了内存诊断与优化工具,帮助用户诊断与优化内存。

4. 操作系统优化

操作系统优化主要是指对 Windows 中一些设置不当的项目进行修改,以加快操作系统的运行速度,主要包括优化启动项、加快开/关机速度、加快系统运行速度等。

(1)优化系统启动项

随着使用年限的增加,计算机的开机速度及反应速度都会越来越慢,除了计算机病毒感染外，最常见的原因就是安装了太多软件，有些软件程序会被默认添加到系统启动项中，它们会随着操作系统的启动而启动，造成开机速度缓慢。

(2)加快开/关机速度

虽然 Windows 操作系统的开/关机速度较之前的操作系统有了很大的提升，但用户还是可以通过多种设置使开/关机速度更快。

(3)加快系统运行速度

计算机在使用过程中，随着打开的软件越来越多，运行的速度会越来越慢，这时用户可以通过关闭多余进程来加快系统的运行速度。

5. 使用 360 安全卫士优化操作系统

除了手动优化计算机之外，还可以使用第三方软件对操作系统进行优化，下面介绍如何使用 360 安全卫士优化操作系统。

(1)操作系统优化

使用 360 安全卫士可以加快开/关机速度、计算机运行速度等，优化操作步骤如下。

1)打开 360 安全卫士软件，单击菜单栏中的“优化加速”选项，如图 1-2-3 所示。

2)在图 1-2-3 所示界面中，单击“全面加速”按钮，360 安全卫士开始检测计算机，检测完毕之后，会列出所有可优化项，如图 1-2-4 所示。

图 1-2-3 优化加速

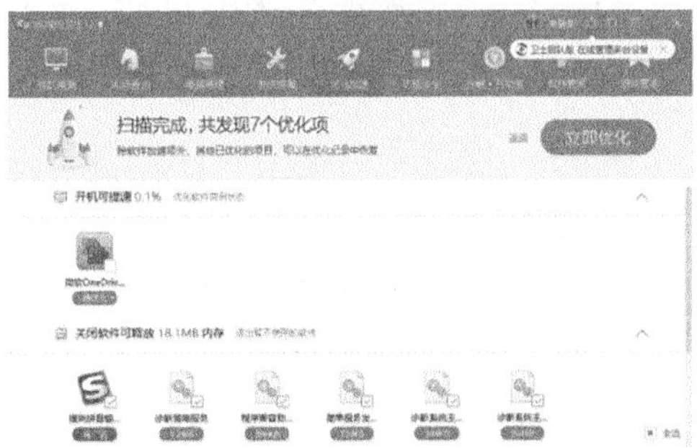

图 1-2-4 检测出可优化项

3)在图 1-2-4 所示界面中，单击“立即优化”按钮，弹出“一键优化提醒”对话框，如图 1-2-5 所示。

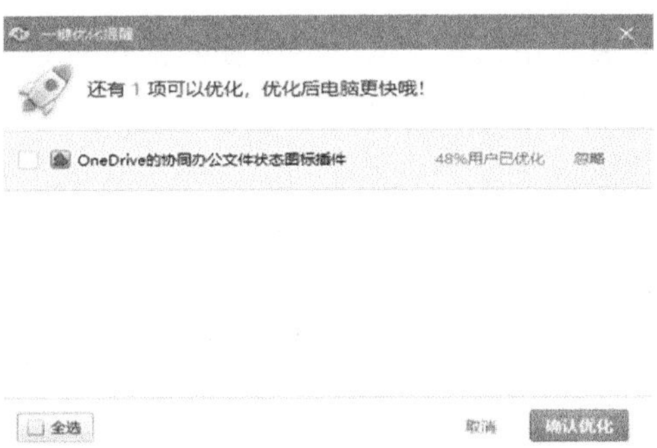

图 1-2-5 “一键优化提醒”对话框

图 1-2-6 优化结果

4)在图 1-2-5 所示界面中，选择要优化的项，如果优化所有选项，可勾选左下角的“全选”复选框，然后单击“确认优化”按钮。优化结果报告如图 1-2-6 所示。

(2)给系统盘瘦身

如果系统盘占用太满,可以使用 360 安全卫士给系统盘瘦身,加快系统的运行速度,操作步骤如下。

1)打开 360 安全卫士软件,单击菜单栏中的“功能大全”选项,进入更多功能界面,如图 1-2-7所示。

图 1-2-7　功能大全

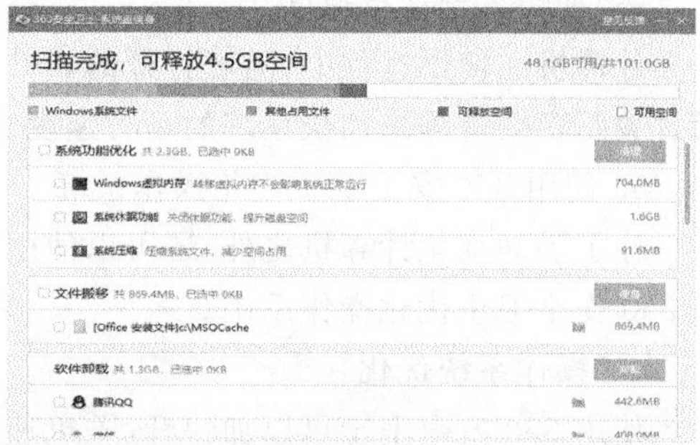

图 1-2-8　“系统盘瘦身”对话框

2)在图 1-2-7 所示界面中,单击“系统盘瘦身”项,弹出“系统盘瘦身”对话框,如图 1-2-8 所示。

3)在图 1-2-8 所示界面中,滑动右边的滑动条,可以通过多种方式给系统盘瘦身。在此,我们通过文件搬移的方式给系统盘瘦身。勾选“文件搬移”,弹出搬移路径对话框,如图 1-2-9 所示。

图 1-2-9　选择搬移路径

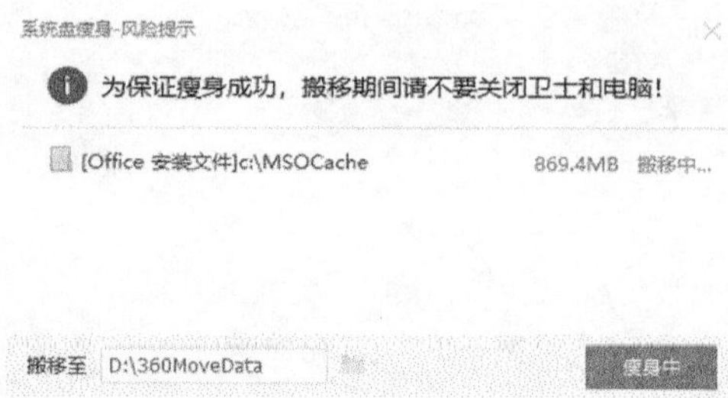

图 1-2-10　文件搬移过程

4)在图 1-2-9 所示界面中,在“搬移至”下拉列表框中选择个人文件要搬移的位置,然后单击右下角的“立即瘦身”按钮,进行个人文件搬移,如图 1-2-10 所示。

5)搬移完成之后,搬移结果报告如图 1-2-11 所示。

图 1-2-11　搬移结果

除了上述功能之外，360 安全卫士还有其他很多功能，如电脑体检、木马查杀、系统修复、文件清理、安装/卸载软件等。

1.2.3　计算机故障常用检测方法

1. 清洁法

对于使用环境较差或使用较长时间的计算机，应首先进行清洁。可用毛刷轻轻刷去主板、外设上的灰尘。另外，由于板卡上一些插卡或芯片采用插脚形式，震动、灰尘等其他原因常会造成引脚氧化、接触不良，可用橡皮去除表面氧化层，重新插接好后，开机检查故障是否已被排除。

2. 直接观察法

直接观察法即通过“看、听、闻、摸”等方式检查机器的故障。

(1)“看”即观察系统板卡的插头、插座是否歪斜，电阻、电容引脚是否相碰，表面是否烧焦，芯片表面是否开裂，主板上的铜箔是否烧断。还要查看是否有异物掉进主板的元器件之间，易造成短路。

(2)“听”即监听开机时或运行时有无异常声音，如电源风扇、硬盘电机或寻道机构等设备的工作声音是否正常。系统发生短路故障时也常常伴随着异常声响。监听可以及时发现一些事故隐患，以便在事故发生时即时采取措施。

(3)“闻”即辨闻主机、板卡是否有烧焦的气味，便于发现故障和确定短路所在处。

(4)“摸”即用手触摸或靠近 CPU、显示器、硬盘等设备的外壳，根据其温度可以判断设备运行是否正常。一般组件外壳发热的正常温度不超过 40～50 ℃，如果手摸上去过烫，则该组件可能内部电路有短路现象。同时也可用手按压管座的活动芯片，查看芯片是否松动或接触不良。

3. 拔插法

采用拔插法可以简捷有效地确定插件板、I/O 设备或主板故障。该方法的具体操作是：关机，将插件板逐块拔出，每拔出一块板便开机观察机器的运行状态。一旦拔出某块板后主板运行正常，那么就是该插件板有故障或相应 I/O 总线插槽及负载有故障。若拔出所有插件板后，系统启动仍不正常，则故障很可能就在主板上。

4. 替换法

用好的插件板或好的组件替换有故障疑点的插件板或组件，根据故障现象的变化情况，判断故障所在处。此法多用于易拔插的维修环境。例如，如果内存自检出错，可替换相同的内存条来判断故障部位。若所交换的元件不存在问题，则故障现象依旧。若交换后故障现象变化，则说明交换的元件中有一块是坏的，可进一步通过逐块交换确定部位。

5. 振动敲击法

机器运行时好时坏，可能是由于各种元件或组件的管脚虚焊或接触不良，或金属氧化导致电阻增大等原因造成的，对于这种情况可以使用敲击法进行检查。

6. 测量法

测量法是分析与判断故障的最常用的有力方法，按照所测量特征参量不同，又可分为电阻测量法、电流测量法、波形量法等。测量的常用工具是万用表。当机器处于关闭状态或组件与母板分离时，用万用表等测量工具对元器件进行检查测量，并把所测量的特征参量与各对应点的参考值或标准值比较。

7. 比较法

同时运行正常计算机与故障计算机，当怀疑某些部件或模块有问题时，应用测试仪器分别测试两台机器中两个相同部件或模块的相同测试点，然后比较测试的两组信号，使用信号由逆求源的方法，通过逐点检测、分析后，确定故障位置。

8. 程序诊断法

该方法主要针对运行环境不稳定等故障。一般电脑系统都配有开机自检程序、高级诊断程序、专用诊断程序，通过显示错误信息、提供错误代码以及发出不同声响，为用户提供故障原因和故障部位。

此外，还可以采用最小系统法、升温降温法、安全模式法、综合判断法等检测方法。

1.2.4 计算机硬件故障检测与维护

计算机硬件故障是指计算机硬件设备出现问题，导致计算机不能正常工作。计算机硬件故障往往导致计算机整体不可用，因此，计算机一旦出现硬件故障，用户需要及时维修，使计算机恢复正常工作。

1. 计算机硬件故障概述

(1)计算机硬件故障产生的原因

计算机硬件故障产生的原因主要包括硬件质量不合格、兼容性差、计算机工作环境恶劣、计算机使用和维护不当等，下面进行详细介绍。

1)硬件质量不合格

有的硬件厂商为了追求更高的利润而使用质量较差的电子元件，致使硬件设备达不到设计要求，影响产品质量。质量不合格的硬件，性能不稳定，在使用过程中容易造成计算机故障。

2)兼容性差

兼容性指的是硬件与硬件、软件与软件、硬件与软件之间能够相互支持并充分发挥性能的特性。由于计算机的软硬件都由不同厂商生产，产品不兼容就会导致计算机故障。

如果硬件之间兼容性差，则只能更换硬件，别无他法。如果是硬件与软件之间兼容性差，则可以设置软件的某些特性或者更新软件到最新版本，使之与硬件兼容。

3)计算机工作环境恶劣

计算机需要在一个适宜的环境中工作，如果工作环境恶劣，则计算机会出现各种故障。

4)计算机使用和维护不当

用户使用或维护不当也会造成计算机故障。例如，在安装硬件时用力不均或用力过猛等都会损坏计算机硬件，或者在使用过程中带电插拔硬件导致硬件损坏。

(2)计算机硬件故障的分类

硬件故障是指计算机中的内部硬件和外部设备等因接触不良、使用性能下降、电路或者元器件损坏等引起的故障。通常硬件故障可以分为以下三个级别。

一级故障：一级故障一般指板卡类故障，常常由于板卡接口、数据线接口、电源接口接触不良引起。这类故障比较容易检测修复，拔下设备重新连接即可。

二级故障：二级故障一般由硬件内部的电子元件损坏或老化引起。这类故障一般需要借助检测设备才能检测出来，修复这类故障通常需要更换元件。

三级故障：三级故障指线路故障。这类故障要对电路进行检测才能发现。

2. 计算机硬件故障

(1)CPU常见故障

CPU是计算机的核心,一旦CPU出现故障,整台计算机都会陷入瘫痪。CPU常见故障主要有散热故障、与主板接触不良、工作参数设置错误等。

1)散热故障

CPU出现散热故障会导致CPU温度过高而出现各种问题,如黑屏、自动关机等。CPU出现散热故障的原因有风扇损坏、导热硅脂干枯、散热片需要清洁或者散热风扇安装过松或过紧等。

在处理CPU散热故障时,要查找导致CPU温度过高的原因。打开机箱,观察CPU的散热风扇是否正常转动,如果风扇无法转动,表明风扇已经损坏,需更换;如果风扇未损坏,则可使用防静电软毛刷清除灰尘,并在转轴处滴几滴润滑油,然后将散热风扇重新安装到主板上。检查完风扇后,查看CPU表面的导热硅脂是否干枯,如果CPU表面的导热硅脂干枯,则除去旧的硅脂,重新涂抹。需要注意的是,导热硅脂过多或过少都不利于CPU散热。

2)与主板接触不良

CPU与主板接触不良会导致计算机无法开机、无显示,这类故障比较常见。当发生接触不良时,将CPU重新插拔即可。需要注意的是,在安装CPU时要用力适度、均匀。

3)工作参数设置错误

CPU工作参数设置错误,例如CPU工作电压、外频、倍频等参数设置错误,会导致计算机无法开机。针对这种情况,先清除CMOS(互补金属氧化物半导体存储器),再重新设置CPU工作参数即可。

除了CPU自身参数设置错误之外,其他设备如果与CPU工作参数不匹配也会导致CPU故障,最常见的就是内存的工作频率达不到CPU的工作外频,导致CPU主频异常。处理此类故障的方法就是更换内存。

(2)主板常见故障

主板常见的故障包括元件接触不良、温度失常、主板接口损坏、电容故障等。

1)元件接触不良

主板最常见的故障就是元件接触不良。芯片和内存接触不良,计算机通常无法开机。板卡接触不良会造成功能丧失,如声卡接触不良会检测不到声卡、无法播放声音,网卡接触不良会检测不到网卡,显卡接触不良则会造成显示异常。对于这类故障只需要将元件重新插拔即可。

2)温度失常

通常,主板都提供了严格的温度监控和保护装置,主板温度过高会产生报警并进入自我保护状态,拒绝加电启动,导致计算机无法开机。针对温度失常的故障,用户需要检查主板上的散热装置是否损坏,如果损坏,则更换一套新的散热装置;如果未损坏,则清洁散热片或更换大功率风扇,保证散热良好。

3)主板接口损坏

主板接口(IDE接口或SATA接口)损坏会造成计算机无法开机。接口损坏大多是由用户直接插拔带电硬件或安装硬件设备时用力过猛造成的。对于这类故障,需要更换一块新主板来解决。

4)电容故障

电容出现问题会造成计算机开机延迟,即接通电源后,过几分钟才能启动开机。电容故障往往会被误认为电源有问题,可以观察接通电源后电源风扇和 CPU 风扇是否正常转动,如果电源风扇和 CPU 风扇正常转动,表明不是电源问题,而要考虑电容问题。解决电容故障,只需要更换一个新的电容即可。

随着主板集成度越来越高,其可维修性也越来越低。又由于主板价格越来越低,通常主板出现故障之后,大多用户会更换一块新的主板。

(3)内存常见故障

内存出现问题会造成系统运行不稳定、程序出错或操作系统无法安装等故障,常见的内存故障主要是内存接触不良、与主板不兼容、温度过高等。

1)内存接触不良

内存接触不良是最常见的故障,会导致计算机开机时发出“嘀嘀”的长鸣声或者宕机,通常是由于内存金手指氧化或内存插槽中有灰尘或污垢而引起的。解决这类故障,先关闭电源,打开机箱取出内存,使用橡皮轻轻擦拭内存金手指,然后使用防静电软毛刷轻轻将内存插槽中的灰尘与污垢清理干净,再将内存安装好即可。

2)与主板不兼容

内存与主板不兼容会导致计算机蓝屏、内存无法自检、计算机自动重启、系统运行缓慢等故障。针对内存与主板不兼容的情况,可以升级主板的 BIOS(基本输入输出系统),使主板与内存能够兼容。如果升级之后内存与主板还是不兼容,则只能更换内存。

3)温度过高

内存工作时会产生热量,而且内存在主板上的位置距离 CPU 比较近,CPU 工作强度比较大,发热量也大,如果热量不能及时散出,会影响到内存,使内存温度升高过快,工作不稳定,从而导致死机。针对这类故障可以调整 CPU 风扇的位置,不要将热风吹向内存,或者为 CPU 更换大功率的散热风扇,加快散热。

(4)硬盘常见故障

硬盘常见故障有接触不良、分区表损坏、有坏道、BIOS 不识别等。

1)硬盘接触不良

如果硬盘接触不良,计算机在启动时会出现类似“HDD Controller Failure”的提示信息,无法进入正常的操作系统,重启后故障依旧。硬盘接触不良往往是因为硬盘的数据线或电源线没有接好,特别是 SATA 接口的硬盘经常会出现接触不良的现象。

硬盘接触不良很容易被检测和修复,将硬盘的数据线、电源线等重新连接,然后再次开机,如果故障消失,则表明故障是由硬盘接触不良引起的。

2)硬盘分区表损坏

硬盘分区表损坏,则计算机在开机自检时,能够识别出硬盘型号,但不能正常引导,通常屏幕上会出现“Invalid partition table”的提示。硬盘分区表损坏的原因有很多,如使用过程中突然断电、带电插拔、计算机病毒破坏等。硬盘分区表损坏的故障,一般可借助软件进行修复,如 DiskGenius。

3)硬盘坏道

硬盘坏道会导致硬盘的读写故障,计算机在读写文件时会速度变慢、卡顿,并且出现异响,或者直接提示“无法读取或写入该文件”。有时,硬盘坏道还会引起硬盘引导错误,在开机自检时，硬盘无法顺利通过检测或无法引导，提示“Hard-disk drive failure”“Sector not found”等类似错误信息。

硬盘坏道分为物理坏道和逻辑坏道两种，物理坏道是硬件因素造成的，一般不可修复；逻辑坏道又称为软坏道，通常可修复。可通过 Windows 10 操作系统自带工具修复硬盘坏道。

4）BIOS 不识别硬盘

BIOS 检测不到硬盘，是硬盘出现的最严重故障，主要有以下几种原因。

• 硬盘安装不正确。硬盘安装不正确一般是由数据线和电源线连接错误造成的，在检测时，首先检测硬盘的数据线与电源线是否正确连接。

• 跳线设置不正确。如果计算机安装了双硬盘，检测这两个硬盘是否连接在同一个 IDE 接口上，即是否将两个硬盘都设置为主盘或都设置为从盘。正确的连接方式是将两个硬盘连接到两个 IDE 接口上，将其中一个硬盘设置为主盘，另外一个设置为从盘。

• 硬盘接口或 IDE 接口损坏。如果硬盘安装正确，且跳线设置正确，但 BIOS 还是无法检测到硬盘，那么只有一种可能，就是硬盘接口或 IDE 接口发生了物理故障，这就需要更换 IDE 接口或更换硬盘。

（5）显卡常见故障

一般出现故障的都是独立显卡，常见的故障有接触不良、显卡与主板不兼容、散热不良、分辨率设置不当等。

1）显卡接触不良

显卡接触不良会导致多种问题，如开机无显示并发出一长两短的报警声，或显示器黑屏等。造成显卡接触不良的原因有很多，如安装不当、灰尘积累过多、金手指氧化等。

排故方法：打开机箱，拆卸显卡，清理显卡及插槽中的灰尘，观察显卡金手指是否被氧化，如果被氧化，使用干净的橡皮轻轻擦拭其表面，然后将显卡重新安装到主板上。需要注意，在安装显卡时用力要均匀适当。

2）显卡与主板不兼容

有时，更换新显卡后，在开机时会出现显卡驱动程序载入，但运行一段时间后，驱动程序丢失，这种情况往往是显卡与主板不兼容引起的。显卡与主板不兼容还会导致其他故障，如经常宕机、无故重启等。检测显卡与主板是否兼容，可以在计算机上安装另外一块显卡，如果故障解除，则说明原显卡与主板不兼容，只能更换显卡。

3）散热不良

显卡工作量比较大，发热量也比较大，如果显卡散热不良会造成显卡温度过高，导致显示器花屏、重启、死机等。显卡散热不良可能是由于灰尘积累过多，或者显卡散热风扇损坏引起的。

检测显卡散热性是否良好，可以在计算机工作时，观察显卡散热风扇转动是否正常，并使用鲁大师等软件监测显卡的温度。如果显卡散热风扇转动异常或者计算机工作一段时间后，显卡温度过高，表明显卡散热不良。

排故方法：打开机箱，清理显卡及散热风扇上的灰尘，对于散热风扇损坏的情况，要更换一个新的散热风扇。

4）分辨率设置不当

显卡分辨率设置不当会导致显示器花屏。针对这类故障，可重新设置显卡分辨率。

（6）显示器常见故障

显示器是计算机最基本的外部硬件配置之一，最常见的故障是显示器损坏。如果显示屏损坏,可以更换一个新的显示屏;如果显示器严重损坏,则需更换一台新的显示器。

(7)鼠标和键盘常见故障

鼠标和键盘最常见的故障就是按键失灵。对鼠标来说,导致按键失灵的最大原因就是摔碰,这类故障可修复性很小,进行更换即可;对于键盘来说,按键失灵大多是由于键盘中堆积了过多灰尘污垢,将键盘缝隙中的灰尘污垢清理干净之后,故障即可排除。

1.2.5 计算机软件故障检测与维护

计算机软件包括操作系统与应用软件,这些软件在使用过程中,会因为参数设置不当、误删数据、计算机病毒破坏等,导致计算机出现各种各样的故障。

1. 计算机软件故障概述

软件故障是指由于计算机系统配置错误、计算机病毒入侵或用户对软件使用不当造成的计算机不能正常工作。软件故障一般可分为软件兼容故障、系统配置故障、计算机病毒故障、操作故障等。

• 软件兼容故障:指当软件的版本与运行环境的配置不兼容时,造成软件不能运行、宕机、文件丢失或遭到破坏的现象。

• 系统配置故障:系统配置包括基本的 BIOS 设置、CMOS 芯片设置、系统命令配置等,这些系统配置不正确也会引起计算机故障。

• 计算机病毒故障:计算机病毒故障是指由于计算机感染病毒,造成重要数据丢失或破坏而引起的计算机故障。

• 操作故障:操作故障是指用户操作失误而导致的故障,如误删重要数据、运行了具有破坏性的程序等。

2. 操作系统常见故障

操作系统自身存在的一些缺陷或参数设置不当会导致一些故障发生,如操作系统启动故障、宕机等,使计算机无法正常工作。

(1)操作系统无法正常启动

在某次开机时,一直能够正常工作的计算机却突然无法进入系统,这种故障往往是由于系统软件、注册表等遭到破坏造成的。要解决这类故障,需要进入操作系统"高级选项",其中有 6 个菜单项,各菜单项的作用如下所示。

• 系统还原:使用用户计算机上记录的还原点来还原 Windows,它可以帮助用户解决计算机运行缓慢或停止响应的问题。系统还原不会影响用户的任何文档、图片或其他个人数据,但最近安装的程序或驱动可能会被卸载。

• 系统映像恢复:使用专门的系统映像文件来恢复 Windows。如果选择系统映像恢复,则计算机上的全部内容都将被替换为系统映像中的信息。

• 启动修复:启动修复用于恢复妨碍 Windows 加载的问题。

• 命令提示符:使用命令提示符可进行高级故障排除。

• 启动设置:更改 Windows 启动行为。选择启动设置将更改 Windows 选项,如启动调试模式、启用启动日志、启用安全模式等。

• 回退到以前的版本:如果最新预览版本存在问题,回退到以前的版本可能会解决问题,这不会影响用户的个人文件,但用户会丢失最近一次升级以后对应用和设置所做的更改。

在发生故障无法正常启动操作系统时，用户可根据操作系统的异常情况选择启动菜单。如果无法解决故障，则可选择“回退到以前的版本”，然后再启动。

(2)操作系统引导故障

有时，在启动计算机时，屏幕会出现“Press F11”类的错误提示。出现这种提示信息，一般是由于系统安装了 Ghost 之类的一键还原软件，这类软件如果与操作系统不兼容或软件自身有缺陷，会破坏硬盘主引导记录，导致无法正常启动操作系统。当出现上述提示信息时，一般根据提示，按“F11”可一键修复系统，然后正常启动操作系统。如果不想计算机再出现类似提示，则卸载相应的一键还原软件即可。

(3)计算机无故重启

有时，计算机关机之后会自动重启，这类故障一般是由于系统设置不正确导致的，可以通过修改操作系统的选项设置进行修复。

(4)死机

计算机死机(宕机)分为“真死”与“假死”两种情况，下面分别对这两种死机故障进行讲解。

- “真死”

操作系统造成的死机大多是由于系统文件遭到破坏，导致用户无法进入操作系统，或者用户能够进入操作系统，却无法正常操作计算机，计算机频繁死机。为避免系统文件遭到破坏，用户在使用计算机时可将系统文件隐藏起来。

- “假死”

计算机“假死”大多是由于用户打开了较大的软件，内存耗尽而导致计算机卡死的现象。针对这类故障，一般使用资源管理器结束占用资源较大的进程即可解决。

1.2.6　计算机其他常见故障

计算机在使用过程中还会出现一些其他故障，包括网络连接故障、上网故障、工具软件常见故障、Office 办公软件常见故障等，掌握一些常见故障的解决方法，有助于用户更好地使用计算机。

1. 网络连接故障

网络连接故障是指由于各种原因导致的网络连接不成功或连接后网络速度非常慢，网络连接故障可能是由于网卡、网线、网络协议等引起的。

(1)未发现网卡

在连接网络时，有时系统会提示未发现网卡之类的信息，该故障主要是由于未安装网卡驱动程序或网卡接触不良导致的，下面分别进行介绍。

1)未安装网卡驱动程序

计算机未安装网卡驱动程序就无法检测到网卡，当计算机出现无法检测到网卡的错误提示时，首先检查是否安装了网卡驱动程序。

2)网卡接触不良

如果计算机安装了网卡驱动程序，还是无法检测到网卡，则要检查网卡的安装是否正确，网卡有松动或堆积灰尘过多造成网卡接触不良，也会导致网卡无法被检测到。网卡接触不良比较容易解决，将网卡拆卸下来，清理灰尘之后重新安装即可消除故障。

(2)网线故障

如果计算机可以连接网络，但网络速度非常慢，引起该类故障的原因比较多，在检测时可按照如下方法依次进行：重启网络、对计算机杀毒、重启计算机。如果网络速度仍未得到改善，则要考虑网线故障。

网线故障可通过网线测试仪或万用表进行检测，如果网线有故障，则更换一条新的网线即可解决。除此之外，网线断线、质量太差或水晶头没有压实等都会造成网络无法连接或网络速度缓慢。

(3)网络协议故障

若网络连接受到限制，在任务栏网络连接显示处会出现一个黄色的叹号，重新连接时故障仍无法排除。针对这类故障，用户需要检测网络的用户名和密码是否正确，如果用户名和密码正确，则要考虑网络协议故障。

网络协议故障包括没有安装网络协议和网络协议配置错误两种情况。网络协议配置包括IP 地址（互联网协议地址）、子网掩码、默认网关和 DNS 服务器（域名服务器）IP 地址等，网络协议故障会导致计算机无法访问其他网络，也不能访问 Internet。解决网络协议故障，需要检查网络协议是否安装、参数配置是否正确。

2. 上网故障

上网故障指用户在上网过程中遇到的问题，如浏览器无法打开、网页中的动态图变成静态图片、邮件附件无法下载等。上网故障大多由软件设置与系统设置引起。

(1)浏览器无法打开

在网络正常连接的情况下，如果浏览器无法打开，则应考虑浏览器故障，若每次打开浏览器就提示错误并需要关闭，则可能是浏览器系统文件遭到破坏。针对这类故障，解决办法是重新安装浏览器。

(2)网页中动态图变成静态图片

网页可以显示“. gif”格式的动态图，带给用户更好的视觉体验，但有时在浏览网页时发现，动态图都显示为静态的图片，该类故障大多是由于浏览器设置不当导致的。

(3)邮件附件下载失败

邮件中的附件一般不支持下载工具下载，只能通过 Web 页面直接下载。若出现附件无法下载之类的提示信息，往往是由于太久未登录邮箱造成的，一般重新登录邮箱即可解决问题；如重新登录还是无法下载，可对浏览器进行隐私设置，清除 Cookies 和临时文件。

3. 工具软件常见故障

计算机常用工具软件（如输入法、下载工具、压缩软件等）在使用过程中也会出现各种问题。

(1)输入法图标丢失

最常见的故障就是输入法图标丢失，即在计算机任务栏中看不到输入法图标，使用“Ctrl＋Shift”组合键也无法调出。该故障是由于操作系统语言设置不当导致的，通过语言栏设置可解决。

(2)光驱无法读取光盘

发生光盘无法识别与读取的故障，除光盘与光驱的质量问题外，还有一个原因就是 Windows 10 的“Shell Hardware Detection”服务会影响光盘的读取，禁用该服务即可解决问题。

4. Office 办公软件常见故障

Office 办公软件主要包括 Word、Excel、PowerPoint 等，它们是用户最常使用的软件，有时这些软件在使用过程中会出现一些问题。

(1)Word 文档未保存

在使用 Word 时,最常见的故障就是由于异常情况(如计算机突然断电)导致 Word 文档未保存关闭。Word 文档未保存是因为其自动保存功能被禁用了,开启自动保存功能即可解决。

(2)PowerPoint 字体更改

用户在演示 PPT 时,往往会遇到这样一个问题,制作了一份 PPT,在自己的计算机中播放正常,但复制到其他计算机上播放时,字体却发生了改变。这类故障主要是由于 PowerPoint 软件设置不当导致的,通过设置嵌入字体可解决此类故障。

第2章 计算机网络基础

内容提要

本章首先介绍计算机网络的基本概念、基本原理和组成结构，以及数据通信和数据传输技术的基本概念。接着介绍局域网与互联网应用基础相关知识，其中重点讲解交换机工作原理与配置管理方法。在TCP/IP一节中讨论了TCP/IP层次模型和各层常用协议，重点讲解路由器工作原理和基本配置举例。最后介绍了网络综合布线、网络管理系统和网络中心机房管理等内容。

2.1 计算机网络概述

2.1.1 计算机网络的基本概念

计算机网络的精确定义并未统一，比较通用的定义是：利用通信线路和通信设备，把地理上分散并且具有独立功能的多个计算机系统互相连接，按照网络协议进行数据通信，通过功能完善的网络软件实现资源共享的计算机系统的集合。在计算机网络系统中，每台计算机都是独立的，它们之间的关系建立在通信和资源共享的基础上，没有主从关系，还可以将处于不同地理位置的计算机网络系统，通过互联设备和传输介质在更大的范围内连接在一起，组成互联网络，连接在网络上的计算机可以通过数据通信相互交换信息。

网络定义的基本内容可以理解为：

1. 计算机网络是用通信线路把分散布置的多台独立计算机及专用外部设备互联，并配以相应的网络软件所构成的系统；

2. 建立计算机网络的主要目的是实现计算机资源的共享，使广大用户能够共享网络中的所有硬件、软件和数据等资源；

3. 联网的计算机必须遵循统一的协议进行通信。

2.1.2 计算机网络的基本功能

计算机网络的主要功能是数据通信、资源共享、负荷均衡和分布处理。

1. 数据通信

数据通信是计算机网络最基本的功能，也是实现其他功能的基础。它用于实现不同地理位置的计算机与终端、计算机与计算机之间的数据传输。现有的很多网络应用就是通过网络的数据传输功能来实现的，如电子邮件、IP电话以及网络多媒体通信等。

2. 资源共享

资源是指网络中所用的软件、硬件和数据资源。共享是指网络中的用户能部分或全部使用网络中的资源。

3. 负荷均衡和分布处理

当网络中某台计算机的任务负荷太重时，通过网络和应用程序的控制和管理，将作业分散到网络中的其他计算机中，由多台计算机共同完成，从而提高处理的实时性。

在具有分布处理能力的计算机网络中，可以把要处理的任务分散到各个计算机上运行，而不是集中在一台大型计算机上。这样，不仅可以降低软件设计的复杂性，而且还可以大大提高工作效率和降低成本。

2.1.3 计算机网络的组成结构

从系统构成的角度看，计算机网络由网络硬件和网络软件两大部分组成；从系统功能的角度看，计算机网络逻辑上由通信子网和资源子网两大部分构成。

1. 计算机网络的系统组成

计算机网络系统包括硬件和软件两大部分。硬件负责数据处理和数据转发，软件负责控制数据通信和各种网络应用。组成计算机网络的四大要素为计算机系统、通信线路与通信设备、网络协议和网络软件。

(1)计算机系统。具有独立功能的计算机系统是网络的基本模块，是连接的对象，负责数据信息的收集、处理、存储和提供资源共享。

(2)通信线路与通信设备。计算机网络的硬件部分除了计算机本身以外，还要有用于连接这些计算机的通信线路和设备，即数据通信系统。其中，通信线路指的是传输介质及其介质连接部分，通信设备指的是网络连接设备、互联设备，包括网卡、集线器、中继器、交换机、网桥和路由器。通信线路和通信设备在计算机之间建立一条物理通路，用于数据传输。

(3)网络协议。在网络上通信双方必须遵守相同的约定和通信规则，才能正确地交换信息，这些规则的集合就称为“网络通信协议”，如 TCP/IP、SPX/IPX、NetBEUI 等。协议通常包括所传输数据的格式、差错控制方案，以及在计时与时序上的有关约定。

(4)网络软件。为了协调系统资源，需要通过软件对网络资源进行全面的管理、调度和分配，并采取一系列安全保密措施，防止用户对数据和信息不合理地访问，以防数据和信息的破坏与丢失。根据软件功能，网络软件分为网络系统软件和网络应用软件。

2. 计算机网络的逻辑结构

计算机网络从逻辑上分为资源子网和通信子网两大部分，二者在功能上各负其责，通过一系列网络协议把二者紧密结合起来，共同实现计算机网络的功能。资源子网负责面向应用的处理，实现网络资源共享；通信子网负责面向数据通信的处理和通信控制。

2.1.4 数据通信的基本概念

数据通信是计算机网络中的一种重要技术，对于计算机网络来说，首先要解决的是计算机之间的数据传输问题，这是实现计算机网络化的基础。

1. 信息、数据和信号

信息是人对客观事物的反映，是数据的内容和解释。信息可以是字母、数字、符号、语音、图形图像等各种形式。通信的目的就是传输信息。

数据是记录下来的可被鉴别的符号，或者说是事物的表现形式。在计算机网络中，数据可以是存储、处理和传输的二进制数字编码。

信号是数据在传输过程中具体表现出来的形式，即数据的电磁编码。根据信号参数取值的不同，信号分为模拟信号和数字信号。

2. 模拟信号和数字信号

模拟信号是幅度连续变化的电磁波，如图 2-1-1a 所示。它的取值可以有无限多个。用户家中的调制解调器与电话端之间的用户线上传送的语音信号就是模拟信号。

数字信号是指利用某一瞬间的状态来表示数据，是一系列离散的脉冲序列。它可以用恒定的正电压和负电压表示二进制的 0 和 1，如图 2-1-1b 所示。

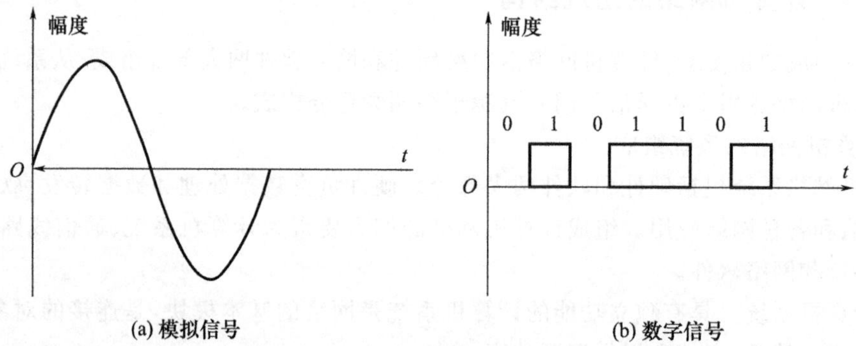

图 2-1-1　模拟信号和数字信号

3. 模拟数据和数字数据的表示

(1)模拟数据的模拟信号传输

模拟数据是时间的函数，并占有一定的频率范围，这种数据可以直接利用相同频率的电信号(即模拟信号)来传输，如传统的电话系统。

(2)模拟数据的数字信号传输

模拟数据也可以以数字信号的方式来传输。将模拟数据转换成数字信号的设备是编码解码器(Coder/Decoder，CODEC)。线路发送端将模拟数据编码成二进制位流形式的数字信号进行发送，线路接收端则将接收到的二进制位流解码恢复成原来的模拟数据。

(3)数字数据的模拟信号传输

数字数据可以以模拟信号的方式来传输，此时要利用调制解调器(Modem)将数字数据调制转换成模拟信号，在线路另一端再把接收到的模拟信号解调还原成数字数据即可。

(4)数字数据的数字信号传输

数字数据可以直接用二进制形式的数字信号来传输，但为了改善传输的性能，一般要对二进制数据进行编码。

4. 数据通信中的主要技术指标

数据通信的任务是传输数据信息，希望达到传输速度快、出错率低、信息量大、可靠性高，并且既经济又便于使用维护。这些要求可以用下列技术指标描述。

(1)数据传输速率

数据传输速率是指每秒能传输的二进制数据的位数，单位“位/秒”，记作 bit/s。

(2)信道容量

信道容量是指信道传输数据的最大能力，对于数字信道一般用单位时间可以传输的最大二进制位(比特)数来表示，单位也用“位/秒”。

(3)误码率

误码率是衡量数据通信系统在正常工作情况下的传输可靠性的指标，它定义为二进制数据位传输时出错的概率。计算机网络中一般要求误码率低于 10^{-6}，若误码率达不到这个指标，可以通过差错控制的方法来进行检错和纠错。

2.1.5 数据传输的基本原理及分类

1. 数据传输的基本原理

数据传输是指依照适当的规程，经过一条或多条链路在数据源和数据宿之间传送数据的过程，也表示借助信道上的信号将数据从一处送往另一处的操作。

数据传输是数据从一个地方传送到另一个地方的通信过程。数据传输系统通常由传输信道和信道两端的数据电路终接设备(DCE)组成，在某些情况下，还包括信道两端的复用设备。传输信道可以是一条专用的通信信道，也可以由数据交换网、电话交换网或其他类型的交换网络来提供。

2. 传输分类

按传输的顺序分为并行传输和串行传输。在串行传输时，若按照通信两端的同步方式可分为同步传输和异步传输；若按照数据传输的方向可分为单工、半双工和全双工传输；若按照传输信号的频率范围可分为基带传输和频带传输。

(1)并行传输和串行传输

并行传输是构成字符的二进制代码在并行信道上同时传输的方式。例如，8单位代码字符要用8条信道并行同时传输，一次可传一个字符，收、发双方不存在字符同步问题。速度快，但信道多、投资大，数据传输中很少采用。不适于做较长距离的通信，常用于计算机内部或在同一系统内设备间的通信。

串行传输是构成字符的二进制代码在一条信道上以位(码元)为单位，按时间顺序逐位传输的方式。按位发送，逐位接收，同时还要确认字符，所以要采取同步措施。速度虽慢，但只需一条传输信道，投资小，易于实现，是数据传输采用的主要传输方式。也是计算机通信采取的一种主要方式。

(2)同步传输和异步传输

同步传输是位(码元)同步传输方式。该方式必须在收、发双方建立精确的位定时信号，以便正确区分每位数据信号。在传输中，数据要分成组(或称帧)，一帧含多个字符代码或多个独立码元。发送数据前，在每帧开始时必须加上规定的帧同步码元序列，接收端检测出该序列标志后，确定帧的开始，建立双方同步。接收端DCE从接收序列中提取位定时信号，从而达到位(码元)同步。同步传输不加起、止信号，传输效率高，使用于2400 bit/s以上数据传输，但技术比较复杂。

异步传输是字符同步传输的方式，又称起止式同步。当发送一个字符代码时，字符前面要加一个“起”信号；而在发完一个字符时，后面加一个“止”信号。接收端通过检测起、止信号，即可区分出所传输的字符。字符可以连续发送，也可单独发送，不发送字符时，连续发送止信号。每一个字符起始时刻可以是任意的，一个字符内码元长度是相等的，接收端通过止信号到起信号的跳变(“1”“0”)来检测一个新字符的开始。该方式简单，收、发双方时钟信号不需要精确同步。缺点是增加起、止信号，效率低，用于低速数据传输。

(3)单工、半双工和全双工传输

单工数据传输只支持数据在一个方向上传输，例如无线电广播；半双工数据传输允许数据在两个方向上传输，但是在某一时刻，只允许数据在一个方向上传输，因此半双工通信实际上是一种可切换方向的单工通信，例如传统的对讲机；全双工数据通信允许数据同时在两个方向上传输，因此全双工通信是两个单工通信方式的结合，它要求发送设备和接收设备都有独立的接收和发送能力，计算机之间的通信就是全双工方式的。单工、半双工和全双工传输如图 2-1-2 所示。

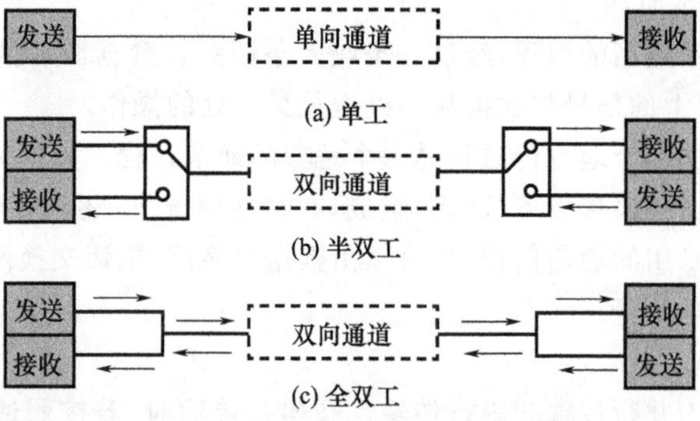

图 2-1-2　单工、半双工和全双工传输

(4)基带传输和频带传输

基带传输：是指由数据终端设备(DTE)送出的二进制的电信号直接送到电路的传输方式。基带信号未经调制，可以经过码形变换或波形变换驱动后直接传输。基带信号的特点是频谱中含有直流、低频和高频分量，随着频率升高，其幅度相应减小，最后趋于 0。基带传输多用在短距离的数据传输中，如近程计算机间数据通信或局域网中用双绞线或同轴电缆为介质的数据传输。

频带传输：由于大多数传输信道具有带通型特性，基带信号通不过，所以我们需要采用调制方法把基带信号调制到信道带宽范围内进行传输，接收端通过解调方法再还原出基带信号的方式，称为频带传输。这种方式可实现远距离的数据通信，例如利用电话网可实现全国或全球范围的数据通信。

2.1.6　数据交换方式

数据经编码后，在通信线路上进行传输的最简单形式，是在两个互联的设备之间直接进行数据通信。但是，网络中所有设备都直接两两相连是不现实的，通常要经过中间节点将数据从信源逐点传送到信宿，从而实现两个互联设备之间的通信。这些中间节点并不关心所传数据的内容，而是提供一种交换功能，使数据从一个节点传到另一个节点，直至到达目的地为止。通常将作为信源或信宿的一批设备称为网络站点，而将提供中间通信的设备称为网络节点。这些节点以某种方式用传输链路相互连接起来，每个站都连接到一个节点上，这些节点的集合便称为通信网络。如果所连接的设备是计算机和终端的话，那么节点集加上一些站就构成计算机网络。图 2-1-3 所示为一个交换网络的拓扑结构。按所用的数据传送技术划分，交换网络又可分为电路交换网、报文交换网和分组交换网。

1. 电路交换

电路交换又称为线路交换，它类似于电话系统，希望通信的计算机之间必须事先建立物理连接。整个过程包括建立线路、占用线路并进行数据传输、电路拆除三个阶段。

当用户之间要传输数据时，交换中心在用户之间建立一条暂时的数据电路。电路接通后，用户双方便可传输数据，并一直占用到传输完毕拆除电路为止。

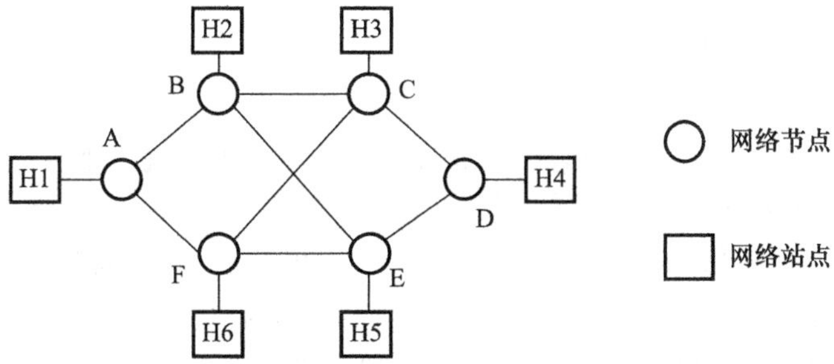

图 2-1-3　交换网络的拓扑结构

2. 报文交换

报文交换的原理:发信端用户首先把要发送的数据编成电文,连同收信地址等辅助数据一起发往本地交换中心,在那里把它们完整地存储起来并作适当处理。当本地交换中心的输出口有空时,就将电文转发到下一个交换中心,最后由收信端的交换中心将电文传递到用户。

3. 分组交换

分组交换的工作原理:把数据分割成若干个长度较短(一般不超过 128 个字符)的分组,每个分组内除数据信息外还包括控制信息,它们在交换机内作为一个整体进行交换。每个分组在交换网内的传输路径可以不同。分组交换也采用存储转发技术,并进行差错检验、重发、返送响应等操作,最后收信端把接收的全部分组按顺序重新组合成数据。

4. 三种交换技术的比较

电路交换在数据传送开始之前必须先设置一条完整的通路,在线路释放前,该通路将被用户独占,线路利用率低。电路交换适用于实时通信,而对于突发式的通信效率不高。

采用报文交换时,报文从源点传送到目的地采用存储转发的方式,在传送报文时,动态占用线路,线路利用率高。在交换节点中报文需要缓冲存储和排队,延迟大。因此,报文交换不能满足实时通信的要求。

分组交换采用存储转发的方式,报文被分组传送,缩短了延迟时间,能满足一般的实时信息传送。分组交换技术是在数据网络中使用最广泛的一种交换技术。

2.1.7　计算机网络的体系结构

计算机网络是由各类具有独立功能的计算机系统和终端,通过通信路线连接起来的复杂系统,为了设计这样复杂的系统,提出了分层实现计算机网络功能的方法。

1. 通信协议

通过通信信道和设备互联起来的多个不同地理位置的数据通信系统,要使其能协同工作,实现信息交换和资源共享,它们之间必须具有共同的语言。交流什么、怎样交流及何时交流,都必须遵循某种互相都能接受的规则,这个规则就是通信协议,通信协议由语义、语法和时序三个要素组成。

- 语义:解释控制信息每个部分的意义。它规定了需要发出何种控制信息,以及完成的动作与做出什么样的响应。
- 语法:用户数据与控制信息的结构与格式,以及数据出现的顺序。
- 时序:对事件发生顺序的详细说明。

可以形象地把这三个要素描述为:语义表示要做什么,语法表示要怎么做,时序表示做的顺序。

2. 计算机网络体系结构

计算机网络体系结构是指为了使计算机网络系统能够在同一原则和方法下进行设计、构建和使用，提出对构成整个计算机网络的主要部分及应具备功能给出的一组定义。

(1)分层化的设计思路

计算机网络是由各类具有独立功能的计算机系统和终端，通过通信线路连接起来的复杂系统。网络中各计算机或节点之间的数据通信，包括数据从发送端的处理、发送，到经中继节点的交换转发，再到接收端的接收，发送端和接收端都必须相互协调工作才能保证相互通信正常进行。为了设计实现这样复杂的系统，人们提出了分层实现计算机网络功能的方法。

(2)OSI 的制定

为了解决不同网络设备之间的互联问题，国际标准化组织(ISO)在 20 世纪 80 年代初提出了著名的开放系统互连参考模型(OSI/RM)。OSI/RM 是根据比较成熟的分层体系结构理论，结合当时比较成功的体系结构的经验制定的。制定过程中所采用的方法是分层处理法，将整个庞大而复杂的问题划分为若干个容易处理的小问题。先根据网络的功能将网络划分成定义明确的层次，然后定义层次间的接口及每层提供的功能和服务，最后定义每层必须遵守的规则，即协议。

(3)OSI/RM 的结构及各层功能

OSI/RM 定义了开放系统的层次结构和各层所提供的服务。OSI/RM 的一个成功之处在于，它清晰地分开了服务、接口和协议这三个容易混淆的概念。服务描述了每一层的功能，接口定义了某层提供的服务如何被高层访问，而协议是每一层功能的实现方法。通过区分这些抽象概念，OSI/RM 将功能定义与实现细节区分开来，概括性高，使它具有普遍的适应能力。

OSI/RM 具有 7 个层次的框架，自底向上的 7 个层次分别是物理层、数据链路层、网络层、传输层、会话层、表示层和应用层，如图 2-1-4 所示。

图 2-1-4　OSI/RM 示意图

各层主要功能如下。

• 物理层：物理层并不是物理媒体本身，它只是开放系统中利用物理媒体实现物理连接的功能描述和执行连接的规程。物理层提供用于建立、保持和断开物理连接的机械的、电气的、功能的和过程的条件。简而言之，物理层提供有关同步和比特流在物理媒体上的传输手段，其典型的协议有 EIA-232-D 等。

• 数据链路层：数据链路层用于建立、维持和拆除链路连接，实现无差错传输的功能。在点到点或点到多点的链路上，保证信息的可靠传递。该层对连接相邻的通路进行差错控制、数据成帧、同步等控制。检测差错一般采用循环冗余校验（CRC），纠正差错采用计时器恢复和自动请求重发（ARQ）等技术。其典型的协议有 OSI 标准协议集中的高级数据链路控制协议（HDLC）。

• 网络层：网络层规定了网络连接的建立、维持和拆除的协议。它的主要功能是利用数据链路层所提供的相邻节点间的无差错数据传输功能，通过路由选择和中继功能，实现两个系统之间的连接。在计算机网络系统中，网络层还具有多路复用的功能。

• 传输层：传输层完成开放系统之间的数据传送控制。主要功能是开放系统之间的数据的收发确认。同时还用于弥补各种通信网络的质量差异，对经过下三层之后仍然存在的传输差错进行恢复，进一步提高可靠性。另外，还通过复用、分段和组合、连接和分离、分流和合流等技术措施，提高吞吐量和服务质量。

• 会话层：会话层依靠传输层以下的通信功能，使数据传送功能在开放系统间有效地进行。其主要功能是按照在应用进程之间的约定，按照正确的顺序收发数据，进行各种形式对话。控制方式可以归纳为以下两类：一是为了在会话应用中易于实现接受处理和发送处理的逐次交替变换，设置某一时刻只有一端发送数据，因此需要有交替改变发信端的传送控制；二是在类似文件传送等单方向传送大量数据的情况下，为了防备应用处理中出现意外，在传送数据的过程中需要给数据进行标记，当出现意外时，可以由打标记处重发。例如，可以将长文件分页发送，当收到上页的接受确认后，再发下页的内容。

• 表示层：表示层的主要功能是把应用层提供的信息变换为能够共同理解的形式，提供字符代码、数据格式、控制信息格式、加密等的统一表示。表示层仅对应用层信息内容的形式进行变换，而不改变其内容本身。

• 应用层：应用层是 OSI 的最高层。其功能是实现应用进程（如用户程序、终端操作员等）之间的信息交换。同时，还具有一系列业务处理所需要的服务功能。

OSI/RM 理论上为网络的发展指明了方向，对计算机网络起到了规范和指导作用。但是在实际应用中，完全符合 OSI/RM 的产品却很少。现在，实际使用的网络互联协议是 TCP/IP 协议集。随着以 TCP/IP 协议为基础建立的 Internet 的飞速发展，TCP/IP 协议已成为计算机网络事实上的工业标准，得到了相当广泛的实际应用。

2.2　局域网与互联网应用基础

2.2.1　局域网的基本概念

1. 计算机网络的分类

计算机网络的分类标准很多，按拓扑结构分为星型网、总线型网、环型网、网状网等；按数据交换方式分为电路交换网、报文交换网、分组交换网；按信号传播方式分为基带网和宽带网；按照覆盖的地理范围分为局域网、城域网和广域网三类。下面按覆盖范围分类进行介绍。

局域网(LAN):局域网是一种在小区域内使用的,由多台计算机组成的网络,覆盖范围通常局限在 10 km 之内,属于一个单位或部门组建的小范围网。

城域网(MAN):城域网是作用范围在广域网与局域网之间的网络,其网络覆盖范围通常可以延伸到整个城市,借助通信光纤将多个局域网联通成公用城市网络,形成大型网络,使得不仅局域网内的资源可以共享,局域网之间的资源也可以共享。

广域网(WAN):广域网是一种远程网,涉及长距离的通信,覆盖范围可以是一个国家或多个国家,甚至整个世界。这种网络一般要租用专线,通过接口信息处理协议和线路连接起来,构成网状结构,解决寻径问题。

2. 局域网的特点

局域网的特点是分布地区范围有限,可大可小,大到一栋建筑楼与相邻建筑之间的连接,小到可以是办公室之间的联系。局域网自身相对其他网络传输速度更快,性能更稳定,框架简易,并且是封闭的,这也是很多机构选择的原因所在。局域网自身大体由计算机设备、网络连接设备、网络传输介质三大部分构成。

局域网将一定区域内的各种计算机、外部设备和数据库连接起来形成计算机通信网,通过专用数据线路与其他地方的局域网或数据库连接,形成更大范围的信息处理系统。局域网通过网络传输介质将网络服务器、网络工作站、打印机等网络互联设备连接起来,实现系统管理文件,共享应用软件、办公设备,发送工作日程安排等通信服务。局域网为封闭型网络,在一定程度上能够防止信息泄露和外部网络病毒攻击,具有较高的安全性,但是一旦发生黑客攻击等事件,极有可能导致局域网整体出现瘫痪,网络内的所有工作无法进行,甚至泄露大量公司机密,对公司事业发展造成重创。

3. 有线局域网

有线局域网使用了各种不同的传输技术。它们大多使用铜线作为传输介质,但也有一些使用光纤。通常情况下,有线局域网的运行速度在 100 Mbit/s～10 Gbit/s,延迟很低(微秒或者纳秒级),而且很少发生错误。

许多有线局域网的拓扑结构是以点到点链路为基础的。俗称以太网的 IEEE 802.3 是迄今为止最常见的一种有线局域网。在交换式以太网中,每台计算机按照以太网协议规定的方式运行,通过一条点到点链路连接到交换机,这就是交换式以太网名字的由来。

4. 无线局域网

无线局域网(WLAN),是在几千米范围内的公司楼群或是商场内的计算机互相连接所组建的计算机网络,一个无线局域网能支持几台到几千台计算机使用。如今无线局域网的应用已经越来越多,家庭、校园、商场、公司、高铁以及机场等都在应用。

2.2.2 网络拓扑结构

网络拓扑结构是指用传输介质互连各种设备的物理布局。网络中的计算机等设备要实现互联,就需要以一定的结构方式进行连接,这种连接方式称为“拓扑结构”。常见的网络拓扑结构有总线型结构、环型结构、星型结构、树型结构和网状结构等。拓扑结构示意图如图 2-2-1 所示。

1. 总线型结构

总线型结构采用一条单根的通信线路(总线)作为公共的传输通道,所有的节点都通过相应的接口直接连接到总线上,并通过总线进行数据传输。由于单根电缆仅支持一种信道,连接在电缆上的计算机和其他共享设备共享电缆的所有容量，因此连接在总线上的设备越多，网络发送和接收数据就越慢。

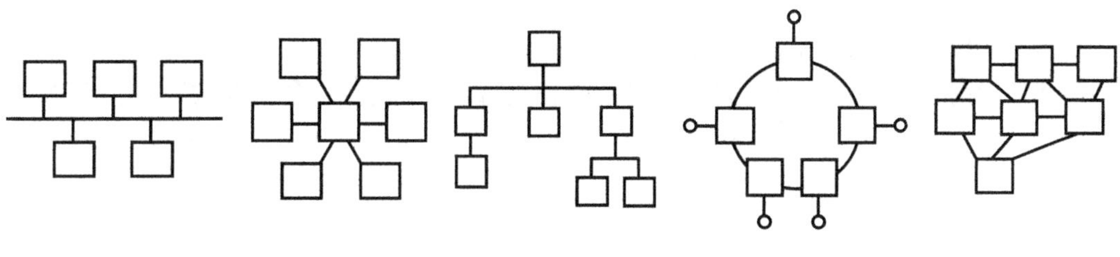

图 2-2-1　网络拓扑结构

总线型网络使用广播式传输技术，总线上的所有节点都可以发送数据到总线上，数据沿总线传播。当一个节点发送数据并在总线上传播时，数据可以被总线上的其他所有节点接收，各站点在接收数据后分析目的物理地址，再决定是否接收该数据。

总线型结构的优点：布线容易，电缆用量小，可靠性高，易于扩充，易于安装。缺点：故障诊断困难，故障隔离困难，扩充网络时需进行中继器配置，终端必须是智能的。

2. 环型结构

环型结构中，各个工作站的地位相同，它们相互顺序连接，构成一个封闭的环，数据在环中可以单向或是双向传送。环型拓扑结构简单，传输延时确定，但是环中的每一个站点与连接站点之间的通信线路都会成为网络可靠性的瓶颈，环中的任意一个站点出现通信故障，都会造成网络瘫痪。环型结构有两种类型，即单环结构和双环结构。

环型结构的优点：结构简单，容易实现，各节点之间无主从关系；信息依靠两个相邻的环路接口沿固定方向传送，其延时固定，实时性较强。缺点：可靠性低，只要有一个节点或一处链路发生路障，则会造成整个网络瘫痪；由于环路是封闭的，所以扩充不方便。

3. 星型结构

星型结构的每个节点都由一条点对点链路与中心节点（公用中心交换设备，如交换机、集线器等）相连。星型网络中的一个节点如果向另一个节点发送数据，首先将数据发送到中央设备，然后由中央设备将数据转发到目标节点。信息的传输是通过中心节点的存储转发技术实现的，并且只能通过中心节点与其他节点通信。星型网络是局域网中最常用的拓扑结构。

星型结构的优点：网络结构相对简单，集中控制易于维护，容易实现组网；网络延迟时间短，传输误码率低。缺点：网络共享能力较差，通信线路利用率不高，中央节点负担过重；可同时连双绞线、同轴电缆及光纤等多种媒介。

4. 树型结构

树型结构是从总线型和星型结构演变来的。网络中的节点设备都连接到一个中央设备（如集线器）上，但并不是所有的节点都直接连接到中央设备，大多数的节点首先连接到一个次级设备，次级设备再与中央设备连接。树型结构有两种类型，一种是由总线型拓扑结构派生出来的，它由多条总线连接而成；另一种是星型结构的变种，各节点按一定的层次连接起来，形状像一棵倒置的树，故得名树型结构。

树型结构的优点：易于扩展，故障易隔离，可靠性高。缺点：对根节点的依赖性大，一旦根节点出现故障，将导致全网不能工作；电缆成本高。

5. 网状结构

网状结构中，各个工作站连成一个网状结构，没有主机，也不分层次，通信功能分散在组成网络的各个工作站中，是一种分布式的控制结构。它具有较高的可靠性，资源共享方便，但线路复杂，网络管理也较为困难，一般在广域网中才采用这种拓扑结构。

网状结构的优点：可靠性高；因为有多条路径，所以可以选择最佳路径，减少时延，改善流量分配，提高网络性能。缺点：结构复杂，不易管理和维护；线路成本高；路径选择比较复杂。

2.2.3 介质访问控制方法

1. 介质访问控制方法

局域网上经常在一条传输介质上连有多台计算机，如总线型和环型局域网。不论采用何种拓扑结构，都是把传输介质作为各站点共享的资源。但一条传输介质在某一时间内只能供一台计算机使用，那么在某一时刻到底哪台计算机使用或访问传输介质呢？这就需要有一个共同遵守的原则和方法来控制、协调各计算机对传输介质的访问，这种对信道的使用权进行合理分配的方法就称为介质访问控制方法（MAC）或介质访问控制协议。

局域网常用的介质访问控制方法有：载波侦听多路访问/冲突检测（CSMA/CD），适用于总线拓扑结构；令牌环，适用于环型拓扑结构；令牌总线，适用于总线或树型拓扑结构，现已较少使用。

2. CSMA/CD 访问控制与 IEEE 802.3 标准

CSMA/CD 是采用随机访问和争用技术的一种介质访问控制方法，通常用于总线型拓扑结构的局域网中。

所谓载波侦听，意思是网络上各个工作站在发送数据前都要确认总线上有没有数据传输。若有数据传输（称总线为忙），则不发送数据；若无数据传输（称总线为空），立即发送准备好的数据。

所谓多路访问，意思是网络上所有工作站收发数据共同使用同一条总线，且发送数据是广播式的。

所谓冲突，意思是若网上有两个或两个以上工作站同时发送数据，在总线上就会产生信号的混合，这样哪个工作站都辨别不出真正的数据是什么。这种情况称为数据冲突，又称为碰撞。

在 CSMA 中，由于信道传播时延的存在，即使通信双方的站点都没有侦听到载波信号，在发送数据时仍可能会发生冲突，因为他们可能会在检测到介质空闲时同时发送数据，致使冲突发生。尽管 CSMA 可以发现冲突，但它并没有冲突检测和阻止功能，致使冲突发生频繁。

CSMA/CD 可以使发送站点在传输过程中仍继续侦听介质，以检测是否存在冲突。如果两个站点都在某一时间检测到信道是空闲的，并且同时开始传送数据，则它们几乎立刻就会检测到有冲突发生。如果发生冲突，信道上可以检测到超过发送站点本身发送的载波信号幅度的电磁波，由此判断出冲突的存在。一旦检测到冲突，发送站点就立即停止发送，并向总线上发送一串阻塞信号，用以通知总线上通信的对方站点，快速地终止被破坏的帧，以节省时间和带宽。

CSMA/CD 控制方式的优点：原理比较简单，技术上易实现，网络中各工作站处于平等地位，无须集中控制，不提供优先级控制。但在网络负载增大时，发送时间增长，发送效率急剧下降。

IEEE 802.3 标准就是一个使用 CSMA/CD 介质访问控制方法的局域网综合性标准。

CSMA/CD 是其核心协议，所以通常又把 CSMA/CD 称为 IEEE 802.3 标准。

3. 令牌环访问控制与 IEEE 802.5 标准

令牌环是 IBM 公司 20 世纪 70 年代的局域网技术，1985 年 IEEE 802 委员会以 IBM 令牌环网为基础形成了 IEEE 802.5 标准。

令牌环工作原理：网上站点要求发送帧，必须等待空令牌；获取空令牌后，则将它改为忙令牌，后随数据帧，环内其他站点不能发送数据；环上站点接收、移位数据，并进行检测；如果与本站地址相同，则同时接收数据，接收完成后，设置相应标记；该帧在环上循环一周后，回到发送站，发送站检测相应标记后，将此帧移去；将忙令牌改成空令牌，继续传送，供后续站发送帧。

令牌环的优点：由于令牌环方法是一种单令牌协议，环路上只设置一个令牌，不会出现冲突；同一时刻，环上只有一个数据帧在传输；适合实时通信，支持优先级；重负载时效率高。其主要缺点：需要对令牌进行维护，一旦运行中令牌丢失或一直忙，都会导致环网无法运行；轻负载下，因为存在令牌空跑的现象，即一个站点发送完后，要隔一定的距离才到要发送的站点，这个要发送的站点在发送前必须等待令牌，因此利用率会降低。

2.2.4　以太网的基本概念

1. 以太网概述

以太网是现实世界中最普遍的一种计算机网络。以太网有两类：第一类是经典以太网；第二类是交换式以太网，它使用了一种称为交换机的设备连接不同的计算机。

2. 以太网的典型特性

以太网技术成熟，是当前应用最普遍的局域网技术，它具有以下典型特性：

(1)是按照 IEEE 802.3 协议建立的局域网络；

(2)是以总线或星型总线为基础的一种技术；

(3)利用基带信号传输；

(4)采用 CSMA/CD 对网络访问进行控制；

(5)同一时刻只能有一个工作站使用网络；

(6)传输速率高，为 10 Mbit/s～10 Gbit/s。

3. 以太网的 MAC 帧格式

以太网的 MAC 子层的核心协议是 CSMA/CD，IEEE 802.3 标准规定的帧结构。MAC 帧包括三部分：帧头，数据部分，帧尾。其中，帧头和帧尾包含一些必要的控制信息，比如同步信息、地址信息、差错控制信息等；数据部分则包含网络层传下来的数据，比如 IP 数据包。

MAC 帧的帧头包括三个字段。前两个字段分别为 6 B 长的目的地址字段和源地址字段，目的地址字段包含目的 MAC 地址信息，源地址字段包含源 MAC 地址信息。第三个字段为 2 B的类型字段，里面包含的信息用来标志上一层使用的协议，以便接收端把收到的 MAC 帧的数据部分上交给上一层的这个协议。

MAC 帧的数据部分只有一个字段，其长度在 46～1500 B，包含的信息是网络层传下来的数据。

MAC 帧的帧尾也只有一个字段，为 4 B 长，包含的信息是帧校验序列(FCS)(使用 CRC 校验)。

4. 以太网的类型

以太网有多种类型，包括标准以太网(10 Mbit/s)、快速以太网(100 Mbit/s)、千兆以太网

(1000 Mbit/s)和万兆以太网(10 Gbit/s)。

(1)100 Mbit/s 快速以太网

100 Mbit/s 快速以太网的数据传输速率为 100 Mbit/s,目前制定了三种有关传输介质的标准:100BASETX、100BASET4、100BASEFX。

(2)1000 Mbit/s 高速以太网

千兆以太网的传输速率更快,数据传输速率达到 1000 Mbit/s。千兆以太网技术适用于大、中规模的网络主干,从而实现千兆主干、百兆交换到桌面的主流网络应用模式。

(3)10 Gbit/s 高速以太网

万兆以太网是一种数据传输速率高达 10 Gbit/s、通信距离长的以太网,采用光纤传输。万兆以太网扩展了以太网的带宽和传输距离。

现在以太网的连接结构多采用星型。采用专用的网络设备(如集线器或交换机)作为核心节点,通过传输介质将局域网中的各台主机连接到核心节点上,形成星型结构网络。此外,星型结构还可以方便地通过级联的方式扩展网络规模。

2.2.5 交换机工作原理和配置管理方法

交换机是一种用于电(光)信号转发的网络设备。它可以为接入交换机的任意两个网络节点提供独享的电信号通路。最常见的交换机是以太网交换机。交换机工作于 OSI 的第二层,即数据链路层。交换机拥有一条高带宽的背部总线和内部交换矩阵,在同一时刻可进行多个端口对之间的数据传输。交换机的传输模式有全双工、半双工、全双工/半双工自适应。

2.2.5.1 以太网交换机的工作原理

如图 2-2-2 所示,在交换机内部有一个 MAC 地址和端口的映射表,表中保存有站点的 MAC 地址与所在端口号的对应关系。当站点进行数据传输时,交换机检测从端口来的数据帧的源和目的 MAC 地址,然后查映射表找出源和目的 MAC 地址对应的端口号,在端口间连通通路,并将数据帧转发给相应的目的端口;如果数据帧的 MAC 地址不在映射表中,则将该地址加入到表中。交换机可以同时连通多对端口,使每对相互通信的站点都能像独占通信信道那样无冲突地传输数据,即每个站点都能独占信道速率传输数据,通信完成后就断开连接。

端口	地址
1	节点A
2	
3	
4	节点B
5	节点C
6	节点D

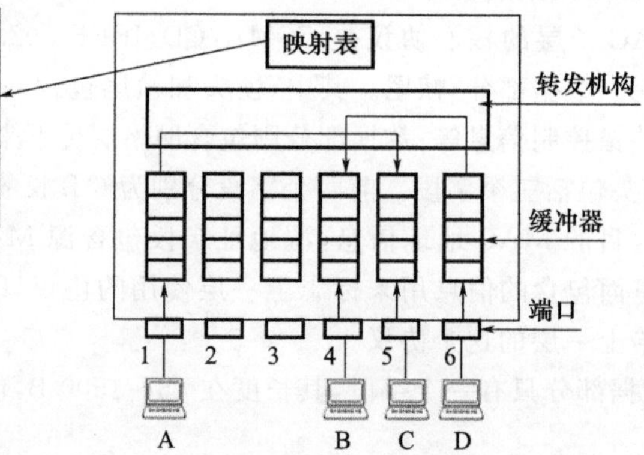

图 2-2-2 以太网交换机的工作原理

从图 2-2-2 中可以看出,交换机有 6 个端口,其中 1、4、5、6 分别连接了节点 A、B、C、D,在交换机中可以建立一个 MAC 地址和端口号的映射表。当节点 A 要和节点 C 通信时,就直接利用这样的映射关系找出对应节点 C 的 MAC 地址的输出端口号，建立端口 1 到端口 5 的连接，实现 A 到 C 的直接通信，并且节点 A 和节点 C 的通信独占传输信道；同样，如果节点 D 要和节点 B 进行通信，也可以建立端口 6 和端口 4 的连接。这种端口间的连接可以根据需要同时建立多条，也就是说可以在多个端口之间建立多个并发连接。

2.2.5.2　虚拟局域网的概念与结构

1. 虚拟局域网的概念

虚拟局域网(VLAN)：在交换式局域网的基础上，通过管理软件将网络的节点按业务功能、网络应用划分成若干个逻辑工作组，每个逻辑工作组就是一个虚拟网络。VLAN 并不是一种新型局域网技术，而是基于交换技术为用户提供的一种服务。它允许管理员使用软件灵活地划分虚拟网，增加、删除虚拟网的成员。

在传统的局域网中，通常一个工作组是在同一个网段上的，每个网段是一个逻辑工作组。多个工作组之间通过互联网段的网桥或交换机来交换数据。如果一个工作组中的某台计算机要转移到另一个工作组，需要将该计算机从一个网段撤出，连接到另一个网段上，甚至还需要重新布线，因此，工作组的组成要受到节点所处网段的物理位置的限制。

而建立在交换机之上的虚拟局域网，以软件设置的方式来实现逻辑工作组的划分与管理。虚拟局域网中的节点组成不受物理位置的限制，同一个 VLAN 中的节点可以分布在不同的物理网段上，不受物理位置的束缚，但它们之间的通信就像在同一个物理网段上一样。如果要改变节点所处的 VLAN，只要通过软件设定，不需要改变它在网络中的物理位置。

2. 虚拟局域网的物理结构与逻辑结构

典型的虚拟局域网的物理结构与逻辑结构如图 2-2-3 所示，图中计算机分布在 3 个物理网段上，但在工作过程中，同一部门内部的人员之间信息共享的概率会更高，所以可以应用虚拟局域网技术，把同一部门人员使用的计算机组成一个虚拟局域网，即把物理上分布在不同物理网段的节点划分成虚拟局域网。

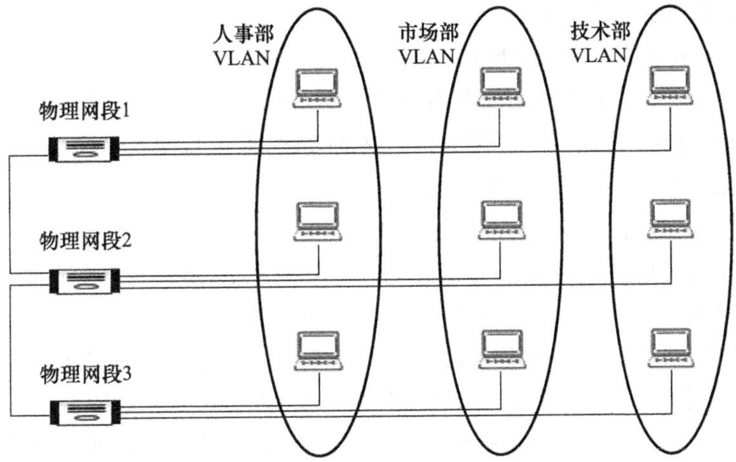

图 2-2-3　虚拟局域网的物理结构与逻辑结构

虚拟局域网是为解决以太网的广播问题和安全性而提出的一种协议，它在以太网帧的基础上增加了 VLAN 头，用 VLAN ID 把用户划分为更小的工作组，限制不同工作组间的用户互访，每个工作组就是一个虚拟局域网。虚拟局域网的好处是可以限制广播范围，并能够形成虚拟工作组，动态管理网络。

3. 划分 VLAN

可以通过软件的方法对交换机进行配置实现。不同 VLAN 组网方法的区别主要体现在对工作组成员定义的原则上，通常有以下四种。

(1)用交换机端口号定义 VLAN

基于端口号划分 VLAN 是最常用且简单有效的方法。它按照交换机端口来定义 VLAN 成员，即把交换机上的物理端口分成若干组，每个组构成一个虚拟网络。基于端口的 VLAN 又可分为基于单交换机端口和多交换机端口两种情况。图 2-2-4a 中，我们把 1、2、7、8 端口组成了 VLAN1，3、4、5、6 端口组成了 VLAN2，这种 VLAN 只支持一个交换机。图 2-2-4b 中，交换机 1 的 1、2 端口和交换机 2 的 4、5、6、7 端口组成了 VLAN1，交换机 1 的 3、4、5、6、7 端口和交换机 2 的 2、3、8 端口组成了 VLAN2。

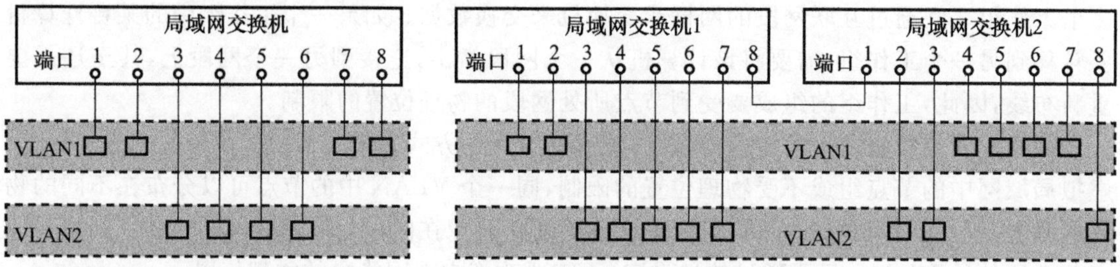

(a) 基于单交换机端口的VLAN　　(b) 基于多交换机端口的VLAN

图 2-2-4　用交换机端口划分 VLAN

基于交换机端口划分 VLAN 是一种简单易用的方法，易于理解和管理，但其缺点是无法自动解决节点的移动、增加和变更问题，当用户从一个端口移动到另一个端口时，网络管理员必须对 VLAN 成员进行重新配置。

(2)用 MAC 地址定义 VLAN

该方法依据主节点的 MAC 地址来划分 VLAN。对每一个 MAC 地址的主机都定义它属于哪个组。这种方法允许主机移动到网络的其他物理网段，而自动保持原来的 VLAN 成员资格。在网络规模较小时，该方案可以说是一个好的方法，但随着网络规模的扩大，网络设备、用户的增加，会在很大程度上加大管理的难度。

(3)用网络层 IP 地址定义 VLAN

定义 VLAN 也可以使用节点 IP 地址，使用该方法时，通常要求交换机能够处理网络层的数据，即要使用路由器或具有路由功能的三层交换机。这种划分方法的优点：首先它允许按照协议类型来组成虚拟局域网，这有利于组成基于服务或应用的虚拟局域网；其次用户可以随意移动节点而无须重新配置网络地址，这对使用 TCP/IP 协议的用户是特别有利的。缺点：与基于 MAC 地址的虚拟局域网相比，检查网络层 IP 地址比检查 MAC 地址花费的时间要多，因此虚拟局域网的速度相对比较慢，VLAN 成员之间的通信速度不是很理想。

(4)用 IP 广播组定义虚拟局域网

IP 组播实际上也是一种 VLAN 的定义，即认为一个 IP 广播组就是一个 VLAN。这种划分的方法将 VLAN 扩大到了广域网，因此这种方法具有更大的灵活性，而且也很容易通过路由器进行扩展，主要适合于不在同一地理范围的局域网用户组成一个 VLAN；不适合局域网，主要是因为效率不高。

2.2.5.3　交换机配置管理方法

这里以 H3C S5500 交换机为例，主要介绍通过 Web 界面设置交换机。

H3C S5500 交换机支持 CLI(命令行接口)、Web 和 SNMP(简单网络管理协议)三种登录方式。

- 通过 CLI 登录设备后，可以直接输入命令行，来配置和管理设备。CLI 方式下又根据使用的登录接口以及登录协议不同，分为：通过 Console 口、Telnet、SSH 或 Modem 登录方式。
- 通过 Web 登录设备后，用户可以使用 Web 界面直观地管理和维护网络设备。
- 通过 SNMP 登录设备后，NMS 可以通过 Set 和 Get 等操作来配置和管理设备。

用户首次登录设备时，只能通过 Console 口登录。进行相应的配置后，才能通过其他方式登录。

1. 登录设备方式介绍

CLI 是用户与设备之间的文本类指令交互界面。通常情况下交换默认以这种方式进行配置和管理。用户输入文本类命令，通过输入回车键提交设备执行相应命令，从而对设备进行配置和管理，并可以通过查看输出信息确认配置结果。

通过 Console 口进行本地登录是登录设备的最基本的方式，也是配置通过其他方式登录设备的基础。通过 Console 口登录设备时，请按以下步骤进行操作。

(1)PC 断电。因为 PC 机串口不支持热插拔，请不要在 PC 带电的情况下，将串口线插入或者拔出 PC 机。

(2)请使用产品随机附带的配置口电缆连接 PC 机和设备。请先将配置口电缆的 DB-9(孔)插头插入 PC 机的 9 芯(针)串口中，再将 RJ-45 插头端插入设备的 Console 口中，如图 2-2-5 所示。

图 2-2-5　交换机与 PC 机连接

(3)给 PC 上电。

(4)在 PC 机上运行终端仿真程序，选择与设备相连的串口，设置终端通信参数。这些参数的值必须和设备上的值一致，缺省情况如下。

波特率：9600。数据位：8。停止位：1。奇偶校验：无。流量控制：无。

(5)设备上电。终端上显示设备自检信息，自检结束后提示用户键入回车，用户键入回车后将出现命令行提示符＜H3C＞，如下所示：

```
Press Ctrl-B to enter Boot Menu 0
Auto-booting
Decompress Image
OK!
Starting at 0x80100000
Cryptographic algorithms tests passed.
User interface aux0 is available.
Press ENTER to get started.
<H3C>% Sep 26 06:28:18:108 2026 H3C SHELL/4/LOGIN: Console login from aux0
```

<H3C>

(6)键入命令，配置设备或查看设备运行状态，如需帮助可以随时键入“?”。

2. 命令视图简介

设备提供了丰富的功能，不同的功能对应不同的配置和查询命令。为便于用户使用这些命令，设备按功能对命令进行分类组织。功能分类与命令视图对应，当要配置某功能的某条命令时，需要先进入这条命令所在的视图。每个视图都有唯一的、含义清晰的提示符，比如提示符[Sysname-vlan100]表示当前的命令视图是 VLAN 视图，VLAN 的编号是 100，在该视图下可对 VLAN100 的属性进行配置。命令视图采用分层结构，如图 2-2-6 所示。

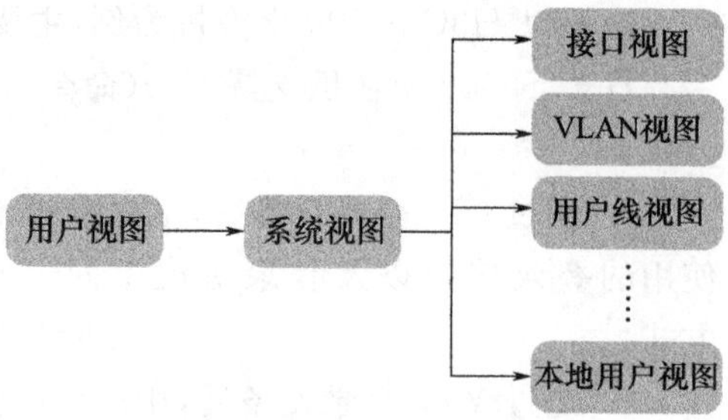

图 2-2-6　命令视图的分层结构

用户登录设备后，直接进入用户视图。此时屏幕显示的提示符是<设备名>。用户视图下可执行的操作主要包括查看操作、调试操作、文件管理操作、设置系统时间、重启设备、FTP 和 Telnet 操作等。

从用户视图可以进入系统视图，此时屏幕显示的提示符是[设备名]。系统视图下能对设备运行参数以及部分功能进行配置，比如配置夏令时、配置欢迎信息、配置快捷键等。在用户视图下执行“system-view”命令进入系统视图。

在系统视图下输入特定命令，可以进入相应的功能视图，完成相应功能的配置。比如：进入接口视图配置接口参数、进入 VLAN 视图给 VLAN 添加端口、进入用户线视图配置登录用户的属性、创建本地用户并进入本地用户视图配置本地用户的属性等。

当前视图下的功能配置完成，执行 Quit 命令从当前视图返回上一级视图。也可以直接按组合键“Ctrl+Z”从当前视图返回用户视图。

想要了解某命令视图下支持哪些命令，请在该命令视图提示符后输入“?”，例如：

```
<Sysname> ?
User view commands:
archive Archive configuration
backup Backup the startup configuration file to a TFTP server
boot-loader Set boot loader
……
```

输入一条命令的关键字，后接以空格分隔的“?”，则列出全部关键字及其简单描述。例如：

```
<Sysname>terminal ?
debugging Enable to display debugging logs on the current terminal
logging Display logs on the current terminal
monitor Enable to display logs on the current terminal
```

如果“?”前为参数，则列出有关的参数描述。例如：

```
<Sysname> system-view
[Sysname] interface vlan-interface ?
<1-4094> Vlan-interface interface number
[Sysname] interface vlan-interface1 ?
```

<cr>

其中,<1-4094>表示该参数的取值范围为 1～4094;<cr>表示命令行当前位置无参数,直接输入回车即可执行。

输入命令的不完整关键字,其后紧接“?”,显示以该字符串开头的所有命令关键字。例如:

<Sysname> q?

quit

<Sysname> display ftp?

ftp

ftp-server

ftp-user

输入不完整的关键字后按下“Tab”键,系统自动补全关键字。

3. 常用命令简介

(1)“sysname”命令配置设备名称,该命令在系统视图下执行。

<Sysname> system-view;进入系统视图

[Sysname] sysname h3c;配置名称

[h3c]

(2)“save”命令用来将设备的当前配置保存到指定文件。

将当前配置保存到存储介质的根目录,并将该文件设置为下次启动配置文件。

<Sysname> save

The current configuration will be written to the device. Are you sure? [Y/N]:y

Please input the file name(* . cfg)[flash:/startup. cfg]

(To leave the existing filename unchanged, press the enter key):

Validating file. Please wait...

Saved the current configuration to mainboard device successfully.

Slot 1:

Save next configuration file successfully.

(3)“reboot”命令用来重启当前登录的成员设备。

(4)“restore factory-default”将设备恢复到出厂状态,执行本命令后,需重启设备才能使该命令生效,本命令在用户视图下执行。

(5)“display”命令在任意视图下执行可以显示配置后设备的运行情况,通过查看显示信息验证配置的效果。Display 更多参数的使用请参考对应设备手册。

- 显示系统版本信息:display version.
- 显示系统当前的时间、日期、本地时区以及夏令时配置: display clock.
- 显示系统软件和硬件的详细版权信息: display copyright.
- 显示 CPU 占用率的统计信息: display cpu-usage.
- 显示 CPU 利用率历史信息记录功能相关配置:display cpu-usage configuration.
- 以图形方式显示 CPU 占用率统计历史信息:display cpu-usage history.
- 显示设备信息: display device.
- 显示设备的电子标签信息: display device manuinfo.
- 显示系统当前多个功能模块运行的统计信息:display diagnostic-information.

- 显示设备的温度信息：display environment.
- 显示设备风扇的工作状态：display fan.
- 显示设备的内存使用状态：display memory.
- 显示内存告警门限相关信息：display memory-threshold.
- 显示设备的电源状态：display power.
- 显示定时重启功能的相关配置：display scheduler reboot.
- 显示设备的版本信息：display version.
- 显示主设备启动软件包版本更新操作的记录：display version-update-record.

4. 配置通过 Web 登录设备

交换机提供了 Web 功能，可以通过 PC 登录到设备上，使用 Web 界面直观地配置和维护设备。设备支持以下两种 Web 登录方式。

HTTP 登录方式：HTTP(超文本传输协议)用来在 Internet 上传递 Web 页面信息。HTTP 位于 TCP/IP 协议栈的应用层，传输层采用面向连接的 TCP。

HTTPS 登录方式：HTTPS(超文本传输协议的安全版本)是支持 SSL(安全套接字层)协议的 HTTP 协议。HTTPS 通过 SSL 协议，能对客户端与设备之间交互的数据进行加密，能为设备制定基于证书属性的访问控制策略，提高了数据传输的安全性和完整性，保证合法客户端可以安全地访问设备，禁止非法的客户端访问设备，从而实现了对设备的安全管理。

缺省情况下，用户不能通过 Web 登录设备。需要先通过 Console 口登录到设备，开启 Web 功能(开启 HTTP 和 HTTPS 服务)，并配置设备 IP 地址、Web 用户和认证密码等参数后，才能使用 Web 登录设备。

(1)组网需求

PC 与设备通过 IP 网络相连且路由可达，PC 和设备的 IP 地址分别为 192.168.101.99/24 和 192.168.100.99/24，如图 2-2-7 所示。

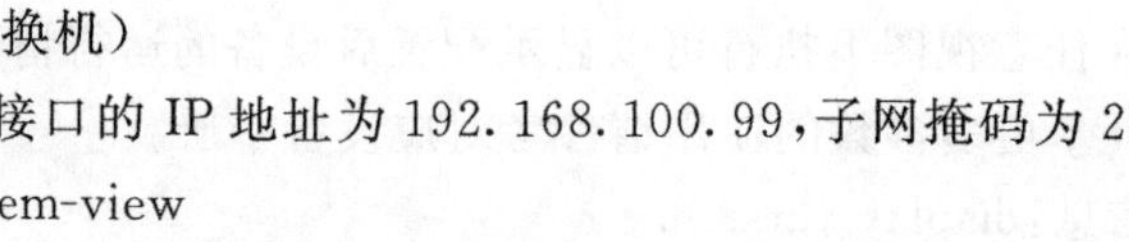

图 2-2-7　交换机组网拓扑图

(2)开启 Web 功能配置步骤

1)配置 Device(交换机)

- 配置 VLAN1 接口的 IP 地址为 192.168.100.99，子网掩码为 255.255.255.0。

```
<Sysname>system-view
[Sysname]interface vlan-interface 1
[Sysname-Vlan-interface1] ip address 192.168.100.99 255.255.255.0
[Sysname-Vlan-interface1] quit
```

- 配置 Web 用户名为 admin，认证密码为 admin，服务类型为 http，用户角色为 network-admin。

```
[Sysname] local-user admin
[Sysname-luser-manage-admin] service-type http
[Sysname-luser-manage-admin] authorization-attribute user-role network-admin
```

[Sysname-luser-manage-admin] password simple admin

[Sysname-luser-manage-admin] quit

• 配置开启 HTTP 服务和 HTTPS 服务。

[Sysname] ip httpenable

[Sysname] ip https enable

2)配置 PC

• 在 PC 的浏览器地址栏内输入设备的 IP 地址并回车,浏览器将显示 Web 登录页面。

• 在"Web 用户登录"对话框中输入用户名、密码及验证码,点击"登录"按钮后即可登录,显示 Web 初始页面。成功登录后,用户可以在配置区对设备进行相关配置,如图 2-2-8 所示。

(3)通过 Web 登录设备显示与维护

在完成上述配置后,在任意视图下执行"display"命令可以显示 Web 用户的信息,通过查看显示信息验证配置的效果。

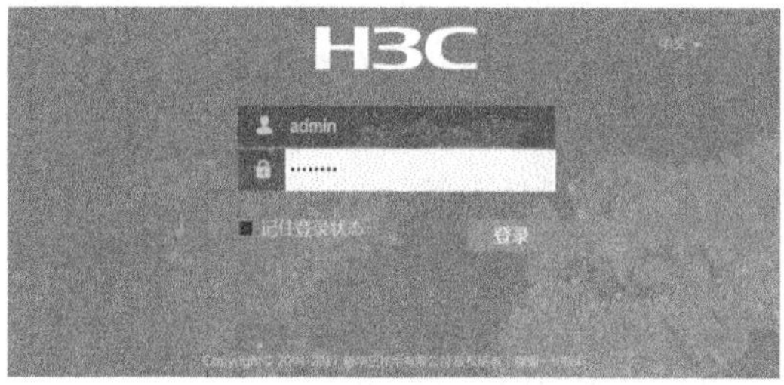

图 2-2-8　交换机 Web 用户登录

显示 Web 用户的相关信息:display web users.

显示 Web 的页面菜单树:display web menu.

显示 HTTP 的状态信息:display ip http.

显示 HTTPS 的状态信息:display ip https.

强制在线 Web 用户下线:free web users { all | user-id user-id | user-name user-name }.

5. Web 页面导航

用户登录 Web 后,能够看到的页面导航内容、能够执行的操作与该用户的用户角色有关。所有配置操作的缺省用户角色要求为 network-admin。

用户角色为 network-admin 的用户登录后,Web 页面导航栏上的一级菜单包括概览、设备、网络、资源、QoS、安全和日志。依次点击"一级菜单\\特性名称",可以进入相应的 Web 页面对该特性进行配置,如图 2-2-9 所示。

一级菜单包含的特性及其支持的功能如下。

(1)概览:显示系统日志、当前的 CPU 和内存利用率以及序列号、硬件版本等系统信息。

(2)设备:设备菜单包含的特性及其支持的功能,如图 2-2-10 所示。

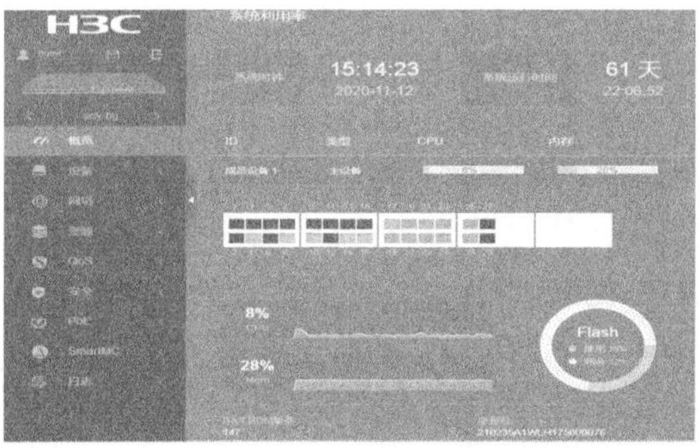

图 2-2-9　H3C 交换机 Web 页面导航

图 2-2-10　H3C 交换机 Web 页面设备选项

维护分类主要包括以下功能。

系统设置：设置设备的名称、位置和联系方式；配置系统时间。

管理员：创建、修改、删除角色；创建、修改、删除管理员，并指定管理员对应的角色，以控制管理员的访问权限；管理密码。

配置文件：保存当前配置；导入/导出配置；查看当前配置；将设备恢复到出厂配置。

文件系统：查看存储介质的基本信息；查看文件/文件夹的基本信息；删除文件；下载文件。

软件更新：升级系统软件；查看系统软件列表，包括设备本地启动使用的软件列表、下次启动将使用的主用软件列表和备用软件列表。

诊断：收集诊断信息，用于定位问题；重启设备。

关于：显示设备的基本信息，比如设备名称、序列号、版本信息、电子标签、法律声明等。

(3)网络：网络菜单包含的特性及其支持的功能，如图 2-2-11 所示，设备型号及软件版本不同菜单选项略有差异。

1)探测工具分类

Ping：测试 IPv4(IP 第 4 版)网络中某主机的连通性。

Tracert：IPv4 Tracert。

2)接口分类

接口：查看设备支持的接口列表以及接口的主要属性(状态、IP 地址、速率、双工模式、描述)；删除逻辑接口、创建子接口、启用/禁用接口等。

图 2-2-11　H3C 交换机 Web 页面网络选项

链路聚合：创建、修改、删除二层聚合组。

流量控制：设置流量统计时间间隔；设置流量控制参数；显示接口流量控制信息。

端口隔离：创建、修改隔离组。

3)链路分类

VLAN：基于端口划分 VLAN；创建 VLAN 接口。

语音 VLAN：语音 VLAN 添加端口；配置语音 VLAN 的自动模式或手动模式；配置语音 VLAN 的普通模式或安全模式；配置语音报文的 QoS 优先级；添加 OUI 地址。

MAC：创建和删除静态 MAC 地址表项、动态 MAC 地址表项和黑洞 MAC 地址表项；显示已有的 MAC 地址表项。

STP：全局和接口开启/关闭 STP 功能；配置 STP、RSTP 和 MSTP 工作模式；配置实例优先级；配置多生成树域。

LLDP：开启/关闭 LLDP 功能；修改 LLDP 工作模式；修改接口模式；配置 LLDP 发送的 TLV 类型。

DHCP Snooping：配置端口为信任或非信任端口；配置 DHCP Snooping 表项记录功能和表项备份机制；DHCP Snooping 端口设置，包括 MAC 地址检查、请求方向报文检查、接受 DHCP 报文限速和 DHCP Snooping 表项最大学习数；配置接口是否开启 Option 82 功能，若开启该功能，则可以配置 Option 82 的处理方式，填充模式和填充内容。

4)IP 分类

IP：配置接口 IP 地址获取方式(DHCP 或者手工配置)；修改接口的 IP 地址和 MTU 值；

创建 LoopBack 接口。

ARP:管理静态、动态 ARP 表项;配置 ARP 代理;配置免费 ARP;配置 ARP 攻击防御。

DNS:配置静态、动态域名解析;配置 DNS 代理;配置域名后缀。

动态 DNS:管理动态 DNS 策略;配置动态 DNS 策略关联接口。

5)镜像分类

端口镜像:配置本地镜像组;配置远程镜像组。

6)路由分类

路由表:查看 IPv4 路由表项,包括路由表的概要信息和统计信息。

静态路由:查看 IPv4 静态路由表项;创建、修改和删除 IPv4 静态路由表项。

策略路由:创建、修改、删除 IPv4 策略路由对接口转发的报文应用策略;对本地发送的报文应用策略。

7)组播分类

IGMP Snooping:配置丢弃未知组播数据报文功能;配置 IGMP 查询器相关功能;配置端口快速离开功能;限制端口加入的组播组数量。

8)服务分类

DHCP:DHCP 服务器功能,配置 DHCP 服务,配置接口工作在 DHCP 服务器模式,配置 DHCP 地址池,配置 IP 地址冲突检测功能;DHCP 中继功能,配置 DHCP 服务,配置接口工作在 DHCP 中继模式,指定对应的 DHCP 服务器地址;配置是否记录 DHCP 中继表项,中继表项定时刷新功能和刷新时间间隔。

HTTP/HTTPS:启用/禁用设备 HTTP/HTTPS 登录功能;配置登录用户连接的空闲超时时间;配置 HTTP/HTTPS 的服务端口号;使用 ACL(访问控制列表)过滤登录用户。

SSH:开启 Stelnet 服务功能;开启 SFTP 服务功能;开启 SCP 服务功能。

FTP:开启 FTP 服务器功能;配置设备发送的 FTP 报文的 DSCP 优先级;使用 ACL 过滤 FTP 用户;配置 FTP 连接的空闲超时时间。

Telnet:启用/禁用设备 Telnet 登录功能;配置 IPv4 Telnet 报文的 DSCP 优先级;使用 ACL 过滤登录用户。

NTP:配置本地时钟作为参考时钟

SNMP:开启 SNMP 功能;配置 SNMP 版本、团体名、组、用户等参数;开启 Trap 发送功能及配置相关参数。

(4)资源菜单包含的特性及其支持的功能,如图 2-2-12 所示。

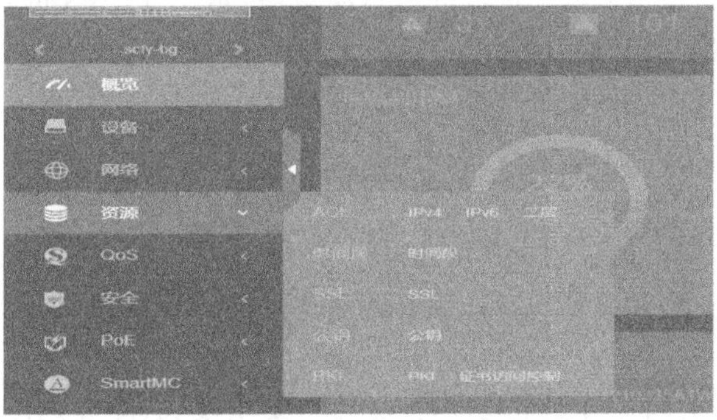

图 2-2-12　H3C 交换机 Web 页面资源选项

1)ACL 分类

IPv4:创建基本或高级 IPv4 ACL、二层 ACL;修改、删除在本页面和其他业务模块(如包过滤)页面创建的 ACL。

2)时间段分类

时间段:创建、修改和删除时间段。

3)SSL 分类

SSL:创建、修改和删除 SSL 客户端策略;创建、修改和删除 SSL 服务器端策略。

4)公钥分类

公钥:管理本地非对称密钥对;管理对端主机公钥。

5)PKI 分类

PKI:管理 CA 证书和本地证书;创建、修改和删除 PKI 域、PKI 实体。

证书访问控制:创建、修改和删除证书访问控制策略;创建、修改和删除证书属性组。

(5)QoS 菜单包含的特性及其支持的功能,如图 2-2-13 所示。

QoS:创建、修改和删除基于接口的 QoS 策略、基于 VLAN 的 QoS 策略、全局 QoS 策略。

硬件队列:修改接口硬件队列设置优先级映射;配置端口优先级,配置端口优先级信任模式;修改 802.1p 优先级到本地优先级映射表、DSCP 到 802.1p 优先级映射表、DSCP 到 DSCP 映射表。

限速:创建、修改和删除接口限速。

图 2-2-13 H3C 交换机 Web 页面 QoS 选项

图 2-2-14 H3C 交换机 Web 页面安全选项

(6)安全菜单包含的特性及其支持的功能,如图 2-2-14 所示。

1)包过滤分类

包过滤:创建、修改和删除基于接口的包过滤策略、基于 VLAN 的包过滤策略、基于全局的包过滤策略;配置包过滤缺省动作。

IP Source Guard:静态配置 IPv4 接口绑定表项。

2)接入分类

802.1x:开启和关闭 802.1x 功能;配置 802.1x 的认证方法;配置端口接入控制方式;配置端口的授权状态;配置端口的认证 ISP 域。

MAC 地址认证:开启和关闭 MAC 地址认证功能;配置 MAC 地址认证的用户认证域;配置用户名格式。

端口安全:开启和关闭端口安全功能;配置端口安全模式;配置入侵保护模式;配置 NTK 模式;配置安全 MAC 老化模式。

Portal：开启和关闭 Portal 认证功能；配置 Portal 认证服务器；配置 Portal Web 服务器；配置免认证规则；配置接口策略。

3）认证分类

ISP 域：配置 ISP 域。

RADIUS：配置 RADIUS 方案。

本地认证：配置本地用户。

（7）日志菜单：系统日志查询、统计、删除日志信息设置，开启或关闭日志输出到日志缓冲区的功能，并配置日志缓冲区可存储的信息条数，设置日志主机。

6. Web 典型配置举例

（1）系统时间配置举例

具体要求：为了保证系统时间的准确性，设备从 NTP 服务器获取系统时间，并对 NTP 服务器的身份进行验证，如图 2-2-15 所示。

配置步骤如下。

1）配置 NTP 客户端交换机

交换机的系统时间在“设备\\维护\\系统设置”页面配置，配置步骤为：选择自动同步系统时间，采用的协议为网络时间协议（NTP）；指定需要对时钟源（NTP 服务器）进行身份验证；配置身份验证密钥 ID，密钥（咨询 NTP 服务器管理员）；指定 NTP 服务器的 IP 地址（咨询 NTP 服务器管理员），工作在服务器模式，并关联身份验证密钥 ID。

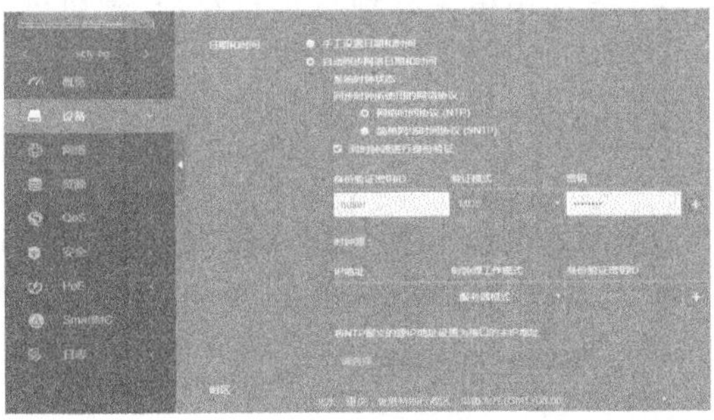

图 2-2-15　H3C 交换机 Web 页面日期和时间设置

2）配置 NTP 服务器（咨询 NTP 服务器管理员）

在 NTP 服务器上开启 NTP 服务，并配置身份验证功能。具体配置方法以采用的 NTP 服务器为准。

3）验证配置

完成上述配置后，可以看到系统时钟处于同步状态，且设备的系统时间与 NTP 服务器上的系统时间保持一致。

（2）管理员配置举例

组网需求如图 2-2-16 所示。

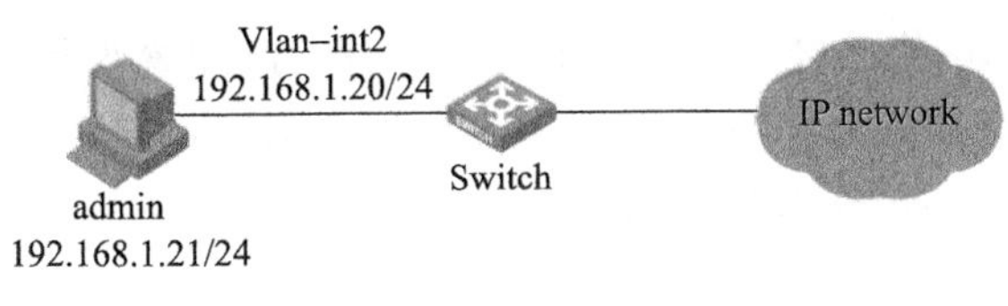

图 2-2-16　交换机管理员配置拓扑图

具体要求：在交换机上配置一个管理员帐户，用于用户采用 HTTP 方式登录 Switch；

用户使用管理员帐户登录时，交换机对其进行本地认证；管理员帐户名称为 webuser，密码为 12345；通过认证之后，用户被授予角色 network-admin。

配置步骤如下。

1)配置 VLAN 和 VLAN 接口

进入 Switch 的"网络\\链路\\VLAN"页面，创建 VLAN2。进入 VLAN2 的详情页面，将与管理员 PC 相连的接口加入 VLAN2 的 Tagged 端口列表，并创建 VLAN 接口 2，配置 VLAN 接口 2 的 IP 地址为 192.168.1.20/24。

2)配置管理员帐户

管理员帐户在"设备\\维护\\管理员"页面配置，配置步骤为：添加管理员；配置用户名为 webuser，密码为 12345；选择角色为 network-admin；指定可用的服务为 HTTP。

3)开启 HTTP 和 HTTPS 服务

HTTP 服务在"网络\\服务\\HTTP|HTTPS"页面配置，配置步骤为：开启 HTTP 登录服务；

开启 HTTPS 登录服务。

4)验证配置

完成上述配置后，在管理员页面上可以看到已成功添加的管理员帐户。

用户在 PC 的 Web 浏览器地址栏中输入"http://192.168.1.20"并回车后，浏览器将显示 Web 登录页面。用户在该登录页面中输入管理员帐户名称、密码以及验证码后，即可成功登录设备的 Web 页面进行相关配置。

(3)以太网链路聚合配置举例

组网需求如图 2-2-17 所示。

具体要求：Switch A 与 Switch B 通过各自的二层以太网接口 GigabitEthernet1/0/1～

GigabitEthernet1/0/3 相互连接；在 Switch A 和 Switch B 上分别配置二层静态链路聚合组，以提高链路的可靠性。

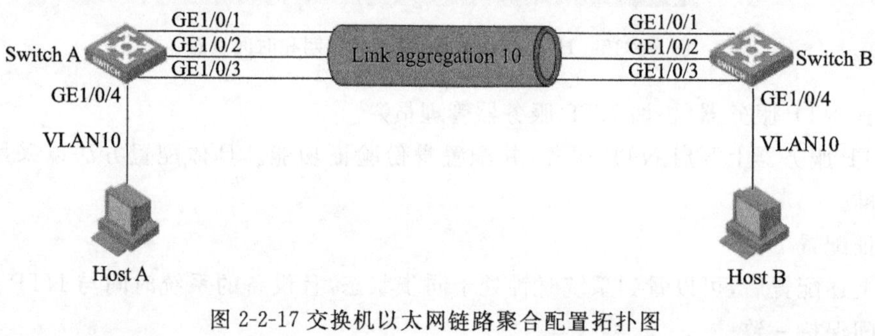

图 2-2-17 交换机以太网链路聚合配置拓扑图

配置步骤如下。

1)配置以太网链路聚合

以太网链路聚合在"网络\\接口\\链路聚合"页面配置，配置步骤为：在 Switch A 上添加二层聚合组 10，指定聚合模式为静态聚合，将接口 GigabitEthernet1/0/1～GigabitEthernet1/0/3 加入到该聚合组中。Switch B 配置与 Switch A 相同。

2)配置 VLAN 和 VLAN 接口

VLAN 在“网络\\链路\\VLAN”页面配置，配置步骤为：在 Switch A 上创建 VLAN10。进入 VLAN10 的详情页面，将与 Host A 相连的接口 GigabitEthernet1/0/4 加入 VLAN10 的 Untagged 端口列表，将接口 GigabitEthernet1/0/1～GigabitEthernet1/0/3 加入 VLAN10 的 Tagged 端口列表。Switch B 配置与 Switch A 相同。

3)验证配置

完成上述配置后，在链路聚合页面中可以看到 GigabitEthernet1/0/1～GigabitEthernet1/0/3 已经加入到静态聚合组 10。Host A 能够 Ping 通 Host B。Switch A 与 Switch B 之间的一条链路故障后，Host A 仍然能够 Ping 通 Host B。

(4)端口隔离配置举例

组网需求如图 2-2-18 所示。

具体要求：小区用户 Host A、Host B、Host C 分别与 Switch 的端口 GigabitEthernet1/0/1、GigabitEthernet1/0/2、GigabitEthernet1/0/3 相连，Switch 通过 GigabitEthernet1/0/4 端口与外部网络相连。现需要实现小区用户 Host A、Host B 和 Host C 彼此之间二层报文不能互通，但可以和外部网络通信。

配置步骤如下。

1)配置端口隔离

端口隔离在“网络\\接口\\端口隔离”页面配置，配置步骤为：创建隔离组 2；进入隔离组 2 的详情页面，配置端口 GigabitEthernet1/0/1、GigabitEthernet1/0/2、GigabitEthernet1/0/3 加入隔离组 2 的接口列表。

2)验证配置

完成上述配置后，GigabitEthernet1/0/1、GigabitEthernet1/0/2、GigabitEthernet1/0/3 实现二层隔离，Host A、Host B、Host C 彼此之间不能 Ping 通。

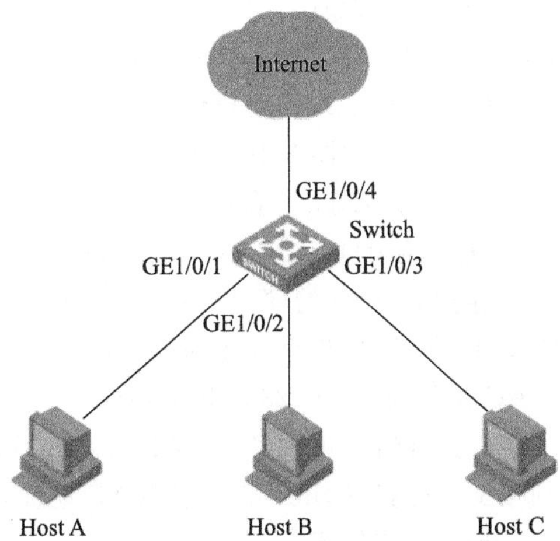

图 2-2-18 交换机端口隔离配置拓扑图

(5)VLAN 配置举例

组网需求如图 2-2-19 所示。

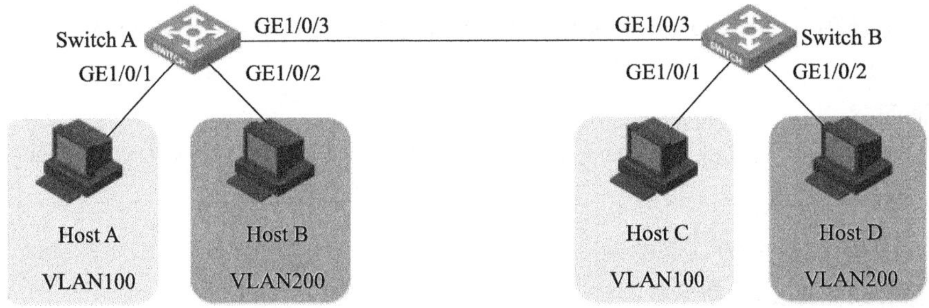

图 2-2-19 交换机 VLAN 配置拓扑图

具体要求：Host A 和 Host C 属于部门 A，但是通过不同的设备接入公司网络；Host B 和

Host D 属于部门 B,也通过不同的设备接入公司网络。为了通信的安全性,也为了避免广播报文泛滥,公司网络中使用 VLAN 技术来隔离部门间的二层流量。其中部门 A 使用 VLAN100,部门 B 使用 VLAN200。

配置步骤如下。

1)配置 Switch A

进入 Switch A 的“网络\\链路\\VLAN”页面,进行如下配置:在 Switch A 上创建 VLAN100 和 VLAN200;进入 VLAN100 的详情页面,配置端口 GigabitEthernet1/0/1 加入 VLAN100 的 Untagged 端口列表(Host A 不识别 VLAN Tag);配置端口 GigabitEthernet1/0/3 加入 VLAN100 的 Tagged 端口列表(Switch B 需判断报文所属 VLAN);进入 VLAN200 的详情页面,配置端口 GigabitEthernet1/0/2 加入 VLAN200 的 Untagged 端口列表(Host B 不识别 VLAN Tag);配置端口 GigabitEthernet1/0/3 加入 VLAN200 的 Tagged 端口列表(Switch B 需判断报文所属 VLAN)。

2) 配置 Switch B

Switch B 上进行与 Switch A 相同的 VLAN 配置,配置过程略。

3)验证配置

完成上述配置后,Host A 和 Host C 能够互相 Ping 通,但是均不能 Ping 通 Host B 和 Host D。Host B 和 Host D 能够互相 Ping 通,但是均不能 Ping 通 Host A 和 Host C。

(6)MAC 地址配置举例

组网需求如图 2-2-20 所示。

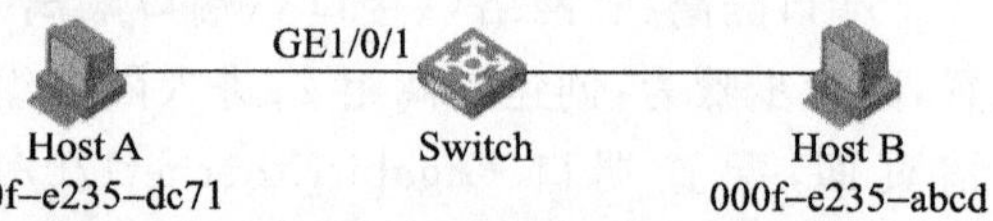

图 2-2-20 交换机 MAC 地址配置拓扑图

具体要求:现有一台用户主机 Host A,它的 MAC 地址为 000f-e235-dc71,属于 VLAN1,连接 Switch 的端口 GigabitEthernet1/0/1。为防止假冒身份的非法用户骗取数据,在 Switch 的 MAC 地址表中为该用户主机添加一条静态表项。另有一台用户主机 Host B,它的 MAC 地址为 000f-e235-abcd,属于 VLAN1。由于该用户主机曾经接入网络进行非法操作,为了避免此种情况再次发生,在 Switch 上添加一条黑洞 MAC 地址表项,使该用户主机接收不到报文。配置 Switch 的动态 MAC 地址表项老化时间为 500 s。

配置步骤如下。

1)配置 MAC 地址

在“网络\\链路\\MAC”页面配置:增加一条静态 MAC 地址表项,MAC 地址为 000f-e235-dc71,出接口为 GigabitEthernet1/0/1,且该接口属于 VLAN1;增加一条黑洞 MAC 地址表项,MAC 地址为 000f-e235-abcd,属于 VLAN1;进入配置页面,配置动态 MAC 地址表项的老化时间为 500 s。

2)验证配置

完成上述配置后,在 MAC 地址表页面中可以看到已经创建的 MAC 地址表项,并且 Host B 无法 Ping 通 Host A。

(7)端口镜像配置举例

组网需求如图 2-2-21 所示。

具体要求:Switch 通过端口 GigabitEthernet1/0/1 和 GigabitEthernet1/0/2 分别连接市场部和技术部,并通过端口 GigabitEthernet1/0/3 连接 Server。通过配置本地端口镜像,使 Server 可以监控所有进、出市场部和技术部的报文。

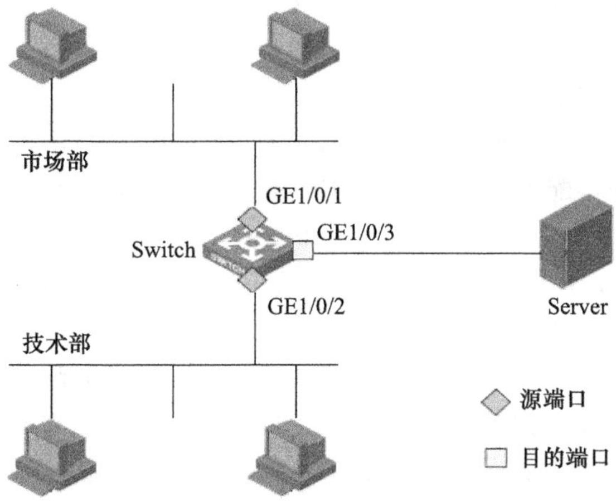

图 2-2-21 交换机端口镜像配置拓扑图

配置步骤如下。

1)配置端口镜像

在“网络\\镜像\\端口镜像”页面配置:创建本地镜像组 1;配置本地镜像组 1 的源端口为 GigabitEthernet1/0/1 和 GigabitEthernet1/0/2,并指定对双方向的流量都进行镜像;配置本地镜像组 1 的目的端口为 GigabitEthernet1/0/3。

2)验证配置

完成上述配置后,用户可以通过 Server 监控所有进、出市场部和技术部的报文。

(8)DHCP 配置举例

组网需求如图 2-2-22 所示。

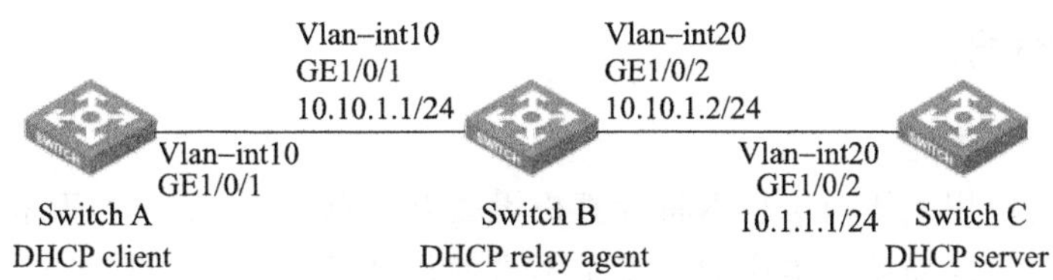

图 2-2-22 交换机 DHCP 配置拓扑图

具体要求:DHCP 客户端所在网段为 10.10.1.0/24,DHCP 服务器的 IP 地址为 10.1.1.1/24。由于 DHCP 客户端和 DHCP 服务器不在同一网段,因此,需要在客户端所在网段设置 DHCP 中继设备,以便客户端可以从 DHCP 服务器申请到 10.10.1.0/24 网段的 IP 地址及相关配置信息。

配置步骤如下。

1)配置 DHCP 服务器 Switch C

在“网络\\链路\\VLAN”页面配置 VLAN,配置步骤为:创建 VLAN20;进入 VLAN20 的详情页面,配置端口 GigabitEthernet1/0/2 加入 VLAN20 的 Tagged 端口列表,并创建 VLAN 接口 20,配置 VLAN 接口 20 的地址为 10.1.1.1/24。

在“网络\\服务\\DHCP”页面配置 DHCP 服务器功能,配置步骤为:开启 DHCP 服务;

在地址池页面,创建名称为 pool1 的地址池,配置该地址池动态分配的地址段为

10.10.1.0/24,在地址池选项中配置网关地址为10.10.1.1;在高级设置页面,配置冲突地址检查功能中的发送回显请求报文的最大数目为1,等待回显应答报文的超时时间为500 ms。

2)配置 DHCP 中继 Switch B

在"网络\\链路\\VLAN"页面配置 VLAN,配置步骤为:创建 VLAN10 和 VLAN20;进入 VLAN10 的详情页面,配置端口 GigabitEthernet1/0/1 加入 VLAN10 的 Tagged 端口列表,并创建 VLAN 接口 10,配置 VLAN 接口 10 的地址为 10.10.1.1/24;进入 VLAN20 的详情页面,配置端口 GigabitEthernet1/0/2 加入 VLAN20 的 Tagged 端口列表,并创建 VLAN 接口 20,配置 VLAN 接口 20 的地址为 10.1.1.2/24。

在"网络\\服务\\DHCP"页面配置 DHCP 中继功能,配置步骤为:开启 DHCP 服务;配置 VLAN 接口 10 工作在 DHCP 中继模式,并指定 DHCP 服务器的 IP 地址为 10.1.1.1;在高级设置页面,开启中继用户信息记录功能和中继表项定时刷新功能,配置刷新时间间隔为 100 s。

3)配置 DHCP 客户端 Switch A

在"网络\\链路\\VLAN"页面配置 VLAN,配置步骤为:创建 VLAN10;进入 VLAN10 的详情页面,配置端口 GigabitEthernet1/0/1 加入 VLAN10 的 Tagged 端口列表,并创建 VLAN 接口 10。

在"网络\\IP\\IP"页面配置 DHCP 客户端功能,配置步骤为:进入 VLAN 接口 10 的详情页面,配置 VLAN 接口 10 通过 DHCP 自动获取 IP 地址。

4)验证配置

完成上述配置后,在 DHCP 服务器的已分配地址表中可以查看到已分配的 IP 地址;在 DHCP 中继表项中可以查看到对应的 DHCP 中继表项;在 DHCP 客户端上可以查看到获取的 IP 地址信息。

更多配置方法,请参见对应型号设备的用户手册。

2.2.6 无线局域网

1. 无线局域网的概念

无线局域网是应用无线通信技术将计算机设备互联起来,构成可以互相通信和实现资源共享的网络体系。无线局域网本质的特点是不再使用通信电缆将计算机与网络连接起来,而是通过无线的方式连接,从而使网络的构建和终端的移动更加灵活。

无线局域网是相当便利的数据传输系统。它利用射频(RF)的技术,使用电磁波取代旧式碍手碍脚的双绞铜线构成局域网络,在空中进行通信连接,使得无线局域网络能利用简单的存取架构让用户透过它,达到"信息随身化、便利走天下"的理想境界。

2. 无线局域网标准

1997年6月,第一个无线局域网标准 IEEE 802.11 正式颁布实施,为无线局域网技术提供了统一标准,当时的传输速率最高能达到 2 Mbit/s。随后 IEEE(电气与电子工程师协会)又制定了许多新的 WLAN 标准。目前使用最多的是 802.11n(第四代)和 802.11ac(第五代)标准,它们既可以工作在 2.4 GHz 频段,也可以工作在 5 GHz 频段上,传输速率可达 600 Mbit/s(理论值)。但严格来说,只有支持 802.11ac 的才是真正的 5G。

3. 无线局域网的优点与不足

(1)无线局域网的优点

- 灵活性和移动性。在有线网络中,网络设备的安放位置受网络位置的限制,而无线局域网在无线信号覆盖区域内的任何一个位置都可以接入网络。无线局域网另一个最大的优点在于其移动性，连接到无线局域网的用户可以移动且能同时与网络保持连接。

• 安装便捷。无线局域网可以免去或最大程度地减少网络布线的工作量，一般只要安装一个或多个接入点设备，就可建立覆盖整个区域的局域网络。

• 易于进行网络规划和调整。对于有线网络来说，办公地点或网络拓扑的改变通常意味着重新建网。重新布线是一个昂贵、浪费和琐碎的过程，无线局域网可以避免或减少以上情况的发生。

• 故障定位容易。有线网络一旦出现物理故障，尤其是由于线路连接不良而造成的网络中断，往往很难查明，而且检修线路需要付出很大的代价。无线网络则很容易定位故障，只需更换故障设备即可恢复网络连接。

• 易于扩展。无线局域网有多种配置方式，可以很快从只有几个用户的小型局域网扩展到上千用户的大型网络，并且能够提供节点间"漫游"等有线网络无法实现的特性。由于无线局域网有以上诸多优点，因此其发展十分迅速。最近几年，无线局域网已经在企业、医院、商店、工厂和学校等场合得到广泛应用。

(2)无线局域网的不足

• 性能。无线局域网是依靠无线电波进行传输的。这些电波通过无线发射装置进行发射，而建筑物、车辆、树木和其他障碍物都可能阻碍电磁波的传输，所以会影响网络的性能。

• 速率。无线信道的传输速率与有线信道相比要低得多。无线局域网的最大传输速率为 1 Gbit/s，只适合于个人终端和小规模网络应用。

• 安全性。本质上无线电波不要求建立物理的连接通道，无线信号是发散的。从理论上讲，很容易监听到无线电波广播范围内的任何信号，造成通信信息泄露。

2.2.7　互联网概述

1. 互联网相关概念

互联网，又称国际网络，指的是网络与网络之间所串连成的庞大网络，这些网络以一组通用的协议相连，形成逻辑上的单一巨大国际网络。

互联网始于 1969 年美国的阿帕网。通常 Internet 泛指互联网，特指因特网。这种将计算机网络互相联接在一起的方法可称作"网络互联"，在这基础上发展出覆盖全世界的全球性互联网络称互联网，即是互相联接在一起的网络结构。互联网并不等同于万维网，万维网只是基于超文本相互链接而成的全球性系统，且是互联网所能提供的服务之一。

互联网、因特网、万维网三者的关系是：互联网包含因特网，因特网包含万维网，凡是能彼此通信的设备组成的网络就叫互联网。所以，即使仅有两台机器，不论用何种技术使其彼此通信，也叫互联网。国际标准的互联网写法是 Internet，因特网是互联网的一种。因特网不是仅由两台机器组成的互联网，它是由上千万台设备组成的互联网。

2. 互联网接入方式

互联网是一个集各部门、各领域信息资源为一体的供网络用户共享的信息资源网。互联网接入是通过特定的信息采集与共享的传输通道，利用以下传输技术完成用户与 IP 广域网的高带宽、高速度的物理连接的。

• 电话线拨号接入

公共交换电话网络(PSTN)，是家庭用户接入互联网的普遍的窄带接入方式。即通过电话线，利用当地运营商提供的接入号码，拨号接入互联网，速率不超过 56 kbit/s。

• ISDN 接入

综合业务数字网(ISDN)，俗称“一线通”。它采用数字传输和数字交换技术，将电话、传真、数据、图像等多种业务综合在一个统一的数字网络中进行传输和处理。用户利用一条 ISDN 用户线路，可以在上网的同时拨打电话、收发传真，就像两条电话线一样。

• ADSL 接入

非对称数字用户线路(ADSL)。在通过本地环路提供数字服务的技术中，最有效的类型之一是数字用户线(DSL)技术，它是运用最广泛的铜线接入方式。ADSL 可直接利用现有的电话线路，通过 ADSL Modem 后进行数字信息传输。理论速率可达到 8 Mbit/s 的下行和 1 Mbit/s的上行，传输距离可达 4～5 km。适用于家庭、个人等用户的大多数网络应用需求。

• HFC 接入

混合光纤同轴网(HFC)，是一种基于有线电视网络铜线资源的接入方式。具有专线上网的连接特点，允许用户通过有线电视网实现高速接入互联网。适用于拥有有线电视网的家庭、个人或中小团体。

• 光纤宽带接入

通过光纤接入到小区节点、楼道或入户，提供高速互联接入。特点是速率高，抗干扰能力强，适用于家庭、个人或各类企事业团体，可实现各类高速率的互联网应用(视频服务、高速数据传输、远程交互等)。

3. 卫星与移动通信技术

(1)卫星通信技术

卫星通信，简单地说就是利用人造地球卫星作为中继站来转发无线电波，从而实现两个或多个地球站之间的通信。卫星通信系统由卫星和地球站两部分组成。卫星通信的特点是：通信范围大；只要在卫星发射的电波所覆盖的范围内，从任何两点之间都可进行通信；不易受陆地灾害的影响(可靠性高)；只要设置地球站电路即可开通(开通电路迅速)；同时可在多处接收，能经济地实现广播、多址通信(多址特点)；电路设置非常灵活，可随时分散过于集中的话务量；同一信道可用于不同方向或不同区间(多址连接)。移动用户之间或移动用户与固定用户之间，可利用通信卫星作为中继站进行通信。卫星通信系统一般由通信卫星、关口地球站、控制中心以及移动终端组成。

(2)移动通信技术

移动通信是移动体之间的通信，或移动体与固定体之间的通信。移动体可以是人，也可以是汽车、火车、轮船、收音机等在移动状态中的物体。

移动通信是进行无线通信的现代化技术，这种技术是电子计算机与移动互联网发展的重要成果之一。移动通信技术经过第一代、第二代、第三代、第四代技术的发展，目前已迈入了第五代(5G 移动通信技术)。

3G 通信技术，即所谓第三代移动通信技术，与第一代移动通信技术(1G)和第二代数字手机通信技术(2G)相比，主要是将无线通信和国际互联网等通信技术全面结合，以此形成一种全新的移动通信系统。这种移动技术可以处理图像、音乐等媒体形式，除此之外，也包含了电话会议等一些商务功能。

4G 通信技术是第四代移动信息系统，是在 3G 技术上的一次更好地改良。其相较于 3G 通信技术的一个更大优势是将 WLAN 技术和 3G 通信技术进行了很好地结合，使图像的传输速度更快，让传输图像的质量更好、看起来更清晰。在智能通信设备中应用 4G 通信技术让用户的上网速度更加迅速，速度高达 100 Mbit/s。

5G 通信技术是最新一代蜂窝移动通信技术，5G 的性能目标是提高数据速率、减少延迟、节省能源、降低成本、提高系统容量和大规模设备连接。5G 网络的主要优势在于数据传输速率最高可达 10 Gbit/s，比有线互联网要快，比 4G LTE 蜂窝网络快 100 倍；另一个优势是较低的网络延迟(更短的响应时间)，低于 1 ms，而 4G 为 30～70 ms。

(3)北斗通信系统

中国北斗卫星导航系统(BDS)是中国自行研制的全球卫星导航系统，也是继 GPS、GLONASS 之后的第三个成熟的卫星导航系统。

北斗卫星导航系统由空间段、地面段和用户段三部分组成，可在全球范围内全天候、全天时为各类用户提供高精度、高可靠的定位、导航、授时服务，并且具备短报文通信能力，已经初步具备区域导航、定位和授时能力，定位精度为分米、厘米级别，测速精度 0.2 m/s，授时精度 10 ns。2020 年 6 月 23 日 09 时 43 分，我国在西昌卫星发射中心用长征三号乙运载火箭，成功发射北斗系统第五十五颗导航卫星，暨北斗三号最后一颗全球组网卫星，至此北斗三号全球卫星导航系统全面完成。2020 年 7 月 31 日上午，北斗三号全球卫星导航系统正式开通。

2.3　TCP/IP 协议

尽管 OSI/RM 国际标准对计算机网络起到了规范和指导作用，但实际使用的标准仍然是 TCP/IP。TCP/IP 是为互联网开发的一套协议簇，是一个事实上的工业标准，它使异构环境里不同节点能够彼此通信。

2.3.1　TCP/IP 层次模型

TCP/IP 是一组用于实现网络互联的通信协议，是 Internet 最基本的协议和互联网络的基础。TCP/IP 模型从更实际的角度出发，形成了具有更高效率的四层结构，即网络接口层、网络互联层(IP 层)、传输层(TCP 层)和应用层，它与 OSI/RM 各分层的相互对照如图 2-3-1 所示。下面介绍 TCP/IP 各层的功能和对应的主要协议。

OSI/RM	TCP/IP	
应用层	应用层	TELNET、FTP、SMTP、DNS、HTTP 以及其他应用协议
表示层		
会话层		
传输层	传输层	TCP、UDP
网络层	数据互联层	IP、ARP、RARP、ICMP
数据链路层	网络接口层	各种通信网络接口 (以太网等) (物理网络)
物理层		

图 2-3-1　TCP/IP 与 OSI/RM 对比

2.3.2　TCP/IP 各层常用协议

1. 网络接口层

网络接口层负责接收 IP 数据报，并将其封装成适合在物理网络上传输的帧格式进行传输，将从物理网络接收到的帧解封，取出 IP 数据报交给上层的网络互联层。网络接口层与 OSI/RM 中的物理层和数据链路层相对应。事实上，TCP/IP 本身并未定义该层的协议，主要是为了保证通过 TCP/IP 模型可将不同的物理网络互联起来。参与互联的各网络使用自己的物理层和数据链路层协议，然后与 TCP/IP 的网络接口层进行连接。当一种物理网络被用作传送 IP 数据包的通道时，就可以认为是这一层的内容，这充分体现出 TCP/IP 协议的兼容性与适应性。

2. 网络互联层

网络互联层是 TCP/IP 模型的关键部分，它负责将数据报文独立地从源主机送到目的主机，以及建立互联网络。网间的数据报可根据它携带的目的 IP 地址，通过路由器由一个网络传送到另一个网络，它主要解决数据封装、寻址、数据报的分段和路由选择等问题，这层有 IP、ARP、RARP 和 ICMP 四个主要协议，其中最重要的是 IP 协议。

• 网际协议(IP)：提供 IP 地址寻址、路由选择以及信息包的分段和重组功能。

• 地址解析协议(ARP)：负责将 IP 地址转换为物理地址。

• 反向地址解析协议(RARP)：负责将物理地址转换为 IP 地址。

• 互联网控制报文协议(ICMP)：用于传送控制报文和差错报告报文。

3. 传输层

传输层负责在源主机和目的主机的应用程序之间提供端到端的数据传输服务。该层处理网络互联层没有处理的通信问题，保证通信连接的可靠性。该层主要有传输控制协议(TCP)和用户数据报协议(UDP)。

• TCP：提供面向连接的、可靠的数据传输服务。双方通信之前，先建立一条连接，然后双方就可以在其上发送数据流。TCP 协议具有数据报的顺序控制、差错检测、校验以及重发控制等功能。

• UDP：提供无连接的、不可靠的数据传输服务。UDP 是依靠 IP 协议来传送报文的，因此它的服务和 IP 一样是不可靠的，UDP 将可靠性问题交给应用程序解决。这种服务不用确认，也不进行流量控制。UDP 报文可能会出现丢失、重复、失序等现象。

4. 应用层

TCP/IP 的应用层与 OSI/RM 的应用层有较大区别，它不仅包含了会话层以上三层的所有功能，而且还包含了应用进程本身。因此，TCP/IP 模型的简洁性和实用性就体现在，它不仅把网络层以下的部分留给了实际网络，而且将高层部分和应用进程结合在一起，形成了统一的应用层。TCP/IP 的应用层包含所有的高层协议，为用户提供所需的各种服务。其中 FTP、SNMP、HTTP 是几个在各种不同机型上广泛实现的协议，TCP/IP 中还定义了许多别的高层协议。随着计算机网络技术的不断发展，还会有新的协议不断加入。

• 文件传输协议(FTP)：FTP 允许用户以文件操作的方式(如文件的增、删、改、查、传送等)与另一主机相互通信。

• 简单网络管理协议(SNMP)：SNMP 是专门设计用于在 IP 网络管理网络节点(服务器、工作站、路由器、交换机等)的一种标准协议。SNMP 使网络管理员能够管理网络效能，发现并解决网络问题以及规划网络增长。

• 超文本传输协议(HTTP)：HTTP 是用于客户端浏览器或其他程序与 Web 服务器之间的数据传输协议。它可以使浏览器更加高效，使网络传输减少。它不仅保证计算机正确快速地传输超文本文档，还确定传输文档中的哪一部分，以及哪部分内容首先显示等。

2.3.3　IP 地址

IP 地址是网络层的逻辑地址，用于标识主机在网络中的位置。Internet 上的主机通过 IP 地址来标识，在 Internet 中一个 IP 地址可唯一地标识出网络上的每个主机。一个数据报在网络中传输时，用 IP 地址标识数据报的源地址和目的地址。

1. IP 地址及表示方法

目前因特网地址使用的是 IPv4 的 IP 地址，IPv4 中规定 IP 地址由 32 位二进制数组成，即 IP 地址长度为 32 位，可以有 $2^{32}-1$ 个地址。IP 地址由网络 ID 和主机 ID 两部分组成，如图 2-3-2所示。网络 ID(也称为网络标识)具有唯一性，用来识别入网主机所在的网络；而主机 ID (也称为主机标识)用来区分同一网络上的不同主机。相同网络 ID 中的每个主机 ID 必须是唯一的。IP 地址的结构可以在 Internet 上方便地寻址，即先按网络号找到网络，再按主机号找到主机。

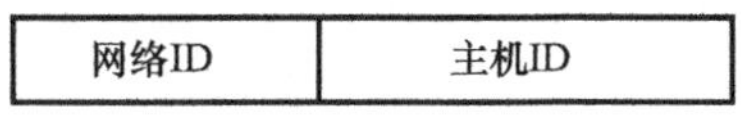

图 2-3-2　IP 地址结构

为了简化记忆，将 32 位 IP 地址中的每 8 位二进制数用其对应的十进制数字表示，十进制数之间用“. ”分开，称为点分十进制。例如一个 IP 地址的二进制数为表十进制“10000000 00001011 00000011 00011111”，其对应的点分十进制表示为“128. 11. 3. 31”。计算机很容易将十进制地址转换为对应的二进制 IP 地址，再供网络设备识别使用。

2. IP 地址分类

IP 地址可分为 A、B、C、D、E 五类，可分配给用户使用的是前三类地址，D 类地址称为多播地址，而 E 类地址尚未使用，保留给将来的特殊用途。从 IP 地址的详细结构来看，IP 地址的前几位用于标识地址的类型，如图 2-3-3 所示。

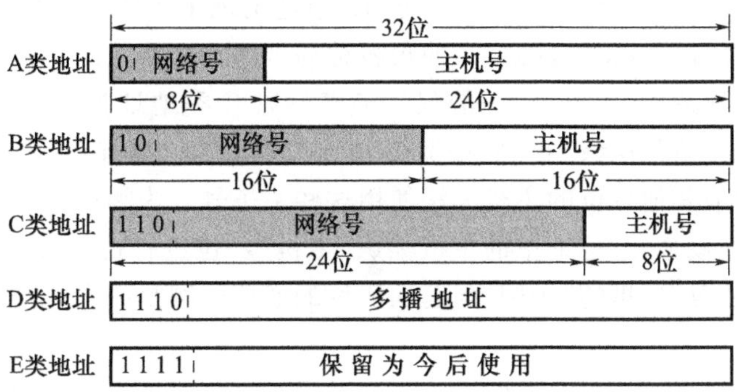

图 2-3-3　IP 地址的分类

- A 类、B 类和 C 类地址的网络号字段分别为 1 B、2 B 和 3 B 长，而在网络号字段的最前面有 1～3 位的类别号，其数值分别规定为 0、10 和 110。
- A 类、B 类和 C 类地址的主机号字段分别为 3 B、2 B 和 1 B 长。
- D 类地址(前 4 位为 1110)用于多播(一对多通信)。
- E 类地址(前 4 位为 1111)保留为以后用。

A 类地址一般分配给具有大量主机的网络使用，B 类地址通常分配给规模中等的网络使用，C 类地址通常分配给小型局域网使用。

3. 特殊的 IP 地址

- 网络地址：主机 ID 为全 0 的 IP 地址，不分配给任何主机，仅用于表示某个网络地址。

例如:202.119.3.0。

• 直接广播地址:主机 ID 为全 1 的 IP 地址。使用直接广播地址,一台主机可以把数据分组广播给某个网络中的所有节点,例如:202.119.3.255。

• 32 位为全 1 的 IP 地址(255.255.255.255),称为有限广播地址或本地网广播地址。对本机来说,这个地址是指本网段内的所有主机,用于在本网络内部广播。

• 32 位为全 0 的 IP 地址(0.0.0.0)表示本机地址。若主机要在本网内通信,但又不知道本网的网络地址,那么可以利用全 0 地址。

• 回送地址。任何一个以数字 127 开头的 IP 地址(127.xxx.xxx.xxx)都称为回送地址,它是一个保留地址,最常见的表示形式为:127.0.0.1。

4. 公有地址和私有地址

公有地址由 Inter NIC(因特网信息中心)负责。这些 IP 地址分配给注册并向 Inter NIC 提出申请的组织机构,通过它直接访问因特网。私有地址属于非注册地址,专门为组织机构内部使用。企业内部网主机的 IP 地址可以设置成私有 IP 地址,进行企业内部的网络连接,并可通过代理服务器访问因特网。私有地址见表 2-3-1。

表 2-3-1 私有 IP 地址

地址类型	私有 IP 地址范围	网络个数
A 类	10.0.0.0～10.255.255.255	1 个 A 类地址
B 类	172.16.0.0～172.31.255.255	16 个连续的 B 类地址
C 类	192.168.0.0～192.168.255.255	256 个连续的 C 类地址

5. 子网与子网掩码

随着 Internet 的飞速发展,IPv4 标准中的 IP 地址出现了不够用的情况。一方面,设计者没有预计到微型计算机普及得如此之快,使得各种局域网和网络上的主机数目急剧增长;另一方面,按类别分配地址造成了地址空间的很大浪费。以 C 类地址为例,可以分配使用的主机数是 254 个,如果一个单位申请到一个 C 类 IP 地址,但该单位只有 50 台主机,其余的 204 个主机号就浪费了,因为其他单位的主机无法使用这些主机号。为解决这个问题,在网络中引入了子网和子网掩码的概念,对地址中的主机标识(主机号)位进行逻辑细分,划分出子网,并通过子网掩码识别。注意,这里的"子网"与前面所说的通信子网是两个完全不同的概念。

(1)子网

IP 地址是由网络 ID 和主机 ID 组成的。通过保持网络号不变,将 IP 地址中的主机号部分进一步划分为子网号和主机号的方法,把一个包含大量主机的网络划分成许多较小的网络,每个小的网络就是一个子网。在 TCP/IP 网络中,通过路由器连接的网段就是子网。

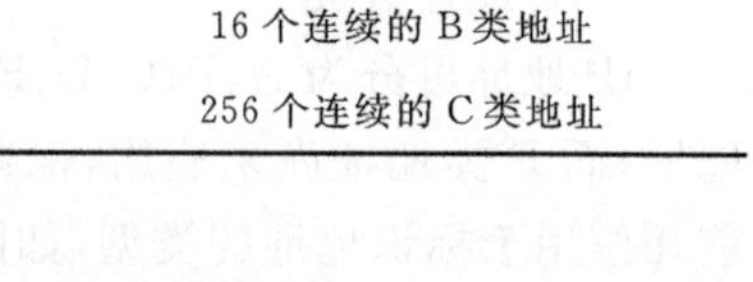

图 2-3-4 子网编址结构

引入了子网的概念后,将 IP 地址中的主机号部分再一分为二,一部分作为子网号,另一部分作为子网内的主机号。这样,IP 地址的结构由网络号、子网号和主机号三部分组成。含有子网的 IP 地址结构如图 2-3-4 所示。

子网是一个逻辑概念,同一子网中主机的 IP 地址必须具有相同的网络号和子网号。每个子网都是一个独立的逻辑网络、独立的广播域。将一个大型网络划分为若干个既相对独立,又相互联系的子网后,网络内部各子网便于管理、隔离故障和广播信息,提高了网络的可靠性和安全性，还可以更有效地利用 IP 地址空间。

（2）子网掩码

子网掩码也是一个应用于 TCP/IP 网络的 32 位二进制数，与 IP 地址一样，也用点分十进制表示，如“255.255.255.0”，可以屏蔽 IP 地址中的一部分，从而分离出 IP 地址中的网络号与主机号部分。基于子网掩码，网络管理员可以将网络进一步划分为若干子网。

子网掩码、IP 地址子网掩码与 IP 地址结合使用，可以区分出一个 IP 地址的网络号、子网号和主机号。

（3）划分子网的方法

将 IP 地址中的主机号段再分为子网号和主机号，从 IP 地址中主机号部分的最高位开始借位作为子网位，主机号剩余的部分仍为主机号位。通过这种划分方法可建立更多的子网，而每个子网的主机数相应有所减少。划分子网要兼顾子网的数量，以及子网中主机的最大数量而定。

子网掩码一共分为两类：一类是缺省（自动生成）子网掩码，一类是自定义子网掩码。缺省子网掩码即未划分子网，对应的网络号的位都置 1，主机号都置 0。

- A 类网络缺省子网掩码：255.0.0.0。
- B 类网络缺省子网掩码：255.255.0.0。
- C 类网络缺省子网掩码：255.255.255.0。

在缺省掩码下的 IP 地址中，网络地址和广播地址的计算很简单，虽然按照计算方法需要进制转换和运算，但是在实际使用中，我们可以快速写出结果。网络地址的计算就是子网掩码中 0 对应的地方变 0，255 对应的地方不变；而广播地址则是子网掩码中 0 对应的地方变 255，255 对应的地方不变。

2.3.4　路由器

1. 路由器的概念

路由器是工作在网络层上的一种存储转发设备，用于互联两个或多个独立的相同类型或异构类型的网络。路由器拥有多个不同类型的接口，如串行口、以太网口、SONET 口等，每个端口可以分别连接到局域网、广域网或另一台路由器上。

路由器是连接两个或多个网络的硬件设备，在网络间起网关的作用，是读取每一个数据包中的地址然后决定如何传送的专用智能性的网络设备。它能够理解不同的协议，例如某个局域网使用的以太网协议，因特网使用的 TCP/IP 协议。这样，路由器可以分析各种不同类型网络传来的数据包的目的地址，把非 TCP/IP 网络的地址转换成 TCP/IP 地址，或者反之；再根据选定的路由算法把各数据包按最佳路线传送到指定位置。所以路由器可以把非 TCP/IP 网络连接到因特网上。

2. 路由器的工作原理

在使用路由器连接的互联网络中，当连接在不同子网上的主机需要通信时，路由器负责把数据分组，通过互联网沿着一条路径从源端传送到目的端。在这条路径上可能要经过一个或多个路由器，数据分组所经过的路由器必须知道怎样把数据分组传送到目的端，需要经过哪些路由器。因此，路由器的主要工作就是为经过路由器的每个数据分组按照某种策略寻找一条最佳传输路径，并将该数据分组有效地传送到目的端主机，即路由选择和数据转发。

3. 路由表

为了完成路由选择和数据转发，每个路由器中都保存着一个路由表，在路由表中保存着各种传输路径的相关信息，包括目的网络地址、下一跳路由器地址或路由器端口号、到达目的网络的距离等路由信息。表中每条路由项都指明数据分组到某子网或某主机应通过路由器的哪个物理端口发送，即可到达该路径的下一个路由器（间接交付），或者不再经过其他的路由器而传送到直接相连的网络中的目的主机（直接交付），如图 2-3-5 所示。

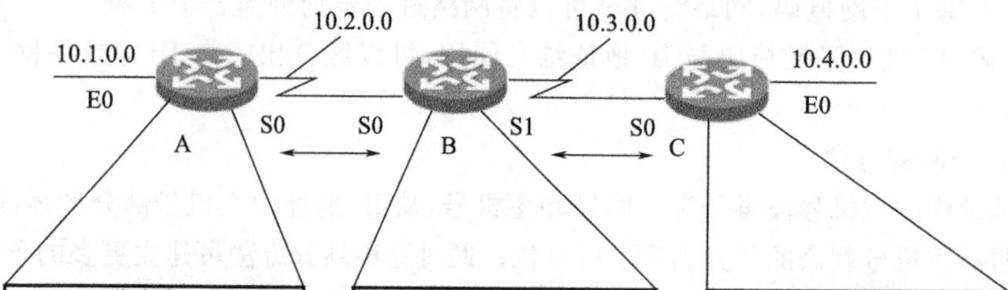

路由表A		
目的地址	端口	跳数
10.1.0.0	E0	0
10.2.0.0	S0	0
10.3.0.0	S0	1
10.4.0.0	S0	2

路由表B		
目的地址	端口	跳数
10.2.0.0	S0	0
10.3.0.0	S1	0
10.4.0.0	S1	1
10.1.0.0	S0	1

路由表C		
目的地址	端口	跳数
10.3.0.0	S0	0
10.4.0.0	E0	0
10.2.0.0	S0	1
10.1.0.0	S0	2

图 2-3-5　路由表示意图

路由表可以是网络管理员固定设置好的，也可以由路由器自动调整。由网络管理员事先设置好的固定的路由表称为静态路由表，它一般在系统安装时不会随着未来网络结构的改变而改变；动态路由表是路由定期地自动计算数据传输的最佳路径，并更新路由表。

路由器的某个端口接收到一个数据分组后，路由器会从数据分组的头部解析网络层的目的网络地址（如 IP 地址），与路由器中路由表的目的网络地址对比。如果发现分组的目的地址与本路由器的某个端口所连接的网络地址相同，则将数据转发到相应端口；如果发现数据分组的目的地址不是自己的直连网络，路由器会在路由表中查找分组的目的网络所对应的端口，并从相应的端口转发出去，将数据分组转发给下一跳路由器；如果路由表中记录的目的网络地址与数据分组的目的网络地址都不相配，则根据路由器配置转发至默认端口，在有配置默认端口的情况下会给发送端返回目标地址不可达的信息。

4. 路由器的功能

路由器的功能就是将不同的子网之间的数据进行传递，有以下几个主要功能。

（1）实现 IP、TCP、UDP、ICMP 等网络的互联。

（2）对数据进行处理。收发数据包，具有对数据的分组过滤、复用、加密、压缩及防护墙等各项功能。

（3）依据路由表的信息，对数据包下一传输目的地进行选择。

（4）进行外部网关协议和其他自制域之间拓扑信息的交换。

（5）实现网络管理和系统支持功能。

5. 路由协议

路由协议也称路由选择协议，定义了路由器之间相互交换路由信息的规范，是路由器之间实现路由信息共享的一种机制。路由协议的主要作用是在路由器之间不断地转发最新的路由信息，用来动态建立和维护路由表。当网络发生变化时，路由器间按照路由协议的规定互通信息更新维护路由表，使之正确反映网络的拓扑变化，以保证路由表的正确性和完整性。

路由协议主要运行于路由器上，路由协议是用来确定到达路径的，包括 RIP、OSPF 等，其工作在网络层。

(1)RIP

路由信息协议(RIP)是最早推出的一种分布式的基于距离向量算法的路由协议。它利用跳数作为计量标准。在带宽、配置和管理方面要求较低，主要适合于规模较小的网络中。

RIP 的工作原理：规定互联网络中的每个路由器每 30 s 向其相邻路由器广播自己的整个路由表。当网络拓扑发生变化时，也发送路由选择更新消息。当路由器收到的路由选择更新信息中包含对路由表中的条目的修改时，将更新路由表，以反映新的路由。

路由器在衡量两点间的最优路径时，仅考虑节点间的距离，不考虑网络的拥塞状况和连接速率因素。这里的距离是指一个分组到达目标所必须经过的路由器的数目(跳数)，每经过一个路由器距离加 1。因此，路由器的跳数是描述距离向量算法中距离的单位，最佳路径就是距离最短(即经过的路由器的数目最少)的路径。即使存在另一条高速但路由器较多的路径，也不会选择，并且 RIP 允许一条路径最多只能经过 15 个路由器，当距离超过 15 个时，RIP 认为目的地不可达。

路由器收集所有可到达目的地的不同路径，并且保存到达每个目的地的最少跳数的最佳路径信息，任何其他信息均予以丢弃。同时路由器也把收集的路由信息，用 RIP 协议通知相邻的其他路由器。这样，正确的路由信息将逐渐扩散到全网。

RIP 最大的优点就是实现简单，开销小。RIP 的缺点也比较多，例如，它由于单纯地以跳数作为选路依据，不能充分描述路径特性，可能会导致所选的路径不是最优的；其限定最大距离是 15 个，即限定了网络规模，因此只适用于小系统；而且每隔 30 s 一次的路由信息广播也是造成网络广播风暴的重要原因之一。

(2)OSPF

开放最短路径优先协议(OSPF)是一种基于链路状态的路由协议。该协议针对 RIP 的缺点进行了较大改进，弥补了不能适应大规模异构网络互联的不足。“开放”表明 OSPF 不受某一厂商控制，而是公开的；“最短路径优先”是因为使用了著名的迪克斯特拉算法来计算最短路径。OSPF 的要点如下。

- 每个路由器都维护着一个链路状态数据库，这个数据库实际上就是整个互联网的拓扑结构图。所谓“链路状态”，就是该路由器都和哪些网络或路由器相邻，以及将数据发往这些网络或路由器所需要的费用。OSPF 将这些费用称为度量，可以是距离、时延、带宽等。
- 每个路由器使用链路状态数据库中的数据，根据最短路径算法独立计算出到达每个节点的最短路径，即路由表。
- 不论网络拓扑发生任何变化，链路状态数据库都能很快更新，路由器都能够重新计算出新的路由表。
- 每个路由器向同一管理域内的其他所有路由器发送链路状态公告(LSA)信息，彼此交换链路状态信息来建立链路状态数据库，并维持该数据库在全网范围的一致性。

OSPF 规定，相邻路由器之间每隔 10 s 要交换一次 Hello 报文，以便确知哪些相邻路由器是可达的。若有 40 s 没有接收到某个相邻路由器发来的 Hello 报文，则认为该路由器是不可达的，应立即修改链路状态数据库，并重新计算路由表。

区别于 RIP，OSPF 只有当链路状态发生变化时，该路由器才向所有路由器发送这一新消息，且仅发送它的路由表中描述了其自身链路状态的那一部分；而 RIP 不管网络拓扑有无变化，都要定期地交换路由信息，且仅向其邻接路由器发送有关路由更新信息。OSPF 具有支持大型网络、路由收敛快、在更新路由信息时产生的流量较少等优点，在目前应用的路由协议中占有相当重要的地位。

6. 路由器的基本设置

这里以 H3C MSR36 系列路由器为例，主要介绍通过 Web 界面的设置。路由器的基本设置方法和命令与交换机相似，不同型号设置略有差异，请参考厂家对应型号的配置指导书。

(1)登录设备的方式

设备支持以下登录方式。

• 通过 CLI 登录设备。登录成功后，可以直接输入命令行，来配置和管理设备。CLI 方式下又根据使用的登录接口以及登录协议不同，分为通过 Console 口、AUX 口(辅助端口)、USB 口、Telnet、SSH 的登录方式。

• 通过 Web 登录设备。登录成功后，用户可以使用 Web 界面直观地配置和管理网络设备。

• 通过 SNMP 登录设备。登录成功后，NMS 可以通过 Set 和 Get 等操作来配置和管理设备。

• 通过 RESTful 登录设备。登录成功后，用户可以使用 RESTful API 来配置和管理设备。

现在大多数路由器默认开启了 Web 登录方式。如果默认没有开启 Web 登录方式，用户首次登录设备时，只能通过 Console 口/USB 口登录，只有通过 Console 口/USB 口登录到设备并进行相应配置后，才能通过其他方式登录。

1)通过 Console 口首次登录设备

通过 Console 口进行本地登录是登录设备的最基本的方式，也是配置通过其他方式登录设备的基础。

在通过 Console 口搭建本地配置环境时，需要通过超级终端或 PuTTY 等终端仿真程序与设备建立连接。用户可以运行这些程序来连接网络设备、Telnet 或 SSH 站点。

通过 Console 口登录设备时，请按照以下步骤进行操作。

• 将 PC 断电。因为 PC 机串口不支持热插拔，请不要在 PC 带电的情况下，将串口线插入或者拔出 PC 机。

• 请使用产品随机附带的配置口电缆连接 PC 机和设备。请先将配置口电缆的 DB-9(孔)插头插入 PC 机的 9 芯(针)串口中，再将 RJ-45 插头端插入设备的 Console 口中。

• 给 PC 上电。

• 打开终端仿真程序，按如下要求设置终端参数。波特率:9600。数据位:8。停止位:1。奇偶校验:无。流量控制:无。

• 设备上电。在设备自检结束后，用户可通过键入回车进入命令交互界面。缺省情况下，通过 Console 口登录时认证方式为 none，可直接登录。出现命令行提示符后即可键入命令来配置设备或查看设备运行状态，需要帮助可以随时键入“?”。

2)配置通过 Web 登录设备

为方便用户对网络设备进行配置和维护，设备提供 Web 功能。用户可以通过 PC 登录到设备上，使用 Web 界面直观地配置和维护设备。

① 设备支持两种 Web 登录方式。

HTTP 登录方式:HTTP 用来在 Internet 上传递 Web 页面信息。HTTP 位于 TCP/IP 协议

栈的应用层，传输层采用面向连接的 TCP。设备同时支持 HTTP 协议 1.0 和 1.1 版本。

HTTPS 登录方式：HTTPS 是支持 SSL 协议的 HTTP 协议。HTTPS 通过 SSL 协议，能对客

户端与设备之间交互的数据进行加密，能为设备制定基于证书属性的访问控制策略，提高了数据传输的安全性和完整性，保证合法客户端可以安全地访问设备，禁止非法的客户端访问设备，从而实现对设备的安全管理。

② 这里以 HTTP 方式登录设备，进行典型配置举例说明。

- 组网需求：PC 与网络设备通过 IP 网络相连且路由可达，PC 和网络设备的 IP 地址分别为 192.168.101.99/24 和 192.168.100.99/24。
- 配置 HTTP 方式登录组网，如图 2-3-6 所示。

图 2-3-6 路由器 HTTP 方式登录配置拓扑图

- 配置 Web 用户名为 admin，认证密码为 admin，服务类型为 http，用户角色为 network-admin。配置步骤：

#进入系统视图

<Sysname>system-view

#创建本地用户用于 Web 登录，并进入本地用户视图

[Sysname] local-user admin

#配置 Web 登录用户的服务类型

[Sysname-luser-manage-admin] service-type http

#配置 Web 登录的用户角色。缺省情况下，Web 登录的用户角色为 network-operator

[Sysname-luser-manage-admin] authorization-attribute user-role network-admin

#设置本地用户的密码

[Sysname-luser-manage-admin] password simple admin

#退出本地用户视图

[Sysname-luser-manage-admin] quit

#配置开启 HTTP 服务

[Sysname] ip httpenable

- 验证配置：在浏览器地址栏内输入设备的 IP 地址并回车，在“Web 用户登录”对话框中输入用户名、密码及验证码，点击“登录”按钮，显示 Web 初始页面，可以在配置区对设备进行相关配置。
- 配置 Web 方式常用管理命令如下。

配置 Web 登录用户连接的超时时间：web idle-timeout minutes。缺省情况下，Web 闲置超时时间为 10 分钟。

配置同时在线的最大 Web 用户连接数：aaa session-limit { http | https } max-sessions。缺省情况下，同时在线的最大 Web 用户连接数为 32。

强制在线 Web 用户下线：free web users { all | user-id user-id | user-name user-name }。

请在用户视图下执行本命令，强制在线 Web 用户下线。

开启 Web 操作日志输出功能：webui log enable。缺省情况下，Web 操作日志输出功能处于关闭状态。

完成配置后，在任意视图下执行“display”命令可以显示 Web 用户的信息、HTTP 的状态信息和 HTTPS 的状态信息，通过查看显示信息验证配置的效果。

显示 HTTP 的状态信息：display ip http。

显示 HTTPS 的状态信息：display ip https。

显示 Web 的页面菜单树：display web menu。

显示 Web 用户的相关信息：display web users。

• 配置通过源 IP 对 Web 用户进行控制：通过源 IP 对 Web 用户进行控制，仅允许来自 10.110.100.52 的 Web 用户访问设备，配置步骤：

＃进入系统视图

<Sysname> system-view

＃定义基本访问控制列表

[Sysname] acl basic 2030 match-order config

[Sysname-acl-ipv4-basic-2030] rule 1 permit source 10.110.100.52 0

＃引用访问控制列表，仅允许来自 10.110.100.52 的 Web 用户访问设备

[Sysname] ip http acl 2030

• 验证配置：在 IP 地址为“10.110.100.52”的电脑上打开浏览器，输入“http://路由器 IP”，按下回车，打开 Web 用户登录界面，输入用户名和密码后，按下“登录”按钮，进入设备配置管理 Web 界面。在其他电脑上无法进入设备配置管理 Web 界面。

(2)Web 配置介绍

下面介绍通过 Web 方式对路由器进行常用的基本设置。

1)登录

如果路由器出厂时已经默认启用了 HTTP 服务，并且设置有默认的 Web 登录信息，用户可以直接使用默认登录信息通过 HTTP 服务登录设备的 Web 界面。如果路由器出厂没有默认开启 HTTP 服务，请参考上节内容开启 HTTP 服务。

连接好 PC 机与路由器，将 IP 地址设置为同一网段，保证能与设备互通。启动浏览器，在地址栏中输入“http://路由器 IP 地址”后回车，即可进入设备的 Web 登录页面，输入登录信息，单击“登录”按钮，如图 2-3-7 所示。

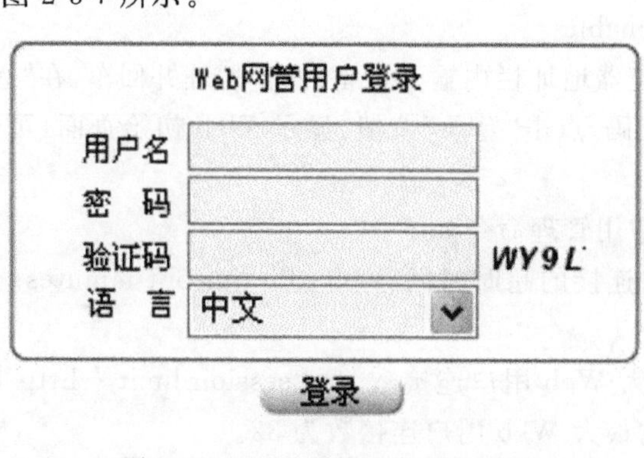

图 2-3-7 Web 网管用户登录界面

2)Web 网管页面

Web 网管页面分为导航栏、配置区、辅助区三部分,如图 2-3-8 所示。

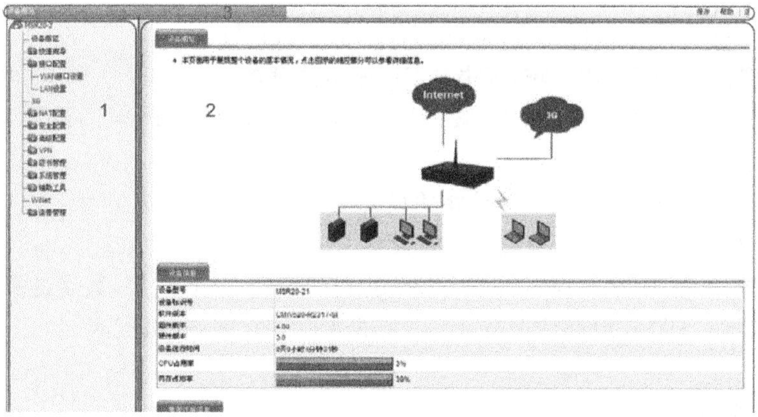

图 2-3-8　Web 网管页面

• 导航栏:以导航树的形式组织设备的 Web 网管功能菜单。用户在导航栏中可以方便地选择功能菜单,选择结果显示在配置区中。

• 配置区:用户进行配置和查看的区域。

• 辅助区:辅助区的左侧用于显示当前配置区的页面在导航栏中的路径;右侧“保存”按钮可以快速保存当前配置,“帮助”按钮可以查看 Web 网管的版本和帮助信息,“退出”按钮可以退出 Web 网管登录。

3)Web 网管用户级别

Web 网管用户的级别由低到高分四级:Visitor、Monitor、Configure 和 Management。高级别用户具有低级别用户的所有操作权限。

• Visitor:处于该级别的用户可以进行 Ping 和 Trace Route 操作,但不能从设备读取任何数据,也不能对设备进行任何设置。

• Monitor:只能从设备读取数据,而不能对设备进行任何设置。

• Configure:可以从设备读取数据,并对设备进行配置,但是不能对设备进行软件升级、添加/删除/修改用户、备份/恢复配置文件等操作。

• Management:可以对设备进行任何操作。

4)Web 网管功能介绍

• 设备概览:显示、刷新系统设备信息、宽带连接信息、3G 无线上网卡状态、局域网信息、无线网络信息、业务信息和近期发生的系统日志,显示设备上插卡的 URL 地址信息,修改插卡的 URL 地址、登录插卡的 Web 页面。

• 快速向导:基本配置向导进行路由器基本业务的快速配置等相关设置。

• 接口配置:WAN 接口设置,LAN 设置,VLAN 接口设置,无线等相关设置。

• 3G:3G 状态显示,PIN 码管理等相关设置。

• NAT 配置:动态地址转换,DMZ 主机,内部服务器,应用层协,连接数限制等相关设置。

• 安全配置:访问控制,URL 过滤,攻击防范,应用控制等相关设置。

• 高级配置:页面推送,路由设置,基于用户的负载分担,流量统计排名,DNS 设置,DHCP 设置,QoS 设置,SNMP 设置,网桥,群组管理,MSTP,RADIUS,访问控制,ARP 管理,ARP 防攻击等相关设置。

• VPN:IPSec VPN,L2TP,GRE,SSL VPN 等相关设置。

• 证书管理:PKI 实体,PKI 域,证书,CRL 等相关设置。

• 系统管理:配置管理,设备重启,服务管理,用户管理,SNMP,时间设置,TR-069,软件升级等相关设置。

• 辅助工具:日志管理,诊断工具等相关设置。

• WiNet:WiNet 管理,用户管理等相关设置。

• 语音管理:配置向导,本地号码,呼叫路由,拨号策略,呼叫连接,数字链路管理,线路管理,SIP Trunk 管理,SIP 本地存活服务,交互式语音应答服务,高级配置,状态与统计等相关设置。

5)基本配置向导

Web 的基本配置向导模块提供了对路由器基本业务的快速配置功能,可以帮助用户完成 WAN 口参数、LAN 口参数和 WLAN 口参数的配置。

在导航栏中选择"快速向导\\基本配置向导",进入基本配置向导首页,如图 2-3-9 所示。单击"下一步"按钮,进入设置 WAN 口参数的页面。设置 WAN 口参数的页面根据接口类型的不同而不同,设备支持对以太网接口、SA、ADSL/G. SHDSL、CE1/PRI、CT1/PRI 和 Cellular 接口的配置,下面以常用的以太网接口为例进行介绍。

以太网接口支持以下三种连接模式。

• 自动模式:即配置接口作为 DHCP 客户端,使用 DHCP 方式获取 IP 地址。

• 手动模式:即手动为接口配置 IP 地址和子网掩码。

• PPPoE:即配置接口作为 PPPoE 客户端。PPPoE 是 Point-to-Point Protocol over Ethernet 的简称,它利用以太网将大量主机组成网络,通过一个远端接入设备连入因特网,并对接入的每个主机实现控制、计费功能,极高的性价比使 PPPoE 在包括小区组网建设在内的一系列应用中被广泛采用。

设置以太网接口参数的页面如图 2-3-10 所示。

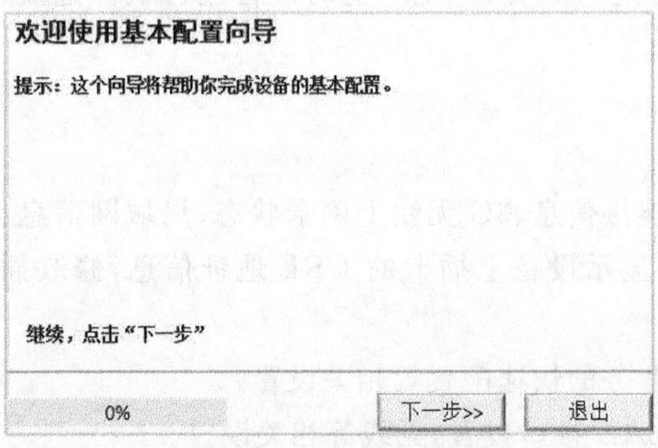

图 2-3-9 路由器 Web 基本配置向导

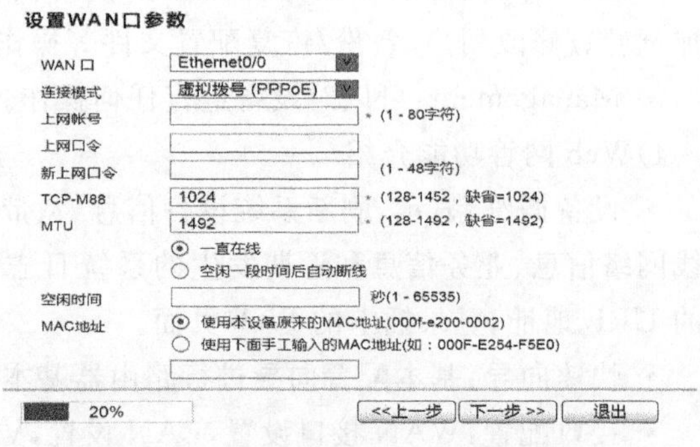

图 2-3-10 设置路由器以太网接口参数

以太网接口的详细配置(自动模式)如表 2-3-2 所示。

表 2-3-2　以太网接口的详细配置(自动模式)

配置项	说明
WAN 口	选择要配置的以太网接口
连接模式:自动获取 IP 地址	选择连接模式为"自动获取 IP 地址"
MAC 地址	设置以太网接口的 MAC 地址,可以选择如下两项 使用本设备原来的 MAC 地址:即使用以太网接口的缺省 MAC 地址,后面的括号中显示的即为以太网接口的缺省 MAC 地址 使用下面手工输入的 MAC 地址:即手工设置以太网接口的 MAC 地址,选择此项时,需要在下面的文本框中输入一个 MAC 地址

以太网接口的详细配置(手动模式)如表 2-3-3 所示。

表 2-3-3　以太网接口的详细配置(手动模式)

配置项	说明
WAN 口	选择要配置的以太网接口
连按模式:手动指定 IP 地址	选择连接模式为"手动指定 IP 地址"
TCP-MSS	设置接口的 TCP 最大报文段长度
MTU	设置接口允许通过的最大传输单元
IP 地址	设置接口的 IP 地址
子网掩码	设置接口的子网掩码
网关地址	设置静态路由的下一跳
DNS 服务器 1	设置接口的 DNS 服务器的 IP 地址,注意 DNS 服务器 1 的使用顺序在 DNS 服务器 2 之前 在"高级配置\\ DNS 设置\\域名解析设置"中可以配置全局的 DNS 服务器 全局 DNS 服务器的优先级高于接口的 DNS 服务器,即首先向全局 DNS 服务器发送查询请求,失败后再依次向所有接口的 DNS 服务器发送查询请求
DNS 服务器 2	
MAC 地址	设置以太网接口的 MAC 地址,可以选择如下两项 使用本设备原来的 MAC 地址:即使用以太网接口的缺省 MAC 地址,后面的括号中显示的即以太网接口的缺省 MAC 地址 使用下面手工输入的 MAC 地址:即手工设置以太网接口的 MAC 地址,选择此项时,需要在下面的文本框中输入一个 MAC 地址

以太网接口的详细配置(PPPoE 模式)如表 2-3-4 所示。

表 2-3-4　以太网接口的详细配置(PPPoE 模式)

配置项	说明
WAN 口	选择要配置的以太网接口
连接模式:虚拟拨号	PPPoE 模式需要当地 ISP (互联网服务提供商)提供用户名和密码 当设备连接 ISP 服务器时,会自动发起 PPPoE 验证 验证通过后,服务器会将 IP 地址、子网掩码以及网关地址、DNS 服务器地址信息发送给设备
上网帐号	设置身份验证使用的用户名
上网口令	显示当前是否设置了身份验证使用的口令 如果该文本框中无内容,则表示当前未设置身份验证使用的口令

续表

<table>
<tr><th>配置项</th><th>说明</th></tr>
<tr><td>新上网口令</td><td>设置或修改身份验证使用的口令</td></tr>
<tr><td>TCP-MSS</td><td>设置接口的 TCP 最大报文段长度</td></tr>
<tr><td>MTU</td><td>设置接口允许通过的最大传输单元</td></tr>
<tr><td>一直在线</td><td rowspan="3">设置空闲自动挂断时间
一直在线：表示设备一直在线
空闲一段时间后自动断线：如果设备在设置的时间内没有与 Internet 发生数据交互，则设备将自动断开与服务器的连接，此后当有来自局域网的外网访问请求时，设备将自动进行拨号连接操作
当选择“空闲一段时间后自动断线”时，还需要设置“空闲时间”</td></tr>
<tr><td>空闲一段时间后自动断线</td></tr>
<tr><td>空闲时间</td></tr>
<tr><td>MAC 地址</td><td>设置以太网接口的 MAC 地址，可以选择如下两项
使用本设备原来的 MAC 地址：即使用以太网接口的缺省 MAC 地址，后面的括号中显示的即为以太网接口的缺省 MAC 地址
使用下面手工输入的 MAC 地址：即手工设置以太网接口的 MAC 地址，选择此项时，需要在下面的文本框中输入一个 MAC 地址</td></tr>
</table>

完成前面的配置后，单击“下一步”按钮，进入设置 LAN 口参数的页面，如图 2-3-11 所示。

图 2-3-11　设置路由器 LAN 口参数

LAN 口参数的配置如表 2-3-5 所示。

表 2-3-5　以太网 LAN 口的详细配置

<table>
<tr><th>配置项</th><th>说明</th></tr>
<tr><td>VLAN 虚接口</td><td>显示要配置的 VLAN 虚接口的编号
此处会自动显示设备上编号最小的 VLAN 虚接口
如果设备上没有 VLAN 虚接口，则会自动创建并显示编号为 1 的 VLAN 虚接口</td></tr>
<tr><td>IP 地址</td><td rowspan="2">设 VLAN 虚接口的 IP 地址和子网掩码</td></tr>
<tr><td>子网掩码</td></tr>
<tr><td>DHCP 服务器</td><td>设置接口是否工作在 DHCP 服务器模式
若选择开启 DHCP 服务器，则可以进行 DHCP 服务器相关参数的配置</td></tr>
<tr><td>起始 IP 地址</td><td rowspan="2">设置用于动态分配的扩展模式的 DHCP 地址池，是由起始 IP 地址和结束 IP 地址共同确定的一个 IP 地址范围</td></tr>
<tr><td>结束 IP 地址</td></tr>
</table>

续表

<table>
<tr><th>配置项</th><th>说明</th></tr>
<tr><td>网关地址</td><td>设置 DHCP 地址池为 DHCP 客户端分配的网关地址
DHCP 客户端访问本网段以外的服务器或主机时，数据必须通过网关进行转发
为地址池指定网关地址后，在给客户端分配 IP 地址的同时，也将网关地址发送给客户端</td></tr>
<tr><td>DNS 服务器 1</td><td rowspan="2">设置 DHCP 地址池为 DHCP 客户端分配的 DNS 服务器的 IP 地址，注意 DNS 服务器 1 的使用顺序在 DNS 服务器 2 之前
为了使 DHCP 客户端能够通过域名访问 Internet 上的主机，DHCP 服务器应在为客户端分配 IP 地址的同时指定 DNS 服务器地址</td></tr>
<tr><td>DNS 服务器 2</td></tr>
</table>

完成前面的配置后，单击“下一步”按钮，进入设置 WLAN 口参数的页面，如图 2-3-12 所示。

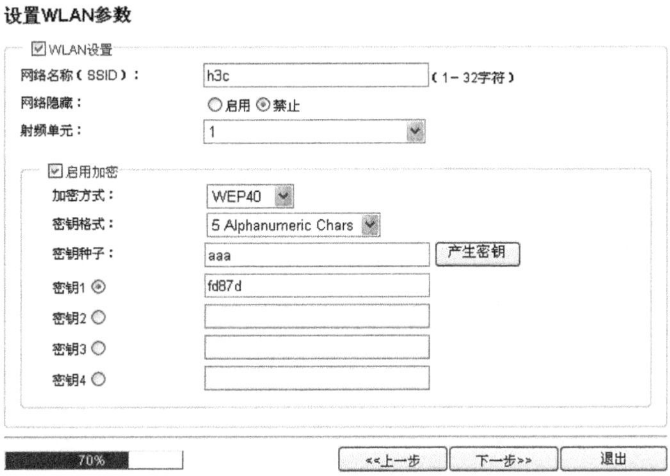

图 2-3-12　设置路由器 WLAN 参数

WLAN 口参数的配置如表 2-3-6 所示。

表 2-3-6　以太网 WLAN 口的详细配置

配置项	说明
WLAN 设置	选择是否进行 WLAN 设置
网络名称(SSID)	设置无线网络名称
网络隐藏	设置是否启用无线网络名称隐藏功能
射频单元	设置 AP 支持的射频号，取值为 1 或 2 实际的取值与 AP 设备的型号有关，请以设备的实际情况为准
启用加密．	设置是否启用无线网络加密的功能 通过加密设置，可以提高无线客户端与设备间数据传输安全性
加密方式	设置无线网络加密的方式，包括 WEP40 和 WEP104
密钥格式	设置密钥的格式 当加密方式选择 WEP40 时，密钥格式可以选择 5 个字符的字符串或者 10 位的十六进制数 当加密方式选择 WEP104 时，密钥格式可以选择 13 个字符的字符串或者 26 位的十六进制数

续表

<table>
<tr><th>配置项</th><th>说明</th></tr>
<tr><td>密钥种子</td><td rowspan="5">设置在加密和解密时使用的缺省的 WEP 密钥
可以在输入密钥种子后单击“产生密钥”按钮来自动生成密钥，也可以手动输入密钥
生成或输入密钥后，可在已配置的密钥中选择一个使用
选择 WEP40 和 ASCII 时，生成或输入的密钥为 5 个字符的字符串
选择 WEP40 和 HEX 时，生成或输入的密钥为 10 位的十六进制数
选择 WEP104 和 ASCII 时，生成或输入的密钥为 13 个字符的字符串
选择 WEP104 和 HEX 时，生成或输入的密钥为 26 位的十六进制数</td></tr>
<tr><td>密钥 1</td></tr>
<tr><td>密钥 2</td></tr>
<tr><td>密钥 3</td></tr>
<tr><td>密钥 4</td></tr>
</table>

完成前面的配置后，单击“下一步”按钮，进入基本业务配置确认的页面，如图 2-3-13 所示。

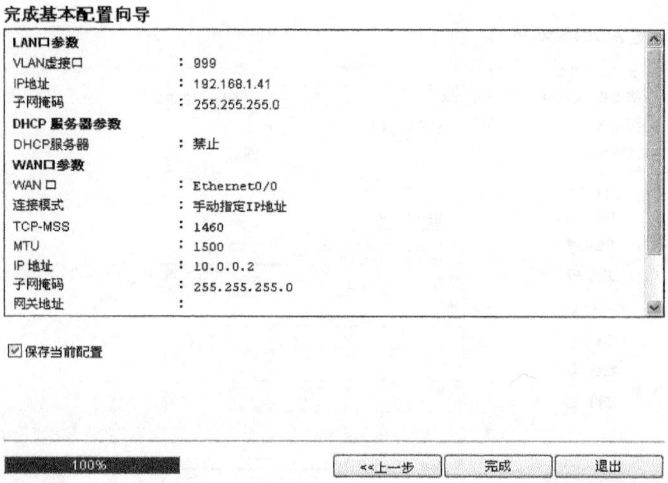

图 2-3-13　基本业务配置保存

在此页面中，可以设置在提交配置的同时是否将设备当前的配置保存到下次启动配置文件(包括“. cfg 文件”和“. xml 文件”)，同时还列出了用户在基本配置向导中所做的所有配置。确认配置的数据是否正确，如果需要修改，则单击“上一步”按钮，可以返回到前面的页面对配置进行修改；如果确认配置的数据正确，则单击“完成”按钮，即可执行所进行的配置。

6)WAN 接口设置

在向导设置好后，可以根据情况对设置进行修改。WAN 接口设置修改，在导航栏中选择“接口配置\\WAN 接口设置”，进入“WAN 接口设置”页签页面，如图 2-3-14 所示。

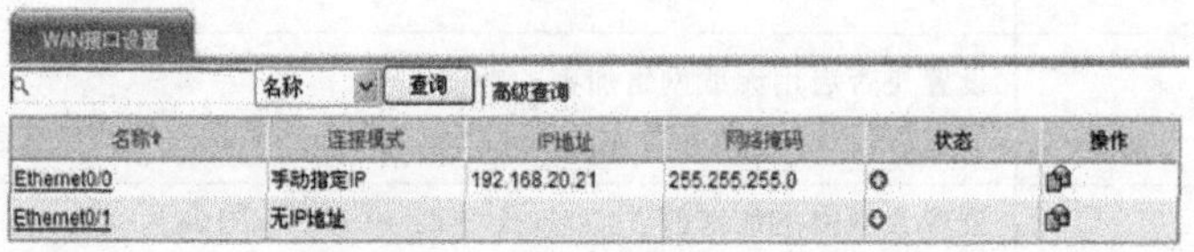

图 2-3-14　WAN 接口设置

页面上显示接口的名称、连接模式、IP 地址/掩码、状态和操作信息。单击以太网接口对应的图标，进入以太网接口编辑页面，如图 2-3-15 所示。

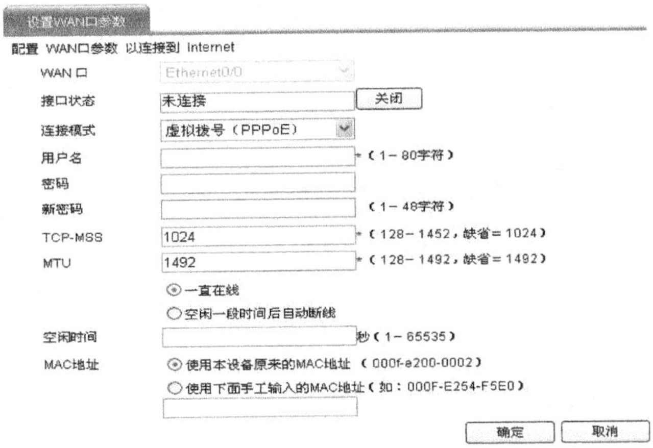

图 2-3-15　以太网接口参数配置

7)LAN 设置

Web 页面提供了基于端口的 VLAN 及 VLAN 接口的配置功能,创建和删除 VLAN,为 VLAN 添加和删除接口成员,创建和删除 VLAN 接口,配置 VLAN 接口参数。

VLAN 配置的步骤:创建一个 VLAN 或 VLAN 范围,也可同时创建相应的 VLAN 接口,配置 VLAN 接口参数,为 VLAN 添加接口成员。

在导航栏中选择“接口配置\\LAN 设置”,默认进入“VLAN 设置”页签页面,如图 2-3-16 所示。

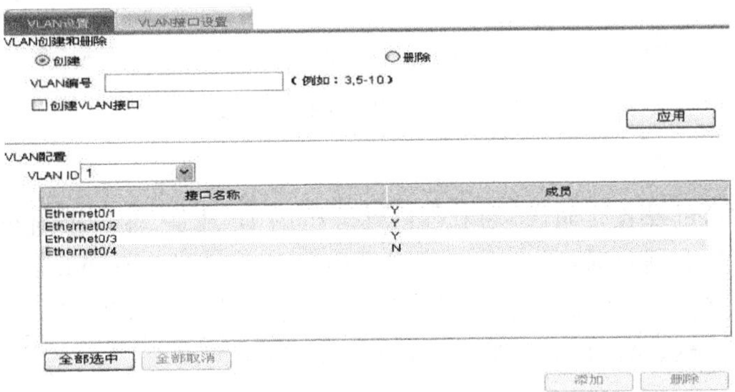

图 2-3-16　以太网 VLAN 设置

VLAN 和 VLAN 接口的详细配置,如表 2-3-7 所示。

表 2-3-7　VLAN 和 VLAN 接口的详细配置

配置项	说明
VLAN 创建和删除	选择要进行的操作类型为创建或删除
VLAN 编号	设置要创建或删除的 VLAN(或 VLAN 接口)的编号
创建 VLAN 接口	当选择创建 VLAN 时,可以设置是否同时创建 VLAN 接口
仅删除 VLAN 接口	当选择删除 VLAN 时,可以设置是否仅删除 VLAN 接口,而不删除 VLAN

VLAN 成员配置,在导航栏中选择“接口配置\\LAN 设置”,默认进入“VLAN 设置”页签页面。VLAN 成员的详细配置如表 2-3-8 所示。

表 2-3-8 VLAN 成员的详细配置

配置项	说明
VLAN ID	选择一个要添加或删除成员的 VLAN ID
接口成员列表	在接口成员列表中选择要添加或删除的接口
<添加>	点击"添加"按钮,将选中的接口添加为指定 VLAN 的成员
<删除>	点击"删除"按钮,将选中的接口从指定 VLAN 中删除

配置 VLAN 接口参数,在导航栏中选择"接口配置\\LAN 设置",单击"VLAN 接口设置"页签,进入如图 2-3-17 所示页面。

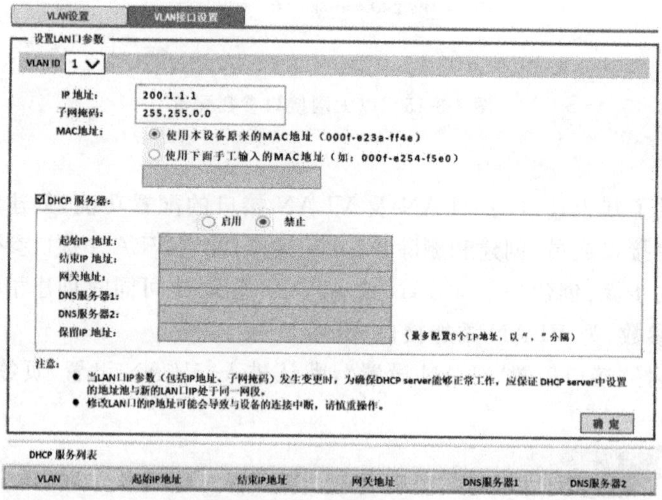

图 2-3-17 VLAN 接口设置

8)访问控制

访问控制是指通过设置时间段、局域网内计算机的 IP 地址、端口范围和数据包协议类型、禁止符合指定条件的数据包通过,来限制局域网内的计算机对 Internet 的访问。设备支持配置多条访问控制策略,条件访问控制策略按照序号从小到大的顺序匹配。配置访问控制,在导航栏中选择"安全配置\\访问控制",进入如图 2-3-18 所示的页面。

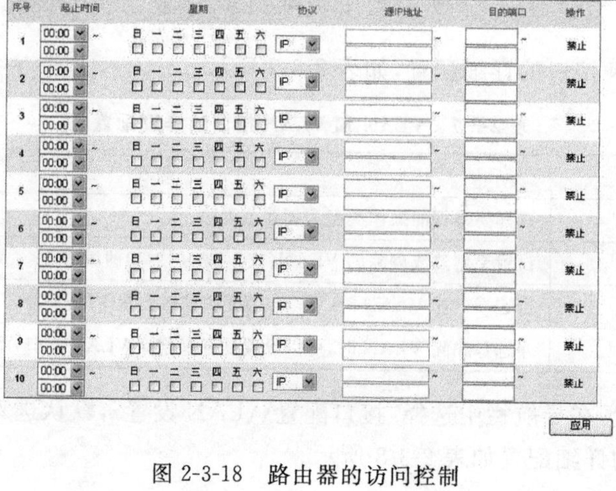

图 2-3-18 路由器的访问控制

访问控制策略的详细配置如表 2-3-9 所示。

表 2-3-9　访问控制策略的详细配置

配置项	说明
起止时间	设置一天内生效的时间段，起始时间应早于终止时间
星期	设置一周内生效的时间，在星期日至星期六中进行选择
协议	设置通过传输数据包所使用协议类型进行上网控制 协议类型的选项有 TCP、UDP 和 IP
源 IP 地址	设置局域网中需要被控制的计算机的 IP 地址范围 如果只对单个 IP 地址(如 192.168.1.2)进行上网控制，IP 地址范围就输入"192.168.1.2"-"192.168.1.2"
目的端口	设置局域网中计算机访问 Internet 的服务端口 例如，对于 Telnet 端口(23)，就输入"23" -"23" .
操作	显示对符合条件的数据包所执行的操作为"禁止"，即禁止符合条件的数据包通过

访问控制典型配置举例如图 2-3-19 所示，某企业内部用户 Host A～Host D 通过 Router 访问 Internet。通过配置访问控制策略，实现如下需求：Host A～Host C 在工作时间(星期一至星期五的 09—18 时)不能访问 Internet，其余时间可以访问；Host D 任何时间都可以访问 Internet。

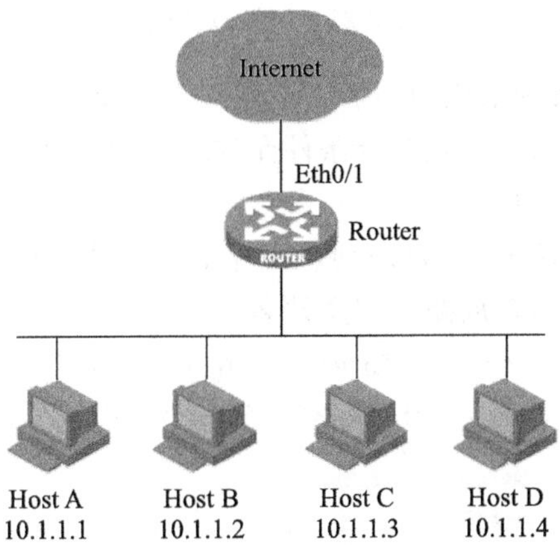

图 2-3-19　访问控制典型配置组网拓扑图

在导航栏中选择"安全配置\\访问控制"，进行如下配置，如图 2-3-20 所示。

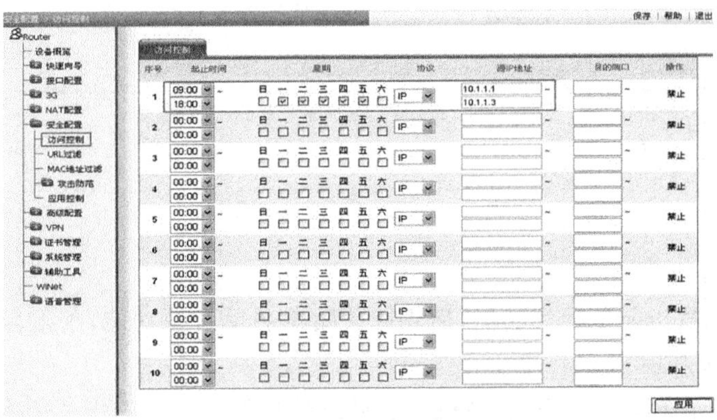

图 2-3-20　路由器访问控制配置

9)网站过滤

网站过滤是指通过设置过滤类型和过滤条件,限制局域网内的计算机对 Internet 上符合过滤条件的网页的访问。在导航栏中选择“安全配置\\网站过滤”,进入如图 2-3-21 所示页面。

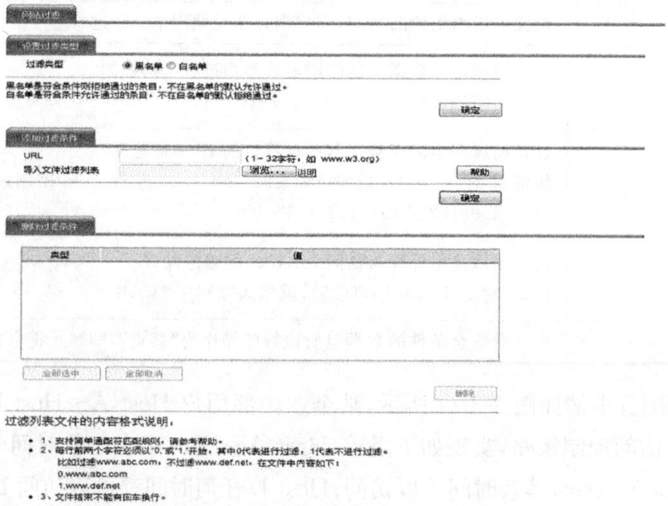

图 2-3-21 网站过滤配置

其中,过滤类型可以设置为黑名单或者白名单。黑名单是符合条件则拒绝通过的条目,不在黑名单的默认允许通过。白名单是符合条件允许通过的条目,不在白名单的默认拒绝通过。缺省情况下,过滤条件为黑名单。

导入文件过滤列表是指从 URL 过滤列表文件中导入过滤条件,并指定要导入的 URL 过滤列表文件名在本地主机上的存放路径和文件名。

某企业内部用户通过 Router 访问 Internet。配置 URL 过滤功能,使所有内部用户都不能访问 Internet 上地址为“www.webflt.com”的网站,如图 2-3-22 所示。

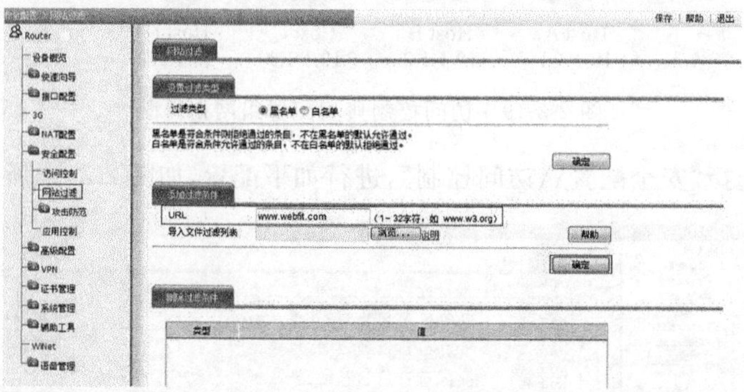

图 2-3-22 添加网站过滤条件

10)攻击防范

Web 页面提供攻击防范配置功能,启用或关闭黑名单过滤功能,配置黑名单表项,查看黑名单,配置入侵检测功能。

攻击防范是一个重要的网络安全特性,它通过分析经过设备的报文的内容和行为,判断报文是否具有攻击特征，并对具有攻击特征的报文执行一定的防范措施，如输出告警日志、丢弃报文、更新会话状态或加入黑名单。

黑名单功能是根据报文的源 IP 地址进行报文过滤的一种攻击防范特性。同基于 ACL 的包过滤功能相比，黑名单进行报文匹配的方式更为简单，可以实现报文的高速过滤，从而有效地将特定 IP 地址发送来的报文屏蔽掉。

在导航栏中选择“安全配置\\攻击防范\\黑名单”，如图 2-3-23 所示。勾选“启用黑名单过滤功能”前的复选框，单击“应用”按钮，可以使能黑名单过滤功能。

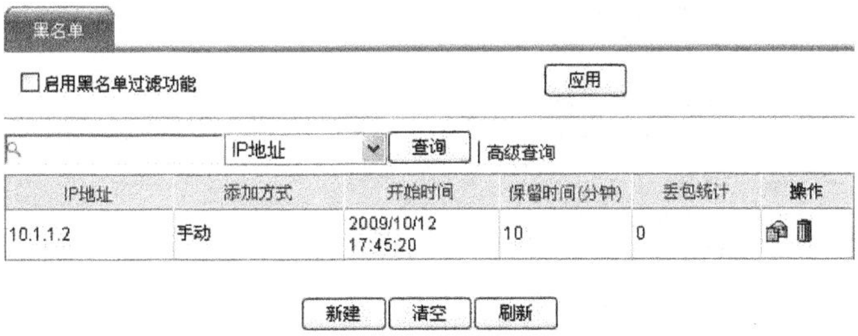

图 2-3-23　启用黑名单过滤

手动新建黑名单表项，在导航栏中选择“攻击防范\\黑名单”，在“黑名单配置”中单击“新建”按钮，进入新建黑名单表项配置页面，如图 2-3-24 所示。

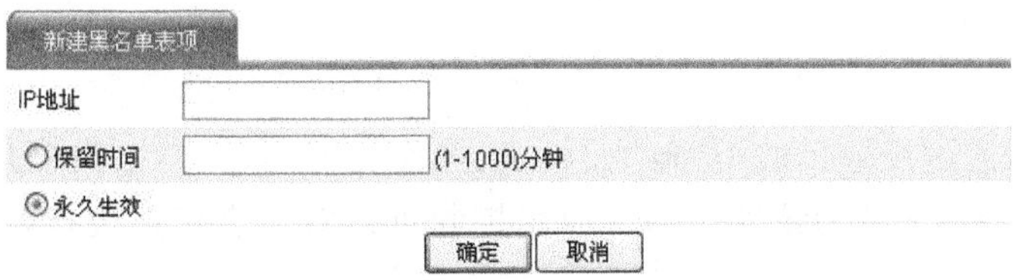

图 2-3-24　手动新建黑名单表项

入侵检测功能：根据攻击报文表现出的不同特征，设备可以防范的网络攻击类型可以划分为单包攻击和异常流攻击两大类，异常流攻击又包括扫描攻击和泛洪攻击两种。

单包攻击也称为畸形报文攻击。攻击者通过向目标系统发送有缺陷的 IP 报文，如分片重叠的 IP 报文、TCP 标志位非法的报文，使得目标系统在处理这样的 IP 报文时出错、崩溃，给目标系统带来损失，或者通过发送大量无用报文占用网络带宽等行为来造成攻击。

扫描攻击是指攻击者运用扫描工具对网络进行主机地址或端口的扫描，通过准确定位潜在目标的位置，探测目标系统的网络拓扑结构和启用的服务类型，为进一步侵入目标系统做准备。

泛洪攻击是指攻击者在短时间内向目标系统发送大量的虚假请求，导致目标系统疲于应付无用信息，而无法为合法用户提供正常服务，即发生拒绝服务。

在导航栏中选择“安全配置\\攻击防范\\入侵检测”，进入如图 2-3-25 所示的页面。

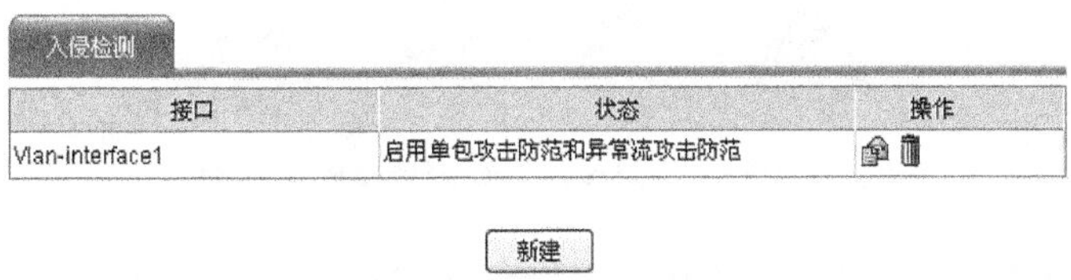

图 2-3-25　配置入侵检测

单击“新建”按钮，进入新建入侵检测策略的配置页面，如图 2-3-26 所示。

图 2-3-26　新建入侵检测策略

选择一个接口，并根据需要选择启用哪些类型的攻击检测，单击“应用”按钮，即可在该接口上启用入侵检测功能。

11)应用控制

应用控制是指通过设置目的 IP 地址、协议、操作类型和端口，来限制局域网内的用户对 Internet 上各种应用程序或协议的使用。应用控制可以对所有用户进行限制，也可以基于用户组来实现。

配置应用控制的推荐步骤：加载应用程序，将包含应用控制规则的特征文件加载到设备；配置自定义应用程序，新建自定义应用程序，并配置相应的规则；使能应用控制，在全局使能对指定应用程序或协议的限制功能。

应用控制典型配置举例的组网需求如图 2-3-27 所示，某企业内部用户通过 Router 访问 Internet。配置应用控制功能，使所有内部用户都不能使用 Internet 上的 MSN 应用。

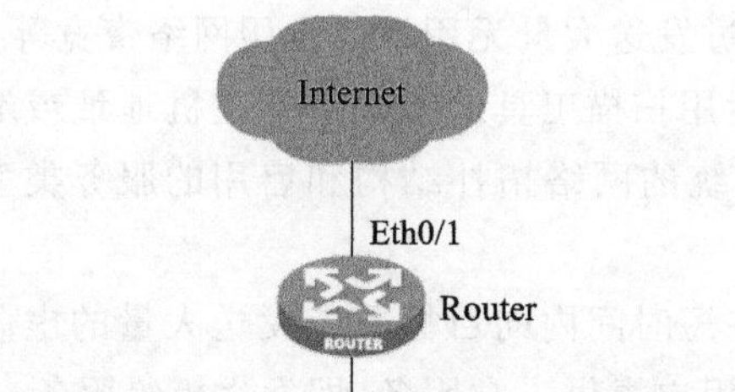

图 2-3-27　应用控制典型配置组网拓扑图

加载应用程序（假设包含 MSN 的特征文件“p2p_default. mtd”已保存在设备上）。

在导航栏中选择“安全配置\\应用控制”，单击“加载应用程序”页签，进行如下配置，如图 2-3-28 所示。

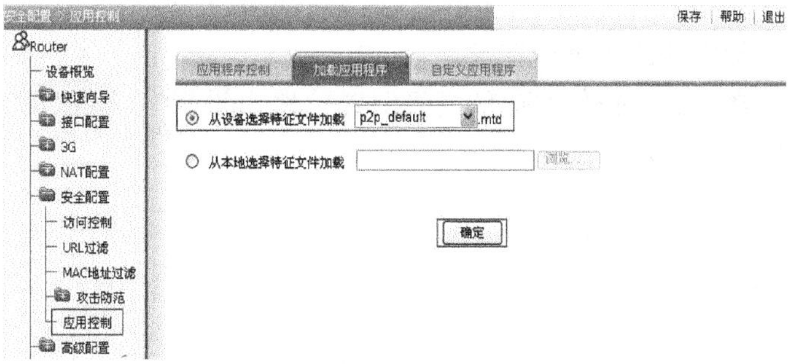

图 2-3-28　进入加载应用程序

选中“从设备选择特征文件加载”前的单选按钮，选择文件名为“p2p_default. mtd”。单击“确定”按钮完成操作，页面下方显示已加载的应用程序，如图 2-3-29 所示。

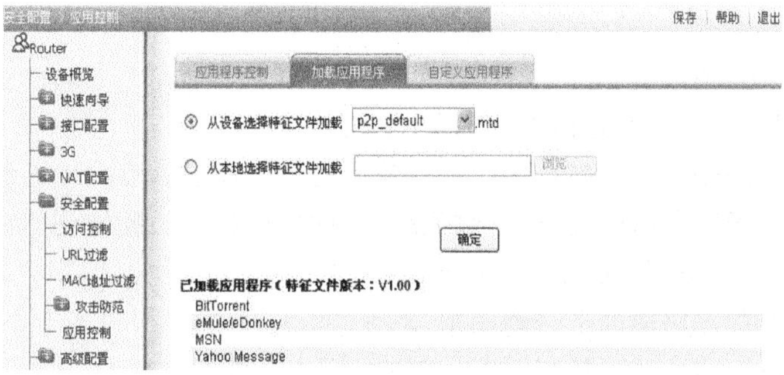

图 2-3-29　从设备选择特征文件加载

配置应用控制，单击“应用程序控制”页签，进行如下配置，如图 2-3-30 所示。

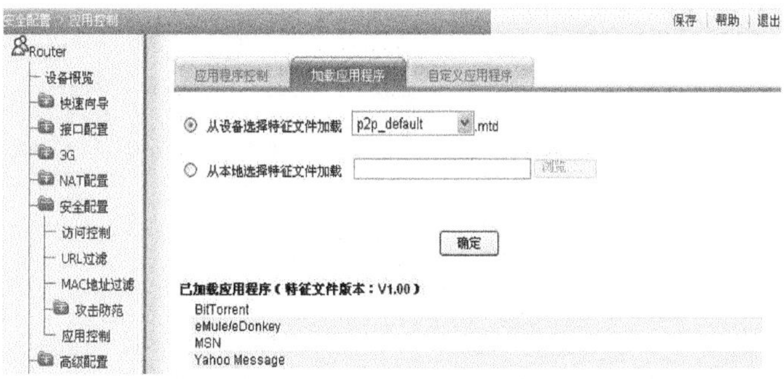

图 2-3-30 选择应用程序控制

在“已加载应用程序”中选择“MSN”，单击“应用”按钮完成操作。

12）路由设置

在网络中，路由器根据所收到的报文的目的地址选择一条合适的路径，并将报文转发到下一个路由器。路径中最后的路由器负责将报文转发给目的主机。路由就是报文在转发过程中的路径信息，用来指导报文转发。

路由表中保存了各种路由协议发现的路由。路由器通过路由表选择路由，把优选路由下发到 FIB(转发信息库)表中,通过 FIB 指导报文转发。每个路由器中都至少保存着一张路由表和一张 FIB 表。

静态路由是一种特殊的路由,由管理员手工配置。配置静态路由后,去往指定目的地的数据报文将按照管理员指定的路径进行转发。

配置静态路由步骤:在导航栏中选择"高级配置\\路由设置",单击"创建"页签,进入静态路由的配置页面,如图 2-3-31 所示。

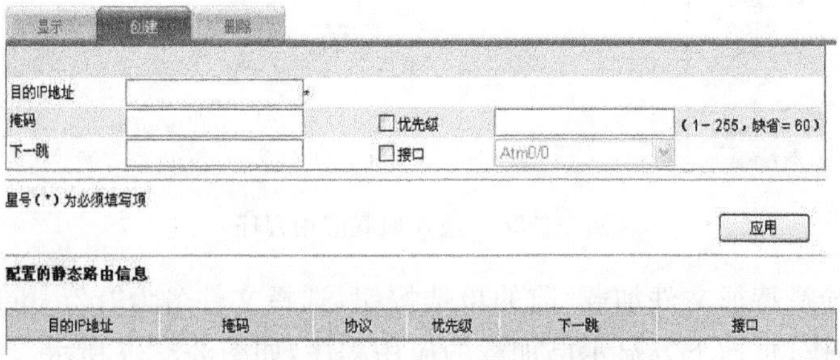

图 2-3-31　静态路由创建

静态路由的详细配置含义如下。

- 目的 IP 地址:设置静态路由的目的 IP 地址。
- 掩码:设置静态路由的网络掩码。可以输入掩码长度或者点分十进制格式的掩码。
- 优先级:设置静态路由的优先级,数值越小,优先级越高。配置到达相同目的地的多条路由,如果指定相同优先级,则可实现负载分担;如果指定不同优先级,则可实现路由备份。
- 下一跳:设置静态路由的下一跳的 IP 地址。
- 接口:设置静态路由的出接口,如果选择 NULL0,表示目的 IP 地址不可达。

(3)静态路由典型配置举例

路由器各接口及主机的 IP 地址和掩码如图 2-3-32 所示。要求采用静态路由,使图中任意两台主机之间都能互通。

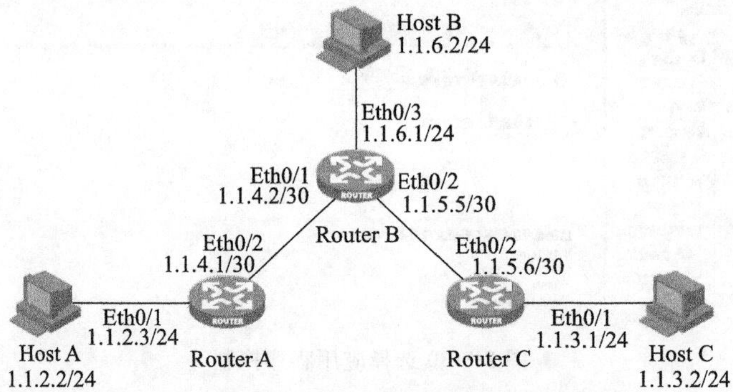

图 2-3-32　静态路由典型配置组网拓扑图

采用如下的思路配置静态路由:在 Router A 上配置一条到 Router B 的缺省路由,在 Router B 上配置两条分别到 Router A 和 Router C 的静态路由,在 Router C 上配置一条到 Router B 的缺省路由。

配置步骤:首先配置各接口的 IP 地址,再配置静态路由。这里主要介绍路由配置,具体配置步骤如下。

1)在 Router A 上配置缺省路由

在 Router A 的导航栏中选择“高级配置\\路由设置”，单击“创建”页签，进行如下配置，如图 2-3-33 所示。

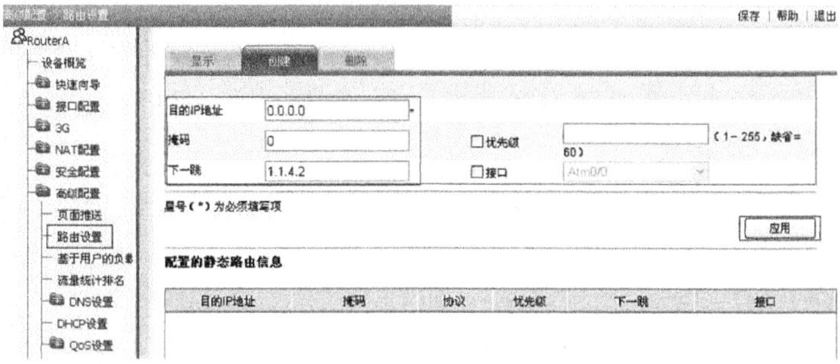

图 2-3-33　路由器的路由设置

输入目的 IP 地址为“0.0.0.0”。输入掩码为“0”。输入下一跳为“1.1.4.2”。单击“应用”按钮完成操作。

此时，页面下方的列表中会显示出这条新创建的静态路由。

2)在 Router B 上配置两条静态路由

在 Router B 的导航栏中选择“高级配置\\路由设置”，单击“创建”页签，进行如下配置，参见图 2-3-33。

输入目的 IP 地址为“1.1.2.0”。输入掩码为“24”。输入下一跳为“1.1.4.1”。单击“应用”按钮完成操作。

输入目的 IP 地址为“1.1.3.0”。输入掩码为“24”。输入下一跳为“1.1.5.6”。单击“应用”按钮完成操作。

此时，页面下方的列表中会显示出这两条新创建的静态路由。

3)在 Router C 上配置缺省路由

在 Router C 的导航栏中选择“高级配置\\路由设置”，单击“创建”页签，进行如下配置，参见图 2-3-33。

输入目的 IP 地址为“0.0.0.0”。输入掩码为“0”。输入下一跳为“1.1.5.5”。单击“应用”按钮完成操作。

此时，页面下方的列表中会显示出这条新创建的静态路由。

4)配置主机 IP 地址和缺省网关

根据上图配置各主机的 IP 地址，并配置 Host A 的缺省网关为“1.1.2.3”，Host B 的缺省网关为“1.1.6.1”，Host C 的缺省网关为“1.1.3.1”。具体配置过程略。

5)配置结果验证

查看激活路由列表：分别在 Router A、Router B 和 Router C 的导航栏中选择“高级配置\\路由设置”，默认进入“显示”页框的页面。查看到页面上的激活路由列表中有新配置的静态路由。

在 Host B 上使用“Ping”命令验证 Host A 是否可达。

以上为路由器的常用设置，更多设置请参考设备对应的操作手册。

2.3.5 FTP、Web服务器管理维护

在计算机网络中，用户通过Internet将远程主机上的文件下载到自己磁盘中和将本机上的文件上传到特定的远程主机上，这个过程称为文件传输。

文件传输服务提供交互式的访问，在本地主机与远程主机之间传输文件。实现文件传输服务依据TCP/IP协议中的文件传输协议（FTP），把文件从一台计算机传输到另一台计算机上，并保证其传输的可靠性。几乎所有类型的文件，包括文本文件、声音文件、图像文件、压缩文件等，都可以通过FTP传送。

文件传输服务是WWW服务出现以前Internet中使用最广泛的服务。不论使用FTP或WWW服务，都需要搭建相应的服务器。

1. FTP服务器

在Internet上存在着许多FTP服务器，提供文件传输服务。大多数FTP服务器主机采用Unix操作系统，但普通用户通过Windows也能方便地使用FTP。

普通的文件传输服务要求用户必须在FTP服务器上有相应的用户帐号和密码，用户要连接服务器都需要一个登录过程，要求输入帐号和密码。除此之外，为了支持文件共享，大部分FTP服务器提供了匿名FTP服务，允许用户在访问FTP服务器时不用事先注册帐号和密码，就可进入FTP服务器，这就是匿名FTP服务器。使用匿名FTP服务器时，只要以anonymous或guest作为登录帐号，电子邮件地址作为密码即可进入FTP服务器。登录成功后，用户便可以从匿名服务器上下载文件。出于安全考虑，大部分匿名服务器只允许匿名FTP用户下载文件，而不允许上传文件。

2. Web服务器

万维网（WWW或Web）是目前应用最为广泛的Internet服务之一。用户只要通过浏览器就可以非常方便地访问万维网，获得所需的信息。在这个信息服务系统中，所有资源由统一资源标识符（URL）标识资源在网络中的位置，这些资源用超文本标记语言（HTML）标记成超文本文件，通过超文本传输协议（HTTP）传送给使用者，而后者通过单击链接来获得资源。

WWW服务采用客户/服务器的工作模式，每个Web服务器都有一个服务器进程，它不间断地监听TCP的端口80，以便发现是否有浏览器（客户端进程）向它发出连接建立请求。一旦监听到连接建立请求，并建立TCP连接以后，浏览器就可以向Web服务器发出浏览某个页面的请求。Web服务器根据浏览器的请求，找到被请求的页面、文档或多媒体文件，然后将这些查询结果返回给浏览器。浏览器在接收到返回的数据后，对其进行解释并显示这些信息。之后，服务器和客户端之间的TCP连接被断开。

2.3.6 IPv6简介

IP是互联网的核心协议。现在使用的IP（即IPv4）是在20世纪70年代末期设计的。互联网经过几十年的飞速发展，IPv4地址已经耗尽，原来的IPv4已经无法满足现在网络快速发展的需要。IPv6是互联网工程任务组（IETF）设计的用于替代IPv4的下一代IP协议，其地址数量号称可以为全世界的每一粒沙子编上一个地址。

1. IPv6的优势

IPv6是Internet的新一代通信协议，兼容了原有IPv4的所有功能，与IPv4相比，具有以下几个优势。

• 具有更大的地址空间。IPv4 中规定 IP 地址长度为 32 位，最大地址个数为 2^{32}；而 IPv6 中 IP 地址的长度为 128 位，即最大地址个数为 2^{128}，可以彻底解决 32 位 IPv4 地址不足的问题。

• 使用更小的路由表。IPv6 的地址分配一开始就遵循聚类的原则，这使得路由器能在路由表中用一条记录表示一片子网，大大减小了路由器中路由表的长度，提高了路由器转发数据包的速度。

• 支持组播方式。IPv4 广播地址已不再有效，这个功能被 IPv6 中的组播地址所代替。

• 地址的自动配置。这是对 DHCP 协议的改进和扩展，使得网络（尤其是局域网）的管理更加方便和快捷。

• 具有更高的安全性。在使用 IPv6 网络中，用户可以对网络层的数据进行加密并对 IP 报文进行校验，IPv6 中的加密与鉴别选项提供了分组的保密性与完整性，极大地增强了网络的安全性。

• 允许扩充。如果新的技术或应用需要，IPv6 允许协议进行扩充。

• 更好的头部格式。IPv6 使用新的头部格式，其选项与基本头部分开，如果需要，可将选项插入到基本头部与上层数据之间。这就简化和加速了路由选择过程，因为大多数的选项不需要由路由选择。

2. IPv6 地址

IPv6 采用长度为 128 位的 IP 地址，而 IPv4 的 IP 地址仅有 32 位。因此 IPv6 的地址资源要比 IPv4 丰富得多。

(1)IPv6 的地址表示形式

IPv6 的地址长度为 128 位，是 IPv4 地址长度的 4 倍。于是 IPv4 点分十进制格式不再适用，而采用十六进制表示。IPv6 有三种表示方法。

• 冒分十六进制表示法

格式为“x:x:x:x:x:x:x:x”，其中每个“x”表示地址中的 16 位二进制，写成 4 个十六进制表示，例如“DACF:EF01:2345:6789:ABCD:EF01:2345:004E”。

• 0 位压缩表示法

在某些情况下，一个 IPv6 地址中间可能包含很长的一段“0”，可以把连续的一段“0”压缩为“::”。但为保证地址解析的唯一性，地址中“::”只能出现一次，例如“FF01:0:0:0:0:0:0:1101”可以写成“FF01::1101”，“0:0:0:0:0:0:0:1”可以写成“::1”，“0:0:0:0:0:0:0:0”可以表示为“::”。

• 混合表示形式

为了实现 IPv4 和 IPv6 互通，IPv4 地址可以嵌入到 IPv6 地址中去，此时地址常表示为“x:x:x:x:x:x: d. d. d. d”，即前 96 位采用冒分十六进制表示，而最后 32 位地址则使用 IPv4 的点分十进制表示，如“FADC:0:0:0:478:0:202. 120. 3. 26”。

(2)IPv6 的地址类型

IPv6 协议主要定义了三种地址类型：单播地址、组播地址和任播地址。与 IPv4 地址相比，新增了“任播地址”类型，取消了 IPv4 地址中的“广播地址”，因为在 IPv6 中的广播功能是通过组播来完成的。

• 单播地址：用来标识唯一接口，类似于 IPv4 中的单播地址。发送到单播地址的数据报文将被传送给此地址所标识的一个接口。

• 组播地址:用来标识一组接口(通常这组接口属于不同的节点),类似于 IPv4 中的组播地址。发送到组播地址的数据报文被传送给此地址所标识的所有接口。

• 任播地址:用来标识一组接口(通常这组接口属于不同的节点)。发送到任播地址的数据报文被传送给此地址所标识的一组接口中距离源节点最近的一个接口。

3. IPv4 向 IPv6 过渡

尽管 IPv6 比 IPv4 具有明显的先进性,但 IPv6 不可能在短时期内立刻替代 IPv4。因此在相当长一段时间内 IPv4 和 IPv6 会共存在一个环境中。要提供平稳的转换过程,使得对现有的使用者影响最小,就需要有良好的转换机制。目前主要提出了双协议栈技术、隧道技术以及网络地址协议转换技术三种。

(1)双协议栈技术

双协议栈技术是指在单个网络节点同时支持 IPv4 和 IPv6 两种协议的技术,这类节点常被称为 IPv6/IPv4 节点。这类节点既能与支持 IPv4 协议的节点进行相互通信,又能与支持 IPv6 协议的节点进行通信。IPv6 和 IPv4 是功能相近的网络层协议,两者都应用于相同的物理平台,并承载相同的传输层协议 TCP 或 UDP,如果一台主机同时支持 IPv6 和 IPv4 协议,那么该主机就可以和仅支持 IPv4 或 IPv6 协议的主机通信。

双协议栈技术是 IPv4 向 IPv6 过渡技术中应用最广泛的一种,同时也是其他过渡技术的基础。

(2)隧道技术

隧道技术将整个 IPv6 报文封装在 IPv4 报文中,这样 IPv6 协议报文就可以穿越 IPv4 网络进行通信。与双协议栈相比,这是一种较为复杂的技术。

对于采用隧道技术的设备来说,在发送端(隧道入口处)将 IPv6 的数据报文封装入 IPv4, IPv4 报文的源地址和目的地址分别是隧道入口和出口的 IPv4 地址。在隧道的出口处将其解封,取出 IPv6 协议报文转发给目的站点。隧道技术只要求在隧道的入口和出口处进行修改,对其他部分没有要求,因此很容易实现,但隧道技术不能实现 IPv4 主机和 IPv6 主机的直接通信。

(3)网络地址协议转换技术

在网络的过渡时期,不可能要求网络中所有主机或中间节点都升级支持双栈,网络中必然存在只支持 IPv4 协议的主机和只支持 IPv6 协议的主机。而两者之间也必然发生通信的需求。由于两者协议栈的不同,就很自然地需要对这些协议进行翻译转换,以保证他们之间能够相互通信。

网络地址协议转换技术是将 IPv4 地址和 IPv6 地址分别看作内部地址和全局地址,或者相反。例如,内部的 IPv4 主机要和外部的 IPv6 主机通信时,在网络地址协议转换服务器中将 IPv4 地址(相当于内部地址)变换成 IPv6 地址(相当于全局地址),服务器维护一个 IPv4 与 IPv6 地址的映射表。反之,当内部的 IPv6 主机和外部的 IPv4 主机进行通信时,则 IPv6 主机映射成内部地址,IPv4 主机映射成全局地址。NAT 技术可以解决 IPv4 主机和 IPv6 主机之间的互通问题。

2.4 网络综合布线

2.4.1 综合布线系统概述

综合布线系统是智能化办公室建设数字化信息系统基础设施,是将所有语音、数据等系统进行统一的规划设计的结构化布线系统，为办公提供信息化、智能化的物质介质，支持将来语音、数据、图文、多媒体等综合应用。

根据对智能建筑的不同理解，有人在现代建筑上提出了“3A”系统，即 BA（楼宇自动化）、OA（办公自动化）和 CA（通信自动化），具体包括模拟与数字的话音系统、高速与低速的数据系统、图形终端和设备控制系统的图像资料、电视会议与安全监视系统的视频信号、建筑物的安全报警和设备控制系统的传感器信号。

随着全球社会信息化与经济国际化的深入发展，人们对信息共享的需求日趋迫切，因此需要一个适合信息时代的布线方案。美国电话电报（AT&T）公司的贝尔实验室的专家们经过多年的研究，在办公楼和工厂试验成功的基础上，于 20 世纪 80 年代末期率先推出 SYSTIMATMPDS（建筑与建筑群综合布线系统），现已推出结构化布线系统（SCS）。经中华人民共和国国家标准 GB/T 50311—2000 命名为综合布线（GCS）。

综合布线系统（PDS）是一种集成化通用传输系统，在楼宇和园区范围内利用双绞线或光缆来传输信息，可以连接电话、计算机、会议电视和监视电视等设备的结构化信息传输系统。PDS 使用物理分层星型拓扑结构，积木式、模块化设计，遵循统一标准，使系统的集中管理成为可能，也使各信息点的故障改动或增删不影响其他的信息点，安装、维护、升级和扩展都非常方便。

综合布线是一种模块化的、灵活性极高的建筑物内或建筑群之间的信息传输通道。它既能使语音、数据、图像设备和交换设备与其他信息管理系统彼此相连，也能使这些设备与外部相连接。它还包括建筑物外部网络或电信线路的连接点与应用系统设备之间的所有线缆及相关的连接部件。

综合布线系统是开放式结构，支持电话及多种计算机数据系统，可划分成工作区子系统、配线（水平）子系统、干线（垂直）子系统、设备间子系统、管理间子系统、建筑群子系统。

- 工作区子系统：一个独立的需要设置终端的区域，即一个工作区，工作区子系统应由配线（水平）布线系统的信息插座，延伸到工作站终端设备处的连接电缆及适配器组成。一个工作区的服务面积可按 5～10 m^2 估算，每个工作区设置一个电话机或计算机终端设备，或按用户要求设置。
- 配线（水平）子系统：配线子系统由工作区用的信息插座、每层配线设备至信息插座的配线电缆、楼层配线设备和跳线等组成。
- 干线（垂直）子系统：干线子系统应由设备间的配线设备和跳线以及设备间至各楼层配线间的连接电缆组成。在确定干线子系统所需要的电缆总对数之前，必须确定电缆话音和数据信号的共享原则。对于基本型，每个工作区可选定 1 对双绞线；对于增强型，每个工作区可选定 2 对双绞线；对于综合型，每个工作区可在基本型和增强型的基础上增设光缆系统。
- 设备间子系统：设备间是在每一幢大楼的适当地点设置进线设备、进行网络管理以及管理人员值班的场所。设备间子系统由综合布线系统的建筑物进线设备、电话、数据、计算机等各种主机设备及其保安配线设备等组成。设备间内的所有进线终端应采用色标区别各类用途的配线区，设备间位置及大小根据设备的数量、规模、最佳网络中心等内容综合考虑确定。
- 管理间子系统：管理间子系统设置在每层配线设备的房间内。管理间子系统应由交接间的配线设备、输入/输出设备等组成，管理间子系统也可应用于设备间子系统。管理间子系统应采用单点管理双交接。交接场的结构取决于工作区、综合布线系统规模和选用的硬件。在管理规模大、复杂，有二级交接间时才设置双点管理双交接。在管理点根据应用环境用标记插入条来标出各个端接场。

• 建筑群子系统:建筑群子系统由两个及两个以上建筑物的电话、数据、电视系统组成一个建筑群综合布线系统,包括连接各建筑物之间的缆线和配线设备(CD)。建筑群子系统宜采用地下管道敷设方式,管道内敷设的铜缆或光缆应遵循电话管道和入孔的各项设计规定。此外安装时至少应预留1~2个备用管孔,以供扩充之用。建筑群子系统采用直埋沟内敷设时,如果在同一沟内埋入了其他的图像、监控电缆,应设立明显的共用标志。电话局引入的电缆应进入一个阻燃接头箱,再接至保护装置。

综合布线的主要优点:结构清晰,便于管理维护;材料统一先进,适应今后的发展需要;灵活性强,适应各种不同的需求,使综合布线系统使用起来非常灵活;便于扩充,既节约费用,又提高了系统的可靠性等。

2.4.2 综合布线系统标准和设置等级

1. 综合布线系统标准

目前,综合布线系统标准一般为中国工程建设标准化协会标准 CECS 92:97《重金属污水化学法处理设计规范》和美国电子工业协会、美国电信工业协会的 EIA/TIA 为综合布线系统而制定的一系列标准。

2. 综合布线系统的设计等级

对于建筑物的综合布线系统,一般定为三种不同的布线系统等级:基本型综合布线系统、增强型综合布线系统、综合型综合布线系统。

(1)基本型综合布线系统

基本型综合布线系统方案,是个经济有效的布线方案。支持语音或综合型语音/数据产品,并能够全面过渡到数据的异步传输或综合型布线系统,基本配置如下:

• 每个工作区有1个信息插座;
• 每个工作区有1条水平布线4对 UTP 系统;
• 完全采用110 A交叉连接硬件,并与未来的附加设备兼容;
• 每个工作区的干线电缆至少有2对双绞线。

特点:支持所有语音和数据传输应用;支持语音、综合型语音/数据高速传输;便于维护人员维护、管理;支持众多厂家的产品设备和特殊信息的传输。

(2)增强型综合布线系统

增强型综合布线系统不仅支持语音和数据的应用,还支持图像、影像、影视、视频会议等。它具有为增加功能提供发展的余地,并能够利用接线板进行管理,基本配置如下:

• 每个工作区有2个以上信息插座;
• 每个信息插座均有水平布线4对 UTP 系统;
• 具有110 A交叉连接硬件;
• 每个工作区的电缆至少有8对双绞线。

特点:每个工作区有2个信息插座,灵活方便、功能齐全;任何一个插座都可以提供语音和高速数据传输;便于管理与维护;能够为众多厂商提供服务环境的布线方案。

(3)综合型综合布线系统

综合型布线系统是将双绞线和光缆纳入建筑物布线的系统,基本配置如下:

• 建筑、建筑群的干线或水平布线子系统中配置62.5 μm的光缆;

- 每个工作区的电缆内配有 4 对双绞线；
- 每个工作区的电缆中应有 2 对以上的双绞线。

特点：每个工作区有 2 个以上的信息插座，不仅灵活方便，而且功能齐全；任何一个信息插座都可供语音和高速数据传输；有一个好的环境，为客户提供服务。

3. 综合布线系统的设计要点

综合布线系统的设计方案不是一成不变的，而是随着环境、用户要求来确定的。其要点为：

- 尽量满足用户的通信要求；
- 了解建筑物、楼宇间的通信环境；
- 确定合适的通信网络拓扑结构；
- 选取适用的介质；
- 以开放式为基准，尽量与大多数厂家产品和设备兼容；
- 将初步的系统设计和建设费用预算告知用户。

在征得用户意见并订立合同书后，再制定详细的设计方案。

2.4.3　网络传输介质

计算机通信分为有线通信和无线通信两种。有线通信是利用电缆、光缆或电话线来充当传输导体的。无线通信是利用卫星、微波、红外线来充当传输导体的。网络通信线路的选择必须考虑网络的性能、价格、使用规则、安装难易性、可扩展性及其他一些因素。目前，在通信线路上使用的传输介质有：双绞线、同轴电缆、大对数线、光导纤维。

1. 双绞线

双绞线是一种综合布线工程中最常用的传输介质。双绞线一般由两根 22 号、24 号或 26 号绝缘铜导线相互缠绕而成。如果把一对或多对双绞线放在一个绝缘套管中便成了双绞线电缆。与其他传输介质相比，双绞线在传输距离、信道宽度和数据传输速度等方面均受一定限制，但价格较为低廉。

按照有无屏蔽层分类，双绞线可分为非屏蔽双绞线（UTP）和屏蔽双绞线（STP），屏蔽双绞线电缆的外层由铝箔包裹着，它的价格相对要高一些。

按照频率和信噪比进行分类，可以分为一类线（CAT1）、二类线（CAT2）、三类线（CAT3）、四类线（CAT4）、五类线（CAT5）、超五类线（CAT5e）和六类线（CAT6）等。目前常用的是五类线、超五类线和六类线。图 2-4-1 列出了常用双绞线传输速率。

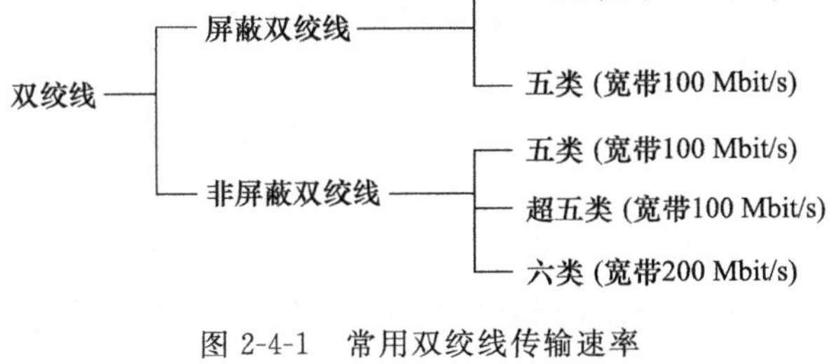

图 2-4-1　常用双绞线传输速率

非屏蔽双绞线电缆的优点：无屏蔽外套，直径小，节省所占用的空间；质量小，易弯曲，易安装；将串扰减至最小或加以消除；具有阻燃性；具有独立性和灵活性，适用于结构化综合布线。

2. 同轴电缆

同轴电缆是由一根空心的外圆柱导体及其所包围的单根内导线所组成的，如图 2-4-2 所示。柱体铜导线用绝缘材料隔开，其频率特性比双绞线好，能进行较高速率的传输。由于它的屏蔽性能好，抗干扰能力强，通常多用于基带传输。

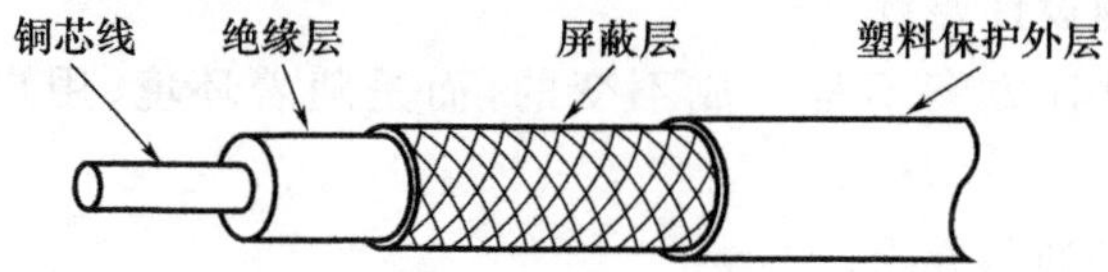

图 2-4-2　同轴电缆的结构

在同轴电缆网络中，一般可分为主干网、次主干网和线缆三类。主干线路在直径和衰减方面和其他线路不同，前者通常由防护层的电缆构成。次主干电缆的直径比主干电缆小，当在不同建筑物的层次上使用次主干电缆时，要采用高增益的分布式放大器，并要考虑沿着电缆与用户出口的接口。

同轴电缆可分为基带同轴电缆和宽带同轴电缆。目前基带传输常用的电缆，其屏蔽线是用铜做成网状的，特征阻抗为 50 Ω，如 RG-8、RG-58 等；宽带传输常用的电缆，其屏蔽层通常是用铝冲压成的，特征阻抗为 75 Ω，如 RG-59 等。

粗同轴电缆与细同轴电缆是指同轴电缆的直径大小。粗缆适用于比较大型的局部网络，它的标准距离长、可靠性高，安装时不需要切断电缆；但粗缆网络必须安装收发器和收发器电缆，安装难度也大，所以总体造价高。相反，细缆则比较简单、造价低，安装过程要切断电缆，两头装上基本网络连接头(BNC)，然后接在 T 型连接器两端。

无论是粗缆还是细缆，均为总线拓扑结构，即一根缆上接多部机器，这种拓扑适用于机器密集的环境。为了保持同轴电缆的正确电气特性，电缆屏蔽层必须接地，同时两头要有终端来削弱信号反射作用。

3. 光纤

光纤是一种细小、柔韧，并能传输光信号的介质。光导纤维电缆由一捆纤维组成，简称光缆。一根光缆中包含有多条光纤。光纤上有光脉冲信号表示 1，没有光脉冲表示 0。光缆是数据传输中最有效的一种传输介质，它有以下几个优点。

• 较宽的频带。

• 电磁绝缘性能好。光纤电缆中传输的是光束，光束是不受外界电磁干扰影响的，而且本身也不向外辐射信号，因此它适用于长距离的信息传输以及要求高度安全的场合。当然，抽头困难是它固有的难题，因为割开光缆需要再生和重发信号。

• 衰减较小，在较大范围内是一个常数。

• 中继器的间隔距离较大，因此整个通道中继器的数目可以减少，这样可降低成本。根据贝尔实验室的测试，当数据速率为 420 Mbit/s 且距离为 119 km 无中继器时，其误码率为 10^{-8}，可见其传输质量很好。而同轴电缆和双绞线在长距离使用中就需要接中继器。

光缆有单模和多模之分。单模光纤具有高速度、长距离、耗散低、高效等特点，但成本较高。多模光纤具有低速度、短距离、耗散高、低效等特点，但成本较低。

光缆在普通计算机网络中的安装是从用户设备开始的。因为光缆只能单向传输，要实现双向通信，就必须成对出现，一个用于输入，一个用于输出。光缆两端接到光学接口器上。安装光缆需小心谨慎。每条光缆的连接都要磨光端头，通过电烧烤工艺与光学接口连在一起。要确保光通道不被阻塞。光纤不能拉得太紧，也不能形成直角。

2.4.4　综合布线子系统

综合布线应优先考虑保护人和设备不受电击和火灾。严格按照规范考虑照明电线、动力电线、通信线路、暖气管道、冷热空气管道、电梯之间的距离、绝缘线、裸线以及接地与焊接等问题，其次考虑线路的走向和美观程度。下面对各子系统设计进行讨论。

1. 工作区子系统

(1)设计概述

工作区子系统由终端设备连接到信息插座的跳线组成。它包括信息插座、信息模块、网卡和连接所需的跳线，并在终端设备和输入/输出(I/O)之间搭接，相当于电话配线系统中连接话机的用户线及话机终端部分。典型的终端连接系统如图 2-4-3所示。终端设备可以是电话、微机和数据终端，也可以是仪器仪表、传感器的探测器。

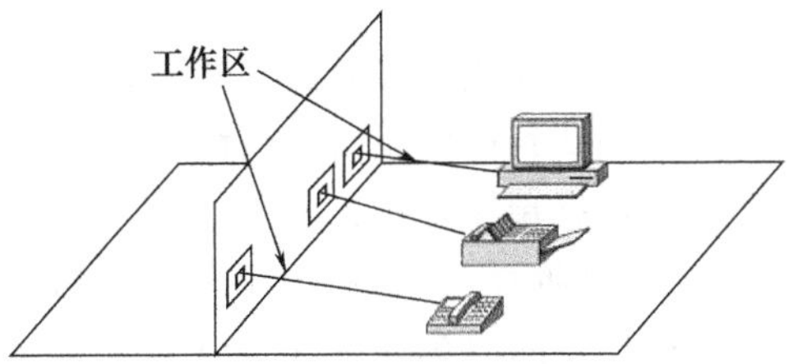

图 2-4-3　终端连接系统

一个独立的工作区，通常是一部电话机和一台计算机终端设备。设计的等级为基本型、增强型、综合型。目前普遍采用增强型设计等级，为语音点与数据点互换奠定了基础。工作区可支持电话机、数据终端、微型计算机、电视机、监视及控制等终端设备的设置和安装。

(2)设计要点

工作区设计要考虑以下点：

- 工作区内线槽布局要合理、美观；
- 信息插座要设计在距离地面 30 cm 以上；
- 信息插座与计算机设备的距离保持在 5 m 范围内；
- 购买的网卡类型接口要与线缆类型接口保持一致；
- 所有工作区所需的信息模块、信息插座、面版的数量；
- RJ-45 所需的数量。

(3)信息插座连接技术要求

每个工作区至少要配置一个插座盒。对于难以再增加插座盒的工作区，要至少安装两个分离的插座盒。信息插座是终端(工作站)与水平子系统连接的接口。每个对线电缆必须都连接在工作区的一个 8 脚(针)的模块化插座(插头)上。

综合布线系统可采用不同厂家的信息插座和信息插头。这些信息插座和信息插头基本上都是一样的。在终端(工作站)一端，将带有 8 针的 RJ-45 插头跳线插入网卡；在信息插座一端，将跳线的 RJ-45 头连接到插座上。

8 针模块化信息输入/输出插座是为所有的综合布线系统推荐的标准 I/O 插座。它的 8 针结构为单一 I/O 配置提供了支持数据、语音、图像或三者的组合所需的灵活性。

RJ-45 头与信息模块压线时有两种方式：T568B 和 T568A(ISDN)标准布线。

2. 配线(水平)子系统

(1)设计概述

配线(水平)子系统设计涉及到水平子系统的传输介质和部件集成，主要有六点：

- 确定线路走向；
- 确定线缆、槽、管的数量和类型；
- 确定电缆的类型和长度；
- 订购电缆和线槽；
- 如果打吊杆走线槽，确定需要吊杆的根数；
- 如果不用吊杆走线槽，确定需要托架的根数。

确定线路走向一般要由用户、设计人员、施工人员到现场，根据建筑物的物理位置和施工难易度来确立。信息插座的数量和类型、电缆的类型和长度一般在总体设计时便已确立，但考虑到产品质量和施工人员的误操作等因素，在订购时要留有余地。

订购电缆时，必须考虑：

- 确定介质布线方法和电缆走向；
- 确认到设备间的接线距离；
- 留有端接容差。

在水平布线通道内，关于电信电缆与分支电源电缆，要说明以下几点：

- 屏蔽的电源导体(电缆)与电信电缆并线时不需要分隔；
- 可以用电源管道障碍(金属或非金属)来分隔电信电缆与电源电缆；
- 对非屏蔽的电源电缆，最小的距离为 10 cm；
- 在工作站的信息口或间隔点，电信电缆与电源电缆的距离最小应为 6 cm。

水平间设计的最后一点是确定水平间与干线接合配线管理设备。

打吊杆走线槽时，一般是间距 1 m 左右一对吊杆。吊杆的总量应为水平干线的长度(m)的 2 倍。使用托架走线槽时，一般是 1～1.5 m 安装一个托架，托架的需求量应根据水平干线的实际长度去计算。

托架应根据线槽走向的实际情况来选定，一般有两种情况：

- 水平线槽不贴墙，则需要订购托架；
- 水平线贴墙走，则可购买角钢来自做托架。

(2)配线(水平)子系统布线线缆种类

在配线(水平)子系统中常用的线缆有四种：

- 1009 非屏蔽双绞线电缆；
- 100Q 屏蔽双绞线电缆；
- 509 同轴电缆；
- 62.5/125 μm 光纤电缆。

(3)配线(水平)子系统布线方案

水平布线将电缆线从管理间子系统的配线间接到每一楼层的工作区的信息输入/输出插座上。设计者要根据建筑物的结构特点，从路由(线)最短、造价最低、施工方便、布线规范等几个方面考虑。但由于建筑物中的管线比较多，往往要遇到一些矛盾，所以，设计水平子系统时必须折中考虑，优选最佳的水平布线方案。一般可采用三种类型。

- 直接埋管式：由一系列密封在现浇混凝土里的金属布线管道或金属馈线走线槽组成。这些金属管道或金属线槽从水平间向信息插座的位置辐射。根据通信和电源布线的要求、地板厚度和占用的地板空间等条件，直接埋管布线方式可能要采用厚壁镀锌管或薄型电线管。这种方式在老式的设计中非常普遍。

• 先走吊顶内线槽，再走支管到信息出口的方式：线槽通常悬挂在天花板上方的区域，用在大型建筑物或布线系统比较复杂，而需要有额外支持物的场合。用横梁式线槽将电缆引向所要布线的区域。由弱电井出来的缆线先走吊顶内的线槽，到各房间后经分支线槽从横梁式电缆管道分叉后，将电缆穿过一段支管引向墙柱或墙壁，贴墙而下或贴墙而上到本层的信息出口，最后端接在用户的插座上。

• 适合大开间及后打隔断的地面线槽方式：弱电井出来的线走地面线槽，到地面出线盒或由分线盒出来的支管到墙上的信息出口。

3. 干线(垂直)子系统

干线(垂直)子系统的任务是通过建筑物内部的传输电缆，把各个服务接线间的信号传送到设备间，直到传送到最终接口，再通往外部网络。它必须满足当前的需要，又要适应今后的发展。

干线子系统包括供各条干线接线间之间的电缆走线用的竖向或横向通道和主设备间与计算机中心间的电缆。设计时要考虑以下几点：

• 确定每层楼的干线要求；
• 确定整座楼的干线要求；
• 确定从楼层到设备间的干线电缆路由；
• 确定干线接线间的接合方法；
• 选定干线电缆的长度；
• 确定敷设附加横向电缆时的支撑结构。

在敷设电缆时，对不同的介质电缆要区别对待。

(1)光纤电缆

• 光纤电缆敷设时，不应该绞结；
• 光纤电缆在室内布线时，要走线槽；
• 光纤电缆在地下管道中穿过时，要用 PVC 管；
• 光纤电缆需要拐弯时，其曲率半径不能小于 30 cm；
• 光纤电缆的室外裸露部分要加铁管保护，铁管要固定牢固；
• 光纤电缆不要拉得太紧或太松，并要有一定的膨胀收缩余量；
• 光纤电缆埋地时，要加铁管保护。

(2)同轴粗缆

• 同轴粗缆敷设时，不应扭曲，要保持自然平直；
• 粗缆在拐弯时，其弯角曲率半径不应小于 30 cm；
• 粗缆接头安装要牢靠；
• 粗缆布线时，必须走线槽；
• 粗缆的两端必须加终接器，其中一端应接地；
• 粗缆上连接的用户间隔必须在 2.5 m 以上；
• 粗缆室外部分的安装与光纤电缆室外部分安装相同。

(3)同轴细缆

同轴细缆的敷设与同轴粗缆有以下几点不同：

• 细缆弯曲半径不应小于 20 cm；
• 细缆上各站点距离不小于 0.5 m；

• 一般细缆长度为183 m,粗缆为500 m。

(4)双绞线

• 双绞线敷设时,线要平直,走线槽,不要扭曲;

• 双绞线的两端点要标号;

• 双绞线的室外部分要加套管,严禁搭接在树干上;

• 双绞线不要拐硬弯。

4. 设备间子系统

设备间子系统是一个公用设备存放的场所,也是设备日常管理的地方,在设计设备间时,应注意:

• 设备间应设在位于干线综合体的中间位置;

• 应尽可能靠近建筑物电缆引入区和网络接口;

• 设备间应在服务电梯附近,便于装运笨重设备;

• 设备间内要注意,室内无尘土,通风良好,有较好的照明亮度;要安装符合机房规范的消防系统;使用防火门,墙壁使用阻燃漆;提供合适的门锁,至少有一个安全通道。

• 防止可能的水害(如暴雨成灾、自来水管爆裂等)带来的灾害;

• 防止易燃易爆物的接近和电磁场的干扰;

• 设备间(从地面到天花板)应保持2.55 m高度的无障碍空间,门高为2.1 m,宽为90 m,地板承重压力不能低于500 kg/m^2。

因此,设备间设计时必须把握下述要素:最低高度、房间大小、照明设施、地板负重、电气插座、配电中心、管道位置、楼内气温控制、门的大小、方向与位置、端接空间、接地要求、备用电源、保护设施、消防设施等。

5. 管理间子系统

(1)管理间子系统设备部件

管理间子系统由交连、互联和I/O组成。管理间为连接其他子系统提供手段,它是连接干线子系统和配线子系统的设备。管理间一般有以下设备:配线架、交换机、机柜和电源等。

现在,许多大楼在综合布线时,考虑在每一楼层都设立一个管理间,用来管理该层的信息点,摒弃了以往几层共享一个管理间子系统的做法,这也是布线的发展趋势。

作为管理间子系统,应根据管理信息点的多少,安排使用房间的大小。如果信息点多,就应该考虑一个房间来放置;信息点少时,就没有必要单独设立一个管理间,可选用墙上型机柜来处理该子系统。

(2)管理间子系统的布线设计

管理间子系统的布线设计要点主要有以下几点:

• 配线架的配线对数由所管理的信息点数决定;

• 进出线路以及跳线,应采用色标或者标签等进行明确标识;

• 配线架一般由光配线盒和铜配线架组成;

• 供电、接地、通风良好、机械承重合适,保持合理的温度、湿度和亮度;

• 有交换器、路由器的地方要配有专用的稳压电源;

• 采取防尘、防静电、防火和防雷击措施。

6. 建筑群子系统

建筑群子系统应由连接各建筑物之间的综合布线缆线、建筑群配线设备(CD)和跳线等组成。

(1)建筑群子系统的设计步骤

建筑群子系统布线时,AT&TPDS 推荐的设计步骤如下:

- 确定敷设现场的特点;
- 确定电缆系统的一般参数;
- 确定建筑物的电缆入口;
- 确定明显障碍物的位置;
- 确定主电缆路由和备用电缆路由;
- 选择所需电缆类型和规格;
- 确定每种选择方案所需的劳务成本;
- 确定每种选择方案的材料成本;
- 选择最经济、最实用的设计方案。

建筑群子系统宜采用地下管道或电缆沟的敷设方式。管道内敷设的铜缆或光缆应遵循电话管道和入孔的各项设计规定。此外,安装时至少应预留 1～2 个备用管孔。

建筑群子系统采用直埋沟内敷设时,如果在同一沟内埋入了其他的图像、监控电缆,应设立明显的共用标志。

(2)电缆布线方法

建筑物子系统的线缆布设方式有四种:架空布线法、直埋布线法、地下管道布线法和隧道内电缆布线。

2.4.5　信息模块的安装

信息模块(也叫信息插槽)主要是连接设备间和工作间使用的,一般从内墙走,不容易被破坏,具有更高的稳定性和耐用性,同时可以减少绕行布线造成的不必要的高成本。

信息模块根据产品质量的不同,可分为五类、六类屏蔽或非屏蔽模块,以适应现代社会要求越来越高的以太网传输,同时提升信息在传输过程中的抗衰减。

1. 安装要求

- 信息模块应牢靠地安装在平坦的地方,外面有盖板。安装在活动地板或地面上的信息插座,应固定在接线盒内。插座面板有直立和水平等形式,接线盒有开启口,应可防尘。
- 安装在墙体上的插座,应高出地面 30 cm,若地面采用活动地板时,应加上活动地板内净高尺寸。固定螺钉需拧紧,不应有松动现象。
- 信息面板应有标签,以颜色、图形、文字表示所接终端设备的类型。

2. 信息模块端接

信息插座分为单孔和双孔,每孔都有一个 8 位/8 路插针。这种插座的高性能、小尺寸及模块化特点,为设计综合布线提供了灵活性。它采用了标明多种不同颜色电缆所连接的终端,保证了快速、准确安装。

- 从信息插座底盒孔中将双绞电缆拉出 20～30 cm;
- 用环切器或斜口钳从双绞电缆剥除 10 cm 的外护套;
- 取出信息模块,根据模块的色标分别把双绞线的 4 对线缆压到合适的插槽中;
- 使用打线工具把线缆压入插槽中,并切断伸出的余缆;
- 将制作好的信息模块扣入信息面板上,注意模块的上下方向;

- 将装有信息模块的面板放到墙上，用螺钉固定在底盒上；
- 为信息插座标上标签，标明所接终端类型和序号。

2.4.6 跳线制作及测试

1. 跳线的标准

信息模块或 RJ-45 头与双绞线端接有 T568A 或 T568B 两种标准。在 T568A 中与之相连的 8 根线分别定义为：白绿、绿；白橙、蓝；白蓝、橙；白棕、棕。在 T568B 中与之相连的 8 根线分别定义为：白橙、橙；白绿、蓝；白蓝、绿；白棕、棕。

两端都采用 T568B 标准的称为直通线；而一端采用 T568B，另一端采用 T568A 标准即交叉线。直通线用于异种网络设备之间的互连，例如计算机与交换机。交叉线用于同种网络设备之间的互连，例如计算机与计算机。连接不管如何接线，完成后用 RJ-45 测线仪测试时，8 个指示灯都应依次闪烁。

2. 制作跳线步骤和测试

(1)直接从网线箱抽出，可以剪取需要长度的线。

(2)利用剥线器将双绞线剥去外皮约 2 mm，不能损伤线芯，将 4 对线成扇状拨开，根据要求选择 T568A 或者 T568B 跳线标准。

(3)每对线分开排齐，注意调整对线位置，8 条芯线按照顺序排列整齐。

(4)8 条线并拢后用压线钳剪齐，留下约 1.4 cm 长度。

(5)并拢双绞线插入水晶头接头中。

(6)将接头放入压线槽内，一手将线往接头前端顶住，一手压线钳用力夹紧，压紧后将压线钳松开即可。

(7)重复(1)～(6)步骤，压好另一端水晶头接头，这条网线测试后可以使用。

(8)做好跳线两端水晶头，分别插入测试仪口中，听到“咔”一声，完成网线与测试口连接，对应 8 个指示灯依次闪烁。

检测网络跳线程序：制作好网络跳线，插入到测试仪，显示电气连接和线序状况。接正确时对应指示灯亮显示，接不正确或者没有实现电气连接时对应指示灯不亮，接线序不正确或者错答位时对应错位指示灯亮显示。

2.5 网络管理与维护

2.5.1 网络管理系统

一个有效和实用的计算机网络离不开网络管理，网络管理技术已经成为计算机网络中的一个重要领域。

1. 网络管理系统

网络管理系统是一种通过结合软件和硬件，用来对网络状态进行调整的系统。其目的是通过对组成网络的各种软、硬件设备的综合管理，使网络系统中的资源得到更好利用，并保证网络能够正常、高效运行。

2. 网络管理的内容

(1)运行：针对用户提供有效的服务，面向网络整体而进行的管理。如用户流量管理、对用户的计费等。

(2)控制:针对用户提供有效的服务,为满足服务质量要求而进行的管理活动。如对整个网络的管理和网络流量的管理。

(3)维护:针对保障网络及其设备的正常、可靠、连续运行而进行的管理活动。如故障检测、定位和恢复。

(4)提供:针对电信资源的服务准备而进行的管理活动。如安装软件、配置参数等。

3. 网络管理的五个功能域

ISO/IEC 7498—4 文档中定义了网络管理的五大基本功能:故障管理、配置管理、计费管理、性能管理和安全管理,简称为 FCAPS。网络管理还包括其他一些功能,比如网络规划、网络操作人员管理等,这些功能实现都与具体的网络实际条件有关。

(1)故障管理

故障管理是网络管理中最基本的功能之一。当网络中某个组成失效时,网络管理器必须迅速查找到故障并及时排除。网络故障管理包括故障检测、隔离和排除三方面。

(2)配置管理

配置管理负责初始化网络并配置网络,以使其提供网络服务。配置管理是一组对辨别、定义、控制和监视组成一个通信网络的对象所必要的相关功能,目的是实现某个特定功能或使网络性能达到最优。

(3)计费管理

计费管理记录网络资源的使用,目的是控制和监测网络操作的费用和代价。

(4)性能管理

性能管理用于估价系统资源的运行状况及通信效率等系统性能,其能力包括监视和分析被管网络及其所提供服务的性能机制。性能分析的结果可能会触发某个诊断测试过程或重新配置网络,以维持网络的性能。性能管理收集分析有关被管网络当前状况的数据信息,并维持和分析性能日志。

(5)安全管理

网络安全管理包括对授权机制、访问控制、加密和加密关键字的管理,另外还要维护和检查安全日志,包括创建、删除、控制安全服务和机制、与安全相关信息的分布、与安全相关事件的报告。

4. 网络管理系统的基本模型

网络管理系统模型定义了网络管理系统的组成结构形式,其管理模型由管理进程、代理、管理信息库和网络管理协议四个部分组成,如图 2-5-1 所示。

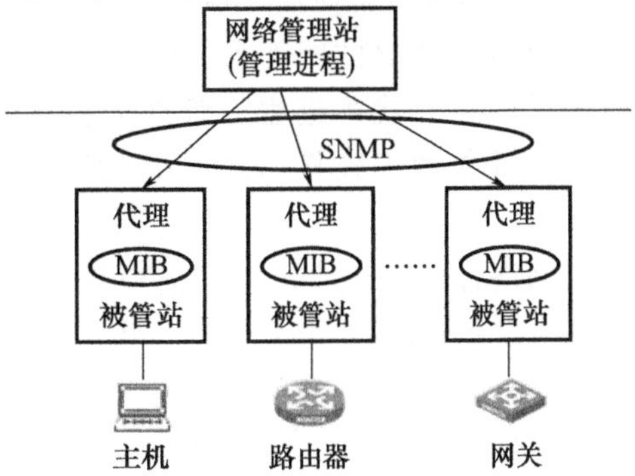

图 2-5-1　网络管理模型

(1)管理进程

管理进程是对网络设备和设施进行全面管理和控制的软件。管理进程一般位于网络系统的主干或主干位置,运行于网络管理中心站上,负责发出所有的控制与管理操作指令,实现对管理代理的操作与控制,并接收来自管理代理的信息。

(2)代理

代理是驻留在网络设备中的软件模块,应用进程中负责管理相关的被管理对象的部分。

代理的作用是接收管理进程的指令搜集数据并将数据返回给管理进程，充当网络设备与管理进程之间通信的中介。

(3)管理信息库

每个管理代理都有自己的本地管理信息库(MIB)，存储与本地设备或设施有关的管理对象。MIB 中的变量对应着相应的管理对象。例如生产厂家、CPU 型号、带宽、内存。每一个网络管理系统中也有一个 MIB，用于存储该网络管理系统所管理的网络设备对象的相关具体参数信息。代理正是通过对 MIB 的读和写来完成对网络设备信息的搜集以及配置的。

(4)网络管理协议

网络管理协议规定了管理进程与管理代理之间交互会话时所必须遵循的相关规则与协定。当前主流网络管理协议有 SNMP。

2.5.2 网络管理协议

简单网络管理协议(SNMP)是 TCP/IP 协议簇中的一个应用层协议。SNMP 在应用层进行网络设备间通信的管理，它可以进行网络状态监视、网络参数设定、网络流量统计与分析、网络故障发现等，现已成为网络管理领域事实上的工业标准。

1. SNMP 的发展

SNMP 的前身是简单网关监控协议(SGMP)，基于 TCP/IP 的 SNMP 网络管理框架由管理信息结构(SMI)、管理信息库 MIB 和管理协议 SNMP 三个主要部分组成。SMI 定义了 SNMP 框架所用信息的组织和标识，为 MIB 定义管理对象及使用管理对象提供模板。MIB 定义了可以通过 SNMP 进行访问的管理对象的集合。SNMP 定义了网络管理者如何对代理进程的 MIB 对象进行读写操作。SNMP 中的 MIB 是一种树状数据库，MIB 管理的对象就是树的端节点，每个节点都有唯一位置和名字。

2. SNMP

SNMP 是由一系列协议和规范组成的，提供了一种从网络设备中收集管理信息的方法，还为网络设备指定向网络管理工作站报告故障和错误的途径，用于管理工作站与被管设备上的代理进程之间交互信息。SNMP 的原理十分简单，它以轮询和应答的方式从被管设备中收集网络管理信息，采用集中或者集中分布式的控制方法对整个网络进行控制和管理。SNMP 最重要的特性就是简洁、清晰，从而使系统的负载可以减至最低限度。

使用 SNMP 的网管系统中，必须有一个运行管理进程的网络管理站，在每一个被管设备中一定要有代理进程。管理进程和代理进程之间利用 SNMP 报文进行通信，而 SNMP 是一个简单的无连接协议，SNMP 报文使用 UDP 来传送，使用 UDP 是为了提高网管的效率。

网络管理站通过 SNMP 向被管设备中的代理进程发出各种请求报文，例如读取被管设备内部对象的状态，必要时修改一些对象的状态值。代理进程则接收这些请求并完成指定操作后，向管理站返回响应信息。绝大部分管理操作都是以这种请求响应的模式进行的。

另外，SNMP 定义了一套用于管理进程和代理进程之间通信的命令，通过这些命令来实现上述工作机制，完成网络管理功能。SNMP 只使用存和取两种操作，所有操作都可以看作是由这两种操作派生出来的。在 SNMP 中定义了以下五种操作。

- Get 操作。用来访问被管设备，从代理那里取得指定的 MIB 变量值。
- Get Next 操作。用来访问被管设备，从代理的表中取得下一个指定 MIB 的值。

• Get Response 操作。用于被管设备上的代理对管理进程发送的请求进行响应，包含相应的响应标识和响应信息。

• Set 操作。设置代理指定 MIB 变量的值。

• Trap 操作。用于代理向管理进程报警，报告发生的错误。

2.5.3　网络管理常用命令和软件

1. 常用的网络测试命令

常用网络测试命令包含 Ping、tracert、netstat、ipconfig 等。了解和掌握这几个命令将有助于网络管理员较快地检测到网络故障所在，下面分别进行详细介绍。

(1)"Ping"命令

Ping 是工作在 TCP/IP 网络体系结构中应用层的一个服务命令，主要是向特定的目的主机发送 ICMP 报文，测试目的站是否可达及了解其有关状态。

命令格式：Ping IP 地址/主机名 [-t][-a][-n count][-l size]

常用参数如下。

-t：Ping 指定的目标主机直到中断。

-a：以 IP 地址格式来显示目标主机的网络地址。

-n count：指定要 Ping 多少次，具体次数由 count 来指定，默认值为 4。

-l size：指定发送到目标主机的数据包的大小。

(2)地址配置命令"ipconfig"

该命令主要是用于显示所有当前 TCP/IP 的网络配置值。在运行 DHCP 系统上，该命令允许用户决定 DHCP 配置的 TCP/IP 配置值。

命令格式：ipconfig [-all |-renew [adapter] |-release [adapter]]

常用参数如下。

/all：显示所有适配器的完整 TCP/IP 配置信息。在没有该参数的情况下，ipconfig 只显示 IP 地址、子网掩码和各个适配器的默认网关值。

/renew：更新所有适配器或特定适配器(如果包含了 adapter 参数)的 DHCP 配置。该参数仅在具有配置为自动获取 IP 地址的网卡的计算机上可用。要指定适配器名称，请输入使用不带参数的"ipconfig" 命令显示的适配器名称。

/release：发送 DHCPRELEASE 消息到 DHCP 服务器，以释放所有适配器的当前 DHCP 配置并丢弃 IP 地址配置。

(3)路由追踪命令"tracert"

"tracert"命令用来显示数据包到达目标主机所经过的路径，并显示到达所经过路径上每个节点的时间。该命令功能同"Ping"命令类似，但它所获得的信息要比"Ping"命令详细得多。它可以把数据包所走的全部路径、节点的 IP 以及花费的时间都显示出来。

命令格式：tracert IP 地址或主机名[-d][-h max_hops][-j host_list] [-w timeout]

常用参数如下。

-d：不解析目标主机的名字。

-h max_hops：指定搜索到目标地址的最大跳数。

-j host_list：按照主机列表中的地址释放源路由。

-w timeout：指定超时间间隔，程序默认的时间单位是毫秒(ms)。

(4)网络状态命令“netstat”

该命令用于显示路由表、活动的网络连接以及每一个网络接口设备的状态信息。包括每个网络的接口、路由信息等统计资料,可以使用户了解目前都有哪些网络连接正在运行。

命令格式:netstat [-a] [-e] [-n] [-p protocol] [-r] [interval]

常用参数如下。

-a:显示一个包含所有有效连接信息的列表,包括已建立的连接和监听连接请求。

-e:显示关于以太网的统计数据。列出的项目包括传送的数据报的总字节数、错误数、删除数、数据报的数量和广播的数量。

-n:显示所有已建立的有效连接。

-p protocol:显示给出名字的协议的统计数字和协议控制块信息。

-r:显示关于路由表的信息。除了显示有效路由外,还显示当前有效的连接。

2. 常用网络管理软件

网络管理软件能够对网络系统的配置进行主动、持续的监视和维护;能隔离问题区域,并对网络故障进行一定程度的自动修复;能对数据流进行检查和分析;能发现因违反使用规则而引发安全问题的用户;可产生网络运行状况日志,可利用日志分析网络;网络管理系统为用户提供图形用户界面和一定的开发工具,供用户开发网络管理应用程序。总之,网络管理系统可大大提高网络管理员的工作效率和管理水平。

目前,几乎所有网络公司的网络管理软件产品都支持SNMP。网络管理人员常用的网络管理软件有HP公司(惠普公司)的OpenView ,IBM公司的NetView,Sun公司(升阳公司)的SunNet Manger、CisoWorks,Cabletron公司(凯创公司)的SPECTRUM和Novell公司(诺威尔公司)的NerWare ManageWise。

2.5.4 局域网监控和管理

随着局域网络及应用的快速发展,对局域网的监控、管理也至关重要。局域网的监控和管理功能主要包含以下几部分。

1. 监控设置

可对局域网内的计算机所有操作进行监控,并可以自定义监控选项,也可以定义只监控某些操作,而对其他操作忽略;一般监控软件提供了批量设置功能,可以同时设置所有计算机或指定的某些计算机,无须手工依次设置监控模块。

2. 内容监控

上网内容监控:能监控员工所上的网站及内容,以方便管理者对员工上网行为进行监控和管理,并具有网页域名过滤功能,可禁止员工上特定的网站。

聊天内容监控:能监控员工使用各种聊天工具聊天的内容,方便管理者对员工互联网聊天行为进行管理。

邮件内容监控:能实时记录局域网内计算机所有收发的邮件,并详细监控与记录员工发送的全部邮件内容。

3. 安全策略

硬件安全策略:可列出局域网内计算机的所有硬件设备。可对所有硬件设备进行禁用,以避免使用与工作不相关的计算机设备,错误修改网络属性,方便统一部署屏保程序或画面,部分软件还能实现只禁用USB存储设备,而不禁用USB鼠标、键盘等功能。

文件安全策略:可对局域网内计算机的复制、剪切、删除、重命名文件或文件夹操作进行监控;有些监控软件的功能可设置在插入移动存储设备或者拷贝文件带走时或者其他自定义禁止操作时,及时报警管理者。

端口安全策略:可封堵局域网内计算机的上网端口、聊天端口、游戏端口等,可根据需要规范上网行为。可以对指定网址进行封堵,只允许上指定的网站。

程序安全策略:可自行设定禁用指定的程序,规范使用计算机。

4. 远程控制

远程监控:实时监视计算机,观察并能设置录像。

远程控制:像操作自己电脑一样操作局域网内的其他计算机。提供多画面监控,并且可对局域网内的计算机进行远程关机、远程重启、远程通知,可查看员工的窗口列表和进程列表,并可关闭任意窗口或进程等。

远程文件:可对局域网内的计算机所有文件进行远程管理,对文件可进行远程复制、剪切、删除、重命名等,可上传、下载等。

5. 带宽管理

可以针对每台电脑进行个性化的带宽控制和流量管理,即可控制每台电脑在每天或每周上网的总时间或总流量,又可以对每台电脑在每分钟或单位时间里的上传和下载的字节数进行速度控制,同时可以进行带宽控制的细致管理,对 BT、电驴、电骡、Gnutella 的常用端口进行控制管理;用户还能通过对带宽流量的控制管理和报警信息来了解网络流量状况和防范病毒对网络的进一步损害。有些软件可对用户上网流量进行设定、管理。

2.5.5　网络故障诊断方法

当网络遭遇故障时,最困难的不是修复网络故障本身,而是如何迅速地查出故障所在,并确定发生原因。网络诊断是管好、用好网络,使网络发挥最大作用的重要技术之一。

网络故障诊断以网络原理、网络配置和网络运行的知识为基础,从故障现象出发,以网络诊断工具为手段,获取诊断信息,确定网络故障点,查找根源,排除故障,恢复网络正常运行。必须实现三方面的目的:确定网络故障点,恢复网络正常运行;发现网络规划和配置中不足之处,改善优化网络性能;观察网络运行状况,及时预测网络通信质量。

网络故障通常有下面几种可能:物理设备相互连接失败或者硬件及线路本身的问题;网络设备的接口配置问题;网络协议配置或操作错误;设备性能或通信拥塞问题;网络应用程序错误等。

网络诊断可以使用包括局域网或广域网分析仪在内的多种工具:路由器诊断命令,网络管理工具和其他故障诊断工具。查看路由表是解决网络故障开始的基础。ICMP 的“Ping”“trace”命令和 Cisco 的“show”“debug”命令是获取故障诊断有用信息的网络工具。我们通常使用一个或多个命令收集相应的信息,在给定情况下,确定使用哪种命令获取所需要的信息。比如,通过 IP 协议来测定设备是否可达到通常使用的“Ping”命令。

2.6　网络中心机房管理

2.6.1　网络中心机房系统的组成结构

网络中心机房系统主要由以下五个部分构成。

1. 建筑装修

建筑装修是整个机房的基础，主要起功能区划分作用，不仅包括一般机房装修所需要的铺抗静电地板、安装微孔回风吊顶，还包括为放置机架、设备等的预留空间。主要包括空间设计(要求做到安全可靠、功能区明确、分布合理、使用方便)和建筑装潢(防水防潮防霉、洁净美观)。

2. 空调新排风系统

须满足国家 A 级标准，安装新风机为机房提供新风。保证设备的可靠运行，需要机房保持一定的温度和湿度。同时机房补充新风，形成外部循环。此外，它还必须控制整个机房尘埃。主要包括恒温恒湿空调系统、新排风系统和防尘措施等。

3. 配电和防雷接地屏蔽系统

配电和防雷接地屏蔽系统是整体机房高可用性的后盾。机房要求有独立配电系统，UPS 组成不停电系统等，都是要达到一级负荷，即 A 级标准。雷电防护系统是系统安全运行的卫士。主要包括接地、防雷和抗静电等电位屏蔽系统。

4. 消防报警及气体消防系统

消防报警及气体消防系统是整体机房安全运行的盾牌。从对火警的探测系统来看，它应具有温感、烟感探测器；对于灭火系统来说，基本上大多数机房都采用的是气体灭火系统。这就要求在整体机房的设计和施工中，必须规划钢瓶间和一些管道，从而达到全方位报警、分区灭火，最大限度地提高对火灾的防范能力。

5. 弱电系统

弱电系统主要包括门禁系统、泄露监测系统和新排风机控制系统等。对整个机房内的数据、语音及外联的 SDH/ATM/MSTP 等线路的端接点进行智能综合布线系统的统一设计和管理，机房内采用光缆或六类线布线系统。

2.6.2 网络中心机房建设规范

网络中心机房存有关键设备，其内部设施和环境的安全直接影响到设备的稳定运行和寿命，而且维护点较多，需要给予特殊、充分重视。在建设规格上，网络中心机房主要用于数据存储、网络运行和运维管理，要严格遵从相关标准进行设计规划。

网络中心机房设计建设应遵循的标准如下。

(1)GB 50174—2017《数据中心设计规范》。

(2)GB/T 2887—2011《电子计算机场地通用规范》。

(3)GB 9361—2011《计算机站场地安全要求》。

(4)GB 50057—2010《建筑物防雷设计规范》。

(5)GB 50054—2011《低压配电设计规范》。

(6)YD/T 754—95《通信机房静电防护通则》。

(7)GB 8702—2014《电磁环境控制限值》。

(9)GB 50263—2007《气体灭火系统施工及验收规范》。

(10)GB 50116—2013《火灾自动报警系统设计规范》。

(11)GB 50016—2014《建筑设计防火规范》。

(12)GB 50222—2017《建筑内部装修设计防火规范》。

(13)GB 50052—2016《供配电系统设计规范》。

(14)SJ/T 10796—2001《防静电活动地板通用规范》。

(15)GB 50462—2008《电子信息系统机房施工及验收规范》。

(16)GB 50243—2016《通风与空调工程施工及验收规范》。

(17)GB 50303—2002《建筑电气工程施工质量验收规范》。

(18)GB 50325—2018《民用建筑工程室内环境污染控制规范》。

(19)GB 50034—2013《建筑照明设计标准》。

(20)GB 50168—2018《电气装置安装工程电缆线路施工及验收规范》。

(21)GB 50057—2019《建筑物防雷设计规范》。

(22)GB 50169—2016《电气装置安装工程接地装置施工及验收规范》。

(23)GB 50052—2009《供配电系统设计规范》。

(24)其他相关的国家、行业及地方法规、规范、规定。

2.6.3　机柜安装及注意事项

网络中心机房中,机柜是主要设备之一。下面简要介绍机柜的安装要求、机柜内设备安装布局和走线要求。

1. 机柜安装要求

(1)机柜安装前必须检查机柜排风设备是否完好,设备托板数量是否齐全以及滑轮、支撑柱是否完好等。

(2)机柜型号、规格、安装位置应符合设计要求。

(3)机柜安装垂直偏差度应不大于 3 mm,水平误差不应大于 2 mm。几个机柜并排在一起,面板应在同一平面上并与基准线平行,前后偏差不得大于 3 mm;两个机柜中间缝隙不得大于 3 mm。对于相互有一定间隔而排成一列的设备,其面板前后偏差不得大于 5 mm。

(4)机柜的各种零件不得脱落或碰坏,漆面如有脱落应予以补漆,各种标志应完整、清晰。

(5)机柜安装应牢固,有抗震要求时,按施工图的抗震设计进行加固。

(6)机柜不宜直接安装在活动地板上,宜按设备的底平面尺寸制作底座,底座直接与地面固定,机柜固定在底座上,然后铺设活动地板。

(7)安装机柜面板,架前应预留有 800 mm 空间,机柜背面离墙距离应大于 600 mm,以便于安装和施工。

(8)壁挂式机柜距地面宜为 1200 mm。

(9)机柜内的设备、部件的安装,应在机柜定位完毕并固定后进行,安装在机柜内的设备应牢固。

(10)机柜上的固定螺丝、垫片和弹簧垫圈均应按要求紧固,不得遗漏。

(11)悬挂式壁挂应安装在平整坚固的墙面上,距离地面至少 300 mm,保持与墙面水平、垂直,垂直偏差应小于 3 mm。

(12)墙体上开孔应避免破坏墙体内管线,开孔深度不得低于 70 mm,固定机柜所用膨胀螺丝钉不得少于 4 个(悬挂式 C 型机柜为 6 个)。必要时须在机柜下放置支撑物,以保证机柜的安全稳固。

(13)落地式柜体安装基座时,要综合考虑机柜的开门方向和操作便利性,优先考虑配线舱的开门方向。设备舱门和配线舱门必须能完全开启。

(14)机柜要做好防雷接地保护。

(15)柜体安装完毕应做好标识，标识应统一、清晰、美观。机箱安装完毕后，柜体进出线缆孔洞应采用防火胶泥封堵。做好防鼠、防虫、防水和防潮处理。

2. 机柜内设备的安装布局及要求

(1)机柜由上到下主要分为四个区域：交流分配单元、配线架、有源设备、光缆终端盒。

(2)交流配电单元从安全角度考虑，应放在机柜的最上端。

(3)语音及网络配线架安装在易于操作的位置，放在交流配电单元的下面。

(4)配线架往下为有源设备区，差不多的设备根据功能及线缆连接需要安排位置，为了防止信号线的交叉及功能区域的易于维护，最好的排列顺序从下往上依次是光端机\\网桥\\路由器\\交换机。大的设备安装在机柜下部，并且使用机柜托盘承重。光纤收发器由于体积小、数量多，无法在机柜里面固定安装，也放在托盘上安装。

(5)最底层放光缆终端盒，也放在托盘上安装。

3. 机柜内走线要求

(1)缆线的布放应自然平直，不得产生扭绞、打圈接头等现象，不应受外力的挤压和损伤。

(2)缆线两端应贴有标签，应标明编号，标签书写应清晰、端正和正确。标签应选用不易损坏的材料。

(3)在线缆预留方面，对于固定安装的机柜，在机柜内不应有预留线长，预留线应预留在可以隐蔽的地方，长度在1～1.5 m。对于可移动机柜，连入机柜的全部线缆在连入机柜的入口处应至少预留1 m，同时各种线缆的预留长度相互之间的差别应不超过0.5 m。

(4)缆线终接后，应有余量。

(5)光缆布放宜盘留，预留长度宜为3～5 m，有特殊要求的应按设计要求预留长度。

(6)不同电压等级、不同电流类别的线路应分开布置，分隔敷设。

(7)引入机柜内的缆线应从机柜的下方进入，沿机柜后方两侧立杆向上引入配线架，卡入跳线架连接块内的单根线缆色标应和跳线架的色标相一致，大对数线缆按标准色谱的组合规定进行排序。

(8)接线端子各种标志应齐全，数据配线架及交换机设备安装完成后，标贴机打标签，注明对应房间号以及端口号。

(9)缆线在终接前，必须核对缆线标识内容是否正确。

(10)缆线中间不允许有接头。

(11)缆线终接处必须牢固、接触良好。

(12)缆线终接应符合设计和施工操作规程。

(13)对绞电缆与插接件连接应认准线号、线位色标，不得颠倒和错接。

(14)尾纤不能用扎带，尤其不能扎得太紧，最好用专用的绑扎带。

2.6.4 网络中心机房网络设备常见故障和故障排除

机房网络设备故障分为服务器故障、路由器故障、网卡故障、交换机故障、防火墙故障、数据备份和数据恢复故障、RAID磁盘阵列故障、磁带驱动器故障、IPSec VPN故障、DCC故障、ISDN故障、调制解调器故障。

1. 服务器常见故障和故障排除

服务器故障的可能性包括四个方面，即服务器软件故障、操作系统故障、服务器硬件故障和网络服务故障。

(1)服务器软件故障

服务器软件故障占服务器故障的 70%,导致服务器出现软件故障的因素很多,常见的有服务器 BIOS 版本太低、服务器管理软件或驱动程序有 bug、应用程序有冲突以及人为原因(非正常关机、不按操作流程操作)等。同时,还有软件升级、病毒导致软件停止运行等原因。软件故障的诊断较为复杂,首先应确定是否为人为操作不当造成的,然后根据警示声响、错误代码、检查相关日志及结束可疑程序等进行诊断。最难诊断的是软件冲突造成的故障,软件冲突故障更多的是需要维护及管理人员的经验及观察。

服务器软件故障排除包括三个方面。

1)经常对 Firmware 及 BIOS 进行更新。

2)对服务器软件更新,经常更新可以解决因 bug 等软件自身原因所造成的软件故障。但是要注意,不正确的升级方法也会导致机器出现软件故障。

3)因人为因素造成的软件故障,此类故障可以通过正确实用的培训来解决。

(2)操作系统故障

Windows Server 是为 7×24 小时不间断运行设计的,因此,可以保证长期稳定地正常运行,通常不会出现蓝屏、速率变慢、系统瘫痪等系统故障。然而,Windows Server 本身也存在着许多系统和安全漏洞,非常容易招致蠕虫病毒或其他各种恶意攻击。

1)病毒侵袭。蠕虫病毒侵袭,导致网络瘫痪,对网络极具破坏性和杀伤力。可采取以下方式防范病毒攻击。

- 只提供网络服务。除非维护需要,否则,不要直接对服务器进行操作,更不要将服务器作为普通计算机使用,不要随意使用服务器浏览 Web 网站、收发电子邮件,以避免由于访问恶意网页或邮件,而感染病毒。
- 关闭不需要的服务。关闭或删除系统中不需要的服务,只打开网络服务所必须使用的端口。提供的服务和打开的端口越少,可被利用的安全漏洞也就越少,服务器就越不容易被恶意攻击,也就越安全。
- 安装系统补丁。绝大多数蠕虫病毒都是利用系统漏洞进行传播的,及时下载并安装微软 Windows Update 网站的 Windows 系统(包括应用程序)安全补丁。
- 安装病毒防火墙。仅有系统安全补丁是不够的,还必须安装专业的防病毒软件,并打开防病毒软件的实时监控功能,及时发现并清除(或隔离)已经感染的病毒。另外,应当及时升级防病毒程序的病毒库和引擎。

2)磁盘空间太小。作为网络服务器,系统要拥有足够的剩余空间。当剩余的硬盘空间较少时,将严重影响服务器的性能,使响应速度变慢,严重时甚至会导致系统瘫痪。

3)垃圾文件过多。系统和网络服务在正常运行过程中会产生一些临时文件、垃圾文件和磁盘碎片。正常情况下临时文件会被系统自动删除,但在非正常关机或应用程序非正常退出时,临时文件将不会被删除。因此,应当定期执行系统工具中的“磁盘清理”。

4)蓝屏故障。导致蓝屏故障的原因非常多,CPU 过热或内存故障、系统硬件冲突、系统缺陷、病毒或黑客攻击、注册表中存在错误或损坏、启动时加载程序过多、程序版本冲突、虚拟内存不足造成系统多任务运算错误、动态链接库文件丢失、系统资源冲突或资源耗尽等都会产生蓝屏。另外,软硬件存在冲突也很容易出现蓝屏。

(3)服务器硬件故障

硬件故障并不单单指硬件有问题,它也指硬件之间不兼容。由于服务器本身在硬件选用上非常严格，通常在非人为干预的情况下，发生服务器故障的可能性比较小。硬件故障往往是在安装新的板卡、修改系统配置文件或者进行扩容后发生的。一般情况下服务器硬件故障主要有以下三个方面。

1)服务器内部散热受阻等情况下出现的硬件故障。因此，服务器要经常检查其散热相关部件，查看是否有因灰尘较多影响通风等现象。

2)硬件耗损出现的硬件故障。常见故障为电源系统、CPU、内存、外部总线及负载系统的故障。

3)接触不良在硬件故障中较为常见。主要为各种卡类、内存、CPU 等与主板接触不良，或电源线、数据线等的连接不到位。

为避免硬件故障频发，服务器管理人员必须注意服务器的温度、湿度环境，电压也要符合要求，在开、关服务器上必须符合正常的流程，工作人员必须严格执行操作流程。

(4)网络服务故障

操作系统 bug、应用程序缺陷、内存质量、硬盘可靠性等各种不可预知的因素，有时会导致网络服务中断。

当网络服务故障发生时，通常在系统日志中有记载，可以通过“管理工具\\事件查看器”窗口查看。通常情况下，系统故障会记录在“系统”文件夹中，如果是应用程序或非 Windows 内置的网络服务发生故障，则会记录在“应用程序”文件夹中。

当发生网络故障时，可以采用以下几个步骤进行处理。

1)重新启动服务。依次打开“管理工具\\服务”窗口，右键单击已经发生故障的服务，选择“启动”或“重新启动”。如果网络服务通过其他控制台管理，也可在相应的控制台中重新启动。

2)重新启动计算机。当重新启动服务仍然无法正常实现网络服务时，可以选择重新启动计算机，清除计算机内存，重新加载网络服务。

3)重新安装服务或应用程序。如果重新启动计算机仍然不能排除故障，可以考虑卸载并重新安装相应的 Windows 组件或应用程序。

2. 路由器常见故障和故障排除

路由器故障诊断是从故障现象出发，以路由器网络诊断工具为手段获取诊断信息，确定网络故障点，查找问题的根源，排除故障，恢复网络正常运行。

三层路由器故障通常有网络协议配置错误和路由器端口故障两种。协议配置错误是路由器最常见的故障。协议配置错误是指由于路由器设置不当而导致的网络不能正常运行。典型的路由器配置文件可以分为：

- 管理员部分(路由器名称、口令、服务、日志)；
- 端口部分(地址、封装、带宽、度量值开销、认证)；
- 路由协议部分(IGRP/EIGRP、OSPF、RIP、BGP)；
- 流量管理部分(访问控制列表、团体)；
- 路由映射；
- 接入部分(主控台、远程登录、拨号)等。

配置错误是非常复杂的问题，故障来源于多方面，如线路两端路由器的参数不匹配、参数错误、路由掩码设置错误等。

(1)排除路由器故障的步骤

1)确定故障的具体现象，分析造成这种故障现象的原因。

2)收集需要的、用于帮助隔离可能故障原因的信息。

3)根据收集到的情况考虑可能的故障原因,排除某些故障原因。

4)根据最后的可能故障原因,建立一个诊断计划。

5)执行诊断计划,认真做好每一步测试和观察,每改变一个参数都要确认其结果。

(2)配置的两台路由器间不能用 RIP 互通

如果配置的两台路由器间不能用 RIP 互通,在物理连接没有问题时,就要考虑是否为以下原因。

1)在 Quidway 系列路由器之间不通,可能是 RIP 没有启动,也可能相应的网段没有使能。这里需要注意的是,在使用"network"命令时要按地址类别配置相应的网段。例如,接口地址"137.11.1.1",由于"137.11.1.1"是 B 类地址,如果设置"network 137.0.0.0",报文将不会被对端接收,此时配置成"network 137.11.0.0"就可以正确接收了。

2)接口上把 RIP 关掉了。这时要查看一下配置信息,看看接口上是不是设置了"undo rip work""undo rip input"或"undo rip output"命令。

3)子网掩码不匹配。在 RIP1 这样的有类别路由协议中,主网中的每个路由器和主机都应有相同的子网掩码。如果子网掩码长度不匹配,信息包就不能正确路由。

(3)不同厂商路由器设备的 RIP 兼容问题

先按照上面的步骤进行相应检查,然后考虑是不是版本设置不同问题。默认情况下,Quidway 系列路由器 RIP 可以接收 RIP1 和 RIP2 广播报文,但是只能发送 RIP1 报文。如果 Quidway 系列路由器之间互通,一个配置为 RIP1,一个配置为 RIP2,是可以正确地收发报文的。如果 Quidway 系列路由器和其他厂商路由器互通,Quidway 系列路由器配置了 RIP2,而其他厂商路由器还是 RIP1,就有可能出现问题。

(4)RIP1 与 RIP2 的区别可能引发的故障

RIP1 与 RIP2 的区别可能引发的故障,要考虑是否为以下原因。

1)配置验证没有起作用。由于 RIP1 不支持验证,如果在启动 RIP 后就配置验证,实际上是不起作用的(默认条件下是 RIP1),只有在两端的接口上配了 RIP version 2 后验证才能生效。

2)子网掩码没有配上。在取消自动聚合的情况下,如果发送的报文中有一条 B 类地址的路由,但是配了 24 位掩码,对端路由表上出现的却是 16 位掩码,如"137.11.1.0/24",得到"137.11.0.0/16",就是由于没有配 IP RIP version 2。因为 RIP1 不支持子网掩码,只能按地址类别聚合发路由,"137.11.1.0"是 B 类地址,就会按类聚合为"137.11.0.0"发出去,RIP2 支持子网掩码,这样配置的子网掩码就能发过去了。

3)自动聚合引起的问题。RIP1 永远使用聚合,且 RIP1 的聚合是按照类进行的,RIP2 默认也使用聚合,但是可以在协议模式下取消。需要注意两点:取消自动聚合只对 RIP2 接口有效;自动聚合是为了减少网络中的路由量,如果没有特殊原因一般不要取消。

(5)检查路由器基本配置

当发生路由表项丢失或其他问题时,使用下面的方法。

1)使用"display rip"命令查看 RIP 的各种参数设置。看 RIP 是否已经启动,相关的接口是否已经使能,"network"命令设置的网段是否正确。

2)用"debug rip"系列命令查看 RIP 的调试信息。每隔 30 s,在所指定运行 RIP 的接口上,路由器将报告 RIP 路由更新报文的传输,debug 信息显示了发送每个路由更新报文的路由和度量值。通过 debug 信息可以很明白地看出 RIP 报文是否被正确地收发。如果发送或接收有问题，也可从 debug 信息中看到是什么原因导致发送或接收报文失败。

(6)RIP 异常时的解决

RIP 异常时应当考虑是否在接口上配置"undo rip work"命令，是否验证有问题，是否引入的其他路由有问题，是否访问控制列表配置不正确等。

查看接口的 display current-configuration 信息，可以看到 RIP 在接口模式下的配置信息是否正确。例如，该接口是否收发 RIP 报文，接口配置验证了什么和验证是什么类型的，接口向外发送的报文是 RIP1 还是 RIP2，是广播发送还是多播发送，接口在接收和发送路由时是否增加附加的路由权。

查看 display current-configuration 信息，可以看到 RIP 在协议模式下的配置信息是否正确。例如，是否引入其他协议的路由。

(7)OSPF 故障

由于 OSPF 自身的复杂性，在配置的过程中可能会出现错误。OSPF 正常运行的标志是：在每一台运行该协议的路由器上，应该得到的路由一条也不少，并且都是最优路径。故障排除一般步骤如下。

1)配置故障处理。检查是否已经启动并正确配置了 OSPF。

2)局部故障处理。检查两台直接相连的路由器之间协议运行是否正常。

3)区域故障处理。检查一下系统设计(主要是指区域的划分)是否正确。

4)其他疑难问题。路由时通时断、路由表中存在路由却无法 Ping 通该地址，需要针对不同的情况具体分析。

(8)路由器接口故障排除

串口出现连通性问题时，为了排除串口故障，一般是从"show interface serial"命令开始，分析它的屏幕输出报告内容，找出问题所在。串口报告的开始提供了该接口状态和线路协议状态。接口和线路协议的可能组合有以下几种。

1)串口运行，线路协议运行，这是完全的工作条件。该串口和线路协议已经初始化，并正在交换协议的存活信息。

2)串口运行，线路协议关闭，这说明路由器与提供载波检测信号的设备连接，表明载波信号出现在本地和远程的调制解调器之间，但没有正确交换连接两端的协议存活信息。可能的故障包括路由器配置问题、调制解调器操作问题、租用线路干扰或远程路由器故障、数字式调制解调器的时钟问题、通过链路连接的两个串口不在同一子网上。

3)串口和线路协议都关闭，可能是电信部门的线路故障、电缆故障或者是调制解调器故障。

4)串口管理性关闭和线路协议关闭，这种情况是在接口配置中输入了"shutdown"命令。通过输入"no shutdown"命令，打开管理性关闭。

接口和线路协议都运行的状况下，虽然串口链路的基本通信建立起来了，但仍然可能由于信息包丢失和信息包错误而出现许多潜在的故障问题。正常通信时接口输入或输出信息包不应该丢失，或者丢失的量非常小，而且不会增加。如果信息包丢失有规律性增加，表明通过该接口传输的通信量超过接口所能处理的通信量。解决的办法是增加线路容量。查找其他原因发生的信息包丢失，查看"show interface serial"命令的输出报告中的输入/输出保持队列的状态。当发现保持队列中信息包数量达到了信息的最大允许值时，可以增加保持队列设置的大小。

(9)以太接口故障排除

以太接口的典型故障问题是带宽的过分利用，碰撞冲突频繁，使用不兼容的帧类型。使用“show interface ethernet”命令可以查看该接口的吞吐量、碰撞冲突、信息包丢失和帧类型的有关内容等。

1)通过查看接口的吞吐量可以检测网络的带宽利用状况。如果网络广播信息包的百分比很高，网络性能开始下降，光纤网转换到以太网段的信息包可能会淹没以太接口。互联网发生这种情况可以采用优化接口的措施，即在以太接口使用“no ip route-cache”命令，禁用快速转换，并且调整缓冲区和保持队列的设置。

2)两个接口试图同时传输信息包到以太电缆上时，将发生碰撞。以太网要求冲突次数很少，不同的网络要求是不同的，一般情况下发现冲突每秒有 3～5 次就应该查找冲突的原因了。碰撞冲突产生拥塞，碰撞冲突的原因通常是由于铺设的电缆过长、过分利用或者“聋”节点。以太网络在物理设计和铺设电缆系统管理方面应有所考虑，超规范铺设电缆可能引起更多的冲突发生。

3)如果接口和线路协议报告运行状态，并且节点的物理连接都完好，可是不能通信，则引起问题的原因也可能是两个节点使用了不兼容的帧类型。解决问题的办法是重新配置使用相同帧类型。如果要求使用不同帧类型的同一网络的两个设备互相通信，可以在路由器接口使用子接口，并为每个子接口指定不同的封装类型。

(10)异步通信口故障排除

异步通信口故障一般的外部因素是：拨号链路性能低劣，电话网交换机的连接质量问题，调制解调器的设置。检查链路两端使用的调制解调器：连接到远程 PC 端口调制解调器的问题不太多，因为每次生成新的拨号时通常都初始化调制解调器，利用大多数通信程序都能在发出拨号命令之前发送适当的设置字符串；连接路由器端口的问题较多，这个调制解调器通常等待来自远程调制解调器的连接，连接之前并不接收设置字符串。如果调制解调器丢失了它的设置，应采用一种方法来初始化远程调制解调器。简单的办法是使用可通过前面板配置的调制解调器；另一种方法是将调制解调器接到路由器的异步接口，建立反向 Telnet，发送设置命令配置调制解调器。

“show interface async”命令、“show line”命令是诊断异步通信口故障使用最多的工具。“show interface async”命令输出报告中，接口状态报告关闭的唯一的情况是，接口没有设置封装类型。线路协议状态显示与串口线路协议显示相同。“show line”命令显示接口接收和传输速度设置以及 EIA 状态显示。“show line”命令可以认为是接口命令(show interface async)的扩展。查看“show line”命令输出的 EIA 信号可以判断网络状态。

确定异步通信口故障的一般步骤：检查电线缆路质量；检查调制解调器的参数设置；检查调制解调器的连接速度；检查 rxspeed 和 txspeed 是否与调制解调器的配置匹配；通过“show interface async”命令和“show line”命令查看端口的通信状况；从“show line”命令的报告检查 EIA 状态显示；检查接口封装；检查信息包丢失和缓冲区丢失情况。

3. 网卡、交换机常见故障和故障排除

(1)网卡常见故障和故障排除

网卡的故障主要有两类，即软故障和硬故障。硬故障即硬件本身损坏，一般来说需要更换硬件。软故障即指网卡硬件本身并没有坏，通过升级软件或修改设置仍可正常使用。网卡软故障主要包括网卡被误禁用、驱动程序未正确安装、网卡与系统中其他设备在中断或 I/O 地址上有冲突、网卡所设中断与自身中断不同、网络协议未安装以及病毒影响等。

1)无法上网

解决方法如下。

• 用“Ping”命令 Ping 网卡本身的 IP 地址。如果正常就说明当前的网卡安装正确，而且驱动程序本身工作正常，网卡也不存在与其他设备发生冲突的可能。

• 如果 Ping 校园网中其他计算机的 IP 地址不通，则可能是其他计算机当前没有开机或网络连线有问题。

• 如果这些原因都被排除了，那么很有可能就是网卡和网络协议没有安装好。这时可以将网络适配器在系统配置中删除，然后重新启动计算机，系统就会检测到新硬件并自动寻找驱动程序再进行安装，这样就可解决无法上网的问题了。

• 网卡硬件损坏或者网卡质量不过关。

• 网线、跳线或插座故障。

• UPS 电源故障。

2)网卡的信号指示灯不亮

网卡的信号指示灯不亮一般是由网络的软件故障引起的，解决方法如下。

• 检查网卡设置。

• 检查网卡驱动程序是否正常安装。

• 检查网络协议。打开“控制面板\\网络\\配置”，查看已安装的网络协议，必须配置以下各项：NetBEUI 协议和 TCP/IP 协议，Microsoft 友好登录，拨号网络适配器。如果以上各项都存在，重点检查 TCP/IP 是否设置正确。在 TCP/IP 属性中要确保每一台计算机都有唯一的 IP 地址，将子网掩码统一设置为 255.255.255.0，网关要设为代理服务器的 IP 地址(如 192.168.0.1)。另外，必须注意主机名在局域网内也应该是唯一的。最后用“Ping”命令来检验一下网卡能否正常工作。

(2)交换机常见故障和故障排除

1)工作站连接到交换机上的端口后，无法 Ping 通局域网内其他计算机

故障的原因和解决方法如下。

• 检查被 Ping 的计算机是否安装有防火墙。

• 检查被 Ping 的计算机是否设置了 VLAN，不同 VLAN 内的工作站在没有设置路由的情况下无法 Ping 通。

• 修改 VLAN 的设置，使它们在一个 VLAN 中，或设置路由使 VLAN 之间可以通信。

2)交换机连接的所有计算机都不能正常与网内其他计算机通信

故障的原因和解决方法如下。

• 这是交换机死机现象，可以通过重新启动交换机的方法解决。

• 如果重新启动后，故障依旧，可能是某台计算机上的网卡故障导致的，则检查一下那台交换机连接的所有计算机，逐个断开每台计算机的连接并查看情况，慢慢定位到某个故障计算机。

3)网管功能的交换机的某个端口变得非常缓慢

故障的原因和解决方法如下。

• 把其他计算机连接更换到这个端口上来，看这个端口连接的计算机是否非常缓慢，如果是，则交换机的某个端口故障；如果不是，则原计算机故障。

• 重新设置出错的端口并重新启动交换机。

• 可能是交换机的这个端口损坏了。

4)计算机通过交换机和其他计算机相连在同一网段,但是却 Ping 不通

故障的原因和解决方法如下。

• 可能是硬件故障。若是硬件故障,应检查交换机的显示灯、电源和连线是否正确,交换机是否正常。

• 可能是设置故障。若是设置故障,先检查交换机是否设置了 IP 地址,如果设置了和其他计算机不在同一网段的 IP 地址,将其删除或设一个和其他计算机在同一网段的 IP 地址。

• 是否为 VLAN 设置的故障。如果交换机设置了不同的 VLAN,连接交换机的几个端口属于不同的 VLAN,则不通,此时只要将设置的 VLAN 去除即可。

5)交换机环路,所有端口指示灯亮着,但不闪烁

交换机的所有端口指示灯亮着,但不闪烁。这种状态说明有可能是网络中存在环路。造成环路的原因是其中一根直连线连接着交换机的两个端口。

故障解决方法:取消交换机端口的直连线。

2.6.5　机房监控系统

机房监控系统主要是针对机房所有的设备及环境进行集中监控和管理的,系统基于网络综合布线系统,在机房监视室放置监控主机,运行监控软件,以统一的界面对各个子系统集中监控。机房监控系统实时监视各系统设备的运行状态及工作参数,发现部件故障或参数异常,即时采取多媒体动画、语音、电话、短消息等多种报警方式,记录历史数据和报警事件,提供智能专家诊断建议和远程监控管理功能以及 Web 浏览等。

1. 各子系统简介

(1)动力设备监控

机房监控系统动力系统监控包括机房的全部电源设备,如高压配电、低压配电、柴油发电机组、配电柜、UPS、直流电源系统、蓄电池等。

1)供配电:机房监控系统监测一级、二级交流配电柜的主回路和各分回路的各种参数。如电压、电流、频率、有功功率、功率因数、无功功率、视在功率等。监视各级开关的开关状态。显示和记录各种参数的变化曲线,并对各种报警状态进行记录和报警处理。

2)柴油发电机组:机房监控系统监测发电机组输出电压、电流、频率(转速)及水温、油位、油压等参数;发电机组运行状态、燃油阀开关状态等各种状态的实时记录和报警处理;控制发电机组的启停。

3)UPS:在 UPS 供应商提供 UPS 通信协议的情况下,机房监控系统可以监测协议提供的所有参数和状态。参数包括输入输出电压、电流、频率、功率,蓄电池组的电压、后备时间、温度等;状态包括整流器、逆变器、电池、旁路、负载等部件的状态;显示和记录各种参数的变化曲线,并对各种报警状态进行记录和报警处理。

4)直流电源系统:机房监控系统监测输入市电的状态、电池电压及其状态,显示和记录电池电压、蓄电池温度的变化曲线,并对各种报警状态进行实时记录和报警处理。

(2)空调设备监控

机房专用精密空调为智能设备,只要具备智能接口,就可以全面监控空调的运行参数。根据精密空调供应商提供的通信协议和远程监控板,实时监测精密空调的各种工作状态;显示和

记录各种参数变化曲线，并对各种报警状态进行实时的记录和报警处理。控制空调的启停，调节温度和湿度，设定空调机的各种参数。

普通空调：通过改装空调电路，或者利用空调红外控制器，对其市电状态、风机状态、压缩机状态以及报警信息处理，根据温度变化控制空调启停。

(3)温湿度监控

通过采集温湿度传感器所监测的温度和湿度数据，机房监控系统以直观的画面实时记录和显示机房各区域的温湿度数据及变化曲线，以及越界报警信息处理。

(4)图像视频监控

图像监控系统采用视频组态的概念，将各通道的图像以控件组态的方式随意插入某个界面，对于大型的监控系统而言，以电子地图的方式来集中管理各个场地的数据和图像的界面。将机房监控系统和闭路监控合二为一，可以随意实现动力环境与图像的联动控制，一旦有异常事件发生，机房监控系统自动弹出现场图像画面，即时录像并作报警提示和处理。

(5)漏水监测系统

机房漏水监测是对机房空调或者窗户等处可能漏水的地方进行监测，它通过采集测漏主机的报警信号监测任何漏水探头上的漏水情况。一旦发生报警，机房监控系统立即切断上水支管和上水总管的上水电磁阀，彻底封闭水路，阻止泄水继续发生，并可定位检测具体的漏水系统，同时将报警信息通过短信平台发送到管理人员，且现场产生声光报警。

(6)智能门禁管理

由门禁控制器、门禁卡、读卡器、电控锁、网络扩展器、门禁管理软件、管理计算机等构成。机房监控系统实现了对机房的出入控制、进出信息登录、保安防盗、报警，同时提供了多种形式(RS485、无线 Modem、拨号、TCP/IP、短信、SP)的联网功能。

(7)消防系统监控

通过采集消防控制器或烟感探测器、温感探测器的报警信号，实时监测火灾状态。当有火警发生，机房监控系统以直观的画面显示报警信息并作报警通知，采取控制措施，如开门开通风设备，启停其他相关设备。

(8)防雷系统

机房监控系统监测电源防雷器的工作状态，对防雷器被雷击或浪涌破坏进行实时记录和报警通知。

(9)网络设备监控

通过网络与路由器、服务器、小型机等建立通信联系，直接从这些网络设备中获取各种信息，通信过程采用国际上通用的简单网络管理协议，无须在网络设备上添加任何应用程序，即可监控机房内服务器、路由器、工作站及其他网络设备的工作状态；记录网络设备的启停时间、网络流量-时间曲线；统计通信繁忙程度、通信可靠性；对于服务器非法关机、通信拥塞或通信瘫痪等严重事件立即给出报警信息，并弹出该网络设备的相应画面和处理建议，保障网络系统的安全可靠性。

2. 机房监控系统使用

下面以深圳纵横通信息技术公司的 IMCP 综合监控平台为例简要介绍。

(1)软件登录

1)浏览器访问

在网络条件具备且已部署 iWeb 服务的前提下，使用 IE 浏览器输入部署 Web 服务器 IP

地址即可访问系统，如图 2-6-1 所示。

图 2-6-1　IMCP 综合监控平台浏览器登录

2）客户端访问

双击客户端 iShow 图标进入登录界面，输入登录信息，如图 2-6-2 所示。

首次登录需要点击“配置”按钮并进入登录配置界面，如图 2-6-3 所示。

首次登录必须进入配置界面进行相应设置，如服务器地址、服务器端口（端口为 4534）、模式选择，只有用超级用户（admin）登录时需勾选“开发者模式”，其他管理员或普通用户均不勾选。配置完成后，点击“返回”按钮，进入登录界面并点击“登录”按钮，即可登录系统，如图 2-6-3 所示。

图 2-6-2　IMCP 综合监控平台客户端登录

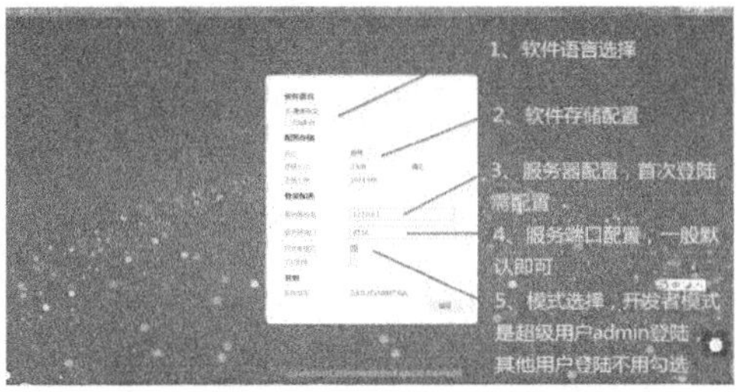

图 2-6-3　IMCP 综合监控平台客户端登录配置

（2）用户管理

用户管理主要包括：增加用户、客户信息维护及权限修改。

增加及维护客户信息步骤如下。

使用具有管理员或系统管理员权限的用户登录 IMCP 系统，在菜单栏依次选择“配置\\用户”，如图 2-6-4 所示。

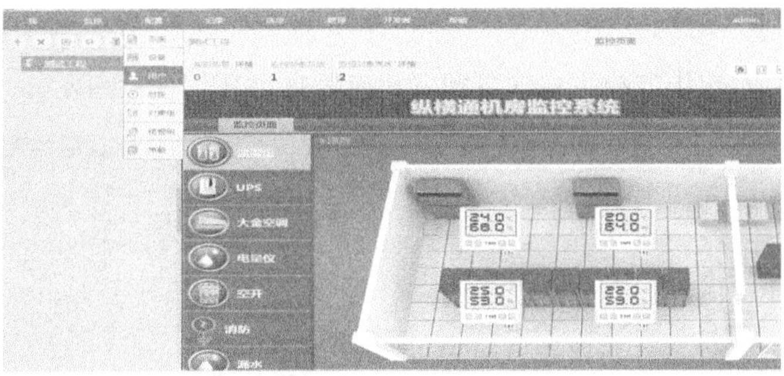

图 2-6-4　IMCP 综合监控平台配置用户

打开用户管理界面，点击“＋”按钮，即可新建用户，如图 2-6-5 所示。

图 2-6-5　IMCP 综合监控平台添加用户

新建用户界面，如图 2-6-6 所示。

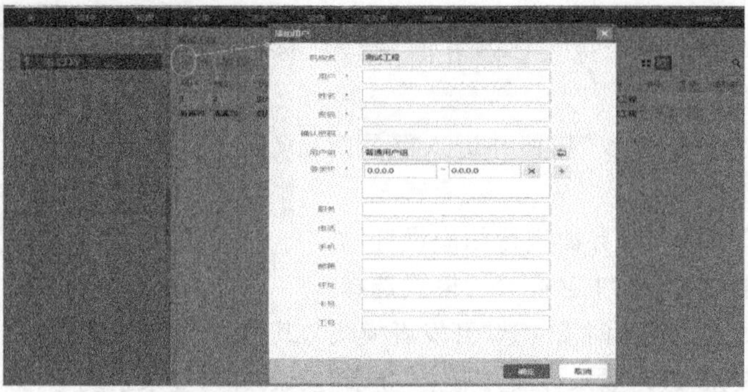

图 2-6-6　IMCP 综合监控平台添加用户信息

维护客户信息后点击“确定”，则用户创建成功。

(3)设备管理

主要包括监控主机及监控对象的增加、删除、设定参数。

使用具有管理员或系统管理员权限的用户登录系统，在菜单栏依次选择“配置\设备”，如图 2-6-7 所示。

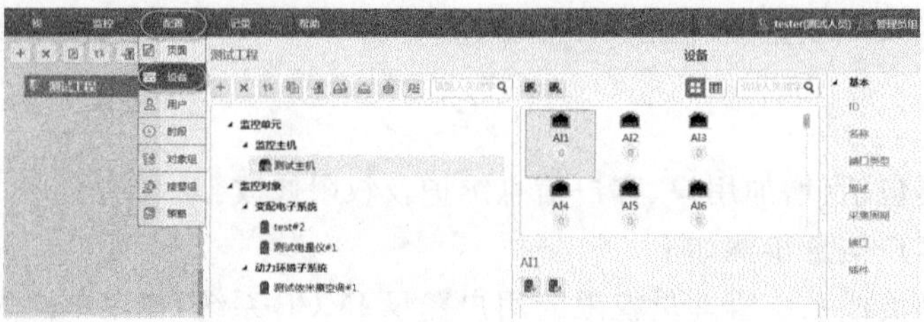

图 2-6-7　IMCP 综合监控平台配置设备

1)监控主机管理

在设备配置界面，选中监控主机即可配置相应信息，如图 2-6-8 所示。

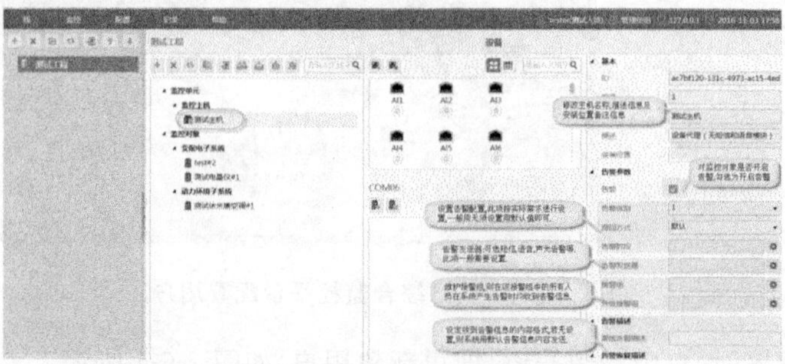

图 2-6-8　IMCP 综合监控平台监控主机配置

若需删除某监控主机，则先选中主机，点击“删除”按钮，如图 2-6-9 所示。

设置主机端口参数，如是否使用插件、采集周期、通信参数等，在菜单栏依次选择“监控主机\端口(COM01)”，如图 2-6-10 所示。

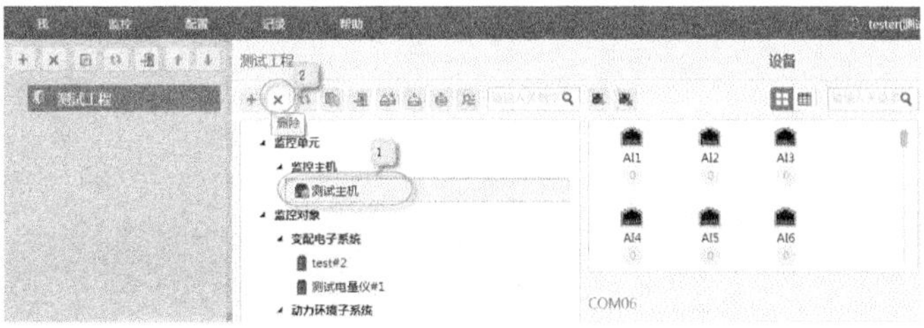

图 2-6-9　IMCP 综合监控平台监控主机删除

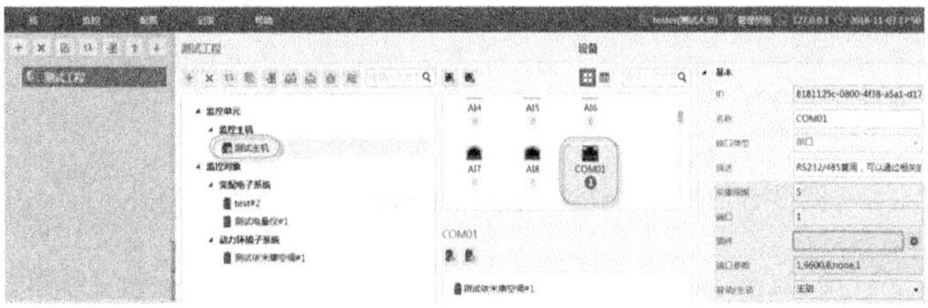

图 2-6-10　IMCP 综合监控平台主机端口参数设置

2)监控对象管理

在设备配置界面,选中某监控对象,可设置设备参数,如图 2-6-11 所示。

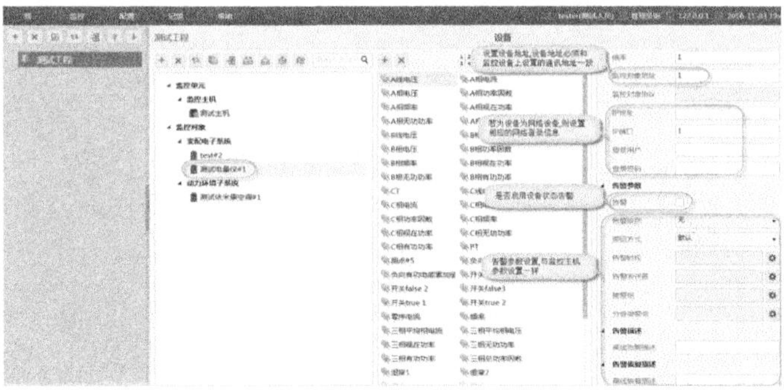

图 2-6-11　IMCP 综合监控平台监控对象管理

3)监控对象测点管理

在设备配置界面,依次选择“某监控对象\某测点”。

设置 1:设置测点描述,开启/停止测点告警,测点告警阈值,告警级别,告警时段及告警方式,如图 2-6-12 所示。

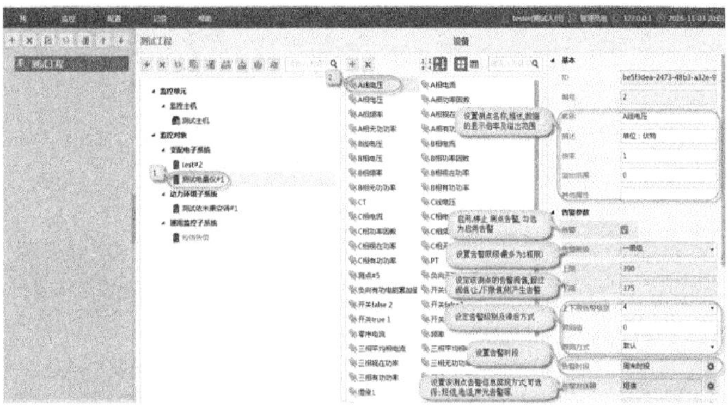

图 2-6-12　IMCP 综合监控平台监控对象测点管理

设置 2:设置接警组,告警描述信息,开启/关闭数据与共享,如图 2-6-13 所示。

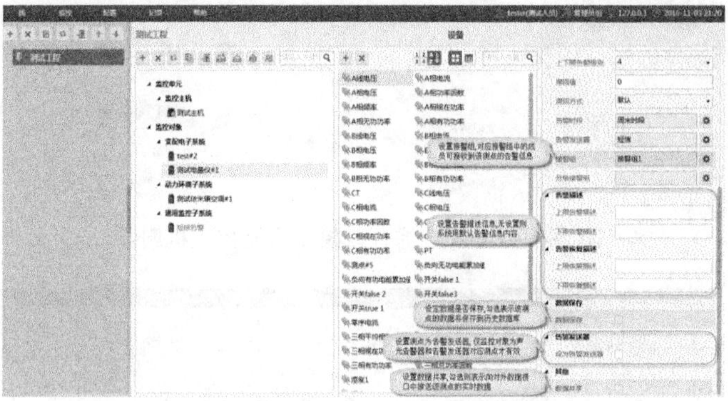

图 2-6-13　IMCP 综合监控平台监控对象警告组设置

第3章　网络信息安全

内容提要

本章介绍了信息安全的相关概念、体系结构，信息安全相关技术，信息安全法律法规，网络安全等级保护制度；讲述了入侵检测技术与黑客攻击、计算机病毒和恶意软件、防火墙技术；介绍了上网行为管理技术、网络安全态势感知技术；最后介绍了 Windows 10 安全相关操作设置。

3.1　信息安全概述

3.1.1　信息安全的基本概念和术语

1. 信息与信息技术

信息是事物运动的状态及状态变化的方式。信息与物质和能量同样重要，它是人们认识世界、改造世界的一种基本资源。站在客观事物立场上来看，信息是指“事物运动的状态及状态变化的方式”。站在认识主体立场上来看，信息则是“认识主体所感知或所表述的事物运动及其变化方式的形式、内容和效用”。信息有多种表现形式，语言、文字、声音、图片等都是信息的表现形式。

信息技术（简称 IT）指的是用来扩展人们信息器官功能，协助人们更有效地进行信息处理的一门技术，包括扩展感觉器官功能的感测（获取）与识别技术、扩展神经系统功能的通信技术、扩展大脑功能的计算（处理）与存储技术、扩展效应器官功能的控制与显示技术。

现代信息技术的主要特征是以数字技术为基础，以计算机及其软件为核心，采用电子技术进行信息的收集、传输、加工、存储、显示与控制，它包括通信、广播、计算机、微电子、遥感技术、自动控制、机器人等诸多领域。

2. 信息安全的概念

信息安全是指信息网络的硬件、软件及其系统中的数据受到保护，不受偶然的或者恶意的原因而遭到破坏、更改、泄露，系统连续可靠正常地运行，信息服务不中断。

信息安全是一门涉及计算机科学、网络技术、通信技术、密码技术、信息安全技术、应用数学、数论、信息论等多种学科的综合性学科。

信息作为一种资源，它的普遍性、共享性、增值性、可处理性和多效用性，使其对于人类具有特别重要的意义。信息安全的实质就是要保护信息系统或信息网络中的信息资源免受各种类型的威胁、干扰和破坏，即保证信息的安全性。

3. 面临的主要威胁

信息安全的威胁来自方方面面，根据其性质可以归结为以下几个方面。

（1）信息泄露：保护的信息被泄露或透露给某个非授权的实体。

（2）破坏信息的完整性：数据被非授权地进行增删、修改或破坏而受到损失。

(3)拒绝服务:信息使用者对信息或其他资源的合法访问被无条件地阻止。

(4)非法使用(非授权访问):某一资源被某个非授权的人,或以非授权的方式使用。

(5)窃听:用各种可能的合法或非法的手段窃取系统中的信息资源和敏感信息。例如对通信线路中传输的信号搭线监听,或者利用通信设备在工作过程中产生的电磁泄漏截取有用信息等。

(6)业务流分析:通过对系统进行长期监听,利用统计分析方法对诸如通信频度、通信的信息流向、通信总量的变化等参数进行研究,从中发现有价值的信息和规律。

(7)假冒:通过欺骗通信系统(或用户)达到非法用户冒充成为合法用户,或者特权小的用户冒充成为特权大的用户的目的。我们平常所说的黑客大多采用的就是假冒攻击。

(8)旁路控制:攻击者利用系统的安全缺陷或安全性上的脆弱之处获得非授权的权利或特权。

(9)授权侵犯:被授权以某一目的使用某一系统或资源的某个人,却将此权限用于其他非授权的目的,也称作"内部攻击"。

(10)抵赖:这是一种来自用户的攻击,涵盖范围比较广泛,比如否认自己曾经发布过的某条消息、伪造一份对方来信等。

(11)计算机病毒:这是一种在计算机系统运行过程中能够实现传染和侵害功能的程序,行为类似病毒,故称作计算机病毒。

(12)信息安全法律法规不完善:由于当前约束操作信息行为的法律法规还很不完善,存在很多漏洞,很多人打法律的擦边球,这就给信息窃取、信息破坏者以可乘之机。

4. 信息安全实现的目标

所有的信息安全技术都是为了达到一定的安全目标,其核心包括保密性、完整性、可用性、可控性和不可否认性五个安全目标。

(1)保密性

保密性是指阻止非授权的主体阅读信息。它是信息安全一诞生就具有的特性,也是信息安全主要的研究内容之一。更通俗地讲,就是说未授权的用户不能够获取敏感信息。对计算机及网络环境中的信息,不仅要制止非授权者对信息的阅读,也要阻止授权者将其访问的信息传递给非授权者,以致信息泄露。

(2)完整性

完整性是指防止信息被未经授权的篡改。它保护信息保持原始的状态,使信息保持其真实性。如果这些信息被蓄意地修改、插入、删除等,形成虚假信息将带来严重的后果。

(3)可用性

可用性是指授权主体在需要信息时能及时得到服务的能力。可用性是在信息安全保护阶段对信息安全提出的新要求,也是在网络化空间中必须满足的一项信息安全要求。

(4)可控性

可控性是指对信息和信息系统实施安全监控管理,防止非法利用信息和信息系统。

(5)不可否认性

不可否认性是指在网络环境中,信息交换的双方不能否认其在交换过程中发送信息或接收信息的行为。

信息安全的保密性(Confidentiality)、完整性(Integrity)和可用性(Availability)简称"CIA",主要强调对非授权主体的控制。而对授权主体的不正当行为如何控制呢?信息安全的可控性和不可否认性恰恰是通过对授权主体的控制，实现对保密性、完整性和可用性的有效补充，主要强调授权用户只能在授权范围内进行合法的访问，并对其行为进行监督和审查。

除了上述的五种信息安全性外，还有信息安全的可审计性、可鉴别性等。信息安全的可审计性是指信息系统的行为人不能否认自己的信息处理行为。与不可否认性的信息交换过程中行为可认定性相比，可审计性的含义更宽泛一些。信息安全的可鉴别性是指信息的接收者能对信息的发送者的身份进行判定，它也是一个与不可否认性相关的概念。

5. 信息安全的原则

为了达到信息安全的目标，各种信息安全技术的使用必须遵守一些基本的原则。

(1)最小化原则

受保护的敏感信息只能在一定范围内被共享，履行工作职责和职能的安全主体，在法律和相关安全策略允许的前提下，为满足工作需要，仅被授予其访问信息的适当权限，称为最小化原则。敏感信息的“知情权”一定要加以限制，是在“满足工作需要”前提下的一种限制性开放。可以将最小化原则细分为知所必须和用所必须的原则。

(2)分权制衡原则

在信息系统中，对所有权限应该进行适当地划分，使每个授权主体只能拥有其中的一部分权限，使他们之间相互制约、相互监督，共同保证信息系统的安全。如果一个授权主体分配的权限过大，无人监督和制约，就隐含了“滥用权力”“一言九鼎”的安全隐患。

(3)安全隔离原则

隔离和控制是实现信息安全的基本方法，而隔离是进行控制的基础。信息安全的一个基本策略就是将信息的主体与客体分离，按照一定的安全策略，在可控和安全的前提下实施主体对客体的访问。

在这些基本原则的基础上，人们在生产实践过程中还总结出一些实施原则，他们是基本原则的具体体现和扩展。包括：整体保护原则、谁主管谁负责原则、适度保护的等级化原则、分域保护原则、动态保护原则、多级保护原则、深度保护原则和信息流向原则等。

引起信息安全问题主要有两方面的因素：一是技术因素，网络系统本身存在的安全脆弱性；二是管理因素，组织内部没有建立相应的信息安全管理制度。据有关部门统计，在所有的计算机安全事件中，属于管理方面的原因比重超过 70%，这正应了人们常说的“三分技术，七分管理”的箴言。因此，解决网络与信息安全问题，不仅应从技术方面着手，更应加强网络信息安全的管理工作。

3.1.2　OSI 安全体系结构

1. OSI 安全服务的层次模型

信息安全系统是基于 OSI(开放式系统互联)，通过安全机制和安全服务达成信息安全的系统。安全机制是提供某些安全服务，利用各种安全技术和技巧，形成的一个较为完善的结构体系。安全服务是从网络中的各个层次提供信息应用系统需要的安全服务支持。网络模型、安全机制、安全服务应用到一起会产生信息系统需要的安全空间。

国际标准化组织于 1989 年在原有网络通信协议七层模型的基础上扩充了 OSI，确立了信息安全体系结构，并于 1995 年再次在技术上进行了修正。该模型主要解决网络信息系统中的安全与保密问题，如图 3-1-1 所示。

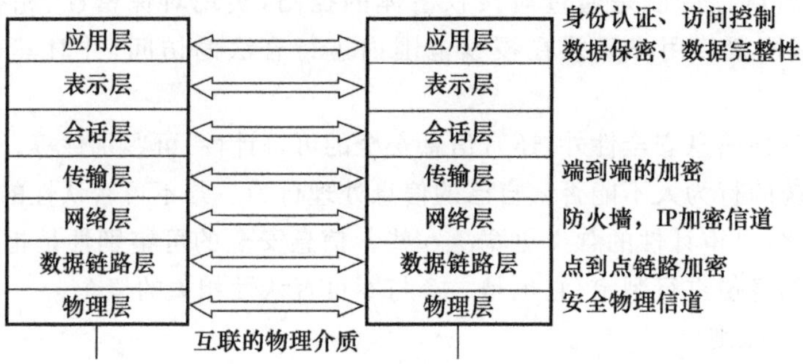

图 3-1-1 安全服务的层次模型

2. OSI 安全服务与安全机制

OSI 安全体系结构包括五类安全服务以及八类安全机制，如图 3-1-2 所示。

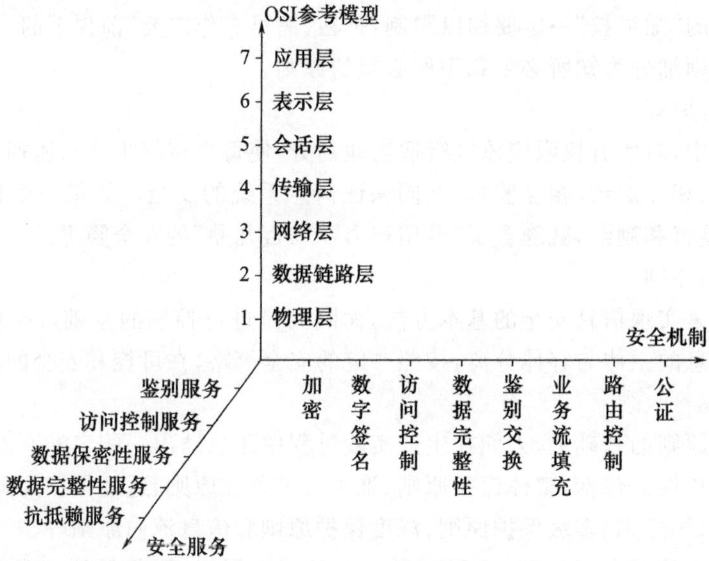

图 3-1-2 OSI 安全体系结构

五类安全服务包括鉴别服务、访问控制服务、数据保密性服务、数据完整性服务和抗抵赖服务。

鉴别服务：在网络交互过程中，对收发双方的身份及数据来源进行验证。

访问控制服务：防止未授权用户非法访问资源，包括用户身份认证和用户权限确认。

数据保密性服务：防止数据在传输过程中被破解、泄露。

数据完整性服务：防止数据在传输过程中被篡改。

抗抵赖服务：也称为抗否认性服务或确认服务，防止发送方与接收方双方在执行各自操作后，否认各自所做的操作。

从上述对安全服务的详细描述中我们不难看出，OSI 安全服务紧扣安全技术目标。

八类安全机制包括加密机制、数字签名机制、访问控制机制、数据完整性机制、认证机制、业务流填充机制、路由控制机制和公证机制。

加密机制：加密机制对应数据保密性服务。加密是提高数据安全性的最简便方法。通过对数据进行加密，有效提高了数据的保密性，能防止数据在传输过程中被窃取。常用的加密算法有对称加密算法(如 DES 算法)和非对称加密算法(如 RSA 算法)。

数字签名机制:数字签名机制对应认证(鉴别)服务。数字签名是有效的鉴别方法,利用数字签名技术可以实施用户身份认证和消息认证,它具有解决收发双方纠纷的能力,是认证(鉴别)服务最核心的技术。在数字签名技术的基础上,为了鉴别软件的有效性,又产生了代码签名技术。常用的签名算法有 RSA 算法和 DSA 算法等。

访问控制机制:访问控制机制对应访问控制服务。通过预先设定的规则对用户所访问的数据进行限制。通常,首先是通过用户的用户名和口令进行验证,其次是通过用户角色、用户组等规则进行验证,最后用户才能访问相应的限制资源。一般的应用常使用基于用户角色的访问控制方式,如 RBAC(基于用户角色的访问控制)。

数据完整性机制:数据完整性机制对应数据完整性服务。数据完整性的作用是避免数据在传输过程中受到干扰,同时防止数据在传输过程中被篡改,以提高数据传输完整性。通常可以使用单向加密算法对数据加密,生成唯一验证码,用以校验数据完整性。常用的加密算法有 MD5 算法和 SHA 算法等。

认证机制:认证机制对应认证(鉴别)服务。认证的目的在于验证接收方所接收到的数据是否来源于所期望的发送方,通常可使用数字签名来进行认证。常用算法有 RSA 算法和 DSA 算法等。

业务流填充机制:也称为传输流填充机制,业务流填充机制对应数据保密性服务。业务流填充机制通过在数据传输过程中传送随机数的方式,混淆真实的数据,加大数据破解的难度,提高数据的保密性。

路由控制机制:路由控制机制对应访问控制服务。路由控制机制为数据发送方选择安全网络通信路径,避免发送方使用不安全路径发送数据,提高数据的安全性。

公证机制:公证机制对应抗否认性服务。公证机制的作用在于解决收发双方的纠纷问题,确保两方利益不受损害。类似于现实生活中,合同双方签署合同的同时,需要将合同的第三份交由第三方公证机构进行公证。

安全机制对安全服务做了详尽补充,针对各种服务选择相应的安全机制可以有效地提高应用安全性。随着技术的不断发展,各项安全机制相关的技术不断提高,尤其是结合加密理论之后,应用安全性得到了显著提高。本书的后续章节将以加密理论及其相应实现为基础,逐步阐述如何通过加密技术确保企业应用的安全。

3. OSI 安全服务的层次配置

对于 OSI 安全服务体系结构,每个层次支持的安全服务不同。表 3-1-1 为安全服务的层次配置对照表。

(1)物理层:只支持数据保密服务。

(2)数据链路层:只支持数据保密服务。

(3)网络层:提供对等实体认证服务、访问控制服务、数据保密服务、数据完整性服务、数据源点认证服务。

(4)会话层:不提供安全服务。

(5)表示层:除信息流安全服务之外,提供所有其他服务。

(6)应用层:原则上能够支持所有安全服务,但是,由于应用层是和最终用户的接口,因而安全服务必须通过编写软件来实现。在实际情况下,最终的应用层软件一般不会提供所有的安全服务。

表 3-1-1　安全服务的层次配置对照表

安全服务	物理层	数据链路层	网络层	传输层	会话层	表示层	应用层
对等实体认证服务			√	√		√	
访问控制服务			√	√		√	
连接保密	√	√	√	√		√	
无连接保密		√	√	√		√	
选择字段保密						√	
信息流安全	√		√				√
有恢复连接完整性				√			
无恢复连接完整性			√	√			
选择字段无连接完整性						√	
数据源点鉴别			√	√		√	
制止否认(发送方)						√	
制止否认(接收方)						√	

3.1.3　TCP/IP 协议安全

1. TCP/IP 协议簇的安全隐患

从以 TCP/IP 协议为基础的 Internet 的发展历程可知，IP 协议最可取的内涵与作用即在于其充分的开放透明性与灵活有效的多业务增值能力。然而，既然要开放透明，往往便需要“充分暴露”，从而容易受到攻击，这是原本作为科研范围而开发的 TCP/IP 协议的不足之处。因此，在 Internet 商用化后，TCP/IP 协议中存在的一系列问题暴露了出来，其中最棘手、解决难度最大的即为 TCP/IP 协议的安全性问题。

针对物理层而言，主要涉及网络信号的传输和网络通信所制定的规约；对于网络通信而言，自然灾害(雷击、暴雨)和一些人为破坏会对网络通信线路造成一定的破坏；而对于网络信号采集而言，则是对网卡控制芯片的配置，配置的参数包括网络通信所使用通信速度、通信方式等参数。

数据链路层则负责物理层与网络层之间的通信，该协议层可以将物理层传输的数据打包成数据帧。数据链路层可以对物理层的数据进行数据流量控制、差错检测控制。数据链路层所面临的安全威胁是数据链路层所传输的加密算法和协议的不足，容易遭到黑客等非法入侵。

网络层用于定义网络操作系统的通信协议，可以用来定义地址，从而将地址转换为物理地址。网络层的主要职责是将报文进行分组，使用最佳路径通过通信子网到达目的主机。该层是 TCP/IP 协议模型中最复杂的一层，该层也容易受到黑客的攻击。

传输层主要负责错误的识别和正常数据的恢复，从而保证数据信息的可靠传输，在该协议层中所使用的主要协议是 TCP 协议。使用该协议可以创建端到端之间的逐句通信，但是传输层中的数据信息主要取决于网络层所提供的有效服务，该层受到网络层的影响较大。

应用层包含了用户直接与网络交互的程序，该程序容易受到网络病毒和操作系统的影响，外界非法用户可以使用其他程序对网络应用程序进行干扰。

TCP/IP 协议存在的安全隐患主要有以下几个方面。

ARP(地址解析协议)是一个位于 TCP/IP 协议栈中的低层协议，负责将某个 IP 地址解析成对应的 MAC 地址。在每台主机的 ARP 高速缓存(ARP cache)中都会存在有一张 IP-MAC 地址对照关系的表(ARP 缓存表)。当源主机要向目的主机发送数据时,源主机会在自己的 ARP 缓存表中寻找是否有目的主机的地址。如果找到了,也就知道了目的主机的 MAC 地址,直接把目的主机 MAC 地址写入帧里面发送就可以了;如果在 ARP 缓存表中没有找到相对应的 IP 地址,源主机就会在网络上发送一个广播,即"目标 MAC 地址是'ff. ff. ff. ff. ff. ff'",这表示向同一网段内的所有主机发出询问,如"192. 168. 1. 2 的 MAC 地址是什么?"网络上其他主机并不响应 ARP 询问,只有目的主机接收到这个帧时,才向源主机做出回应,并告诉源主机自己的 MAC 地址。源主机知道了目标主机的 MAC 地址,就可以向目的主机发送信息。同时源主机还更新了自己的 ARP 缓存表,下次再向目的主机发送信息时,直接从 ARP 缓存表里查找就可以了。由于源主机发送的 IP 包没有包括目的主机的 MAC 地址,而在 ARP 缓存表中又没有目的主机的 IP 和 MAC 地址的对应表,并且源主机的 ARP 缓存表的更新是信任广播域内所有机器的回应包的,也就是在 ARP 中,接受回应帧的主机无法验证回应包的真伪。这样就很容易产生 ARP 欺骗。ARP 欺骗是黑客常用的攻击手段之一,分为两种:一是对路由器 ARP 缓存表的欺骗;二是对内网 PC 的网关的欺骗。ARP 缓存表的生命周期一般只有 2～3 分钟,它会按照一定的频率不断进行更新。第一种欺骗是截获网关的数据,它通知路由器一系列错误的内网 MAC 地址,使真实的地址信息无法通过更新保存在路由器中,结果路由器的所有数据只能发送给错误的 MAC 地址,造成正常 PC 无法收到信息。第二种欺骗是伪造网关,它的原理是建立假的网关,让 PC 向假的网关发送数据,而不是通过正常的路由上网,这在 PC 看来就是无法上网。

TCP 和 UDP 的安全隐患:UDP(用户数据报协议)面向应用程序提供无连接服务。与 UDP 数据包相比,TCP 数据包更容易被冒充,给恶意攻击者可乘之机。TCP 是面向连接的协议,所以使用 TCP 前必须先建立连接,而建立连接是通过三次握手进行的,需要双方总共发送三个包以确认连接的建立。第一个报文为 SYN 包,第二个报文为 SYN/ACK 包,第三个报文是应答 ACK 包。若 A 为连接方,B 为响应方,第一次握手 A 将数据包的标志位 SYN 置为 1,随机产生一个值 seq=J,并将该数据包发送给 B,A 进入 SYN_SENT 状态,等待 B 确认。第二次握手 B 收到数据包后由标志位 SYN=1 知道 A 请求建立连接,B 将标志位 SYN 和 ACK 都置为 1,ACK=$J+1$,随机产生一个值 seq=K,并将该数据包发送给 A 以确认连接请求,B 进入 SYN_RCVD 状态。第三次握手 A 收到确认后,检查 ACK 是否为 $J+1$,标志位 ACK 是否为 1,如果正确则将标志位 ACK 置为 1,ACK=$K+1$,并将该数据包发送给 B,B 检查 ACK 是否为 $K+1$,标志位 ACK 是否为 1,如果正确则连接建立成功,A 和 B 进入 ESTABLISHED 状态,完成三次握手,随后 A 与 B 之间可以开始传输数据了。其间可能的威胁为攻击者监听 B 方发出的 SYN/ACK 报文;攻击者向 B 方发送 RST 包,异常关闭连接,接着发送 SYN 包,冒充 A 方发起新的连接;B 方响应并发送连接响应报文 SYN/ACK,攻击者再冒充 A 方发送 ACK 包。攻击者便达到了破坏连接的目的,若攻击者再趁机插入有害数据包,则后果更严重。此外还有序列号攻击。初始序列号(ISN)在 TCP 握手时产生,攻击者向目标主机发送连接请求可得到上次的 ISN,再通过多次测量来回传输路径,得到进攻目标主机间数据包传送的来回时间(RTT)。已知上次连接的 ISN 和 RTT,就能预测下次连接的 ISN。若攻击者预测到 ISN,就能伪造有害数据包并使目标主机接受。

ICMP(Internet 控制消息协议)主要用于差错控制与拥塞控制。ICMP 存在的安全隐患是攻击者可利用 ICMP 重定向报文破坏路由,攻击者可利用不可达报文对某用户节点发起拒绝服务攻击。IP协议和ICMP存在的安全隐患:IP层的主要安全问题是IP地址假冒,IP协议本身对IP数据包是否来自真正的源地址不提供任何保障。IP层还存在利用源路由选项进行攻击的问题,源路由一方面方便了源IP地址冒充的数据包能到达目的地址,另一方面使入侵者能绕开某些网络安全措施到达目的地址。另外,由于目前广泛使用的IPv4协议在设计之初未能考虑到用户数量的问题,导致IP地址数量不足,现有IPv4地址资源已消耗殆尽,无法实现IP地址的独享,使得IP地址的管理也比较混乱,无法在技术上解决网络实名制问题,造成了互联网监管上的漏洞。

路由协议的安全隐患:Internet采用动态路由,路由协议存在的安全缺口是许多路由协议使用未加密的非一次性口令来认证数据中的路由信息,容易遭到非法窃听,攻击者通过伪造非法路由器或者其他手段发送伪造路由信息,扰乱合法路由器的路由表,同时由于BGP(边界网关协议)通过TCP传送数据,对TCP的攻击也是影响BGP安全的一个重要因素。

DNS的安全隐患:DNS服务器(域名服务器)的作用是自动将主机域名转换成对应的IP地址。DNS由于缺乏密码认证机制,攻击者可通过冒充其他系统或截取邮件等手段,对用户造成危害;许多防火墙产品基于未认证的IP地址做出有关网络外部存取的决策,其中若插入假DNS信息,就会给攻击者造成便利。

应用层的安全隐患:建立在TCP/IP协议上的应用程序有E-mail、Telnet(远程连接服务)、FTP及WWW等。这些应用程序都以守护进程的形式,以root权限运行,可能出现安全漏洞。黑客利用漏洞就有可能取得系统控制权并攻入系统内部;同时这些应用程序都采取简单的身份认证方式,且信息以明文的方式在网络中传输,容易被黑客窃取,非法访问各种资源和数据,从而危及整个系统的安全性。

Web服务器位于宿主基础结构的前端,它与Internet直接相连,负责接收来自客户端的请求,创建动态Web页面并响应请求数据。最初WWW服务只提供静态的HTML页面,为改变人们对网络互动请求的愿望,引入了CGI程序,CGI程序能够让主页活动起来。CGI程序可以接收用户的输入信息,一般用户是通过表格把输入信息传给CGI程序的,然后CGI程序可以根据用户的要求进行一些处理,一般情况下会生成一个HTML文件,并传回给用户。很多CGI程序都存在安全漏洞,很容易被黑客利用并做一些非法的事情。现在很多人在编写CGI程序时,可能对CGI软件包中的安全漏洞并不了解,而且大多数情况下不会重新编写程序的所有部分,只是对其加以适当修改,这样很多CGI程序就不可避免的具有相同的安全漏洞。很多SQL Server开发人员并没有在代码编写开始的时候就从安全防护基础做起,这样就无法确保开发代码的安全性,其结果就是无法将应用程序的运行控制在所需的最低权限之内。

2. 基于TCP/IP协议簇的安全架构

由于Internet的安全性问题日益突出,TCP/IP协议簇也在不断地改善和发展之中。相关组织和专家在协议的不同层次设计了相应的安全通信协议,用来保障网络各层次的安全,从而形成由各层次安全通信协议构成的TCP/IP协议簇的安全架构,如图3-1-3所示。

(1)数据链路层

重点对数据链路层连接提供安全保障,通过建立专用通信链路,在主机或路由器之间提供安全保证。该层安全通信协议主要有PPTP、L2TP等。其中,点对点隧道协议(PPTP)是在PPP协议的基础上开发的一种新的增强型安全协议,支持虚拟专用网(VPN),可以通过密码身份验证协议(PAP)、可扩展身份验证协议(EAP)等方法增强安全性。

第二层隧道协议(L2TP)是基于 PPTP 和 L2F(二层转发协议)设计,在数据链路层为客户端和服务器端之间建立经过认证的虚拟私有网络,并常通过和加密协议搭配使用来实现数据的加密传输。L2TP 同时支持在两端点间使用多隧道,并以在 IP、帧中继永久虚拟电路、X.25 虚拟电路或 ATM 网络上使用。

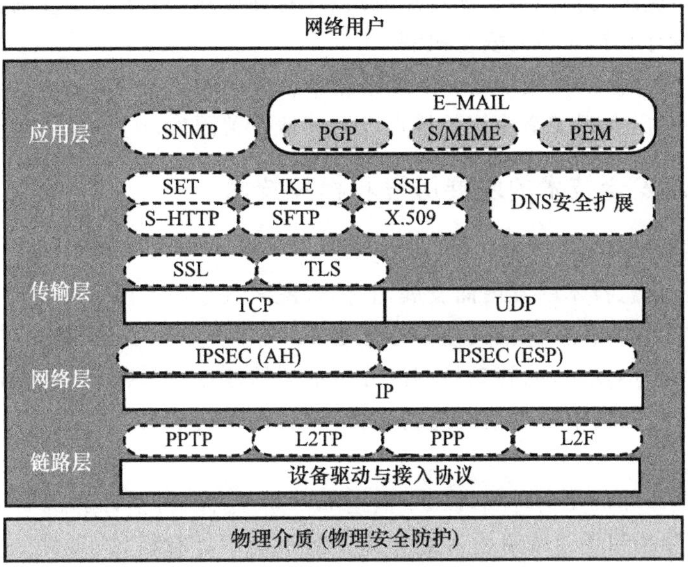

图 3-1-3　TCP/IP 协议簇的安全架构

(2)网络层

网络层安全通信协议主要解决 IP 协议的安全问题。现阶段,互联网安全协议(IPSec)是主要的网络层安全通信协议,有效解决了在网络层上存在的安全问题。IPSec 是由 IETF(Internet 工程任务组)IPSec 工作组于 1998 年制定的一组基于密码学安全的开放网络安全协议,它工作在 IP 层,提供访问控制、无连接的完整性、数据源认证、机密性保护、有限的数据流机密性保护以及抗重放攻击等安全服务。

IPSec 通过认证头协议(AH),为 IP 数据报提供无连接完整性与数据源认证,并提供保护避免重播情况。一旦建立安全连接,AH 尽可能为 IP 头和上层协议数据提供足够多的认证。

IPSec 中通过封装安全载荷协议(ESP)来加密需要保护的载荷数据,为这些数据提供机密性和完整性保护能力。ESP 和 AH 可被独立使用,也可以相互结合使用。

IPv6 是指版本号为 6 的 IP 协议,为下一代的 IP 协议,其考虑了更多的安全机制,如内嵌了对 IPSec 的支持,可以更好地保障 IP 连接的安全性。

(3)传输层

传输层安全通信协议保障了传输层的安全通信,目前主要有 SSL 和 TLS 等协议。根据传输层的特点,传输层的安全主要在端到端实现,可以提供基于进程到进程的安全通信。

安全套接层(SSL)协议建立在 TCP 协议和上层应用层协议之间,在其之上的应用层协议能透明地建立于 SSL 协议之上。该安全协议主要提供的安全服务有:用户和服务器的合法性认证、加密被传送的数据、维护数据的完整性。

安全传输层(TLS)协议是由 IETF 将 SSL 作了标准化,形成 RFC2246,并将其称为 TLS。从技术上讲,TLS 协议与 SSL 协议的差异非常微小,仅仅在一些细节上有区别。

(4)应用层

安全通信协议主要是根据诸如电子邮件、电子交易等特定应用的安全需要及其特点而设计的安全协议，主要有电子邮件安全协议、PGP、安全电子交易协议、简单网络管理协议、安全超文本传输协议等。这些应用层的安全措施必须在端系统及主机上实施，其主要优点是可以更紧密地结合具体应用的安全需求和特点，提供针对性更强的安全功能和服务，但主要缺点是要针对每个应用设计有针对性的安全机制。

在实际系统建设时，如需确定在哪一层采用什么安全通信协议，应综合考虑应用对安全保密的具体要求、每一层实现安全功能的特点以及其他有关因素。

3.1.4 信息安全技术的发展历程和相关技术

1. 信息安全技术的发展历程

信息安全随着信息技术的发展而发展，总体来说大致经历了四个时期。

第一个时期是通信安全时期，其主要标志是 1949 年香农发表的《保密通信的信息理论》。这个时期通信技术还不发达，电脑只是零散分布不同的地点，信息系统的安全仅限于保证电脑的物理安全以及通过密码解决通信安全的保密问题，密码技术获得发展，欧美国家有了信息安全产业的萌芽。

第二个时期是计算机安全时期，以 20 世纪 70—80 年代《可信计算机安全评价标准》(TCSEC)为标志。半导体和集成电路技术的飞速发展推动了计算机软、硬件的发展，计算机和网络技术的应用进入了实用化和规模化阶段。人们对安全的关注已经逐渐扩展为以保密性、完整性和可用性为目标；中国信息安全起步，开始关注物理安全、计算机病毒防护等。

第三个时期是 20 世纪 90 年代兴起的网络时代。由于互联网技术的飞速发展，信息无论是在企业内部还是外部都得到了极大的开放，而信息安全的焦点已经从传统的保密性、完整性和可用性三个原则衍生为诸如可控性、抗抵赖性、真实性等其他的原则和目标。中国安全企业研发的防火墙、入侵检测、安全评估、安全审计、身份认证与管理等产品与服务百花齐放、百家争鸣。

第四个时期是进入 21 世纪的信息安全保障时代，其主要标志是《信息保障技术框架》(IATF)。面向业务的安全防护已经从被动走向主动，安全保障理念从风险承受模式走向安全保障模式。不断出现的安全体系与标准、安全产品与技术，带动信息安全行业形成规模，入侵防御、下一代防火墙、APT 攻击检测、MSS/SaaS 服务等新技术、新产品、新模式走上舞台。

2. 信息安全技术及发展趋势

信息安全是一个综合、交叉的学科领域，包括的主要技术有：密码技术、高可信计算机技术、网络隔离技术、身份认证技术、网络监管技术、容灾与应急处理等技术。

(1)密码技术

密码理论与技术主要包括两部分，即基于数学的密码理论与技术和非数学的密码理论与技术。

1)基于数学的密码技术

基于数学的密码技术分为经典密码学技术、对称密码学技术、非对称密码学技术。经典密码学技术出现比较早，比较简单而且容易破译。

对称密码体制中，加密和解密采用相同的密钥，所以通信双方必须选择和保存他们共同的密钥，各方必须信任对方不会将密钥泄露出去，这样就可以实现数据的机密性和完整性。

对称密码算法的优点是计算开销小、加解密速度快，是目前用于信息加密的主要算法。它的局限性在于它存在着通信贸易双方之间确保密钥安全交换的问题。此外，在电子商务中，当某一贸易方有几个贸易关系时，就需要维护几个专用密钥。它也无法鉴别贸易发起方或贸易最终方，因为贸易的双方的密钥相同。另外，由于对称加密系统仅能用于对数据进行加解密处理，提供数据的机密性，不能用于数字签名。

非对称密码体制也叫公钥加密技术，该技术就是针对对称密码体制的缺陷被提出来的。在公钥加密系统中，加密和解密是相对独立的，加密和解密会使用两“把”不同的密钥，加密密钥(公开密钥，公钥，PK)向公众公开，解密密钥(秘密密钥，私钥，SK)只有解密人知道，非法使用者根据公开的加密密钥无法推算出解密密钥，故称为公钥密码体制。如果一个人选择并公布了他的公钥，任何人都可以用这一公钥来加密传送消息给这个人。私钥是秘密保存的，只有私钥的所有者才能利用私钥对密文进行解密。

公钥密码体制的算法中最著名的代表是RSA系统，此外还有背包密码、McEliece密码、Diffie-Hellman、Rabin、椭圆曲线、EIGalnal算法等。公钥的密钥管理比较简单，并且可以方便地实现数字签名和验证。但缺点是算法复杂，运算量大，加密数据的速率较低。因此，常用来对少量关键数据(例如对称加密算法的密钥)进行加密，或者用于数字签名。

目前，最为人们所关注的实用密码技术是公钥基础设施(PKI)技术。国外的PKI应用已经开始，许多厂家推出了可以应用的PKI产品，有些公司已经开始提供PKI服务。网络许多应用正在使用PKI技术来保证网络的认证、不可否认、加解密和密钥管理等。

2)量子密码技术及其他非数学的密码技术

我国在密码技术领域具有长期的积累，在认证码、椭圆曲线密码系统、序列密码的设计与生成以及分析方面都处于世界前列。但是在实际应用方面与国外差距较大，首要的问题是缺乏自己的标准和规范。我国采取专用算法，针对每个或每类安全产品需要开发所用的算法，算法和源代码都不允许公开。密码实现技术方面也比较落后，密码芯片处理速度与国外差距非常明显。

(2)安全操作系统技术现状及发展趋势

安全操作系统技术主要包括可信技术、虚拟操作系统环境、网络安全技术、公用数据安全架构、加密文件系统、程序分析技术等。

随着越来越多的公司加入可信计算组织(TCG)，可信计算技术越来越受到重视。最近几年，可信操作系统已经不仅仅是政府、国防和安全敏感领域的专用产品，现在主流操作系统供应商将密码技术和操作系统更加紧密地结合，纷纷向可信操作系统靠拢。

国外安全操作系统都是基于成熟的、占据相当市场份额的操作系统进行的。而我国在安全操作系统领域起步晚，研究水平滞后，原创成果匮乏；我国政府对安全操作系统投入有限并且比较分散，产学研的体系尚未成熟。总体来说，我国在安全操作系统领域与国外相比差距比较大。

(3)网络隔离技术现状和发展趋势

网络隔离技术从整体上可以分为逻辑隔离和物理隔离两大类。根据公安部制定的GA 370—2001《端设备隔离部件安全技术要求》的定义，逻辑隔离的含义是公共网络和专网在物理上是有连线的，通过技术手段保证在逻辑上是隔离的；物理隔离的含义是公共网络和专网在网络物理连线上是完全隔离的，且没有任何公用的存储信息。

(4)网络行为安全监管技术现状和发展趋势

网络行为监控是网络安全的重要方面，研究的范围包括网络事件分析、网络流量分析、网络内容分析以及相应的响应策略与响应方式。该领域涉及的主要产品包括入侵检测系统、网络内容审计、垃圾邮件过滤、计算机取证。

从20世纪80年代到现在，入侵检测技术的发展大致分为五个阶段：第一阶段是基于简单攻击行为模式匹配检测；第二阶段是基于异常模型检测；第三阶段是基于入侵报警的分析检测；第四阶段是基于攻击意图检测；第五阶段是基于安全态势检测。经过多年发展，已经形成成熟产品。国产入侵检测产品与国际先进水平相比，在算法先进性和系统性能方面还有明显差距，但是让人欣慰的是，我国已经形成了全系列的产品线，并占有一定的市场份额。

随着大量高速网络技术在近年得到广泛应用，入侵检测将向宽带高速实时和大规模分布式两个方向发展。IDS（入侵检测系统）需要进行海量计算，高性能检测算法、新的入侵检测体系、高性能并行计算技术在入侵检测系统的应用、高速模式匹配算法及基于纯硬件的IDS都是目前研究的热点。

此外，嵌入式入侵检测以及多种安全技术的集成（如集成IDS、Scanner、Firewall等功能）的入侵阻断系统已成为IDS的发展方向。

(5)容灾与应急处理技术现状和发展趋势

容灾与应急响应是一个非常复杂的网络安全技术领域，涉及众多网络安全关键技术，需要多个技术产品的支持。其主要技术包含应急响应体系的整体架构、应急响应体系的标准制定和应急响应的工具开发。

总体来看，目前的研究主要集中在部分应急响应工具以及小规模（如LAN）的一些应急响应技术。而像容灾与应急响应整体架构、标准、大规模网络的应用服务、系统集成等关键技术以及系统联动技术，大规模网络的协同预警定位与隔离技术，安全时间综合管理平台等方面的工具和产品的研发还处于刚刚起步阶段。

未来的应急响应技术及相关产品的发展必须首先解决标准制定和体系结构的设计问题。系统集成等关键技术以及系统联动技术、安全时间综合管理平台等高端产品和技术将是未来市场发展的主要方向。联动和主动防御技术也将是容灾与应急处理的主流思想。

(6)身份认证技术现状和发展趋势

身份认证技术是其他安全机制的基础，因而在信息安全中非常重要。只有有效的身份认证，才能保证访问控制、安全审计、入侵防范等安全机制的有效实施。通常身份认证技术分为基于口令的认证技术、基于密钥的认证鉴别技术、基于智能卡和智能密码钥匙（USB key）的认证技术、基于生物特征识别的认证技术。

专家预测，身份认证技术的发展将呈现以下态势：首先，生物特征识别技术由于其独特的、优越的安全性和便利性，必将成为未来身份认证技术的主导技术，特别是与其他认证技术互相融合后，如生物信息技术与数字水印技术相结合，多模态生物特征识别系统的应用都非常引人注目；其次，口令认证系统逐渐向动态口令认证过渡。此外，作为数字证书载体的智能密码钥匙将快速发展并形成统一标准。

(7)可信计算技术现状和发展趋势

目前，计算机系统就其规模和互联程度而言，可分为单独计算平台和计算网络系统，高可信计算可分为高可信计算平台以及高可信网络。

为了解决PC机结构上的不安全问题，从基础上提高其可信性，1999年10月由国际几大IT巨头（Compaq、HP、IBM、Intel和Microsoft）牵头组织了可信计算平台联盟（TCPA）。TCPA定义了具有安全存储和加密功能的可信平台模块（TPM），并于2001年1月发布了基于硬件系统的“可信计算平台规范（v1.0）”。2003年3月TCPA改组为TCG（可信计算组织），同年 10 月发布了 TPM 规范(v1.2),其目的是在计算和通信系统中广泛使用基于硬件安全模块支持下的可信计算平台,以提高整体的安全性。

可信计算的概念由 TCG 提出,但并没有明确定义,其目的主要是通过增强现有的 PC 终端体系结构的安全性,来保证整个计算机网络的安全。其意义就是在计算机网络中搭建一个诚信体系,每个终端都具有合法的网络身份,并能够被认可;而且终端具有对恶意代码,如病毒、木马等的免疫能力。在这样的可信计算环境中,任何终端出现问题,都能保证合理取证,方便监控和管理。

对于可信计算平台的实现来说,可靠性包括硬件可靠性研究和软件可靠性研究。硬件可靠性主要是通过硬件冗余提高系统的可靠性,具体的手段是增加系统故障诊断部件和冗余部件;软件可靠性研究主要包括设计技术和可信评测技术两方面内容。

1)新数据、新应用、新网络和新计算成为今后一段时期信息安全的方向和热点,给未来带来新挑战

物联网和移动互联网等新网络的快速发展,给信息安全带来更大的挑战。物联网将会在智能电网、智能交通、智能物流、金融与服务业、国防军事等众多领域得到应用。物联网中的业务认证机制和加密机制是安全上最重要的两个环节,也是信息安全产业中保障信息安全的薄弱环节。移动互联网快速发展,带来的是移动终端存储的隐私信息的安全风险越来越大。

2)传统的网络安全技术已经不能满足新一代信息安全产业的发展,企业对信息安全的需求不断发生变化

传统的信息安全更关注防御、应急处置能力,但是,随着云安全服务的出现,基于软硬件提供安全服务模式的传统安全产业开始发生变化。在移动互联网、云计算兴起的新形势下,简化客户端配置和维护成本,成为企业对网络安全新的需求,也成为信息安全产业发展面临的新挑战。

3)未来,信息安全产业发展的大趋势是从传统安全走向融合开放的大安全

随着互联网的发展,传统的网络边界不复存在,给未来的互联网应用和业务带来巨大改变,给信息安全也带来了新挑战。融合开放是互联网发展的特点之一,网络安全也因此变得正在向分布化、规模化、复杂化和间接化等方向发展,信息安全产业也将在融合开放的大安全环境中探寻发展。

3.1.5　数据加密的基本概念

随着网络的不断发展,企业上网显得越来越重要,为防止非法用户对网络系统进行破坏,必须建立网络信息系统的安全服务体系。一是采用防火墙技术,二是采用数据加密技术。

数据加密技术是最常用的安全保密手段,数据加密技术的关键在于加密/解密算法和密钥管理。数据加密的基本过程就是对明文文件或数据按某种加密算法进行处理,使其成为不可读的一段代码,通常称为“密文”。密文只能在输入相应的密钥之后才显示出原来的内容,通过这样的途径可保护数据不被窃取。数据加密技术包括算法和密钥。

加密的基本功能包括:防止不速之客查看机密的数据文件;防止机密数据泄露或被篡改;防止特权用户(如系统管理员)查看私人数据文件;使入侵者不能轻易地查找一个系统的文件。数据加密是确保计算机网络安全的一种重要机制。

1. 密码学

密码学是研究编制密码和破译密码的技术科学。研究密码变化的客观规律,应用于编制密码,以保守通信秘密的,称为编码学;应用于破译密码,以获取通信情报的,称为破译学。编

码学和破译学总称密码学。

(1)密码学的主要作用

提供机密性鉴别:消息的接收者应该能够确认消息的来源;入侵者不可能伪装成他人。

完整性:消息的接收者应该能够验证在传送过程中消息是否被修改,入侵者不可能用假消息代替合法消息。

抗抵赖:消息的发送者事后无法否认其发送了消息。

基本的保密通信模型如图 3-1-4 所示。通信的参与者包括消息发送方、消息接收方。潜在的密码分析者是在双方通信中,既非发送方,又非接收方的实体,它试图提供保证发送方和接收方信息安全的服务。发送方要传递消息(明文)给接收方,可使用事先和接收方约定好的方法,用加密密钥加密消息。当接收方接收到加过密的消息(密文)后,即使用解密密钥将密文解密成明文。

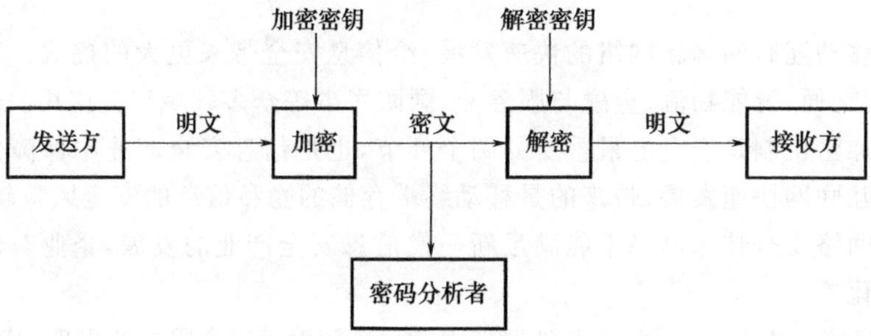

图 3-1-4 基本的保密通信模型

(2)密码学专业术语

明文:信息的原始形式称为明文。明文的形式可能是:位序列、文本文件、位图、数字化语音序列、数字化视频图像等。对于计算机,明文是二进制数据。

密文:明文经过加密变换后的形式称为密文。对于计算机,密文是二进制数据。

加密:由明文变成密文的过程称为加密。

解密:由密文变成明文的过程称为解密。

加/解密算法:对明文进行加密时采取的一组规则称为加密算法,密文的接收方对密文进行解密时采取的一组规则称为解密算法。

密钥:参与加密或解密变换的参数称为密钥。通过引入密钥,算法的安全性依赖于密钥的安全性,而不是算法细节的安全性。密钥的引入使得算法可以公开,或被分析,并使大量生产使用某一算法的产品成为可能。

2. 密码算法概述

(1)经典密码算法

代替密码:代替密码是明文中每一个字符被替换成密文中的另外一个字符。接收者对密文进行逆替换就可以恢复明文。

换位密码:在换位密码中,明文的字母保持相同,但顺序被打乱。

一次一密乱码本:一次一密乱码本是一个大的、不重复的真随机密钥字母集,这个密钥字母集写在几张纸上,并粘成一个乱码本。发送者用乱码本中的每一个密钥字母加密一个明文字符。加密使用明文字符和一次一密乱码本密钥字符的模 26 加法,如:明文是 N 即 14,乱码本密钥序列对应的是 B 即 2,密文计算(N+B)mod 26=P,即 16。如果偷窃听者不能得到用来加密消息的乱码本，这个方案是完全保密的。

(2)对称算法

对称算法中，加密密钥能够从解密密钥中推算出来，反之也成立。在大多数对称算法中，加密密钥和解密密钥是相同的。使用对称密码系统通信的过程可以描述如下：张三和李四协商用同一密码系统；张三和李四协商用同一密钥；张三用加密算法和选取的密钥加密明文，得到密文；张三发送密文给李四；李四用同样的算法和密钥解密密文，然后读出明文。

对称密码算法存在的缺点：通信双方事先必须约定密钥；密钥必须秘密分配；如果密钥泄露，攻击者可以冒充协议发送方，发送虚假加密消息；对于一个完备的通信网，需要的密钥数量非常多；不具备数字签名功能，不能保证消息的完整性和不可否认性。

(3)公开密钥算法

公开密钥算法中，加密密钥不同于解密密钥，并且解密密钥不能根据加密密钥计算出来。在公开密钥算法中，加密密钥可以公开，即陌生者可以用加密密钥加密信息，但只有用相应的解密密钥才能解密信息。公开密钥算法广泛用于数字签名。在数字签名中，用私钥加密，而用公钥解密。公开密钥算法也叫非对称算法。

公开密码体制具有如下优点：密钥分发简单；秘密保存的密钥量减少；在互不信任的通信双方之间，可以相互验证对方身份；可以实现数字签名。

(4)混合密码系统

混合密码系统中，公开密钥密码用来保护和分发密钥。这些会话密钥用在对称算法中，对通信消息进行保密。

使用混合密码系统的优势：把公开密钥密码用于密钥分配，解决了对称密码系统的密钥管理问题；公开密钥算法比对称算法慢。

使用混合密码系统进行加密通信的过程如下：李四将他的公开密钥发给张三；张三产生随机会话密钥 K，用李四的公开密钥加密，并把加密的密钥 EB(K)送给李四；李四用他的私人密钥解密张三的消息，恢复出会话密钥 EB(EB(K))＝K；双方用同一会话密钥对他们的消息进行加密。

3. 常见的加密算法

对称加密：指加密和解密使用相同密钥的加密算法。常见的对称加密算法有 DES、3DES、DESX、Blowfish、IDEA、RC4、RC5、RC6 和 AES 等。

非对称加密：指加密和解密使用不同密钥的加密算法，也称为公私钥加密。常见的非对称加密算法有 RSA、ECC(移动设备用)、Diffie-Hellman、ElGamal 和 DSA(数字签名用)等。

Hash 算法：Hash 算法特别的地方在于它是一种单向算法，常用在不可还原的密码存储、信息完整性校验等。常见的 Hash 算法有 MD2、MD4、MD5、HAVAL、SHA、SHA-1、SHA-2、HMAC、HMAC-MD5 和 HMAC-SHA1 等。

(1)DES 与 3DES

DES 即数据加密标准，是一种使用密钥加密的块算法，1977 年被美国联邦政府的国家标准局确定为联邦资料处理标准(FIPS)，并授权在非密级政府通信中使用，随后该算法在国际上广泛流传开来。DES 算法把 64 位的明文输入块变为 64 位的密文输出块，使用的密钥也是 64 位(实际用到了 56 位，第 8 位、16 位、24 位、32 位、40 位、48 位、56 位、64 位是校验位，使得每个密钥都有奇数个 1)，算法主要分为两步。

初始置换：其功能是把输入的 64 位数据块按位重新组合，并把输出分为 L0、R0 两部分，每部分各 32 位。其置换规则为将输入的第 58 位换到第 1 位，第 50 位换到第 2 位 1 依此类推，最后 1 位是原来的第 7 位。L0、R0 则是换位输出后的两部分，L0 是输出的左 32 位，R0 是右 32 位。如果设置换前的输入值为 A1A2A3…A64，则经过初始置换后的结果为：L0＝A58A50…A8；R0＝A57A49…A7。

逆置换：经过 16 次迭代运算后，得到 L16、R16。将此作为输入，进行逆置换，逆置换正好是初始置换的逆运算，由此即得到密文输出。此算法是对称加密算法体系中的代表，在计算机网络系统中广泛使用。

3DES 是 DES 向 AES 过渡的加密算法，它使用三条 56 位的密钥对数据进行三次加密。它以 DES 为基本模块，通过组合分组方法设计出分组加密算法。该方法使用两个密钥，执行三次 DES 算法，加密的过程是加密—解密—加密，解密的过程是解密—加密—解密。采用两个密钥进行三重加密的好处：两个密钥合起来有效密钥长度有 112 位，可以满足商业应用的需要，若采用总长为 168 位的三个密钥，会产生不必要的开销；加密时采用加密—解密—加密，而不是加密—加密—加密的形式，这样有效地实现了与现有 DES 系统的向后兼容问题，因为当 K1＝K2 时，三重 DES 的效果就和原来的 DES 一样，有助于逐渐推广三重 DES；三重 DES 具有足够的安全性。

(2)AES

密码学中的高级加密标准(AES)，又称 Rijndael 加密法，是美国联邦政府采用的一种区块加密标准。AES 的基本要求是比三重 DES 快，而且至少和三重 DES 一样安全，能抵抗当前已知的攻击，对其最有效的攻击是穷举攻击；易于软、硬件实现，速度快；密钥建立时间短，灵敏性良好；内存要求低。

AES 算法过程如下。

设分组长度为 128 位，密钥长度为 128 位，输出 128 位的密文。在这种情况下，128 位的消息(明文或密文)分组被分成 16 B，记为：输入分组＝$m_0, m_1, \cdots, m_{15}$；密钥分组也是这样，记为：输入密钥＝$k_0, k_1, \cdots, k_{15}$；内部数据结构表示为一个 4×4 矩阵，如图 3-1-5 所示。

同 DES 一样，AES 算法也是由基本的变换单位—“轮”多次迭代而成。在消息分组和密钥分组长度均为 128 位的最小情况下，轮数是 10。AES 中的轮变换记为 Round(State, RoundKey)，这里的 State 是轮消息矩阵，既被看作是输入，也被看作是输出；RoundKey 是轮密钥矩阵，是由输入密钥通过密钥表导出的。AES 算法结构如图 3-1-6 所示。

$$\text{输入分组}=\begin{bmatrix} m_0 & m_4 & m_8 & m_{12} \\ m_1 & m_5 & m_9 & m_{13} \\ m_2 & m_6 & m_{10} & m_{14} \\ m_3 & m_7 & m_{11} & m_{15} \end{bmatrix}$$

$$\text{输入密钥}=\begin{bmatrix} k_0 & k_4 & k_8 & k_{12} \\ k_1 & k_5 & k_9 & k_{13} \\ k_2 & k_6 & k_{10} & k_{14} \\ k_3 & k_7 & k_{11} & k_{15} \end{bmatrix}$$

图 3-1-5 AES 算法输入分组和输入密钥

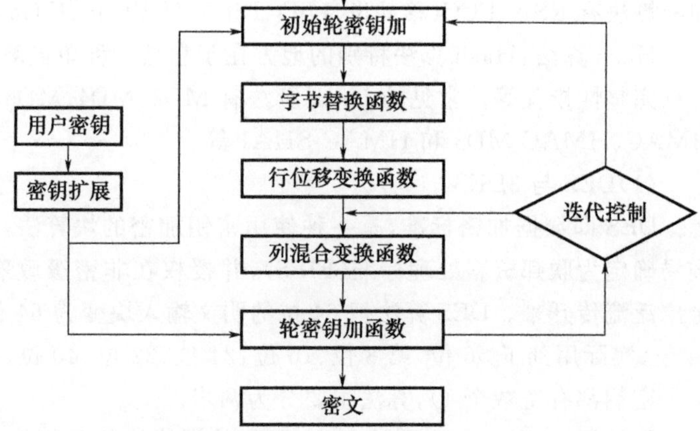

图 3-1-6 AES 算法过程

除了最后一轮，每轮变换由四个内部函数组成，即字节替换、行位移变换、列混合变换以及轮密钥加，最后一轮不使用列混合变换函数。四个内部函数都是可逆的，因此解密仅仅是在相反的方向反演加密，也就是说，运行 AddRoundKey-1（State，RoundKey）、MixColumns-1（State）、ShiftRows-1（State）和 SubBytes-1（State）。

（3）RSA

RSA 是 1977 年由罗纳德・李维斯特、阿迪・萨莫尔和伦纳德・阿德曼一起提出的。RSA 公开密钥密码体制是一种使用不同的加密密钥与解密密钥，由已知加密密钥推导出解密密钥在计算上不可行的密码体制。

在公开密钥密码体制中，加密密钥是公开信息，而解密密钥是需要保密的。加密算法 E 和解密算法 D 也都是公开的。虽然解密密钥 SK 是由公开密钥 PK 决定的，但却不能根据 PK 计算出 SK。

基于这种理论，它通常是先生成一对 RSA 密钥，其中之一是保密密钥，由用户保存；另一个为公开密钥，可对外公开，甚至可在网络服务器中注册。为提高保密强度，RSA 密钥至少为 500 位长，一般推荐使用 1024 位。这就使加密的计算量很大。为减少计算量，在传送信息时，常采用传统加密方法与公开密钥加密方法相结合的方式，即信息采用改进的 DES 或 IDEA 对话密钥加密，然后使用 RSA 密钥加密对话密钥和信息摘要。对方收到信息后，用不同的密钥解密并可核对信息摘要。

RSA 是研究最深入的公钥算法，RSA 允许选择公钥的大小。512 位的密钥被视为不安全的；1024 位的密钥几乎是安全的。RSA 在一些主要产品内部都有嵌入。

RSA 算法描述如下。

任意选取两个不同大素数 p 和 q，计算其乘积和欧拉函数 $n=pq$，$\varphi(n)=(p-1)(q-1)$。任意选取加密密钥 e（一个大整数），$1<e<\varphi(n)$，满足 e 和 $(p-1)(q-1)$ 互素。最后用欧几里得扩展算法计算解密密钥 d，以满足 $ed=1(\bmod(p-1)(q-1))$，即 $d=e-1 \bmod (p-1)(q-1)$，其中，e 和 n 是公钥，d 和 n 是私钥。

RSA 算法对明文以分组为单位进行加密，每个分组的二进制均小于 n。即分组的大小必须小于或等于 $\log_2(n)$ 位；在实际应用中，分组的大小是 k 位，其中 $2^k<n\leqslant 2^{k+1}$。对明文分组 M，加密过程如下：$C=M^e \bmod n$。对密文分组 C，解密过程如下：$M=C^d \bmod n$。

RSA 算法的保密强度随其密钥长度的增加而增强。但是，密钥越长，其加解密所耗用的时间也越长。因此，要根据所保护信息的敏感程度、攻击者破解所要花费的代价值不值得以及系统所要求的反应时间来综合考虑，尤其对于商业信息领域更是如此。

（4）SM2

SM2 是国家密码管理局于 2010 年 12 月 17 日发布的椭圆曲线公钥密码算法。SM2 算法是一种更先进安全的算法，随着密码技术和计算机技术的发展，目前常用的 1024 位 RSA 算法面临严重的安全威胁，我国密码管理部门经过研究，决定采用 SM2 椭圆曲线算法替换 RSA 算法。

（5）MD5

MD5 信息摘要算法是一种被广泛使用的密码散列函数，可以产生出一个 128 位的散列值，用于确保信息传输完整、一致。MD5 由美国密码学家罗纳德・李维斯特设计，于 1992 年公开。这套算法的程序在 RFC 1321 标准中被加以规范。1996 年后该算法被证实存在弱点，可以被破解，对于需要高度安全性的数据，专家一般建议改用其他算法，如 SHA-2。2004 年，证实 MD5 算法无法防止碰撞，因此不适用于安全性认证，如 SSL 公开密钥认证或是数字签名等用途。

(6)SHA

安全散列算法(SHA)是一个密码散列函数家族，是 FIPS 所认证的安全散列算法。它能计算出一个数字消息所对应到的长度固定的字符串(又称消息摘要)，且若输入的消息不同，它们对应到不同字符串的概率很高。

SHA 家族的五个算法分别是 SHA-1、SHA-224、SHA-256、SHA-384 和 SHA-512，后四者有时并称为 SHA-2。SHA 由美国国家安全局设计，并由美国国家标准与技术研究院发布，是美国的政府标准。SHA-1 在许多安全协定中均有使用，包括 TLS、SSL、PGP、SSH、S/MIME和 IPSec，其曾被视为是 MD5 的后继者。SHA-1 的安全性如今遭到密码学家严重质疑。虽然至今尚未出现对 SHA-2 有效的攻击，但它的算法跟 SHA-1 基本相似，因此有些人开始发展其他替代算法。

加密算法的选择，应该根据自己的使用特点来确定，由于非对称加密算法的运行速度比对称加密算法的速度慢很多，当我们需要加密大量的数据时，建议采用对称加密算法，提高加解密速度。对称加密算法不能实现签名，因此签名只能采用非对称算法。由于对称加密算法的密钥管理是一个复杂的过程，密钥的管理直接决定着它的安全性，因此当数据量很小时，我们可以考虑采用非对称加密算法。

在实际的操作过程中，我们通常采用的方式是：采用非对称加密算法管理对称算法的密钥，然后用对称加密算法加密数据。这样我们就集成了两类加密算法的优点，既实现了加密速度快的优点，又实现了安全方便管理密钥的优点。

在选定加密算法后，应该采用多少位的密钥呢？一般来说，密钥越长，运行的速度就越慢，应该根据实际需要的安全级别来选择。一般来说，RSA 建议采用 1024 位的数字，AES 采用 128 位即可。

3.1.6 信息安全法律法规

网络空间作为继陆地、海洋、天空及外太空之外的第五空间，其安全问题已经上升到国家安全的高度。立法作为网络空间安全治理的基础工作，是抑制黑色产业链必须采取的工作，也是网络安全产业发展和规范的支持，关键信息基础设施保障的依据。

目前，我国现行法律法规及规章中与网络空间安全有关的已有近百部，它们涉及网络运行安全，信息系统安全，网络信息安全，网络安全产品，保密及密码管理，计算机病毒与恶意程序防治，通信、金融、能源、电子政务等特定领域网络安全，各类网络安全犯罪制裁等多个领域，初步形成了我国信息安全的法律体系。

1. 计算机犯罪

网络犯罪或计算机犯罪是涉及计算机和网络的犯罪。网络犯罪可定义为：利用现代电信网络故意伤害受害者的声誉或间接地给受害者造成身心伤害或损失，如利用互联网和手机针对个人或团体进行的犯罪。在国际上，政府和非国家行为体都能够参与网络犯罪，包括间谍活动、金融盗窃和其他跨境犯罪。跨越国际边界并涉及至少一个国家利益的活动有时被称为网络战。

计算机犯罪问题随着计算机技术的快速发展也日趋广泛。常见的计算机犯罪有三个特征：多样化、复杂化和国际化，已成为计算机立法以及执法的难题。

计算机犯罪的本质是一种技术的不良利用。技术本身是复杂的，但是技术的实现手段被工具化之后，计算机犯罪无论从成本还是收益而言，都变得越发具有诱惑性。从炫耀技术能力变成有组织、有目的的恶意行为，计算机犯罪已经成为一种专业的犯罪行为，随着这种行为构成日益庞大的利益链，计算机犯罪的形势也将变得更加严峻。从无意识犯罪到有组织犯罪，从个体损害向国家威胁发展，跨越计算机本身的实施能力，利用人性弱点的攻击方法已经成为计算机犯罪的一种新技术，通过跨学科的社会工程学理论，欺诈、利用信任甚至是胁迫都成为获取信息或者获取系统控制权的重要手段，低龄化成为法律制约的难题。

2. 网络安全法

《中华人民共和国网络安全法》(以下简称《网络安全法》)的出台是落实国家总体安全观的重要举措，是维护网络安全的客观需要，也是维护人民群众切身利益的迫切需要。《网络安全法》从制定到实施经历了三次审议和两次公开征求意见。2016 年 11 月 7 日《网络安全法》正式发布，2017 年 6 月 1 日实施。《网络安全法》从我国的国情出发，坚持问题导向，总结实践经验，确定了各相关主体在网络安全保护中的义务和责任，网络信息安全各方面的基本制度，注重保护网络主体的合法权益，保障网络信息依法、有序、自由地流动，促进网络技术创新，最终实现以安全促发展，以发展来促安全。

(1)《网络安全法》相关概念

《网络安全法》在附则部分对相关概念进行了明确定义。

1)网络

由计算机或者其他信息终端及相关设备组成的按照一定的规则和程序对信息进行收集、存储、传输、交换、处理的系统。

《网络安全法》里的网络不仅仅是传统 IT 领域中狭义的仅包含网线、交换机等数据通信设备的计算机网络，还包含相关处理信息的服务器和各种其他软硬件，是广义的网络空间，相当于国外的 CyberSpace 概念。网络空间已成为陆地、海洋、天空、外太空之外的“第五空间”，成为国家主权延伸的新疆域，也是人类“第二类生存空间”。

2)网络安全

《网络安全法》里的网络安全对应的不仅仅是对计算机网络本身的攻击，还包含对网络中处理的信息的保密性、完整性和可用性进行攻击。《网络安全法》中的“第三章 网络运行安全”主要针对可用性进行保护，“第四章 网络信息安全”主要针对保密性和完整性进行保护，可以理解为网络空间安全。

3)网络运行安全

网络运行安全是指对网络运行环境的安全保障，主要包含传统网络安全中对于保障网络与信息系统正常运行的物理环境、网络环境、主机环境和应用环境的技术管理措施。

4)网络信息安全

网络信息安全是指对网络数据和个人信息的安全保障，主要包含传统数据安全、内容安全的范畴。

5)网络运营者

《网络安全法》里的网络运营者不仅仅是网络的运维组织或人员，还包含网络的所有者和各种类型的网络服务提供者，例如提供信息搜索、网络聊天、电子商务、电子政务等，网络服务的提供者，涵盖了 ISP、ICP、IDC 等所有概念。

6)关键信息基础设施

关键信息基础设施是指面向公众提供网络信息服务或支撑能源、通信、金融、交通、公用事业等重要行业运行的信息系统或工业控制系统。

7)网络数据

网络数据是指通过网络收集、存储、传输、处理和产生的各种电子数据。

8)个人信息

个人信息是指以电子或者其他方式记录的,能够单独或者与其他信息结合,识别自然人个人身份的各种信息,包括但不限于自然人的姓名、出生日期、身份证号、电话等。

(2)《网络安全法》主要内容

《网络安全法》共计 7 章,79 条。主要内容包括网络空间主权原则、网络运行安全制度、关键信息基础设施保护制度、网络信息保护制度、应急和监测预警制度、网络安全等级保护制度、网络安全审查制度等。

1)网络空间主权原则

作为我国网络安全治理的基本法,《网络安全法》在总则部分确立了网络主权原则,明确了网络安全管理体制、分工及域外的适用效力。

2)网络运行安全制度

明确网络运营者的安全义务。内部安全管理:制定内部安全管理制度和操作规程,确定网络安全负责人。安全技术措施:采取防范网络安全行为的技术措施;采取监测、记录网络运行状态、网络安全事件的技术措施,留存相关的网络日志不少于 6 个月。数据安全管理:采取数据分类、重要数据备份和加密等措施,防止网络数据泄露或者被窃取、篡改。网络身份管理:办理网络接入、域名注册服务,或固定电话、移动电话等入网手续,或为用户提供信息发布、即时通信等服务,应要求用户提供真实身份信息。应急预案机制:制定网络安全事件应急预案,及时处置系统漏洞、计算机病毒、网络攻击、网络侵入等安全风险;在发生危害网络安全的事件时,立即启动应急预案,采取相应的补救措施,并向有关主管部门报告。安全协助义务:为公安机关、国家安全机关依法维护国家安全和侦查犯罪的活动提供技术支持和协助。

明确网络产品、服务提供者的安全义务。强制标准义务:网络产品、服务应当符合相关国家标准的强制性要求,不得设置恶意程序;网络关键设备和网络安全专用产品应当按照相关国家标准的强制性要求,由具备资格的机构安全认证合格或者安全检测符合要求后,方可销售或者提供。告知补救义务:网络产品、服务提供者发现其网络产品、服务存在安全缺陷、漏洞等风险时,应当立即采取补救措施,及时告知用户,向有关主管部门报告。安全维护义务:网络产品、服务提供者应为产品、服务持续提供安全维护,在规定或者当事人约定的期限内不得终止。个人信息保护:网络产品、服务具有收集用户信息功能的,网络产品、服务提供者应向用户明示并取得同意;涉及用户个人信息的,还应遵守相关法律、行政法规中有关个人信息保护的规定。

明确一般性安全保护义务。安全信息发布:开展网络安全认证、检测、风险评估等活动,向社会发布系统漏洞、计算机病毒、网络攻击、网络侵入等网络安全信息,应当遵守国家有关规定。禁止危害行为:任何个人和组织不得从事非法侵入他人网络、干扰他人网络正常功能、窃取网络数据等危害网络安全的活动;不得提供专门用于从事侵入网络、干扰网络正常功能及防护措施、窃取网络数据等危害网络安全活动的程序、工具;明知他人从事危害网络安全的活动的,不得为其提供技术支持、广告推广、支付结算等。

信息使用规则:网信部门和有关部门在履行网络安全保护职责中获取的信息,只能用于维护网络安全的需要,不得用于其他用途。

3)关键信息基础设施保护制度

关键信息基础设施保护是指面向公众提供网络信息服务或支撑能源、通信、金融、交通、公用事业等重要行业运行的信息系统或工业控制系统,且这些系统一旦发生网络安全事故,会影响重要行业正常运行,对国家政治、经济、科技、社会、文化、国防、环境以及人民生命财产造成严重损失。

• 关键信息基础设施外延

关键信息基础设施的具体范围由国务院制定,鼓励关键信息基础设施以外的网络运营者自愿参与关键信息基础设施保护体系。

• 关键信息基础设施管理机制

按照国务院规定的职责分工,负责关键信息基础设施安全保护工作的部门具体负责实施本行业、本领域的关键信息基础设施保护工作。国家网信部门统筹协调有关部门对关键信息基础设施采取安全保护措施。

• 关键信息基础设施建设要求

国家关键信息基础设施应具有确保可支持业务稳定、可持续运行的性能。系统建设与安全技术措施遵循同步规划、同步建设、同步使用的原则。

• 关键信息基础设施运营者安全保护义务

人员安全管理:设置专门安全管理机构和安全管理负责人;对负责人和关键岗位的人员进行安全背景审查;定期对从业人员进行网络安全教育、培训和考核。

数据境内留存:在我国境内运营中收集和产生的个人信息和重要数据应当在境内存储,确需向境外提供的,须进行安全评估;对重要系统和数据库进行容灾备份。

应急预案机制:制定网络安全事件应急预案,并定期进行演练。

安全采购措施:采购网络产品和服务可能影响国家安全的,应当通过国家安全审查;应与网络产品和服务提供者签订安全保密协议。

风险评估机制:自行或者委托网络安全服务机构,对其网络的安全性和可能存在的风险每年至少进行一次检测评估,并将检测评估情况和改进措施报送相关部门。

4)网络信息保护制度

网络信息保护吸收了国际通行准则中“合法、正当、必要”(《网络安全法》第四十一条)的原则。采用“公开规则、获得同意”(第四十一条)的透明规则。

《网络安全法》限制超范围收集、违法和违约收集行为,对于已收集的信息不得泄露毁损,建立预防措施防止信息保密性、完整性和可用性的破坏并建立补救措施,对产生上述行为的结果做出有效处理。在第四十三条中对违法、违约信息进行删除,有误信息进行改正的主体责任做出约定。

2017 年 5 月 2 日国家互联网信息办公室正式发布《互联网新闻信息服务管理规定》(国信办 1 号令)和《互联网信息内容管理行政执法程序规定》(国信办 2 号令),于 2017 年 6 月 1 日实施。国信办 1 号令明确规范了在网络空间开展新闻信息服务的范围、条件以及提供者的责任义务,积极响应国家网信部门对于开展服务进行监督检查的要求以及相关法律责任。国信办 2 号令明确规范了互联网信息内容管理部门行政执法依据、管辖范围、立案流程、调查取证过程、听证及约谈机制、处罚决定及执行办法,该规定正式授权网信部门对互联网信息内容进行管理的行政执法权力。

5)网络安全等级保护制度

《网络安全法》第二十一条明确指出“国家实行网络安全等级保护制度”,即网络安全等级保护制度是我国网络安全保护方面的基本制度。同时要求网络运营者应当按照网络安全等级保护制度的要求，履行网络安全保护义务，保障网络免受干扰、破坏或者未经授权的访问，防止网络数据泄露或者被窃取、篡改。等级保护制度从原有的以公安部牵头的行业制度正式成为我国不涉及国家秘密信息系统的基本保护制度。

6)网络安全审查制度

《网络安全法》第三十五条规定，关键信息基础设施的运营者采购网络产品和服务，可能影响国家安全的，应当通过国家网信部门会同国务院有关部门组织的国家安全审查。2017 年 2 月 4 日由国家互联网信息办公室发布关于《网络产品和服务安全审查办法(征求意见稿)》公开征求意见的通知，其中明确审查的目的、需要审查的网络产品和服务的范围、网络安全审查的管理部门(网络安全审查委员会)、审查的机构(国家统一认定网络安全审查第三方机构)和对党政机关和重点行业的审查工作提出要求。

2017 年 6 月 29 日，由国家互联网信息办公室等四部委联合发布的《网络关键设备和网络安全专用产品目录(第一批)》的公告中，规定除了传统的 11 类网络安全专用产品(防火墙、入侵检测系统等)外，还对 4 类网络关键设备(高性能路由器、交换机、服务器和可编程逻辑控制器 PLC)要求采购应当按照相关国家标准的强制性要求，由具备资格的机构安全认证合格或者安全检测符合要求后，方可销售或者提供。

3. 网络安全相关法规

(1)行政法相关法规

行政违法行为是行政主体(自然人或法人)的违法行为，与民事违法和刑事违法不同，行政违法是行政主体在行政法上的违法行为。任何组织和个人只有当他们以行政法主体身份或以行政法主体名义出现时，他们的违法才能构成行政违法。即根据行政法规应履行某种行政行为或承担某种义务，如果不履行或不承担而产生的法律后果。常见行政处罚如下。

1)对网络运营者

不履行网络安全保护义务的，由有关主管部门责令改正，给予警告；拒不改正或者导致危害网络安全等后果的，处一万元以上十万元以下罚款，对直接负责的主管人员处五千元以上五万元以下罚款。侵害个人信息依法得到保护的权利的，情节严重的，可以责令暂停相关业务、停业整顿、关闭网站、吊销相关业务许可证或者吊销营业执照。

2)对关键信息基础设施的运营者

不履行网络安全保护义务的，由有关主管部门责令改正，给予警告；拒不改正或者导致危害网络安全等后果的，处十万元以上一百万元以下罚款，对直接负责的主管人员处一万元以上十万元以下罚款。

网络安全服务机构或个人违反规定，开展网络安全认证、检测、风险评估等活动，或者向社会发布系统漏洞、计算机病毒、网络攻击、网络侵入等网络安全信息的，由有关主管部门责令改正，给予警告；拒不改正或者情节严重的，处一万元以上十万元以下罚款，并可以由有关主管部门责令暂停相关业务、停业整顿、关闭网站、吊销相关业务许可证或者吊销营业执照，对直接负责的主管人员和其他直接责任人员处五千元以上五万元以下罚款。

3)针对黑色产业链

从事危害网络安全的活动，或者提供专门用于从事危害网络安全活动的程序、工具，或者为他人从事危害网络安全的活动提供技术支持、广告推广、支付结算等帮助，尚不构成犯罪的，由公安机关没收违法所得，处五日以下拘留，并处五万元以上五十万元以下罚款；情节较重的，处五日以上十五日以下拘留，并处十万元以上一百万元以下罚款。单位有前款行为的，由公安机关没收违法所得，处十万元以上一百万元以下罚款，并对直接负责的主管人员和其他直接责任人员依照前款规定处罚。受到治安管理处罚的人员，五年内不得从事网络安全管理和网络运营关键岗位的工作；受到刑事处罚的人员，终身不得从事网络安全管理和网络运营关键岗位的工作。

4)对网信部门和有关部门

违反规定，将在履行网络安全保护职责中获取的信息用于其他用途的，对直接负责的主管人员和其他直接责任人员依法给予处分。网信部门和有关部门的工作人员玩忽职守、滥用职权、徇私舞弊，尚不构成犯罪的，依法给予处分。

5)对境外的机构、组织、个人

从事攻击、侵入、干扰、破坏等危害中华人民共和国的关键信息基础设施的活动，造成严重后果的，依法追究法律责任；国务院公安部门和有关部门可以决定对该机构、组织、个人采取冻结财产或者其他必要的制裁措施。

(2)民法相关法规

1)民事责任及其构成

民事侵权行为是行为人由于过错侵害人身、财产和其他合法权益，依法应承担民事责任的不法行为，以及依照法律特殊规定应当承担民事责任的其他侵害行为。侵权行为构成要件，主要集中在以下几个因素，即过错、行为不法、损害事实是否是侵权行为必要构成要件。

2017 年 3 月 15 日第十二届全国人民代表大会第五次会议表决通过了《中华人民共和国民法总则》(以下简称《民法总则》)，国家主席习近平签署第 66 号主席令予以公布，《民法总则》于 2017 年 10 月 1 日起施行。《民法总则》是民法典的开篇之作，在民法典中起统领性作用，民法典分编中将对网络安全相关的民事责任进行规定。

2)常见民事责任风险

《网络安全法》第七十四条规定：违反本法规定，给他人造成损害的，依法承担民事责任。一般民事违法行为以民事赔偿为主。责任主体一般涉及网络运营者、网络服务提供者，及对公民个人造成损害的。根据 2017 年 3 月发布的《民法总则》，民事违法责任主要包括以下方面：停止侵害；排除妨碍；消除危险；返还财产；恢复原状；修理、重作、更换；继续履行；赔偿损失；支付违约金；消除影响、恢复名誉；赔礼道歉。共计 11 项，其中涉及网络安全相关的民事责任主要包括：停止侵害、返还财产、赔偿损失、消除影响、恢复名誉和赔礼道歉 5 项。

(3)刑法相关法规

1)刑事责任

刑事责任及其构成刑事责任是依据国家刑事法律规定，对犯罪分子依照刑事法律的规定追究的法律责任。

刑事责任与行政责任不同之处在于：一是追究的违法行为不同，追究行政责任的是一般违法行为，追究刑事责任的是犯罪行为；二是追究责任的机关不同，追究行政责任由国家特定的行政机关依照有关法律的规定决定，追究刑事责任只能由司法机关依照《中华人民共和国刑法》(以下简称《刑法》)的规定决定；三是承担法律责任的后果不同，追究刑事责任是最严厉的制裁，可以判处死刑，比追究行政责任严厉得多。刑事责任包括两类问题：一是犯罪；二是刑罚。

2)常见网络安全犯罪

出售或者提供公民个人信息罪(《刑法》第二百五十三条)。

非法侵入计算机信息系统罪(《刑法》第二百八十五条)。

非法获取计算机信息系统数据罪(《刑法》第二百八十五条)。

非法控制计算机信息系统罪(《刑法》第二百八十五条)。

提供非法侵入或者控制计算机信息系统专用程序、工具罪(《刑法》第二百八十五条)。

破坏计算机信息系统罪(《刑法》第二百八十六条)。

网络服务渎职罪(《刑法》第二百八十六条)。

扰乱无线电通信管理秩序罪(《刑法》第二百八十八条)。

以上犯罪情节严重的一般判处三年以下有期徒刑,情节特别严重的判处七年以下有期徒刑。

(4)其他网络安全相关法规及条款

1)国家安全法

2014 年 4 月 15 日中央国家安全委员会第一次会议召开,习近平同志首次提出“总体国家安全观”的概念,强调要走出一条中国特色国家安全道路,要构建集政治安全、国土安全、军事安全、经济安全、文化安全、社会安全、科技安全、网络安全、生态安全、资源安全、核安全等于一体的国家安全体系。

《中华人民共和国国家安全法》(以下简称《国家安全法》)第二十五条规定,国家建设网络与信息安全保障体系,提升网络与信息安全保护能力,加强网络和信息技术的创新研究和开发应用,实现网络和信息核心技术、关键基础设施和重要领域信息系统及数据的安全可控;加强网络管理,防范、制止和依法惩治网络攻击、网络入侵、网络窃密、散布违法有害信息等网络违法犯罪行为,维护国家网络空间主权、安全和发展利益。

《国家安全法》第五十九条规定,国家建立国家安全审查和监管的制度和机制,对影响或者可能影响国家安全的外商投资、特定物项和关键技术、网络信息技术产品和服务、涉及国家安全事项的建设项目,以及其他重大事项和活动,进行国家安全审查,有效预防和化解国家安全风险。

2)秘密法

《中华人民共和国保守国家秘密法》(以下简称《秘密法》)由中华人民共和国第十一届全国人民代表大会常务委员会第十四次会议于 2010 年 4 月 29 日修订通过,自 2010 年 10 月 1 日起施行。共计 6 章,53 条。

《秘密法》第十条规定,国家秘密的密级分为绝密、机密、秘密三级。

《秘密法》第十七条规定,机关、单位对承载国家秘密的纸介质、光介质、电磁介质等载体(以下简称国家秘密载体)以及属于国家秘密的设备、产品,应当做出国家秘密标志;不属于国家秘密的,不应当做出国家秘密标志。

《秘密法》第二十三条规定,存储、处理国家秘密的计算机信息系统(以下简称涉密信息系统)按照涉密程度实行分级保护。涉密信息系统应当按照国家保密标准配备保密设施、设备。保密设施、设备应当与涉密信息系统同步规划,同步建设,同步运行。涉密信息系统应当按照规定,经检查合格后,方可投入使用。

《秘密法》第二十四条规定,机关、单位应当加强对涉密信息系统的管理,任何组织和个人不得将涉密计算机、涉密存储设备接入互联网及其他公共信息网络。

《秘密法》第二十八条规定,互联网及其他公共信息网络运营商、服务商应当配合公安机关、国家安全机关、检察机关对泄密案件进行调查;发现利用互联网及其他公共信息网络发布的信息涉及泄露国家秘密的，应当立即停止传输，保存有关记录，向公安机关、国家安全机关或者保密行政管理部门报告；应当根据公安机关、国家安全机关或者保密行政管理部门的要求，删除涉及泄露国家秘密的信息。

《秘密法》第三十四条规定，从事国家秘密载体制作、复制、维修、销毁，涉密信息系统集成，或者武器装备科研生产等涉及国家秘密业务的企业事业单位，应当经过保密审查，具体办法由国务院规定。

3)电子签名法

《中华人民共和国电子签名法》由中华人民共和国第十届全国人民代表大会常务委员会第十一次会议于 2004 年 8 月 28 日通过，自 2005 年 4 月 1 日起施行。共计 5 章，36 条。主要内容是对电子签名的法律效力、适用范围和作为证据的真实性提出要求。其中电子签名需要第三方认证的，由依法设立的电子认证服务提供者提供认证服务；从事电子认证服务，应当向国务院信息产业主管部门提出申请。

4)反恐怖主义法

《中华人民共和国反恐怖主义法》(以下简称《反恐法》)由中华人民共和国第十二届全国人民代表大会常务委员会第十八次会议于 2015 年 12 月 27 日通过，自 2016 年 1 月 1 日起施行。共计 10 章，97 条。其中与网络信息安全相关的主要内容包括以下方面。

《反恐法》第十八条规定，电信业务经营者、互联网服务提供者应当为公安机关、国家安全机关依法进行防范、调查恐怖活动提供技术接口和解密等技术支持和协助。第十九条规定，电信业务经营者、互联网服务提供者应当依照法律、行政法规规定，落实网络安全、信息内容监督制度和安全技术防范措施，防止含有恐怖主义、极端主义内容的信息传播；发现含有恐怖主义、极端主义内容的信息的，应当立即停止传输，保存相关记录，删除相关信息，并向公安机关或者有关部门报告。对互联网上跨境传输的含有恐怖主义、极端主义内容的信息，电信主管部门应当采取技术措施，阻断传播。

《反恐法》第六十一条规定，恐怖事件发生后，负责应对处置的反恐怖主义工作领导机构可以决定由有关部门和单位采取下列一项或者多项应对处置措施，其中第四项规定在特定区域内实施互联网、无线电、通信管制。

5)密码法

《中华人民共和国密码法》由中华人民共和国第十三届全国人民代表大会常务委员会第十四次会议于 2019 年 10 月 26 日通过，自 2020 年 1 月 1 日起施行。共计 5 章，44 条，重点把握以下五项原则：

第一、坚持党管密码根本原则，全面贯彻中央精神；

第二、坚持依法管理，全面推进密码法治建设；

第三、坚持总体国家安全观，切实维护国家网络与信息安全；

第四、坚持构建良好环境，促进密码事业科学发展；

第五、坚持问题导向，着力解决密码工作面临的突出问题。

主要内容包括以下方面。

• 本法的立法宗旨和密码的定义：为了规范密码应用和管理，促进密码事业发展，保障网络与信息安全，维护国家安全和社会公共利益，保护公民、法人和其他组织的合法权益，制定本法(第一条)。本法所称密码，是指采用特定变换的方法对信息等进行加密保护、安全认证的技术、产品和服务(第二条)。

• 密码工作的基本原则和领导管理体制：坚持中国共产党对密码工作的领导。中央密码工作领导机构对全国密码工作实行统一领导，制定国家密码工作重大方针政策，统筹协调国家密码重大事项和重要工作，推进国家密码法治建设(第四条)。

• 密码分类管理：国家对于密码实行分类管理，密码分为核心密码、普通密码和商用密码，分别用来保护不同类型和等级的密码(第六条)。核心密码，保护国家秘密，保护绝密级、机密级、秘密级的国家秘密；普通密码，保护国家秘密，保护机密级、秘密级的国家秘密；商用密码，保护不属于国家秘密的信息(第七条)。

• 密码的使用：针对核心密码和普通密码的使用，提出了强制性的要求，在有线、无线通信中传递的国家秘密信息，以及存储、处理国家秘密信息的信息系统，应当依照规定使用核心密码、普通密码进行加密保护、安全认证(第十四条)。商用密码，对一般用户使用商用密码没有提出强制性要求，公民、法人和其他组织可以依法使用商用密码保护网络与信息安全(第八条)。同时，为了保障关键信息基础设施安全稳定运行，维护国家安全和社会公共利益，关键信息基础设施必须依法使用商用密码进行保护，并开展商用密码应用安全性评估；要求关键信息基础设施的运营者采购涉及商用密码的网络产品和服务，可能影响国家安全的，应当依法通过国家网信办会同国家密码管理局等有关部门组织的国家安全审查。(第二十七条)。

• 保障和促进密码的发展：法案规定国家鼓励和支持密码科学技术研究、交流，依法保护密码知识产权，促进密码科学技术进步和创新，建立密码工作表彰奖励制度(第九条)。国家采取多种形式加强密码安全教育，将密码安全教育纳入国民教育体系和公务员教育培训体系，增强公民、法人和其他组织的密码安全意识(第十条)。县级以上人民政府应当将密码工作纳入本级国民经济和社会发展规划，所需经费列入本级预算(第十一条)。规定任何组织或者个人不得窃取或者非法侵入他人的加密信息或者密码保障系统，不得利用密码从事违法犯罪活动(第十二条)。

4. 网络安全等级保护制度

2007 年，《信息安全等级保护管理办法》(公通字〔2007〕43 号)文件的正式发布，标志着等级保护 1.0 的正式启动。等级保护 1.0 规定了等级保护需要完成的“规定动作”，即定级备案、建设整改、等级测评和监督检查，在 2008—2012 年陆续发布了等级保护的一些主要标准，构成等级保护 1.0 的标准体系。

等级保护 1.0 时期的主要标准如下：

- 《信息安全等级保护管理办法》(公通字〔2007〕43 号)；
- GB 17859—1999《计算机信息系统安全保护等级划分准则》；
- GB/T 25058—2008《信息安全技术 信息系统安全等级保护实施指南》；
- GB/T 22240—2008《信息安全技术 信息系统安全保护等级定级指南》；
- GB/T 22239—2008《信息安全技术 信息系统安全等级保护基本要求》；
- GB/T 25070—2010《信息安全技术 信息系统等级保护安全设计要求》；
- GB/T 28448—2012《信息安全技术 信息系统安全等级保护测评要求》；
- GB/T 28449—2012《信息安全技术 信息系统安全等级保护测评过程指南》。

2017 年，《中华人民共和国网络安全法》的正式实施，标志着等级保护 2.0 的正式启动。《网络安全法》明确，国家实行网络安全等级保护制度(第二十一条)、国家对一旦遭到破坏、丧失功能或者数据泄露，可能严重危害国家安全、国计民生、公共利益的关键信息基础设施，在网络安全等级保护制度的基础上实行重点保护(第三十一条)。

随着信息技术的发展，等级保护对象已经从狭义的信息系统，扩展到网络基础设施、云计算平台/系统、大数据平台/系统、物联网、工业控制系统、采用移动互联技术的系统等，基于新技术和新手段提出新的分等级的技术防护机制和完善的管理手段是等级保护 2.0 标准必须考虑的内容。

等级保护 2.0 标准体系主要标准如下：

- 《网络安全等级保护条例》；
- GB 17859—1999《计算机信息系统 安全保护等级划分准则》；
- GB/T 25058—2019《信息安全技术网络安全等级保护实施指南》；
- GB/T 22240—2020《信息安全技术 网络安全等级保护定级指南》；
- GB/T 22239—2019《信息安全技术 网络安全等级保护基本要求》；
- GB/T 25070—2019《信息安全技术 网络安全等级保护设计技术要求》；
- GB/T 28448—2019《信息安全技术 网络安全等级保护测评要求》；
- GB/T 28449—2018《信息安全技术 网络安全等级保护测评过程指南》；
- 《关键信息基础设施安全保护条例》。

网络安全等级保护工作包括定级、备案、建设整改、等级测评、监督检查五个阶段。

(1)定级

信息系统运营使用单位按照等级保护管理办法和定级指南，自主确定信息系统的安全保护等级。有上级主管部门的应当经上级主管部门审批。跨省或全国统一联网运行的信息系统可以由其主管部门统一确定安全保护等级。虽然是自主定级，但主要还是根据系统实际情况定级，有行业指导文件的根据指导文件定级，没有文件的需要根据定级指南合理定级，不可定高也不可定低。

(2)备案

第二级以上信息系统定级，市级单位到所在地社区的市级以上公安机关办理备案，省级单位到省级公安厅网安总队办理备案，各市级单位一般直接到市级网安支队办理备案，也有部分市、县两级单位的定级备案资料是先交到区(县)网监大队，具体根据各市级的要求进行备案。

(3)建设整改

信息系统安全保护等级确定后，运营使用单位按照管理规范和技术标准，选择管理办法要求的信息安全产品，建设符合等级要求的信息安全设施，建立安全组织，制定并落实安全管理制度。在实际操作过程中，当系统建设完成在正式等级测评前，运营使用单位按照标准要求可先自行测评，发现问题进行整改完善。

(4)等级测评

信息系统建设完成后，运营使用单位选择符合管理办法要求的检测机构，对信息系统安全等级状况开展等级测评。测评完成之后根据发现的安全问题及时进行整改，特别是高危风险。测评的结论分为：不符合、基本符合、符合。

(5)监督检查

公安机关依据信息安全等级保护管理规范及《网络安全法》相关条款，监督检查运营使用单位开展等级保护工作，定期对信息系统进行安全检查。运营使用单位应当接受公安机关的安全监督、检查、指导，如实向公安机关提供有关材料。

定级、备案工作原则上是由用户单位填写定级备案表并交公安机关进行备案工作，但考虑到实际情况，绝大多数情况下都是用户单位在测评机构的协助下完成这些工作的。系统安全建设和等级测评的工作不一定要严格按照这个顺序开展，可以先测评再整改，也可以先建设再测评。

3.2 入侵检测技术与黑客攻击

在信息网络普及的时代,网络环境变得越来越复杂,攻击者越来越多,攻击工具与手法日趋复杂,计算机和网络安全显得尤为重要。单纯的防火墙已无法满足对安全高度敏感的部门的需要,网络防卫必须采用一种纵深、多样的手段。于是,入侵检测系统成为网络安全需求发展的必然,其不仅受到人们更多关注,而且已经在不同环境中发挥了重要作用。假如防火墙是一幢大楼的门卫,防病毒软件是警察,那么入侵检测系统就是这幢大楼里的监视系统,可以监视什么人进入了大厦、进入大厦后到了什么地方、做了什么事。入侵检测是实现安全监视的技术,可发现网络内的异常数据包、登录主机后的异常操作等。

3.2.1 入侵检测的概念

入侵检测是指对计算机或网络资源的恶意企图和行为进行识别,并对此做出响应和处理的过程。

入侵检测技术是一种对计算机网络中违反安全策略行为进行检测和对计算机系统进行实时检测,发现其中未授权或异常现象进行报告的技术。入侵检测系统的功能是在对网络性能不影响的情况下,对网络活动进行检测,从而对来自网络的内外部攻击和人员的误操作提供实时保护,并在系统受到危害之前对可能的入侵进行拦截和响应。

入侵检测系统(IDS)定义为对计算机和网络资源的恶意使用行为进行识别和相应处理的软件、硬件系统,通过对计算机系统进行监视,提供实时的入侵检测,并采取相应的防护手段,可对潜在的攻击行为进行检测。

入侵检测的基本原理是通过对计算机网络或计算机系统中的若干关键点收集信息并进行分析,从中发现网络或系统中是否有违反安全策略的行为和被攻击的迹象。主要功能包括:监视、分析用户及系统活动,审计系统构造和弱点;识别、反映已知进攻的活动模式,向相关人士报警,统计分析异常行为模式;评估重要系统和数据文件的完整性;审计、跟踪管理操作系统,识别用户违反安全策略的行为。通用入侵检测系统模型如图 3-2-1 所示。

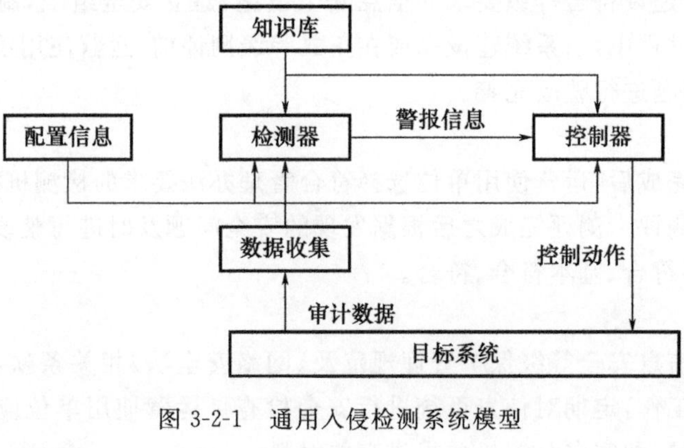

图 3-2-1 通用入侵检测系统模型

3.2.2 入侵检测的过程

入侵检测系统的作用是实时地监控计算机系统的活动,发现可疑的攻击行为,以避免攻击的发生或减少攻击造成的危害。由此也划分了入侵检测的三个步骤:信息收集、数据分析和响应。

1. 信息收集

入侵检测的第一步就是信息收集,收集的内容包括整个计算机网络中系统、网络、数据及用户活动的状态和行为。入侵检测在很大程度上依赖于收集信息的可靠性、正确性和完备性。因此,要确保采集、报告这些信息的软件工具的可靠性,这些软件本身应具有相当强的坚固性,能够防止被篡改而收集到错误的信息。否则,黑客对系统的修改可能使入侵检测系统功能失常但看起来却跟正常的系统一样。

2. 数据分析

数据分析是入侵检测系统的核心,它的效率高低直接决定了整个入侵检测系统的性能的高低。根据数据分析的不同方式可将入侵检测系统分为异常入侵检测与滥用入侵检测两类。

(1)异常入侵检测:异常入侵检测也称为基于统计行为的入侵检测。它首先建立一个检测系统作为正常行为的参考库,并把用户当前行为的统计报告与参考库进行比较,寻找偏离正常值的异常行为。如果报告表明当前行为背离正常值超过了一定限度,那么检测系统就会将这样的活动视为入侵。它根据使用者的行为或资源使用状况的正常程度来判断是否发生入侵,而不依赖于具体行为是否出现来检测。例如一般在白天使用计算机的用户,如果突然在午夜注册登录,则被认为是异常行为,有可能是某入侵者在使用。

(2)滥用入侵检测:滥用入侵检测又称为基于规则和知识的入侵检测。它运用已知攻击方法及根据已定义好的入侵模式,把当前模式与这些入侵模式相匹配来判断是否出现了入侵。因为很大一部分入侵是利用了系统的脆弱性,通过分析入侵过程的特征、条件、排列及事件间的关系,具体描述入侵行为的迹象。这些迹象不仅对分析已经发生的入侵行为有帮助,而且对即将发生的入侵也有警戒作用,因为只要部分满足这些入侵迹象就意味着可能有入侵发生。

(3)异常入侵检测与滥用入侵检测的优缺点:异常分析方式的优点是它可以检测到未知的入侵,缺点则是漏报、误报率高。异常分析一般具有自适应功能,入侵者可以逐渐改变自己的行为模式来逃避检测,而合法用户正常行为的突然改变也会造成误报。在实际系统中,统计算法的计算量庞大,效率很低,统计点的选取和参考库的建立也比较困难。与之相对应,滥用分析的优点是准确率和效率都非常高,缺点是只能检测出模式库中已有类型的攻击,随着新攻击类型的出现,模式库需要不断更新。攻击技术是不断发展的,在其攻击模式添加到模式库以前,新类型的攻击就可能会对系统造成很大的危害。所以入侵检测系统只有同时使用这两种入侵检测技术,才能避免不足。这两种方法通常与人工智能相结合,以使入侵检测系统有自学习的能力。

3. 响应

数据分析发现入侵迹象后,入侵检测系统的下一步工作就是响应,而响应并不局限于对可疑的攻击者。目前,入侵检测系统一般采取下列响应。

(1)将分析结果记录在日志文件中,并产生相应的报告。

(2)触发警报,如在系统管理员的桌面上产生一个报警标志位,向系统管理员发送传呼或电子邮件等。

(3)修改入侵检测系统或目标系统,如终止进程、切断攻击者的网络连接或更改防火墙配置等。

3.2.3 入侵检测的主要技术

1. 特征检测

特征检测根据已知攻击或入侵方式的特征，对网络入侵事件或行为进行分析和判断。当审计的事件与已知的入侵事件的模式相匹配时，入侵检测系统立刻报警。入侵检测系统需要通过提取攻击和入侵方式的特征来建立特征库，特征库的完善程度会直接影响到检测系统的性能。特征检测的预报和检测的准确率高，但对于未录入特征库的入侵事件与攻击行为无法识别和预警。

2. 异常检测

异常检测根据系统事件与网络行为的统计规律，对网络入侵事件进行分析和判断。异常检测可以有效地检测未知和新的攻击，通过对正常主体活动的统计规律分析得出正常行为的统计特征，当主机事件和网络活动的内容与统计规律相差较大时，则认为主机事件和网络行为存在异常。异常检测的误报率高，因为难以设计一个高效的异常检测规范来识别系统的异常行为。

3. 蜜罐技术

蜜罐是一个被严格监控的计算资源，蜜罐技术是一种主动的网络安全保护技术，通过设计一个欺骗环境，诱骗攻击者对其进行攻击，其期望被探测、攻击或攻陷。蜜罐作为一种网络诱骗工具，本身没有生产价值，任何访问蜜罐的行为都是可疑的，其价值可由其捕获的信息来衡量，通过分析捕获的各类信息，从而获得有价值的数据。

蜜罐原理：蜜罐作为一个诱骗系统，其基本原理可简述为布置安全陷阱，诱骗攻击，记录攻击的过程。蜜罐系统通过伪造系统漏洞，布置安全陷阱，令攻击者侵入，从而收集更多的攻击信息。蜜罐系统不向外提供服务，同时没有可用资源，所以任何试图连接蜜罐的行为都认为是可疑的，蜜罐系统通常布置在容易受到攻击的网络中。蜜罐系统伪装得跟真实主机基本一样，入侵者成功入侵后很难发现。蜜罐对入侵者的行为进行跟踪记录，蜜罐的日志系统记录其对蜜罐的所有操作以及攻击信息。事后对收集到的所有数据进行整理分析，判断是否有入侵发生，并从中提取相关的攻击行为特征。

基于蜜罐的入侵检测模型：将蜜罐技术与入侵检测相结合，可以有效提高对未知攻击的防御能力，蜜罐捕获未知攻击行为之前，可通过防火墙和入侵检测系统将已知攻击行为检测过滤，剩下的未知攻击行为流入蜜罐，由蜜罐进行捕获收集，从而有效更新入侵规则库，提高入侵检测的检测率。

3.2.4 入侵检测系统

入侵检测系统可分为基于主机的入侵检测系统和基于网络包分析的入侵检测系统。系统所检测的对象可分为主机和网络包。

基于主机的入侵检测是入侵检测的最初期形式，这种入侵检测系统通常运行在被检测的主机或者服务器上，实时检测系统的运行，通常从主机的审计记录和日志文件中获得所需的主要数据源，并辅之以主机上的其他信息，在此基础上完成检测攻击行为的任务。基于主机的入侵检测能够较为准确地检测到发生在主机系统高层的复杂攻击行为，其中，许多发生在应用进程级别的攻击行为是无法依靠基于网络的入侵检测来完成的。基于主机的入侵检测系统具有检测效率高、分析代价小、分析速度快的特点，能够迅速并准确地定位入侵者，并可以结合操作系统和应用程序的行为特征对入侵进行进一步分析、响应。比如,一旦检测到有入侵行为,我们可以立即使该用户帐号失效。基于主机的入侵检测可以帮助发现基于网络的入侵检测无法检测的加密攻击。

基于主机的入侵检测系统的缺点:由于在一定程度上依赖于特定的操作系统平台,管理困难,必须按照每一台机器的环境配置管理;同时主机的日志提供的信息有限,有的入侵手段和途径不会在日志中有所反映,日志系统对网络层的入侵行为无能为力;在数据提取的实时性、充分性、可靠性方面,基于主机日志的入侵检测系统不如基于网络的入侵检测系统,其通常无法对网络环境下发生的大量攻击行为做出及时反应,同时在所保护主机上运行,也会影响主机的运行性能。

基于网络包分析的入侵检测系统需要安装在受护的网段中,利用网络监听技术实时监视网段中传输的各种数据包,并对这些数据包的内容以及数据来源和传输目的地等进行分析和检测。一旦发现可疑事件或入侵行为,系统就会发出警报,在严重时切断网络连接。

基于网络的入侵检测的优点:一个安装在网络合适位置的入侵检测系统可以监视一个很大范围的网络,它的运行丝毫不影响主机或者服务器的运行效率,因为基于网络的入侵检测系统通常采取独立主机和被动监听的工作模式,他对网络的性能影响也很小;能够实时监控网络中的数据流量,发现潜在的攻击行为,并迅速响应,使攻击者难以发现自己已被监视。同时基于网络的入侵检测系统的主要问题是监视数据量过于庞大,并且它不结合操作系统特征来对网络行为进行准确判断,在网络通信的高峰时刻,难以检查所有数据包;如果网络数据被加密,入侵检测系统就不能扫描协议或内容,入侵检测系统不能判断一个攻击是否已经成功,对于渐进式、合作式的攻击难以防范。

基于网络和基于主机的入侵检测系统在功能上各有优势,又互为补充。对于对方无法检测到的一些入侵行为都能及时发现。如果同时使用,可以相互弥补不足,起到良好的检测效果。例如,基于主机的入侵检测系统使用系统日志作为检测依据,因此它们在确定攻击是否已经取得成功时,与基于网络的检测系统相比具有更大的准确性。在这方面,基于主机的入侵检测系统对基于网络的入侵检测系统是一个很好的补充,可以使用基于网络的入侵检测系统提供早期报警,使用基于主机的入侵检测系统来验证攻击是否取得成功。

3.2.5　口令管理

口令机制是一种最简单、最常用的系统或应用程序访问控制的方法。因为这种认证用户的方法简单、实现容易,所以得到广泛使用,人们普遍使用口令来限制访问权限。随着计算机和网络的日益普及,个人电脑的安全问题变得越来越重要。为了提高安全性,必须使用那些难以猜测,同时也令用户难以记忆的口令,通常在不同的应用里会使用不同的口令。随之也带来了口令的记忆与管理、使用的方便性等一系列问题。

大多数用户在选择口令时,最常见的两种做法:一是贪图简单、好记,选择很短的字符串(8个字符以下)作为口令;二是喜欢以自己的姓名、出生日期、某种与自身有关的号码等字符串作口令。这些字符串作为口令最不安全,因为它们是黑客破译用户口令时最先猜试的信息。

使用弱口令的主要原因是缺乏选用安全口令的意识,更没有安全口令的概念。他们时常误以为单词字母倒排序,或最后一个字母大写就可以使口令无法破译。另外,即使进行了安全教育,一些用户也往往容易忽略指导原则,依然选择易破译口令。对于技术管理策略滞后与实施问题,一是对用户进行安全教育,让用户认识到选择安全口令的重要性;二是制定和宣传用户口令选择方法和规范，并要求用户严格遵守。

使用技术手段协助选择安全的口令，常用策略如下。一是随机生成口令策略，让计算机用随机数发生器自动为用户产生口令。随机生成的口令可以有效地阻止破译，但是如果产生的方式太随机，那么口令很难被用户记住，于是用户就会把口令记录在某些地方，从而造成泄露的可能。二是后置式口令检查策略，用户选择口令时，系统不进行干预，口令存入口令文件，系统定期运行口令检查程序，检查口令文件中的所有口令，发现其中强度不高的口令，通知用户更换口令。这种方法的优点是口令选择便捷，缺点是在用户已选择口令，而后置式口令检查程序还没有发现它们脆弱之前，该口令可能成为网络受威胁的突破口。三是前置式口令检查策略，先制定安全口令的规则并告知用户，使用户从相当大的口令空间里选择出既便于记忆、又不可能被字典式攻击所破译的口令。系统根据规则检查口令，并拒绝不安全口令，提示用户重新选择。不过在具体实现中，因为指导规则过于简单，如“口令长度必须至少为 8 个字符”或“口令的前 8 个字符中必须至少包括一个大写字符、一个小写字符、一个数字和一个标点符号”等，告知用户反而会减少黑客破译口令的时间。前置式口令检查策略的实现方法有多种，曾经被建议的一种方案是：编辑一本易破解口令组成的大字典。当用户选择口令时，系统搜索字典，确认口令不在字典之后，才接收口令。设计前置式口令检查系统时，必须在口令的易选择性与安全性之间寻求平衡。

3.2.6 防范黑客攻击

在信息安全里，“黑客”指研究智取计算机安全系统的人员。利用公共通信网络，如互联网和电话系统，在未经许可的情况下，载入对方系统的称为黑帽黑客；调试和分析计算机安全系统的称为白帽黑客。黑客攻击手段可分为非破坏性攻击和破坏性攻击两类。非破坏性攻击一般是为了扰乱系统的运行，并不盗窃系统资料，通常采用拒绝服务攻击或信息炸弹；破坏性攻击以侵入他人电脑系统、盗窃系统保密信息、破坏目标系统的数据为目的。

目前网络攻击技术和攻击工具正在向以下几个方面快速发展。

- 网络攻击的自动化程度和攻击速度不断提高。
- 自动化攻击的四个阶段：扫描、渗透控制、攻击传播和攻击工具的协调管理。
- 攻击工具越来越复杂，攻击工具具有反侦破、动态行为、更加成熟等特点。
- 黑客利用安全漏洞的速度越来越快，系统和网络的安全漏洞每年都在增加。
- 防火墙被攻击者渗透的情况越来越多，出现很多攻击技术可绕过防火墙。
- 安全威胁的不对称性在增加，网络上的设备和系统的安全与其他的设备和系统安全直接相关，攻击者可较容易地实施分布式攻击。
- 攻击网络基础设施产生的破坏效果越来越大，攻击网络实施手段有分布式拒绝服务攻击、蠕虫病毒、域名系统 DNS 攻击和路由器攻击等。

1. 网络攻击过程

网络攻击模型将攻击过程划分为以下几个过程。

攻击身份和位置隐藏：隐藏网络攻击者的身份及主机位置。可以通过利用被入侵的主机作跳板、利用电话转接技术、盗用他人帐号上网、通过免费网关代理、伪造 IP 地址、假冒用户帐号等技术实现。

目标系统信息收集：确定攻击目标并收集目标系统的有关信息。目标系统信息收集包括系统的一般信息（软硬件平台、用户、服务、应用等），系统及服务的管理、配置情况，系统口令安全性，系统提供服务的安全性等信息。

弱点信息挖掘分析：从收集到的目标信息中提取可使用的漏洞信息。包括系统或应用服务软件漏洞、主机信任关系漏洞、目标网络使用者漏洞、通信协议漏洞、网络业务系统漏洞等。

目标使用权限获取：获取目标系统的普通或特权帐户权限。获得系统管理员口令、利用系统管理上的漏洞获取控制权（如缓冲区溢出）、令系统运行特洛伊木马、窃听帐号口令输入等。

攻击行为隐藏：隐蔽在目标系统中的操作，防止攻击行为被发现。连接隐藏，冒充其他用户、修改环境变量、修改日志文件；隐藏进程，使用重定向技术给出的信息、利用木马代替正常程序；文件隐藏，利用相似字符串麻痹管理员；利用操作系统可加载模块特性，隐藏攻击时产生的信息等。

攻击实施：实施攻击或者以目标系统为跳板，向其他系统发起新的攻击。攻击其他网络和受信任的系统；修改或删除信息；窃听敏感数据；停止网络服务；下载敏感数据；删除用户帐号；修改数据记录。

开辟后门：在目标系统中开辟后门，方便以后入侵。放宽文件许可权；重新开放不安全服务；修改系统配置；替换系统共享库文件；修改系统源代码、安装木马；安装嗅探器；建立隐蔽通信信道等。

攻击痕迹清除：清除攻击痕迹，逃避攻击取证。篡改日志文件和审计信息；改变系统时间，造成日志混乱；删除或停止审计服务；干扰入侵检测系统的运行；修改完整性检测标签等。

典型的网络攻击的一般流程如图 3-2-2 所示。

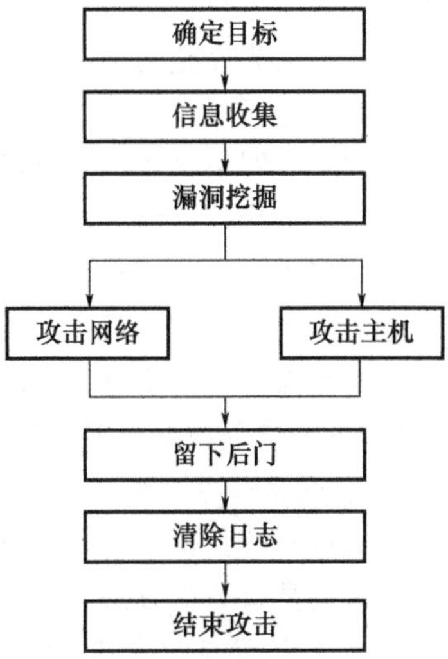

图 3-2-2　典型的网络攻击的一般流程

攻击过程中的关键阶段是弱点挖掘和权限获取，攻击成功的关键条件之一是目标系统存在安全漏洞或弱点，网络攻击难点是目标使用权的获得，能否成功攻击一个系统取决于多方面的因素。

2. 网络攻击实施和技术分析

(1)权限获取及提升

攻击一般从确定攻击目标、收集信息开始，然后对目标系统进行弱点分析，根据目标系统的弱点想方设法获得权限。下面讨论攻击者如何获得权限以及如何进行权限的提升。

1)通过网络监听获取权限

监听技术最初是提供给系统管理员用的，主要是对网络状态、信息流动和信息内容等进行监视，相应的工具被称为网络分析仪。但网络监听也成了黑客使用最多的技术，主要用于监视他人的网络状态、攻击网络协议、窃取敏感信息等目的。

网络监听是攻击者获取权限的一种最简单，而且最有效的方法。在网络上，监听效果最好的地方是网关路由器、防火墙一类的设备处，通常由网络管理员来操作。而对于攻击者来说，最方便的是在以太网中的任何一台上网的主机上进行监听。网络监听常常能轻易地获得用其他方法很难获得的信息。

目前多数的计算机网络使用共享的通信信道，通信信道的共享意味着计算机有可能接收发向另一台计算机的信息。Internet 中使用的大部分协议都是很早以前设计的，许多协议的实现都是建立在通信双方充分信任的基础之上的。在通常的网络环境下，用户的所有信息，包括用户名和口令信息都以明文的方式在网上传输。因此,对于网络攻击者来说,进行网络监听并获得用户的各种信息并不是一件很困难的事。一旦实现了网络监听,获取了IP包,根据上层协议就可以分析网络传输的数据,例如在POP3协议里,密码通常是明文传递的(假如邮件服务系统没有特别对密码进行加密),在监听到的数据包里可以按照协议截取出密码,类似的协议有SMTP、FTP等。这样便很容易获取到系统或普通用户权限。

对于一台联网的计算机,只需安装一个监听软件,然后就可以坐在机器旁浏览监听到的信息了。

最简单的监听程序包括内核部分和用户分析部分。其中内核部分负责从网络中捕获和过滤数据,用户分析部分负责界面、数据转化与处理、格式化、协议分析。如果在内核没有过滤数据包,还要对数据进行过滤。

一个较为完整的网络监听程序一般包括以下步骤:数据包捕获、数据包过滤与分解、数据分析。

2)基于网络帐号口令破解获取权限

口令破解是网络进攻最基本的方法之一,口令窃取是一种比较简单、低级的入侵方法,但由于网络用户的急剧扩充和人们的忽视,使得口令窃取成为危及网络核心系统安全的严重问题。口令是系统的大门,网上绝大多数的系统入侵是通过窃取口令进行的。

每个操作系统都有自己的口令数据库,用以验证用户的注册授权。以Windows和Unix为例,系统口令数据库都经过加密处理并单独维护存放。常用的破解口令的方法有以下几种。

① 强制口令破解

通过破解获得系统管理员口令,进而掌握服务器的控制权,是黑客的一个重要手段。破解获得管理员口令的方法有很多,下面是三种最为常见的方法。

• 猜解简单口令:很多人使用自己或家人的生日、电话号码、房间号码、简单数字或者身份证号码中的几位;也有人使用自己、孩子、配偶或宠物的名字;还有的系统管理员使用“password”,甚至不设密码。这样黑客可以很容易通过猜想得到密码。

• 字典攻击:字典攻击可以利用重复的登录或者收集加密的口令,并且试图同加密后的字典中的单词匹配。黑客通常利用一个英语词典或其他语言的词典。他们也使用附加的各类字典数据库,比如名字和常用的口令。

• 暴力猜解:同字典攻击类似,黑客尝试所有可能的字符组合方式。一个由4个小写字母组成的口令可以在几分钟内被破解。

强制口令破解就是入侵者先用其他方法找出目标主机上的合法用户帐号,然后编写一个程序,采用字典穷举法自动循环猜测用户口令,直至完成系统注册。这类程序在互联网上随处可见,它们从字典中依次取出每一个单词,尝试每一种逻辑组合,理论上只要有足够的时间就能完成系统登录,它仍然是入侵者们最常用的攻击手段之一。

② 获取口令文件

很多时候入侵者会仔细寻找攻击目标的薄弱环节和系统漏洞,伺机复制目标中存放的系统文件,然后用口令破解程序破译。目前一些流行的口令破解程序能在7～10天内破译16位的操作系统口令。以Unix操作系统为例,用户的基本信息都放在password文件中,而所有的口令则经过DES加密方法加密后专门存放在shadow文件中,并处于严密保护之下,但由于系统可能存在缺陷或人为产生的错误,入侵者仍然有机会获取文件,一旦得到口令文档,入侵者就会用专门破解DES加密的方法进行口令破解。

3)通过网络欺骗获取权限

通过网络欺骗获取权限就是攻击者通过获取信任的方式获得权限。

① 社会工程

社会工程学是一种通过对受害者的心理弱点、本能反应、好奇心、信任、贪婪等心理陷阱进行诸如欺骗、伤害等危害手段，取得自身利益的手法。近年来已呈现出迅速上升甚至滥用的趋势。

社会工程学利用受害者的心理弱点，结合心理学知识来获得目标系统的敏感信息。在套取到所需要的信息之前，社会工程学的实施者都必须掌握大量的相关知识基础，花时间进行资料的收集与必要的沟通。

社会工程学在实施以前要完成很多准备工作，这些工作甚至比其本身还要繁重。看似简单的欺骗却包含了复杂的心理学因素，其可怕程度比直接的技术入侵大得多，攻击者利用的是心理漏洞，需要“打补丁”的是人。社会工程学是未来入侵、反入侵的重要对抗领域。

② 网络钓鱼

网络钓鱼就是通过欺骗手段获取敏感的个人信息(如口令、信用卡详细信息等)的攻击方式。攻击者通过大量发送声称来自于银行或其他知名机构的欺骗性垃圾邮件，意图引诱收信人给出敏感信息(如用户名、口令、帐号 ID、ATM PIN 码或信用卡详细信息)，其欺骗手段一般是冒充确实需要这些信息的可信方。随着在线金融服务和电子商务的普及，大量的互联网用户开始享受这些在线服务所带来的便利，然而这也给了网络攻击者以欺骗的形式骗取他们享受在线服务所必须的个人敏感信息的机会。

最典型的网络钓鱼攻击是将收信人引诱到一个精心设计的，与目标组织的网站非常相似的钓鱼网站上，并获取收信人在此网站上输入的个人敏感信息，通常这个攻击过程不会让受害者警觉。这些个人信息对黑客们具有非常大的吸引力，因为这些信息使得他们可以冒充受害者进行欺诈性金融交易，从而获得经济利益。由于能够直接获取经济利益，同时钓鱼者可以通过一系列技术手段使得他们很难被追踪，所以网络钓鱼已经逐渐成为职业黑客们最钟爱的攻击方式，同时也成为危害互联网用户的重大安全威胁之一。

(2)缓冲区溢出攻击技术原理分析

从广义上讲，漏洞是在硬件、软件、协议的具体实现或系统安全策略上存在的安全方面的脆弱性，这些脆弱性存在的直接后果是允许非法用户未经授权获得访问权限或提高其访问权限，从而使非法用户能在未授权情况下访问或破坏系统。下面介绍缓冲区溢出攻击的原理。

通过缓冲区溢出来改变在堆栈中存放的过程返回地址，从而改变整个程序的流程，使它转向任何攻击者想要它去的地方，这就为攻击者提供了可乘之机。

攻击者利用堆栈溢出攻击最常见的方法：在长字符串中嵌入一段代码，并将函数的返回地址覆盖为这段代码的起始地址，这样当函数返回时，程序就转而开始执行这段攻击者自编的代码了。

(3)拒绝服务攻击技术原理分析

DoS 攻击又称为拒绝服务攻击。直观地说，就是攻击者过多地占用系统资源，直到系统繁忙、超载而无法处理正常的工作，甚至导致被攻击的主机系统崩溃。攻击者的目的很明确，即通过攻击使系统无法继续为合法的用户提供服务。DoS 攻击具有各种各样的攻击模式，是分别针对各种不同的服务而产生的，它对目标系统进行的攻击可以分为以下三类：

1)消耗稀少的、有限的并且无法再生的系统资源；

2)破坏或者更改系统的配置信息；

3)对网络部件和设施进行物理破坏和修改。

当然,以消耗各种系统资源为目的的拒绝服务攻击是目前最主要的一种攻击方式。计算机和网络系统的运行使用的相关资源很多,例如网络带宽、系统内存、硬盘空间、网络通道等。针对类似有限资源,攻击者会使用各种不相同的拒绝服务攻击形式以达到目的。

分布式拒绝服务攻击(DDoS)是一种比较新的黑客攻击方法。分布式拒绝服务攻击是用与普通的拒绝服务攻击相同的方法,但是发起攻击的源有多个,通常来说,至少要有数百台甚至上千台主机才能达到满意的效果。

DDoS 的理论和技术很早就为网络界所认识,而近年来分布式拒绝服务开始被攻击者采用并有泛滥趋势。它利用了 TCP/IP 协议本身的漏洞和缺陷。攻击者利用成百上千个“被控制”节点,向受害节点发动大规模的协同攻击。通过消耗带宽、CPU 和内存等资源,达到使被攻击者的性能下降甚至瘫痪和死机的目的。和 DoS 比较起来,其破坏性和危害程度更大,涉及范围更广,也更难发现攻击者。

DDoS 攻击的原理如图 3-2-3 所示,攻击过程可以分为以下几个步骤:探测扫描大量主机来寻找可以入侵的目标主机,入侵有安全漏洞的主机并且获取控制权,在每台入侵主机中安装攻击程序,利用已经入侵的主机继续进行扫描和入侵。

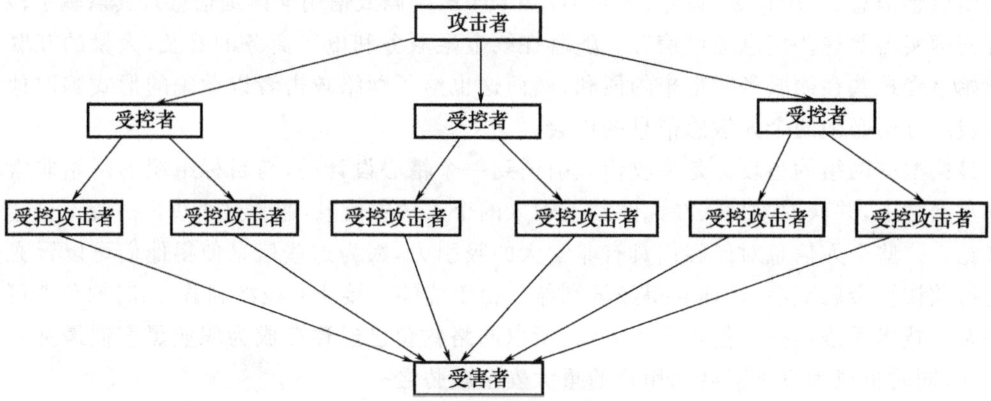

图 3-2-3　DDoS 攻击原理

3. 防范的策略和方法

网络安全策略是对网络安全的目的、期望和目标以及实现它们所必须运用的策略的论述,其为网络安全提供管理方向和支持,是一切网络安全活动的基础,可以指导企业网络安全体系结构的开发和实施。它不仅包括局域网的信息存储、处理和传输技术,还包括保护所有的信息、数据、文件和设备资源的管理和操作手段。

(1)物理安全策略

物理安全策略的目的是保护计算机系统、网络服务器、打印机等硬件实体和通信链路免受自然灾害、人为破坏和搭线攻击,包括安全地区的确定、物理安全边界、物理接口控制、设备安全、防电磁辐射等。

物理接口控制是指安全地区应该通过合适的人口控制进行保护,从而保证只有合法员工才可以访问这些地区。设备安全是为了防止资产的丢失、破坏,防止商业活动的中断,建立完备的安全管理制度,防止非法进入计算机控制室和各种偷窃、破坏活动的发生。抑制和防止电磁泄漏(即 TEMPEST 技术)是物理安全策略的一个主要问题,目前主要的防护措施有两类:

一类是对传导发射的防护，主要采取对电源线和信号线加装性能良好的滤波器，减小传输阻抗和导线间的交叉耦合；另一类是对辐射的防护，这类防护措施又可分为以下两种。一是采用各种电磁屏蔽措施，如对设备的金属屏蔽和各种接插件的屏蔽，同时对机房的下水管、暖气管和金属门窗进行屏蔽和隔离；二是干扰的防护措施，即在计算机系统工作的同时，利用干扰装置产生一种与计算机系统辐射相关的伪噪声，向空间辐射，来掩盖计算机系统的工作频率和信息特征。

(2)访问控制策略

访问控制是网络安全防范和保护的主要策略，它的目标是控制对特定信息的访问，保证网络资源不被非法使用和非法访问。它也是维护网络系统安全、保护网络资源的重要手段。

访问控制可以说是保证网络安全最重要的核心策略之一。访问控制包括用户访问管理，以防止未经授权的访问；网络访问控制，保护网络服务；操作系统访问控制，防止未经授权的计算机访问；应用系统的访问控制，防止对信息系统中信息的未经授权的访问，监控对系统的访问和使用，探测未经授权的行为。

(3)信息安全策略

信息安全的策略是要保护信息的机密性、真实性和完整性。因此，应对敏感或机密数据进行加密。信息加密过程由形形色色的加密算法来具体实施，它以很小的代价提供很大的安全保护。目前信息加密仍然是保证信息机密性的主要方法。信息加密的算法是公开的，其安全性取决于密钥的安全性，应建立并遵守用于对信息进行保护的密码控制的使用策略，密钥管理基于一套标准、过程和方法，用来支持密码技术的使用。信息加密的目的是保护网内的数据、文件、口令和控制信息，保护网上传输的数据。网络加密常用的方法有链路加密、端点加密和节点加密三种。链路加密的目的是保护网络节点之间的链路信息安全；端点加密的目的是对源端用户到目的端用户的数据提供保护；节点加密的目的是对源节点到目的节点之间的传输链路提供保护。

网络安全管理策略包括：确定安全管理等级和安全管理范围，制定有关网络操作使用规程和人员出入机房管理制度，制定网络系统的维护制度和应急措施等。加强网络的安全管理，制定有关规章制度，对于确保网络安全、可靠地运行，将起到十分有效的作用。在网络安全中，采取强有力的安全策略，对于保障网络的安全性是非常重要的。

网络防范的方法：要提高计算机网络的防御能力，加强网络的安全措施，否则该网络将是个无用的甚至会危及国家安全的网络。无论是在局域网还是在广域网中，都存在着自然和人为等诸多因素的脆弱性和潜在威胁，网络的防御措施应该能全方位地应对各种不同的威胁和脆弱性，这样才能确保网络信息的保密性、完整性和可用性。下面从四个层次阐述网络防范的方法。

(1)实体层次防范对策

在组建网络的时候，要充分考虑网络的结构、布线、路由器、网桥的设置、位置的选择，加固重要的网络设施，增强其抗摧毁能力。与外部网络相连时，采用防火墙屏蔽内部网络结构，对外界访问进行身份验证、数据过滤，在内部网络中进行安全域划分、分级权限分配。对外部网络的访问，将一些不安全的站点过滤掉，对一些经常访问的站点做成镜像，可大大提高效率，减轻线路负担。网络中的各个节点要相对固定，严禁随意连接，一些重要的部件安排专门的场地人员维护、看管，防止自然或人为破坏，加强场地安全管理，做好供电、接地、灭火管理，与传统意义上的安全保卫工作的目标相吻合。防范的目的是保护计算机系统、网络服务器、打印机等硬件实体和通信链路免受自然灾害、人为破坏和搭线攻击．建立完备的安全管理制度，防止非法进入计算机控制室和各种偷窃、破坏活动的发生。

(2)能量层次防范对策

能量层次的防范对策是围绕着控制电磁权而展开的物理能量的对抗。一方面，攻击者通过运用强大的物理能量干扰、压制或嵌入对方的信息网络；另一方面，攻击者又通过运用探测物理能量的技术手段对计算机辐射信号进行采集与分析，获取秘密信息。防范的对策主要是做好计算机设施的防电磁泄漏、抗电磁脉冲干扰，在重要部位安装干扰器、建设屏蔽机房等。

(3)信息层次防范对策

信息层次的计算机网络对抗主要包括计算机病毒对抗、黑客对抗、密码对抗、软件对抗、芯片陷阱等多种形式。信息层次的计算机网络对抗是网络对抗的关键层次，是网络防范的主要环节。它与计算机网络在物理能量领域对抗的主要区别表现在：信息层次的对抗中获得控制信息权的决定因素是逻辑的，而不是物理能量的，取决于对信息系统本身的技术掌握水平，是知识和智力的较量，而不是电磁能量强弱的较量。信息层次的防范对策主要是防范黑客攻击和计算机病毒。对黑客攻击的防范，主要从访问控制技术、防火墙技术和信息加密技术等方面进行。

(4)管理层次防御对策

实现信息安全，不但要依靠先进的技术，而且也得依靠严格的安全管理。建立相应的网络安全管理办法，加强内部管理，建立合适的网络安全管理系统，加强用户管理和授权管理，建立安全审计和跟踪体系，提高整体网络安全意识。重要环节的安全管理要采取分权制衡的原则，要害部位的管理权限如果只交给一个人管理，一旦出问题就将全线崩溃。分权可以相互制约，提高安全性。要有安全管理的应急响应预案，一旦出现相关的问题，马上采取相应的措施。

安全的本质是攻防双方不断利用脆弱性知识进行的博弈，攻防双方不断地发现漏洞并利用这些信息达到各自的目的。

网络安全是相对的、动态的。例如，随着操作系统和应用系统漏洞的不断发现以及口令很少更改等情况的发生，整个系统的安全性就受到了威胁，这时候若不及时打安全补丁或更换口令，就很可能被一直企图入侵却未能成功的黑客轻易攻破。

攻击方受防御方影响、防御方受攻击方影响，是攻防博弈的基本假定。作为博弈一方的攻击方，受防御方和环境影响而存在不确定性，所以攻击方有风险。作为博弈另一方的防御方，受攻击方和环境影响而存在不确定性，所以防御方也有风险。防御方必须坚持持续改进原则，其安全机制既含事前保障，亦含事后监控。

随着网络技术的发展，网络攻击技术也发展很快，安全产品的发展仍处在比较被动的局面。安全产品只是一种防范手段，最关键还是靠人，要靠人的分析判断能力去解决，这就使得网络管理人员和网络安全人员要不断更新这方面的知识，在了解安全防范的同时，也应该多了解一些网络攻击的方法，只有这样才能知彼知己，在网络攻防的博弈中占据有利地位。

4. 网络防范的原理及模型

(1)防范的原理

面对当前如此猖獗的黑客攻击，必须做好网络的防范工作。网络防范分为积极防范和消极防范，下面介绍这两种防范的原理。

积极安全防范的原理：对正常的网络行为建立模型，把所有通过安全设备的网络数据拿来和保存在模型内的正常模式相匹配，如果不在这个正常范围以内，那么就认为是攻击行为，对其做出处理。这样做的最大好处是可以阻挡未知攻击，如攻击者新发现的不为人所知的攻击方式。对这种方式来说，建立一个安全、有效的模型就可以对各种攻击做出反应了。例如，包过滤路由器对所接收的每个数据包作允许、拒绝的决定。路由器审查每个数据包以便确定其是否与某一条包过滤规则匹配。管理员可以配置基于网络地址、端口和协议的允许访问的规则，只要不是这些允许的访问，都予以禁止。但对正常的网络行为建立模型有时是非常困难的，例如在入侵检测技术中，异常入侵检测技术就是根据异常行为和使用计算机资源的异常情况对入侵进行检测，其优点是可以检测到未知的入侵，但是入侵性活动并不总是与异常活动相符合，因而就会出现漏检和虚报。

消极安全防范的原理：对已经发现的攻击方式，经过专家分析后给出其特征，进而来构建攻击特征集，然后在网络数据中寻找与之匹配的行为，从而起到发现或阻挡的作用。它的缺点是使用被动安全防范体系，不能对未被发现的攻击方式做出反应。消极安全防范的一个主要特征就是针对已知的攻击，建立攻击特征库，作为判断网络数据是否包含攻击特征的依据。使用消极安全防范模型的产品，不能对付未知攻击行为，并且需要不断更新的特征库。例如在入侵检测技术中，误用入侵检测技术就是根据已知的入侵模式来检测入侵。入侵者常常利用系统和应用软件中的弱点攻击，而这些弱点易编成某种模式，如果入侵者的攻击方式恰好与检测系统中的模式库相匹配，入侵者即能够被检测到。其优点是算法简单、系统开销小，但缺点是被动，只能检测出已知攻击，模式库要不断更新。为更好地实现网络安全，应将两种防范原理结合使用。

(2)基于时间的网络安全模型

1)PDR 模型

防护-检测-响应(PDR)模型是信息安全保障工作中常用的模型，其思想是承认信息系统中漏洞的存在，正视信息系统面临的威胁，通过采取适度防护、加强检测工作、落实对安全事件的响应、建立对威胁的防护来保障系统的安全，如图 3-2-4 所示。

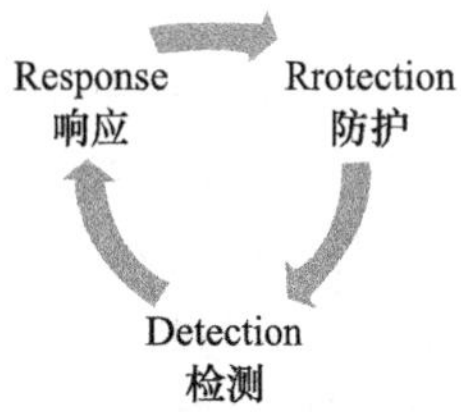

图 3-2-4　PDR 模型示意图

该模型的出发点是基于这样的前提：任何安全防护措施都是基于时间的，超过该时间段，这种防护措施是可能被攻破的。该模型主要给出了信息系统的攻防时间表。攻击时间指的是在系统采取某种防守措施，通过不同的攻击手段来计算攻破该防守措施所需要的时间。防守时间指的是对于某种固定攻击手法，通过采取不同的安全防护措施，来计算该防护措施所能坚守的时间。

PDR 模型直观、实用，建立了一个所谓的基于时间的可证明的安全模型，定义了防护时间(攻击者发起攻击时，保护系统不被攻破的时间)、检测时间(从发起攻击到检测到攻击的时间)和响应时间(从发现攻击到做出有效响应的时间)三个概念，并给出了评定系统安全的计算方式，当防护时间＞检测时间＋响应时间时，即认为系统是安全的，也就是说，如果在攻击者攻破系统之前发现并阻止了攻击的行为，那么系统就是安全的。

这个模型是一个理想模型，因为系统的防护时间、检测时间、响应时间很难准确定义，面对不同攻击者和不同种类的攻击，这些时间都是变化的，其实还是不能有效证明一个系统是否安全。并且该模型对系统的安全隐患和安全措施采取相对固定的前提假设，难以适应网络安全环境的快速变化。

2)P2DR 模型

P2DR 模型是美国 ISS(欧艾斯)公司提出的动态网络安全体系的代表模型，也称 PPDR 模型。根据风险分析产生的安全策略描述了系统中哪些资源要得到保护，以及如何实现对它们的保护等。策略是模型的核心，所有的防护、检测和响应都是依据安全策略实施的，如图 3-2-5 所示。

图 3-2-5　P2DR 模型示意图

P2DR 模型包括四个主要部分：策略、防护、检测和响应。

• 策略：定义系统的监控周期、确立系统恢复机制、制定网络访问控制策略、明确系统的总体安全规划和原则。

• 防护：通过修复系统漏洞、正确设计开发和安装系统来预防安全事件的发生；通过定期检查来发现可能存在的系统脆弱性；通过教育等手段，使用户和操作员正确使用系统，防止意外威胁；通过访问控制、监视等手段来防止恶意威胁。采用的防护技术通常包括数据加密、身份认证、访问控制、授权和虚拟专用网技术、防火墙、安全扫描和数据备份等。

• 检测：是动态响应和加强防护的依据，通过不断地检测和监控网络系统，来发现新的威胁和弱点，通过循环反馈来及时做出有效响应。当攻击者穿透防护系统时，检测功能就发挥作用，与防护系统形成互补。

• 响应：系统一旦检测到入侵，响应系统就开始工作，进行事件处理。响应包括紧急响应和恢复处理，恢复处理又包括系统恢复和信息恢复。

P2DR 模型是在整体的安全策略的控制和指导下，在综合运用防护工具(如防火墙、操作系统身份认证、加密等)的同时，利用检测工具(如漏洞评估、入侵检测等)了解和评估系统的安全状态，通过适当反应将系统调整到“最安全”和“风险最低”的状态。防护、检测和响应组成了一个完整、动态的安全循环，在安全策略的指导下保证信息系统的安全。

该理论的最基本原理认为，信息安全相关的所有活动，包括攻击行为、防护行为、检测行为和响应行为等都要消耗时间。因此可以用时间来衡量一个体系的安全性和安全能力。作为一个防护体系，当入侵者要发起攻击时，每一步都需要花费时间。攻击成功花费的时间就是安全体系提供的防护时间；在入侵发生的同时，检测系统也在发挥作用，检测到入侵行为也要花费时间，即检测时间；在检测到入侵后，系统会做出应有的响应动作，这也要花费时间，即响应时间。P2DR 模型可以用一些典型的数学公式来表达安全的要求。

公式 1：防护时间＞检测时间＋响应时间。

防护时间代表系统为了保护安全目标设置各种保护后的防护时间，或者理解为在这样的保护方式下，黑客(入侵者)攻击安全目标所花费的时间。检测时间代表从入侵者发动入侵开始，系统能够检测到入侵行为所花费的时间。响应时间代表从发现入侵行为开始，系统能够做出足够响应，将系统调整到正常状态的时间。那么，针对需要保护的安全目标，如果上述数学公式满足，即代表在入侵者危害安全目标之前就能被检测到并及时处理。

公式 2：暴露时间＝检测时间＋响应时间，防护时间＝0。

公式的前提是假设防护时间为 0。检测时间代表从入侵者破坏了安全目标系统开始，系统能够检测到破坏行为所花费的时间。响应时间代表从发现遭到破坏开始，系统能够做出足够响应，将系统调整到正常状态的时间。比如对 Web Server 被破坏的页面进行恢复，那么检测时间与响应时间的和就是该安全目标系统的暴露时间。针对需要保护的安全目标，暴露时间越小，系统就越安全。

通过上面两个公式的描述，实际上给出了安全一个全新的定义：及时检测和响应就是安全，及时检测和恢复就是安全。而且，这样的定义为安全问题的解决给出了明确的方向：提高系统的防护时间，降低检测时间和响应时间。

P2DR 模型也存在一个明显的弱点，就是忽略了内在的变化因素。如人员的流动、人员的素质和策略贯彻的不稳定性。实际上，安全问题牵涉面广，除了涉及防护、检测和响应，系统本身安全的“免疫力”的增强、系统和整个网络的优化以及人员在这个系统中最重要角色的素质提升，都是该安全系统没有考虑到的问题。

3.2.7　常用安全扫描工具

作为网络安全维护人员，网络扫描是隐患排查的重要手段，通过扫描可以主动、及时发现 Web 站点或服务器开放的危险端口、配置错误的服务、存在的安全漏洞等问题，辅助采取防护措施。

扫描工具是一种自动检测远程或本地主机安全性弱点的程序，通过使用扫描工具可以发现远程服务器是否存活和各种端口的分配及提供的服务和它们的软件版本。例如：操作系统识别，是否能用匿名登录，是否有可写的 FTP 目录，是否能用 Telnet。

根据工作模式，安全扫描工具分为主机型漏洞扫描工具、网络型漏洞扫描工具和数据库漏洞扫描工具三种类型。

主机型漏洞扫描工具一般采用 C/S 的架构，通过在主机系统本地运行代理程序，针对操作系统内部问题进行深入的系统漏洞扫描。通过漏洞扫描工具扫描，对计算机的健康状况进行评估，分析计算机是否存在安全漏洞。

网络型漏洞扫描工具是通过模拟黑客经由网络端发出数据包，以主机接收到数据包时的回应作为判断标准，进而了解网络上各种网络设备、主机系统等开放的端口、服务以及各种应用程序的漏洞的安全扫描工具。

数据库漏洞扫描工具是专门针对数据库进行安全漏洞扫描的工具，以发现数据库在系统软件、应用程序、系统管理以及安全配置等方面存在的安全漏洞。

具体的安全扫描工具有单一功能的扫描工具，也有集成多个功能的扫描工具，下面介绍几个常见的安全扫描工具。

1)360 安全卫士：它是一款功能强、效果好的安全杀毒软件。360 安全卫士拥有查杀木马、清理插件、修复漏洞、电脑体检、电脑救援、保护隐私、电脑专家、清理垃圾、清理痕迹多种功能。其功能和技术还在不断地增加、发展。

2)百度卫士：它是百度公司出品的，集合了电脑加速、系统清理、木马查杀和软件管理功能。电脑加速通过禁用或延迟启用开机项，达到开机加速的效果，同时提供默认的高速模式和可选的极速模式提升电脑运行速度；系统清理可以对电脑垃圾和痕迹进行全方位的清理，并提供自动清理功能，时刻保持用户电脑干净整洁；木马查杀则提供“闪电云查杀”“全盘查杀”“自定义查杀”三种查杀模式，满足个性化需求。

3)腾讯电脑管家：它是腾讯出品的集安全防护、系统清理、软件升级等功能为一体的安全管理软件，具备安全云库、全新的杀毒引擎、深度清理电脑垃圾等功能，能够全面解决系统、软件、安全方面的问题。依托强大的安全云库、自主研发反病毒引擎“鹰眼”及 QQ 帐号全景防卫系统，能有效查杀各类计算机病毒，自主研发的 TAV 杀毒引擎已多次通过国际权威评测。同时，在打击钓鱼网站和盗号方面表现尤为出色。

4)X-Scan 扫描器：它是一款国内很优秀的扫描工具，采用多线程方式对指定 IP 地址段(或单机)进行安全漏洞检测，支持插件功能，提供了图形界面和命令行两种操作方式。扫描内容包括:远程服务类型、操作系统类型及版本、各种弱口令漏洞、后门、应用服务漏洞、网络设备漏洞、拒绝服务漏洞等二十几个大类。

5)SuperScan:它是一款功能强大的端口扫描工具。可以通过 Ping 来检验 IP 是否在线,IP 和域名相互转换;检验目标计算机提供的服务类别;检验一定范围内目标计算机是否在线和端口情况;工具自定义列表检验目标计算机是否在线和端口情况,自定义要检验的端口,并可以保存为端口列表文件;软件自带一个木马端口列表 trojans.lst,通过这个列表可以检测目标计算机是否有木马,同时也可以自己定义修改木马端口列表。

6)NetSuper(局域网超级工具):它是一款功能强大的局域网共享软件,软件可以搜索区域内活动的计算机,还可以搜索所有共享资源和该计算机上的共享资源,功能强大,是一款增强型的局域网共享资源管理器。

7)HostScan:它是一款简单易用的网络扫描软件,可进行 IP 扫描、端口扫描和网络服务扫描等网络扫描。通过它可以轻松了解本机上所有网络信息,其中 IP 扫描可扫描任意范围内 IP 地址;端口扫描可扫描已被用户发现的网上主机的端口范围(1~65535),获得已经打开的端口信息,并可对端口进行分析,以此来确定是否有人在你的电脑上留下后门;网络服务扫描可扫描已打开的端口及返回端口后台运行的网络服务信息。

8)Microsoft Baseline Security Analyzer(MBSA)工具:可以扫描一台或多台基于 Windows 的计算机,以发现常见的安全方面的配置错误(如:Internet Information Services(IIS)和 SQL Server),并及时通过推荐的安全更新进行修补。

3.2.8 常用命令和抓包分析

1. Windows 常用网络操作命令

在网络管理中,当网络出现问题时,常常需要使用一些命令查找网络故障原因,下面介绍几个 Windows 常用网络操作命令。

(1)Ping

Ping 是一个使用频率极高的实用程序,用于确定本地主机是否能与另一台主机交换(发送与接收)数据报。根据返回的信息,我们就可以推断 TCP/IP 参数是否设置正确以及运行是否正常。

(2)Netstat

Netstat 用于显示与 IP、TCP、UDP 和 ICMP 相关的统计数据,一般用于检验本机各端口的网络连接情况。有时候我们的计算机接收到的数据报会导致出错数据删除或故障,我们不必感到奇怪,TCP/IP 可以容许这些类型的错误,并能够自动重发数据报。但如果累计的出错情况数目占到所接收的 IP 数据报相当大的百分比,或者它的数目正迅速增加,那么我们就应该使用 Netstat 查一查为什么会出现这些情况了。

(3)IPConfig

IPConfig 可用于显示当前的 TCP/IP 配置的设置值。这些信息一般用来检验人工配置的 TCP/IP 设置是否正确。但是,如果我们的计算机和所在的局域网使用了动态主机配置协议(DHCP),这个程序所显示的信息也许更加实用。这时,IPConfig 可以让我们了解自己的计算机是否成功租用到一个 IP 地址,如果租用到则可以了解它目前分配到的是什么地址。了解计算机当前的 IP 地址、子网掩码和缺省网关,实际上是进行测试和故障分析的必要项目。

(4)ARP

ARP是一个重要的TCP/IP协议,用于确定对应IP地址的网卡物理地址。在Windows操作系统下,使用命令:arp -a,可查看缓存中的所有IP地址与网卡物理地址对应项目。按照缺省设置,ARP缓存中的项目是动态的,每当发送一个指定地址的数据报且缓存中不存在当前项目时,ARP便会自动添加该项目。如果动态加入项目后不进一步使用,物理/IP地址对就会在一定时间内失效,失效后下次再向这个地址发送数据报时,需重新加入该项目。使用命令:arp -s IP地址 物理地址,可以向ARP缓存中手动加入一条静态项目。使用这种方式为缺省网关和本地服务器等常用主机进行IP地址与物理地址绑定,有助于减少网络上的信息量。

(5)Tracert

如果有网络连通性问题,可以使用Tracert命令来检查到达的目标IP地址的路径并记录结果。Tracert命令显示用于将数据包从计算机传递到目标位置的一组IP路由器,以及每个跃点所需的时间。如果数据包不能传递到目标,Tracert命令将显示成功转发数据包的最后一个路由器。当数据报从我们的计算机经过多个网关传送到目的地时,Tracert命令可以用来跟踪数据报使用的路由(路径)。该实用程序跟踪的路径是源计算机到目的地的一条路径,不能保证或认为数据报总遵循这个路径。

(6)Route

大多数主机一般都是驻留在只连接一台路由器的网段上,该路由器的IP地址可作为该网段上所有计算机的缺省网关来输入。当网络上拥有两个或多个路由器时,我们可能想让某些远程IP地址通过某个特定的路由器来传递,而其他的远程IP则通过另一个路由器来传递。在这种情况下,需要相应的路由信息,这些信息储存在路由表中,每个主机和每个路由器都配有自己独一无二的路由表。大多数路由器使用专门的路由协议来交换和动态更新路由器之间的路由表。但在有些情况下,必须人工将项目添加到路由器和主机上的路由表中。Route就是用来显示、人工添加和修改路由表项目的。

(7)NBTStat

该命令用于显示本地计算机和远程计算机的基于TCP/IP(NetBT)协议的NetBIOS统计资料、NetBIOS名称表和NetBIOS名称缓存。NBTStat可以刷新NetBIOS名称缓存和注册的Windows Internet名称服务(WINS)名称。使用不带参数的NBTStat显示帮助。

2. Wireshark使用

Wireshark(前称Ethereal)是一个网络数据包分析软件。网络数据包分析软件的功能是截取网络数据包,并尽可能显示出最为详细的网络数据包数据。Wireshark使用WinPCAP作为接口,直接与网卡进行数据报文交换。

网络管理员使用Wireshark来检测网络问题,网络安全工程师使用Wireshark来检查资讯安全相关问题,开发者使用Wireshark来为新的通信协定除错,普通使用者使用Wireshark来学习网络协定的相关知识。当然,有的人也会"居心叵测"地用它来寻找一些敏感信息。Wireshark不会对网络封包产生内容的修改,它只会反映出流通的封包资讯。Wireshark本身也不会送出封包至网络上。

(1)工作流程

1)确定Wireshark的位置。如果没有一个正确的位置,启动Wireshark后会花费很长的时间捕获一些与自己无关的数据。

2)选择捕获接口。一般都是选择连接到 Internet 网络的接口,这样才可以捕获到与网络相关的数据。否则,捕获到的其他数据对自己也没有任何帮助。

3)使用捕获过滤器。通过设置捕获过滤器,可以避免产生过大的捕获文件。这样用户在分析数据时,也不会受其他数据干扰。而且,还可以为用户节约大量的时间。

4)使用显示过滤器。通常使用捕获过滤器过滤后的数据,往往还是很复杂的。为了使过滤的数据包更细致,此时使用显示过滤器进行过滤。

5)使用着色规则。通常使用显示过滤器过滤后的数据,都是有用的数据包。如果想更加突出显示某个会话,可以使用着色规则高亮显示。

6)构建图表。如果用户想要更明显地看出一个网络中数据的变化情况,使用图表的形式可以很方便地展现数据分布情况。

7)重组数据。Wireshark 的重组功能,可以重组一个会话中不同数据包的信息,或者是重组一个完整的图片或文件。由于传输的文件往往较大,所以信息分布在多个数据包中。为了能够查看到整个图片或文件,这时就需要使用重组数据的方法来实现。

(2)使用简介

1)Wireshark 的部署

现在的网络中,几乎所有的局域网都使用交换机作为网络设备。要想获取网络上的数据流,需在交换机上设置镜像端口,将安装 Wireshark 的主机接在镜像端口。端口镜像就是将交换机上一个或者几个端口的数据流量复制并转发到某一个指定端口上,这个指定端口被称为镜像端口,目前很多交换机都具备了端口镜像的功能。例如我们就可以将其中的一个端口设置为镜像端口,然后将需要监视的流量都转发到这个镜像端口,这样我们将监控的计算机连接到这个端口就可以对目标进行监控了。除此之外,还可以使用 ARP 欺骗、网络分路器等方法,如图 3-2-6 所示。

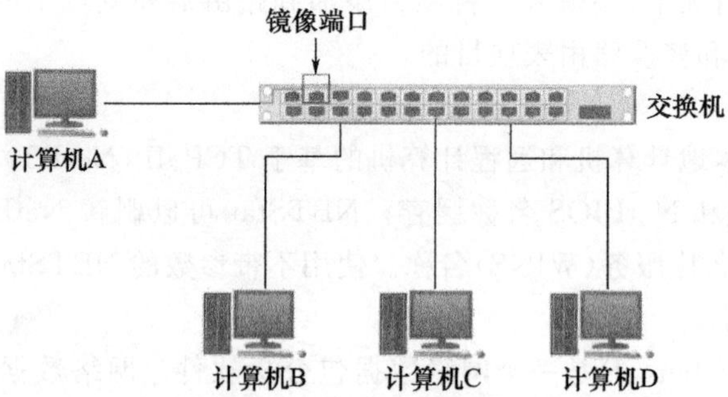

图 3-2-6 交换机的镜像端口

2)软件安装

软件下载地址为“https://www.wireshark.org”,根据操作系统下载对应的安装包。在 Windows 操作系统下安装简单,不再详述。如果是 Windows 10 系统,安装完成后,选择抓包但是不显示网卡,需要下载 Win10 PCAP 兼容性安装包。

3)Wireshark 过滤器设置

如不设置抓包条件将会得到大量的冗余数据包列表,以至于很难找到自己抓取的数据包部分。Wireshark 工具中自带了两种类型的过滤器,这两种过滤器会帮助我们在大量的数据中迅速找到我们需要的信息。

• 抓包过滤器

捕获过滤器的菜单栏路径为“捕获\\捕获过滤器”。用于在抓取数据包前设置。内置了一些过滤条件，也可以点击左下角的加号增加新的过滤条件。

如图 3-2-7 所示，最后一行添加了过滤条件，“ip host www.baidu.com and icmp”表示只捕获主机为“www.baidu.com”的 ICMP 数据包。添加好后，在抓包前可以调用这个条件。

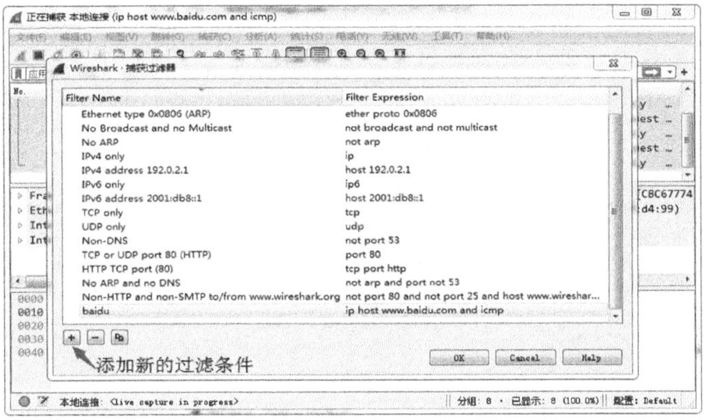

图 3-2-7　设置 Wireshark 捕获过滤器

• 显示过滤器

显示过滤器用于在抓取数据包后设置过滤条件，进行过滤数据包。通常是在抓取数据包时设置条件相对宽泛，抓取的数据包内容较多时，使用显示过滤器设置条件过虑，以方便分析。

如图 3-2-8 所示，抓包完成后，在主界面的“应用显示过滤器”栏中输入了“ip.addr==14.215.177.38and icmp”过滤条件。数据包列表中只显示主机 IP 为“14.215.177.38”的 ICMP 数据包。

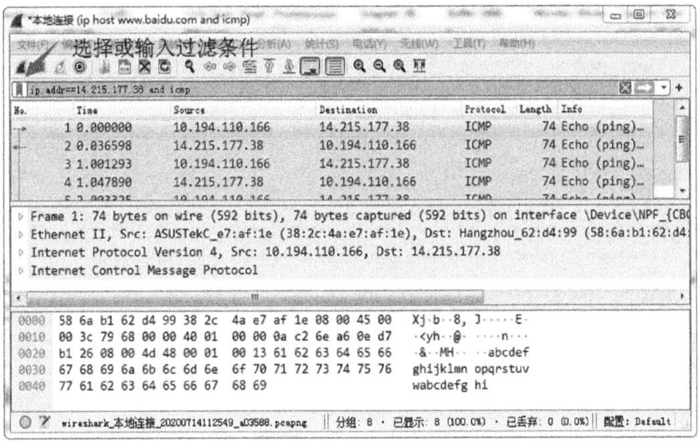

图 3-2-8　设置 Wireshark 过滤条件

4)抓包操作过程

① 在主界面上选择或输入过滤条件，如图 3-2-9 所示。

② 选择要捕获的网卡后点击“开始捕获”按钮，或者直接双击要捕获的网卡，如图 3-2-10 所示。

③ Wireshark 处于抓包状态中。按“停止捕获”按钮，即可停止捕获。在显示过滤器中选择或输入过滤条件，可按要求显示数据包，如图 3-2-11 所示。

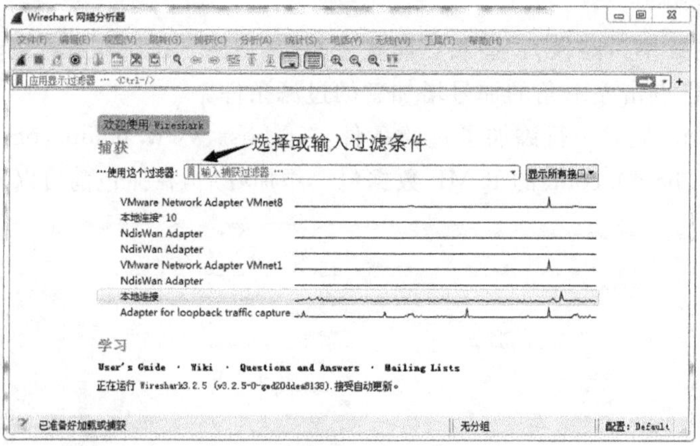

图 3-2-9　设置 Wireshark 抓包过滤条件

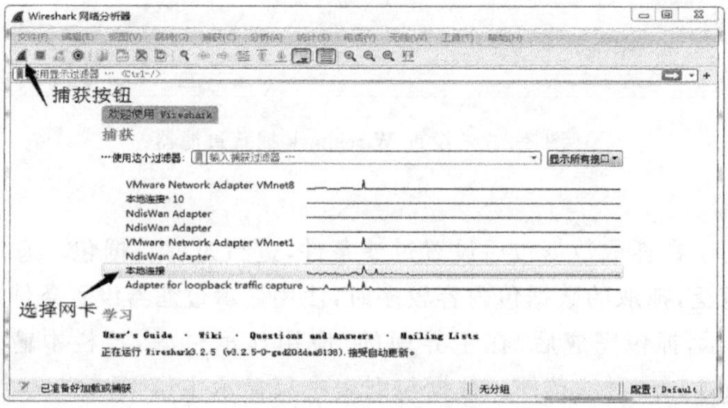

图 3-2-10　设置 Wireshark 网卡选择和开始捕获

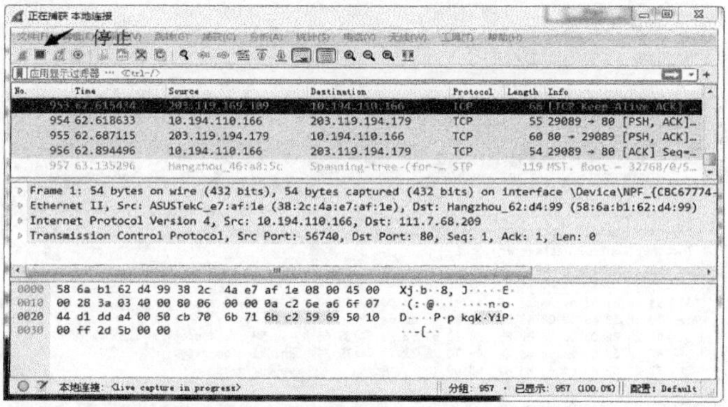

图 3-2-11　设置 Wireshark 停止抓包

④ Wireshark 抓包完成，数据包列表区中不同的协议使用了不同的颜色区分。协议颜色标识定位可在菜单栏“视图\\着色规则”中自定义。如图 3-2-12 所示。

显示过滤器：用于设置过滤条件，进行数据包列表过滤。

封包列表：显示捕获到的数据包，每个数据包包含编号、时间戳、源地址、目标地址、协议、长度以及数据包信息。不同协议的数据包使用了不同的颜色区分显示。

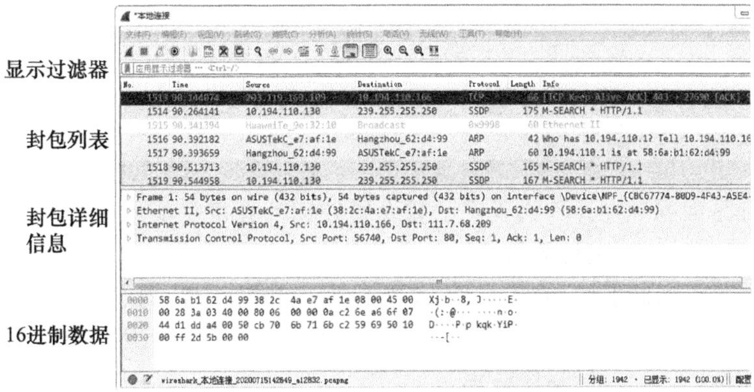

图 3-2-12　Wireshark 抓包结果

封包详细信息：在数据包列表中选择指定数据包，在数据包详细信息中会显示数据包的所有详细信息内容。数据包详细信息面板是最重要的，用来查看协议中的每一个字段。各行信息如下，见图 3-2-13。

- Frame：物理层的数据帧概况。
- Ethernet II：数据链路层以太网帧头部信息。
- Internet Protocol Version 4：互联网层 IP 包头部信息。
- Transmission Control Protocol：传输层 T 的数据段头部信息，此处是 TCP。
- Hypertext Transfer Protocol；应用层的信息，此处是 HTTP 协议。

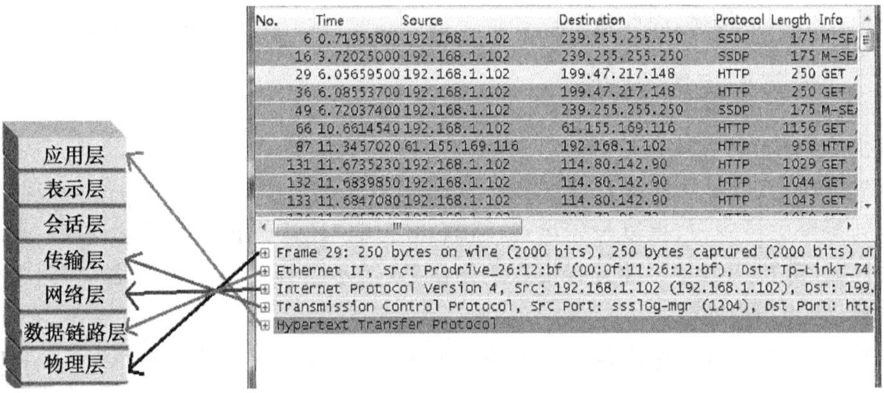

图 3-2-13　Wireshark 抓包分析

TCP 包的具体内容：从图 3-2-14 中可以看到 Wireshark 捕获到的 TCP 包中的每个字段。

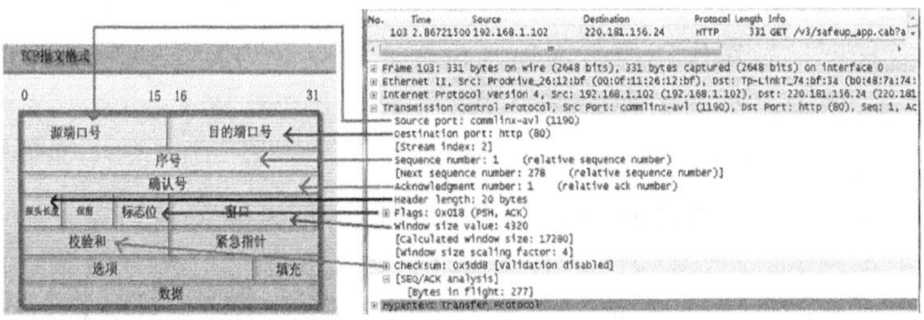

图 3-2-14　Wireshark 抓 TCP 包分析

3.3 计算机病毒和恶意软件

3.3.1 计算机病毒的概念

计算机病毒是编制者在计算机程序中插入的破坏计算机功能或者数据的代码，能影响计算机使用，能自我复制的一组计算机指令或者程序代码。

计算机病毒是人为制造的，有破坏性，又有传染性和潜伏性，对计算机信息或系统起破坏作用的程序。它不是独立存在的，而是隐蔽在其他可执行的程序之中。计算机中病毒后，轻则影响机器运行速度，重则死机、系统破坏。

计算机病毒有自己的传输模式和不同的传输路径。计算机病毒本身的主要功能是它自己的复制和传播，这意味着计算机病毒的传播非常容易，通常在可以交换数据的环境中就可以进行病毒传播。有三种主要类型的计算机病毒传输方式。

(1)通过移动存储设备进行病毒传播：如 U 盘、CD、软盘、移动硬盘等都可以是传播病毒的路径，而且因为它们经常被移动和使用，所以更容易得到计算机病毒的青睐，成为计算机病毒的携带者。

(2)通过网络来传播：这里描述的网络方法也不同，网页、电子邮件、QQ、BBS 等都可以是计算机病毒网络传播的途径，特别是近年来，随着网络技术的发展和互联网的运行频率增加，计算机病毒的传播速度越来越快，传播范围也在逐步扩大。

(3)利用计算机系统和应用软件的弱点传播：近年来，越来越多的计算机病毒利用应用系统和软件应用的不足传播，因此这种途径也被划分在计算机病毒基本传播方式中。

3.3.2 计算机病毒的特征

计算机病毒作为一种特殊的程序具有以下特征。

非授权可执行性：计算机病毒隐藏在合法的程序或数据中，当用户运行正常程序时，病毒伺机窃取到系统的控制权，得以抢先运行，然而此时用户还认为在执行正常程序。

隐蔽性：计算机病毒是一种具有很高编程技巧、短小精悍的可执行程序，它通常会想方设法隐藏自身，防止用户察觉。

传染性：传染性是计算机病毒最重要的一个特征，病毒程序一旦侵入计算机系统就会通过自我复制迅速传播。

潜伏性：计算机病毒具有依附于其他媒体的能力，这种媒体我们称之为计算机病毒的宿主。依靠病毒的寄生能力，病毒可以悄悄隐藏起来，然后在用户不察觉的情况下进行传染。

表现性或破坏性：无论何种病毒程序，一旦侵入系统都会对操作系统的运行造成不同程度的影响，即使不直接产生破坏作用的病毒程序也要占用系统资源。而绝大多数病毒程序要显示一些文字或图像，影响系统的正常运行。还有一些病毒程序删除文件，甚至摧毁整个系统和数据，使之无法恢复，造成无可挽回的损失。

可触发性：计算机病毒一般都有一个或者几个触发条件，满足其触发条件或者激活病毒的传染机制，使之进行传染，或者激活病毒的表现部分或破坏部分。触发的实质是一种条件的控制，病毒程序可以依据设计者的要求，在一定条件下实施攻击。这个条件可以是敲入特定字符，某个特定日期或特定时刻，或者是病毒内置的计数器达到一定次数等。

针对性：计算机病毒是针对特定计算机和特定操作系统的。例如，有针对 IBM PC 机及其兼容机的，有针对苹果公司的 Macintosh 的，还有针对 Unix 操作系统的。

3.3.3　计算机病毒的分类

计算机病毒按照其存在的媒体可以分为引导型病毒、文件型病毒和混合型病毒；按链接方式可分为源码型病毒、嵌入型病毒和操作系统型病毒；按计算机病毒攻击的系统分为攻击 DoS 系统病毒、攻击 Windows 系统病毒、攻击 Unix 系统病毒；按依附的媒体类型分为网络病毒（通过计算机网络感染可执行文件的计算机病毒）、文件病毒（主攻计算机内文件的病毒）、引导型病毒（一种主攻感染驱动扇区和硬盘系统引导扇区的病毒）。

按计算机特定算法分类：附带型病毒，通常附带于一个“.exe”文件上，其名称与文件名相同，但扩展是不同的，一般不会破坏、更改文件本身，但在 DoS 读取时首先激活的就是这类病毒；蠕虫病毒，它不会损害计算机文件和数据，它的破坏性主要取决于计算机网络的部署，可以使用计算机网络从一个计算机存储切换到另一个计算机存储，来计算网络地址，最终感染病毒；可变病毒，可以自行应用复杂的算法，很难发现，因为在不同地方表现的内容和长度是不同的。

如今计算机病毒正在不断推陈出新，其中包括一些独特的新型病毒，暂时无法按照常规的类型进行分类。

3.3.4　计算机病毒的检测、预防和清除

随着互联网业务的快速发展，计算机病毒对计算机的危害也越来越严重。计算机病毒的发展速度是相当快的，由于一些新型病毒的出现，当前计算机病毒的传播方式有很多种，并且危害也越来越高。计算机病毒检测技术尤为重要。

1. 计算机病毒的检测技术

不同的计算机病毒有不同的特点，针对计算机病毒的这些特点，可以实现对计算机病毒的类别和种类的识别；根据计算机病毒的基本特点，可以对相关的检测技术的应用提供参考借鉴。计算机病毒的检测技术在不断发展，新的检测技术也在不断出现，以下介绍常见计算机病毒检测技术。

（1）特征代码扫描法

常用的计算机病毒扫描软件通常由两部分组成，一部分是扫描程序，扫描程序通过计算机病毒代码库进行扫描；另一部分就是病毒的代码库，特别选择的是一些常见以及危害性大的计算机病毒的代码。计算机病毒扫描程序的工作方式就是计算机中的病毒识别，所要依据的标准就是病毒代码库中的病毒种类、数量。因此，从这个层面来说，计算机病毒代码库中代码种类越多，数量越庞大，扫描程序可以识别的病毒种类也越多，可以为计算机排除的安全隐患也越多。

因此，计算机病毒扫描程序的关键就是选择合适的病毒代码串。就特征代码扫描方式而言，其代码长度经常会随着所选代码串的改变而改变。一般来说，较短的代码可能仅仅 100 B 左右，而长篇幅的代码可能超过 10 kB。所以进行计算机病毒检测时，必须选取具有典型性的病毒代码，不能仅仅为了方便快捷，随意选取某一部分。就病毒代码的唯一性而言，所选代码串应联系紧密。

（2）特征字扫描法

相较于传统的病毒特征代码串的病毒检测方法，特征字检测法的优势更为突出和鲜明，误

警报少,检测病毒速度快。特征字检测病毒方法的技术依据是:只需要抽取病毒体中的少量关键字特征即可,简化了工作环节,减少了工作数量。特征字扫描法的工作界面仅仅操作少量的字节,不需要像病毒特征代码串的扫描方法一样进行串的匹配,这样简化的工作步骤就直接加快了工作的进度,提高了工作的效率。特别是在处理一些程序较为复杂和数据颇为庞大的应用时,特征字扫描法的优势就显得尤为明显和突出。

(3)启发式代码扫描方式

启发式技术的核心是借助于杀毒软件的内部记忆功能,确定和存入不同的病毒类型、开启的工作程序,一旦入侵计算机的病毒类别与记忆中的病毒类别类似时,杀毒软件就可以及时扫描计算机,并针对病毒进行有效处理,同时向计算机拥有者发出警告,从而避免了病毒对于计算机的伤害。通常来说,杀毒软件对计算机所有程序具有综合性扫描的能力,可以有效辨别所扫描程序中的代码。所以,在启发式代码扫描方式得以有效运用的基本前提下,能够有效保障计算机系统的正常化运转。现阶段该种扫描方式依然存在误报病毒的现象,其检测精确性还不够完善。

(4)完整性检测技术

完整性检测技术需要针对计算机系统当中拥有的所有文件进行有效检测。需要注意的是,在计算机病毒的检测技术中,关键的是完整检验出病毒的特征和要点,这里的完整不仅针对已知的病毒源,更要注意未知的病毒源。利用完整性检验的手段,可以更好地修复被病毒侵袭的计算机系统。针对完整性检验的工作程序,首先充分了解计算机文件或者引导扇区的内容,在充分了解的前提下,开展被篡改内容的修复工作,并且用还原的信息覆盖被更改的信息内容。此类检测技术既适用于已知病毒检测,又适用于未知病毒检测,并且还能够针对检测出来的病毒实施自动清除操作,其适用范围非常广泛,因此该种检测技术已经被用户广泛运用。

(5)主动内核技术

被动防御理念是当病毒已经入侵计算机系统之后,才开展的反病毒程序。计算机已遭受到病毒的侵害才被动采取应对措施,无法避免计算机所受到的侵害,即使最终消灭了病毒,也会给计算机系统带来安全隐患,这都是应该注意的问题。

主动内核技术就是采用主动干扰病毒的技术手段,其可以在病毒突破计算机系统的瞬间,保护计算机免受伤害。主动内核技术的优点是不会在查杀病毒的同时伤及计算机系统,并且还可以有效地对想要入侵计算机系统的病毒给予有力打击和彻底拦截。主动内核技术的优势就在于和以往的计算机病毒检测技术相比,拥有主动的话语权,不会像传统的计算机病毒检测技术一样本身并不具有防护能力,只会在病毒入侵计算机系统之后做一些善后工作,来治疗病毒感染的计算机系统。

(6)基于行为的检测技术

计算机病毒不断发展,其种类越来越繁杂,攻击力度也越来越强大,传播途径也变得更加多样。计算机病毒的特征性和典型性严重匮乏,病毒代码不够完整,检测越来越困难。因此逐渐产生了基于行为的检测技术,可以在病毒信息不够完备的前提下,高效检测系统较为复杂、结构较为繁杂的病毒,并且能够在短期内进行高速化处理,进而有效利用了时间和空间资源,使得检测成本得到有效控制。

2. 计算机病毒的预防

计算机病毒无时无刻不在关注着电脑,时刻准备发出攻击,但计算机病毒也不是不可控制的,可以通过下面几个方法来减少计算机病毒对计算机带来的破坏。

(1)安装最新的杀毒软件。每天升级杀毒软件病毒库,定时对计算机进行病毒查杀,上网时要开启杀毒软件的全部监控。培养良好的上网习惯,例如:对不明邮件及附件慎重打开,尽量不要浏览可能带有病毒的网站,尽可能使用较为复杂的密码,猜测简单密码是许多网络病毒攻击系统的一种新方式。

(2)不要执行从网络下载后未经杀毒处理的软件等;不要随便浏览或登录陌生的网站,在上网过程中要注意加强自我保护,避免访问非法网站,这些网站往往潜入了恶意代码,一旦用户打开其页面时,即会被植入木马与病毒。

(3)培养自觉的信息安全意识。在使用移动存储设备时,尽可能不要共享这些设备,因为移动存储也是计算机病毒进行传播的主要途径,也是计算机病毒攻击的主要目标,在对信息安全要求比较高的场所,应将电脑上面的USB接口封闭。同时,有条件的情况下应该做到专机专用。

(4)漏洞在操作系统和应用程序软件中都是不可避免的,这些漏洞存在安全风险。因此,处理新发现的漏洞并及时完成系统升级和补丁非常重要。漏洞扫描技术可从系统内检测系统配置中的缺陷。用Windows Update功能打全系统补丁,同时将应用软件升级到最新版本,比如播放器软件、通信工具等,避免病毒以网页木马的方式入侵到系统或者通过其他应用软件漏洞来进行病毒的传播;将受到病毒侵害的计算机尽快隔离,在使用计算机的过程中,若发现电脑上存在有病毒或者是计算机异常时,应该及时中断网络;当发现计算机网络一直中断或者网络异常时,立即切断网络,以免病毒在网络中传播。

(5)文件加密及数据备份。首先,计算机病毒攻击电脑的本质,实际上是对系统文件程序的改写,导致系统运行出现紊乱,从而崩溃。了解到这一实质后,我们可以对一些重要的文件进行加密处理,提高程序破解的难度,降低计算机病毒的破坏力。其次,养成良好的计算机预防习惯。每十天或者每半个月对计算机数据进行相应备份,将计算机病毒带来的损失降到最低。

3. 计算机病毒的清除

计算机感染病毒通常会出现异常现象,如:不能正常启动,通电后系统根本不能启动,或者可以启动,但所需要的时间比原来变长了,有时会突然出现黑屏现象;运行速度降低,如果发现运行某个程序时,读取数据的时间比原来长,存文件和读文件的时间都增加了,那就可能是病毒造成的;磁盘空间迅速变小,由于病毒程序要常驻内存,而且又能繁殖,因此能使内存空间变小甚至为0;文件内容和长度有所改变,一个文件存入磁盘后,由于受到病毒的干扰,文件长度可能有所改变,文件内容也可能出现乱码;死机现象,正常的操作是不会造成死机现象的,如果机器经常死机,那可能是由于系统被病毒感染了;外部设备工作异常,因为外部设备受系统的控制,如果系统感染病毒,外部设备在工作时可能会出现一些异常情况,出现一些用理论或经验说不清、道不明的现象。

一旦感染了病毒,必须要清除以后再使用计算机。一般计算机病毒有以下几种常见的清除方法。

(1)杀病毒软件一般具有防毒、杀毒功能,可选择符合实际情况的杀病毒软件。安装一款合适的杀病毒软件是必要的。病毒查杀软件应该具备实时监控计算机病毒、清除和检查扫描病毒的功能,此外,还需要能够及时更新新形成的计算机病毒,并且能够及时反馈计算机新病毒以及识别计算机病毒。如:360杀毒软件、金山杀毒软件、火绒安全软件、诺顿杀毒软件、百度杀毒、瑞星杀毒软件等。

如果是有内部局域网的单位，建议安装网络版的杀毒软件，实现分布处理、集中控制，同时也集成了很多网络管理的功能。很多杀毒软件公司有此类的网络版杀毒软件，一般具有远程集中控管、远程病毒报警、远程配置、智能升级、全网查杀、日志管理、病毒溯源等功能，构筑成协调一致的立体防毒体系。

(2)针对计算机网络病毒，根据病毒的特征可在防火墙上作相应设置，阻止病毒的传播，监控网络安全，在一定程度上避免计算机网络感染病毒。深信服、网康、华为、思科等公司有相应的产品。

(3)针对系统无法启动的计算机，可以制作 U 盘启动，运行 U 盘上的杀毒软件进行全盘杀毒，清除病毒后再启动电脑或备份文件。也可以将硬盘拆下安装到正常的计算机上进行杀毒处理。

(4)手动清除，一些病毒入侵计算机后，会产生特定的文件。根据病毒的特征找到这些文件手动删除，也可以达到清除病毒的目的。

(5)杀毒软件公司会发布一些针对某种病毒的专用预防和查杀工具，可以在计算机上安装这些工具定期检测计算机。

3.3.5 恶意软件

恶意软件也称流氓软件，是介于病毒和正规软件之间的软件。如果电脑中有流氓软件，可能会出现以下几种情况：用户使用电脑上网时，会有窗口不断跳出；电脑浏览器被莫名修改，增加了许多工作条；当用户打开网页时，网页会变成不相干的奇怪画面，甚至是黄色广告，以达到宣传目的。

流氓软件的最大商业用途就是散布广告，并形成了整条灰色产业链：企业为增加注册用户、提高访问量或推销产品，向网络广告公司购买广告窗口流量；网络广告公司用自己控制的广告插件程序，在用户电脑中强行弹出广告窗口。而为了让广告插件神不知鬼不觉地进入用户电脑，大多数时候广告公司是通过联系热门免费共享软件的作者，以每次几分钱的价格把广告程序通过插件的形式捆绑到免费共享软件中，用户在下载安装这些免费共享软件时，广告程序也就乘虚而入。一般网络广告的计费是按弹出次数进行的，使用流氓软件可以在用户根本没有授权的情况下随意弹出广告，提高广告弹出次数，借此提高广告收益。

1. 恶意软件定义

流氓软件(恶意软件)定义：是指在未明确提示用户或未经用户许可的情况下，在用户计算机或其他终端上强行安装运行，侵犯用户合法权益的软件，但已被我国法律法规规定的计算机病毒除外。它具有如下特点。

强制安装：指在未明确提示用户或未经用户许可的情况下，在用户计算机或其他终端上强行安装软件的行为。强制安装，安装时不能结束它的进程，不能选择它的安装路径，带有大量色情广告甚至电脑病毒。

难以卸载：指未提供通用的卸载方式，或在不受其他软件影响、人为破坏的情况下，卸载后仍活动或残存程序的行为。

浏览器劫持：指未经用户许可，修改用户浏览器或其他相关设置，迫使用户访问特定网站或导致用户无法正常上网的行为。

广告弹出：指未明确提示用户或未经用户许可的情况下，利用安装在用户计算机或其他终端上的软件弹出色情广告等广告的行为。

恶意收集用户信息：指未明确提示用户或未经用户许可，恶意收集用户信息的行为。

恶意卸载：指未明确提示用户、未经用户许可，误导、欺骗用户卸载非恶意软件的行为。

恶意捆绑：指在软件中捆绑已被认定为恶意软件的行为。

恶意安装：未经许可的情况下，强制在用户电脑里安装其他非附带的独立软件。

流氓软件的行径一旦形成犯罪，不容置疑应按《刑法》相关规定进行处置。流氓软件占用用户电脑内存、使 CPU 运行速度下降、占用硬盘容量，已侵犯了用户的财产权，但侵犯财产权造成的损失怎么计算是个难题。《中华人民共和国消费者权益保护法》第七条规定了消费者财产不受损害的权利，第八条规定了消费者的知情权，第九条规定了消费者的选择权，第十条规定了消费者的公平交易权，第十一条规定了赔偿权。如果电脑用户因使用流氓软件而遭受财产损失，显然可以适用第七条、第十条；如果流氓软件是在电脑用户不知情的情况下强行安装，或劫持了浏览器，则可以适用第八条、第九条、第十条。

2. 恶意软件分类

根据不同的特征和危害，困扰广大计算机用户的流氓软件主要有如下几类。

(1)广告软件：广告软件是指未经用户允许，下载并安装在用户电脑上；或与其他软件捆绑，通过弹出式广告等形式牟取商业利益的程序。此类软件往往会强制安装并无法卸载；在后台收集用户信息牟利，危及用户隐私；频繁弹出广告，消耗系统资源，使其运行变慢等。

(2)间谍软件：间谍软件是一种能够在用户不知情的情况下，在其电脑上安装后门、收集用户信息的软件。用户的隐私数据和重要信息会被“后门程序”捕获，并被发送给黑客、商业公司等。这些“后门程序”甚至能使用户的电脑被远程操纵，组成庞大的“僵尸网络”，这是网络安全的重要隐患之一。

(3)浏览器劫持：浏览器劫持是一种恶意程序，通过浏览器插件、BHO(浏览器辅助对象)、Winsock LSP 等形式对用户的浏览器进行篡改，使用户的浏览器配置不正常，被强行引导到商业网站。用户在浏览网站时会被强行安装此类插件，普通用户根本无法将其卸载，被劫持后用户只要上网就会被强行引导到其指定的网站，严重影响正常上网浏览。

(4)行为记录软件：行为记录软件是指未经用户许可，窃取并分析用户隐私数据，记录用户电脑使用习惯、网络浏览习惯等个人行为的软件。其危及用户隐私，可能被黑客利用来进行网络诈骗。

(5)恶意共享软件：恶意共享软件是指某些共享软件为了获取利益，采用诱骗手段、试用陷阱等方式强迫用户注册，或在软件体内捆绑各类恶意插件，未经允许即将其安装到用户机器里。使用“试用陷阱”强迫用户进行注册，否则可能会丢失个人资料等数据。软件集成的插件可能会造成用户浏览器被劫持、隐私被窃取等。

3. 恶意软件的预防和清除

传播途径是恶意代码赖以生存的基本条件，只有进入目标系统并被执行起来，恶意代码才能实现代码的相关功能。如果能针对恶意代码的传播方式采取技术措施，掐断恶意代码的传播途径，就能有效地控制恶意代码导致的危害。恶意代码的传播包括文件传播、网络传播、软件部署三种方式。

(1)文件传播

恶意代码作为文件的一部分，或者自身就是一个独立文件，通过文件复制的方式达到进入目标系统的目的。常见的传播实现：感染文件，当文件被复制和执行时传播到目标系统中；借助移动存储介质进行传播，利用 Windows 系统默认开启的自动播放功能进入目标系统。

(2)网络传播

恶意代码利用网络进入目标系统并执行，常见的传播实现方式：网页挂马，垃圾邮件，利用即时通信的关系链或伪装 P2P 下载资源等方式传播到目标系统中，利用系统漏洞直接传播到目标系统中。

(3)软件部署

某些 Rootkit 木马、脚本后门及逻辑炸弹等恶意代码本身不具备自动传播的能力，它们通过文件捆绑或者上传等方式进入用户系统。这类恶意代码常常将自身与其他普通软件进行捆绑，用户在安装该软件后，恶意代码将随之进入系统。

为了不让恶意软件入侵计算机，还是要以预防为主，恶意软件的预防和清除列出以下几点，供大家参考。

强化计算机安全设置：大部分恶意软件是在安装过程中，经由系统漏洞进行的，它们会通过木马来完成安装，而系统漏洞很容易滋生木马，导致木马泛滥，所以加强系统安全设置，不断提升系统安全属性是非常关键的。如：禁用 Windows 系统来宾帐号，设置管理员帐户密码。在进入计算机服务管理界面时，关闭一些能影响计算机安全属性的服务，如远程软件、Telnet、注册表等相关服务，以及计算机某些端口也要关闭，这在很大程度上能起到防范恶意软件的作用，提升计算机系统的安全性和防范能力。

养成良好电脑使用习惯：许多恶意软件是通过让用户主动安装来进行的，尤其是当前网络上常出现的各类诱惑型超链接，而这些超链接很多具备诱惑很大的相关字眼，导致不少用户上当，进而安装了此类恶意软件。养成良好的电脑使用习惯有利于防范恶意软件的侵入，如对于陌生人发布的一些软件安装程序、链接等不要随便进入；软件的下载需要在正规网站进行；在安装软件过程中必须要仔细注意，查看是否有捆绑或者要求安装其他软件，如果出现此类情况需立即取消安装，与此同时，在浏览器中必须对 Active X 插件和 Java 程序进行禁用，若不进行禁用就非常容易下载到含有广告的恶意软件。

安装防恶意软件的工具：一般杀毒软件带有恶意软件检测功能，可以阻止安装恶意软件，具体软件参见前文。还有一些专门的工具也可以使用，如：微软恶意软件删除工具、360 安全卫士、腾讯电脑管家、流氓软件清理大师等。在选择工具时，要注意大家对工具的评价，并在官方网站下载。

提高法律维权意识：大多数恶意软件是由开发公司开发出来的，这也给人们运用法律武器进行维权提供了可能，目前我国并没有出台针对性的相关法律，但恶意软件却具有十分明显的流氓性和欺骗性，给用户信息安全甚至经济利益造成巨大威胁，比如泄露用户隐私和盗窃信息进行不法活动，是能够通过法律来进行维权的。随着我国与互联网安全相关、法律的不断规范化，进行法律维权的有效性会越来越强，途径也更多样化。

3.4 防火墙技术

3.4.1 防火墙概述

防火墙技术是通过有机结合各类用于安全管理与筛选的软件和硬件设备，帮助计算机网络与其内、外网之间构建一道相对隔绝的保护屏障，以保护用户资料与信息安全性的一种技术。防火墙技术的功能主要在于及时发现并处理计算机网络运行时可能存在的安全风险、数据传输等问题，为用户提供更好、更安全的计算机网络使用体验。

防火墙是一种特殊的访问控制设施，是一道介于内部网络和 Internet 之间的安全屏障，防火墙的基本功能是根据各种网络安全策略的要求对未经授权的访问和数据传递进行筛选和屏蔽，它保护着内部网络数据的安全。从逻辑上讲，防火墙既是一个分析器，又是一个限制器，它要求所有进出内部网络的数据流都必须通过安全策略和安全计划的确认与授权，并在逻辑上实现内外网络的分离，从而保证内部网络的安全。防火墙既可以是一组硬件，也可以是一组软件，还可以是软件和硬件的组合。

网络防火墙的主要作用如下。

(1)Internet 防火墙可以防止 Internet 上的危险(病毒、资源盗用)传播到网络内部。一个防火墙(作为阻塞点、控制点)能极大地提高一个内部网络的安全性，并通过过滤不安全的服务而降低风险。只有经过精心选择的应用协议才能通过防火墙，所以网络环境会变得更安全。

(2)能强化安全策略。通过以防火墙为中心的安全方案配置，能将所有安全软件(如口令、加密、身份认证、审计等)配置在防火墙上。与将网络安全问题分散到各个主机上相比，防火墙的集中安全管理更经济。例如在网络访问时，一次一密口令系统和其他的身份认证系统完全不必分散在各个主机上，而可以集中在防火墙上。

(3)能有效记录 Internet 上的活动。如果所有的访问都经过防火墙，那么防火墙就能记录下这些访问并做出日志记录，同时也能提供网络使用情况的统计数据。当发生可疑动作时，防火墙能进行适当的报警，并提供网络是否受到监测和攻击的详细信息。另外，收集一个网络的使用和误用情况也是非常重要的。

(4)可限制暴露用户点。通过利用防火墙对内部网络的划分，可实现内部网络重点网段的隔离，从而限制局部重点或敏感网络安全问题对全局网络造成的影响。再者，隐私是内部网络非常关心的问题。

(5)它是安全策略的检查点。进出网络的数据都必须经过防火墙，防火墙通过日志对其进行记录，能提供网络使用的详细统计信息。当发生可疑事件时，防火墙更能根据机制进行报警和通知，提供网络是否受到威胁的信息。

防火墙的发展共经过了四个阶段：基于路由器的防火墙阶段、用户化的防火墙工具套阶段、建立在通用操作系统上的防火墙阶段、具有安全操作系统的防火墙阶段。

3.4.2　防火墙技术

1. 包过滤防火墙技术

包过滤防火墙用一个软件查看所流经的数据包的包头，由此决定整个包的转发。它可能会丢弃这个包，或让这个包通过，也可能执行其他更复杂的动作。过滤系统根据过滤规则来决定是否让数据包通过。用于过滤数据包的路由器被称为过滤路由器。过滤路由器会更加仔细地检查数据包，除了决定是否有到达目标地址的路径外，还要决定是否应该发送数据包。“应该与否”是由路由器的过滤策略决定并强行执行的。

一般过滤策略有：

- 拒绝来自某主机或某网段的所有连接；
- 允许来自某主机或某网段的所有连接；
- 拒绝来自某主机或某网段的指定端口的连接；
- 允许来自某主机或某网段的指定端口的连接；
- 拒绝本地主机或本地网络与其他主机或其他网络的所有连接；
- 允许本地主机或本地网络与其他主机或其他网络的所有连接；

- 拒绝本地主机或本地网络与其他主机或其他网络的指定端口的连接；
- 允许本地主机或本地网络与其他主机或其他网络的指定端口的连接。

过滤操作的基本过程：

- 包过滤规则被包过滤设备端口存储起来；
- 当包到达端口时，对包报头进行语法分析，大多数包过滤设备只检查 IP、TCP、或 UDP 报头中的字段；
- 包过滤规则以特殊的方式存储，应用于包的规则的顺序与包过滤器规则存储顺序必须相同；
- 若一条规则阻止包传输或接收，此包便不被允许；
- 若一条规则允许包传输或接收，此包便可以被继续处理；
- 若包不满足任何一条规则，此包便被阻塞。

包过滤防火墙技术优点：

- 对于一个小型的、不太复杂的站点，包过滤比较容易实现；
- 因为过滤路由器工作在 IP 层和 TCP 层，所以处理包的速度比较快；
- 过滤路由器为用户提供了一种透明的服务，用户不需要改变客户端的任何应用程序，所以过滤路由器有时也被称为"包过滤网关"或"透明网关"，之所以被称为网关，是因为包过滤路由器和传统路由器不同，它涉及传输层。

包过滤防火墙技术缺点：

- 一些包过滤网关不支持有效的用户认证；
- 规则表很快会变得很大而且复杂，规则很难测试；随着表的增大和复杂性的增加，规则结构出现漏洞的可能性也会增加；
- 这种防火墙最大的缺陷是它依赖一个单一的部件来保护系统，如果这个部件出现了问题，会使得网络大门敞开，而用户甚至可能还不知道；
- 在一般情况下，如果外部用户被允许访问内部主机，也就可以访问内部网上的任何主机；
- 包过滤防火墙只能阻止一种类型的 IP 欺骗，即外部主机伪装内部主机的 IP，对于外部主机伪装外部主机的 IP 欺骗却不可能阻止，而且它不能防止 DNS 欺骗。

2. 应用网关防火墙技术

应用网关防火墙主要工作在最上层应用层。不仅如此，相比于基于过滤的防火墙来说，应用网关防火墙最大的特点是有一套自己的逻辑分析。基于这个逻辑分析，应用网关服务器能在应用层上进行危险数据的过滤，分析内部网络应用层的使用协议，并且对计算机网络内部的所有数据包进行分析。如果数据包没有应用逻辑，则不会被放行通过防火墙。应用网关也采用了过滤的机制，因此存在让 Internet 上的用户了解内部网络的结构和运行状态的可能。

3. 代理服务型防火墙

代理服务型防火墙是针对数据包过渡和应用层网关技术存在的缺点而引入的防火墙技术，其特点是将所有跨越防火墙的网络通信链路分为两段。防火墙内外计算机系统间不能直接连接，都要通过代理服务型防火墙中转连接。外部计算机的网络链路只能到达代理服务型防火墙，从而起到了隔离防火墙内外计算机系统的作用。有些网络安全专业人员将代理服务型防火墙归于应用层网关一类。

代理服务器可对网络上任意一层的数据包进行检查并经过身份认证，让符合安全规则的包通过，并丢弃其余的包。它允许通过的数据包由网关复制并传递，防止在受信任服务器和客户机与不受信任的主机间直接建立联系。

4. 状态检测防火墙

状态检测防火墙在网络层有一个检查引擎，截获数据包并抽取出与应用层状态有关的信息，并以此为依据决定对该连接是接受还是拒绝。这种技术提供了高度安全的解决方案，同时具有较好的适应性和扩展性。状态检测防火墙一般也包括一些代理级的服务，它们提供附加的、对特定应用程序数据内容的支持。

这种防火墙技术能对网络通信的各层实行检测。同包过滤技术一样，它能够检测通过 IP 地址、端口号以及 TCP 标记，过滤进出的数据包。它允许受信任的客户机和不受信任的主机建立直接连接，不依靠与应用层有关的代理，而是依靠某种算法来识别进出的应用层数据，这些算法通过已知合法数据包的模式来比较进出数据包，这样从理论上就比应用级代理在过滤数据包上更有效。状态监视器的监视模块支持多种协议和应用程序，可方便地实现应用和服务的扩充。状态检测防火墙基本保持了简单包过滤防火墙的优点，性能比较好，同时对应用是透明的，在此基础上，对于安全性有了大幅提升。

状态检测防火墙优点：安全性好，状态检测防火墙工作在数据链路层和网络层之间，它从这里截取原始数据包。首先根据安全策略提取有用信息，然后进行一些逻辑或数学运算，获得相应的结论，进行相应的操作。状态检测防火墙虽然工作在协议栈较低层，但它检测所有应用层的数据包，从中提取有用信息，这样安全性得到很大提高。性能高效，状态检测防火墙工作在协议栈的较低层，不需要协议栈的上层处理任何数据包，这样减少了高层协议头的开销，执行效率提高很多。扩展性好，状态检测防火墙不区分每个具体的应用，只是根据从数据包中提取出的信息、对应的安全策略及过滤规则处理数据包，当有一个新的应用时，它能动态产生新应用的新规则，而不用另外写代码。配置方便，应用范围广，状态检测防火墙不仅支持基于 TCP 的应用，而且支持基于无连接协议的应用（如 RPC）、基于 UDP 的应用（如 DNS、WAIS、Archie）等。

状态检测防火墙缺点：状态检测防火墙仍只是检测数据包的第三层信息，无法彻底识别数据包中大量的垃圾邮件、广告以及木马程序等。

3.4.3　防火墙的体系结构

防火墙的经典体系结构主要有三种形式：双重宿主主机体系结构、屏蔽主机体系结构和屏蔽子网体系结构。

防火墙体系结构中常见的术语如下。

堡垒主机：是指可能直接面对外部用户攻击的主机系统，在防火墙体系结构中，特指那些处于内部网络的边缘，并且暴露于外部网络用户面前的主机系统。一般来说，堡垒主机上提供的服务越少越好，因为每增加一种服务就增加了被攻击的可能性。

双重宿主主机：是指通过不同网络接口连入多个网络的主机系统，又称为多穴主机系统。一般来说，双重宿主主机是实现多个网络之间互联的关键设备，如网桥是在数据链路层实现互联的双重宿主主机，路由器是在网络层实现互联的双重宿主主机，应用层网关是在应用层实现互联的双重宿主主机。

DMZ 区：是指在内部网络、外部网络之间增加的一个网络。一般来说，对外提供服务的各种服务器都可以放在这个网络里，其也被称为非武装区。DMZ 区使得外边用户访问服务器时不需要进入内部网络，而内部网络用户对服务器维护工作导致的信息传递也不会泄露到外部网络。同时，DMZ 区与外部网络或内部网络之间存在着数据包过滤，这样为外部用户的攻击设置了多重障碍，确保了内部网络的安全。

1. 双重宿主主机体系结构

防火墙的双重宿主主机体系结构是指以一台双重宿主主机作为防火墙系统的主体，执行分离外部网络与内部网络的任务。一个典型的双重宿主主机体系结构如图 3-4-1 所示。

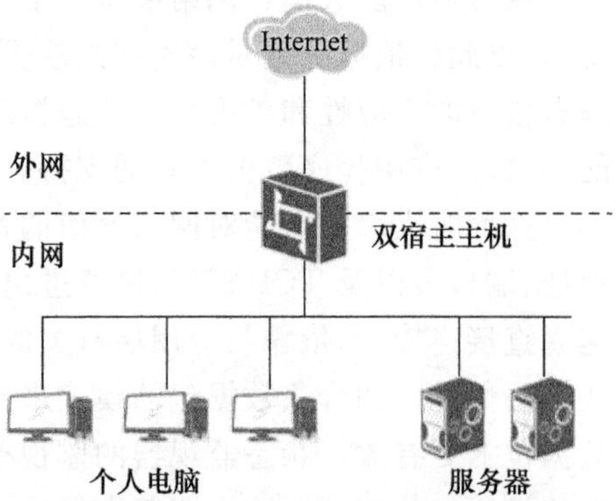

图 3-4-1　双重宿主主机体系结构

在基于双重宿主主机体系结构的防火墙中，带有内部网络和外部网络接口的主机系统构成了防火墙的主体，该台双重宿主主机具备了成为内部网络和外部网络之间路由器的条件，但是在内部网络与外部网络之间进行数据包转发的进程是被禁止运行的。为了达到防火墙的基本效果，在双重宿主主机体系结构中，任何路由功能都是禁止的，甚至数据包过滤技术也是不允许在双重宿主主机上实现的。双重宿主主机唯一可以采用的防火墙技术就是应用层代理，内部网络用户可以通过客户端代理软件以代理方式访问外部网络资源，或者直接登录至双重宿主主机成为一个用户，再利用该主机访问外部资源。

双重宿主主机体系结构防火墙的优点在于，网络结构比较简单，由于内、外网络之间没有直接的数据交互而较为安全；内部用户帐号的存在可以保证对外部资源进行有效控制；由于应用层代理机制的采用，可以方便地形成应用层的数据与信息过滤。其缺点在于，用户访问外部资源较为复杂，如果用户需要登录到主机上才能访问外部资源，则主机的资源消耗较大；用户机制存在安全隐患，并且内部用户无法借助于该体系结构访问新的服务或者特殊服务；一旦外部用户入侵了双重宿主主机，则会导致内部网络处于不安全状态。

2. 屏蔽主机体系结构

屏蔽主机体系结构通过一个单独的路由器和内部网络上的堡垒主机共同构成防火墙，主要通过数据包过滤，实现内部、外部网络的隔离和对内网的保护。典型的屏蔽主机体系结构如图 3-4-2 所示。

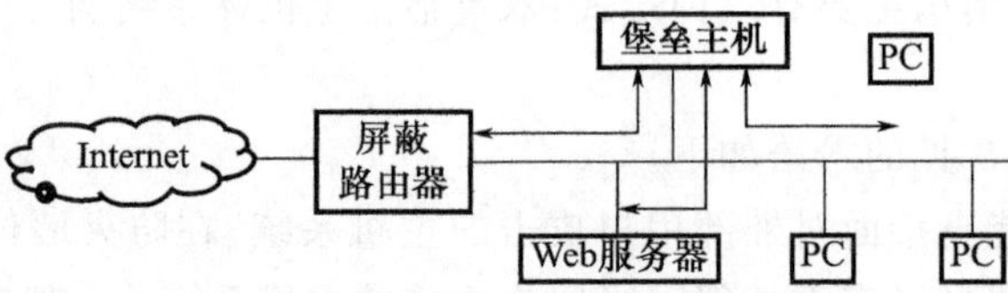

图 3-4-2　屏蔽主机体系结构

在屏蔽主机体系结构中有两道屏障，一道是屏蔽路由器，另一道是堡垒主机。屏蔽路由器位于网络的最边缘，负责与外网实施连接，并且参与外网的路由计算。屏蔽路由器不提供任何服务，仅提供路由和数据包过滤功能，因此屏蔽路由器本身较为安全，被攻击的可能性较小。由于屏蔽路由器的存在，使得堡垒主机不再是直接与外网互联的双重宿主主机，增加了系统的安全性。

堡垒主机存放在内部网络中，是内部网络中唯一可以连接到外部网络的主机，也是外部用户访问内部网络资源必须经过的主机设备。在经典的屏蔽主机体系结构中，堡垒主机也通过数据包过滤功能实现对内部网络的防护，并且该堡垒主机仅仅允许通过特定的服务连接。主机也可以不提供数据包过滤功能，而是提供代理功能，内部用户只能通过应用层代理访问外部网络，而堡垒主机就成为外部用户唯一可以访问的内部主机。

屏蔽主机体系结构的优点：具有更高的安全特性，由于屏蔽路由器在堡垒主机之外提供数据包过滤功能，使得堡垒主机要比双重宿主主机相对更安全，堡垒主机的数据包过滤功能限制外部用户只能访问内部特定主机上的特定服务，保证了内部网络的安全；内部网络用户访问外部网络较为方便、灵活，屏蔽路由器和堡垒主机不允许内部用户直接访问外部网络，则用户通过堡垒主机提供的代理服务访问外部资源；在实际应用中，可以将两种方式综合运用，访问不同的服务采用不同的方式；堡垒主机和屏蔽路由器同时存在，使得堡垒主机可以从部分安全事务中解脱出来，从而以更高的效率提供数据包过滤或代理服务。

屏蔽主机体系结构的缺点：外部用户在被允许的情况下可以访问内部网络，这样存在安全隐患；一旦用户入侵堡垒主机，就会导致内部网络处于不安全状态；路由器和堡垒主机的过滤规则配置较为复杂，较容易形成错误和漏洞。

3. 屏蔽子网体系结构

屏蔽子网是在内部网络和外部网络之间建立一个被隔离的子网，用两台分组过滤路由器将这一子网分别与内部网络和外部网络分开。在很多实现个例中，两个分组过滤路由器放在子网的两端，在子网内构成一个“非军事区”DMZ 区。有的屏蔽子网中还设有一个堡垒主机作为唯一可访问点，支持终端交互或作为应用网关代理，如图 3-4-3 所示。

屏蔽子网体系结构的防火墙比较复杂，主要由外部网络、外部路由器、内部路由器和堡垒主机四部分构成：

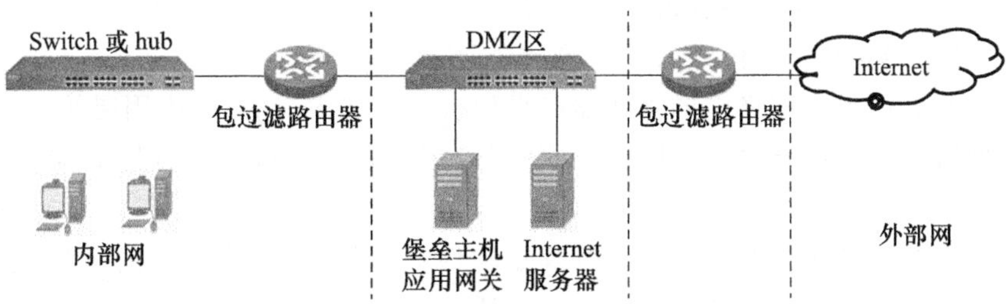

图 3-4-3　屏蔽子网体系结构

(1)DMZ 区

DMZ 区是非安全、不可信的外部网络与安全、可信的内部网络之间的一个附加网络。DMZ 区与外部网络、DMZ 区与内部网络之间都是通过屏蔽路由器实现逻辑隔离的，因此外部用户必须穿越两道屏蔽路由器才能访问内部网络。

(2)外部路由器

外部路由器的主要作用在于保护 DMZ 区和内部网络，是屏蔽子网体系结构的第一道屏障。在其上设置了对 DMZ 区和内部网络进行访问的过滤规则，该规则主要针对外网用户。

(3)内部路由器

内部路由器用于隔离 DMZ 区和内部网络，是屏蔽子网体系结构的第二道屏障。在其上设置了针对内部用户的访问过滤规划，对内部用户访问 DMZ 区和外部网络进行限制。

(4)堡垒主机

在屏蔽子网结构中，堡垒主机位于 DMZ 区，可以向外部用户提供 WWW、FTP 等服务，接受来自外部网络用户的服务资源访问请求。同时堡垒主机也可以向内部网络用户提供DNS、电子邮件、WWW代理、FTP代理等多种服务,提供内部网络用户访问外部资源的接口。

屏蔽子网体系结构的优点:由外部路由器和内部路由器构成了双层防护体系,入侵者难以突破;外部用户访问服务资源时无须进入内部网络,在保证服务的情况下提高了内部网络安全性;外部路由器和内部路由器上的过滤规则复制避免了路由器失效产生的安全隐患;堡垒主机由外部路由器的过滤规则和本机安全机制共同防护,用户只能访问堡垒主机提供的服务;即使入侵者通过堡垒主机提供服务中的缺陷控制了堡垒主机,由于内部防火墙将内部网络和周边网络隔离,入侵者也无法通过监听DMZ区获取内部网络信息。

屏蔽子网体系结构的缺点:构建屏蔽子网体系结构的成本较高;屏蔽子网体系结构的配置较为复杂,容易出现配置错误导致的安全隐患。

3.4.4 分布式防火墙

传统防火墙把检查机制集中在网络边界的单点,形成网络访问的瓶颈。由于安全计算过度集中,大量的应用级检测、过滤计算使防火墙的吞吐能力大幅下降,降低了传统防火墙在大型网络中的应用效能。一旦防火墙自身出现问题或被攻克,整个内部网络将会完全暴露在外部攻击者面前。1999年提出了分布式防火墙的概念。分布式防火墙是指在物理上有多个防火墙实体在工作,但在逻辑上只有一个防火墙。从管理者角度看,他不需要了解防火墙分布细节,只要清楚有哪些资源需要保护以及资源权限如何分配即可。

分布式防火墙各组成部分如下。

网络防火墙。用于内部网与外部网之间,以及内部网各子网之间的防护。在功能上与传统的边界式防火墙类似,但与传统边界防火墙相比,它多了一种用于内部子网之间的安全防护层,这样整个网络的安全防护体系就显得更加全面,更加可靠。

主机防火墙。用于对网络中的服务器和桌面机进行防护,达到了应用层的安全防护,比起网络层更加彻底。这是传统边界式防火墙所不具有的,是对传统边界式防火墙在安全体系方面的一个完善。

中心管理系统。它是分布式防火墙管理器软件,负责总体安全策略的策划、管理、分发以及日志的汇总。它提高了防火墙的安全防护灵活性,同时具备高可管理性。

分布式防火墙的基本思想是:安全策略的制定采用由中心策略服务器集中定义方式,而安全策略的执行则由相关主机节点独立实施;安全日志由主机节点分散产生,而安全日志的保存则集中到中心策略服务器上。

分布式防火墙的优点:增强了系统安全性,加强了对来自内部攻击的防范,可以实施全方位的安全策略;消除了结构性瓶颈问题,提高了系统性能,分布式防火墙从根本上去除了单一的接入点,可以针对各个服务器及终端计算机的不同需要,对防火墙进行最佳配置,配置时能够充分考虑到这些主机上运行的应用,如此便可在保障网络安全的前提下大大提高网络运转效率;系统的扩展性,分布式防火墙随系统扩充提供了安全防护无限扩充的能力;分布式防火墙由主机来实施策略控制,对网络中的各节点可以起到更安全的防护。

3.4.5 下一代防火墙

下一代防火墙(NGFW)是相对于第一代防火墙技术而言的。随着云计算、移动互联网等技术的发展,为了消除应用层安全威胁,下一代防火墙技术产生。下一代防火墙技术能为用户提供应用层一体化的防护。集成入侵防御系统、可视化运用识别、智能防火墙、高性能等是下一代防火墙所具备的基本要素，在这些要素的整合下，实现对应用层安全威胁的防御。

2009 年，著名咨询机构 Gartner(高德纳)介绍，为应对当前与未来新一代的网络安全威胁，认为防火墙必须要再一次升级为“下一代防火墙”。第一代防火墙已基本无法探测到利用僵尸网络作为传输方法的威胁。Gartner 将网络防火墙定义为在线安全控制措施。

下一代防火墙应具备的技术：针对应用、用户、终端及内容的应用层安全高性能、高精度管控；集成入侵防御系统；云安全中心联动，有效应对未知威胁的处理；虚拟化安全防护技术；全网可视化，掌握风险精准预警智能管理；高性能处理架构。

3.4.6　防火墙设置实例

市场上的防火墙产品众多，下一代防火墙逐渐普及，常见品牌有网域、华为、深信服、思科、华三、天融信等。下面以深信服的下一代防火墙为例，简要介绍设置方法。

深信服(SANGFOR)下一代防火墙 AF，通过提出“融合安全，简单有效”价值主张，为用户业务提供全生命周期保护，实现全程可视和全程保护。事前：SANGFOR AF 自动发现新增资产、评估漏洞及是否有保护策略。事中：构建 L2-L7 层纵深防御体系，屏蔽防护短板且具备联动和关联分析能力。事后：持续检测绕过防御的威胁，并通过云端安全服务提供技术服务。

1. 登录 WebUI 配置界面

AF 支持安全的 HTTPS 登录，使用的是 HTTPS 协议的标准端口登录。如果从管理口(Manage)初始登录，那么登录的 URL 为“https://10.251.251.251”登录页面。

在登录框输入用户名、密码和验证码，点击“登录”按钮即可登录 AF 设备进行配置，出厂情况下的用户名和密码为“admin/admin”，如图 3-4-4 所示。

2. 硬件设备的部署

SANGFOR AF 硬件可以适应各种复杂环境，根据常见应用场景可以将部署方式分为路由部署、透明部署、虚拟网线、旁路镜像和混合部署。这里介绍小型网络常用的路由部署和透明部署。

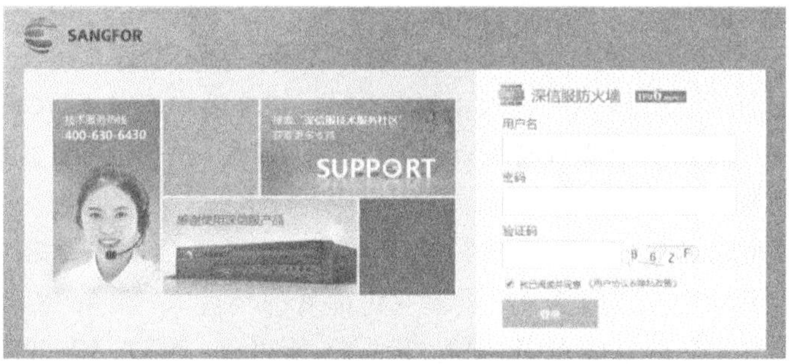

图 3-4-4　防火墙登录

(1)路由模式介绍

路由部署的典型应用环境是将 AF 设备以路由模式部署在公网出口，代理内网上网，像一个路由器一样部署在网络中。外网口接 ADSL 拨号或者公网线路，内网口接内网交换机，如图 3-4-5 所示。

配置方法如下。

第一步：首先将设备开机，用网线连接设备的 Manage 口(ETH0)，将电脑网卡的 IP 配置成“10.251.251.253”。

第二步：打开 IE 浏览器，输入“htts://10.251.251.251”，即可到登录界面，输入设备出厂默认的帐号和密码“admin/admin”。

第三步：配置外网接口，通过“网络配置\\接口|区域\\物理接口”，点击需要设置成外网接口的接口，本案例中设置 ETH2 为 WAN 口，并且设置好 IP 地址信息，界面如图 3-4-6 所示。

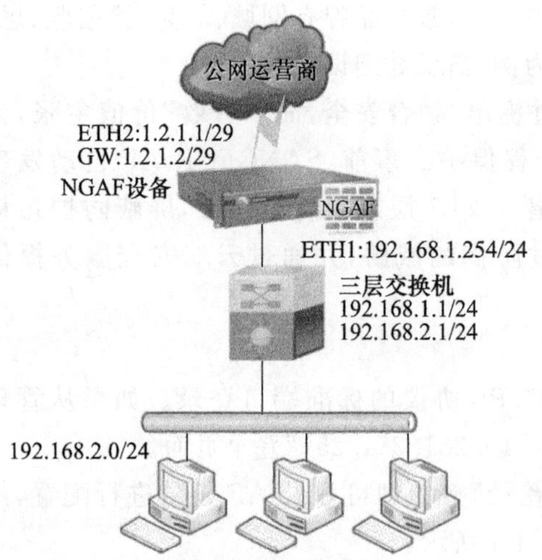

图 3-4-5　路由部署

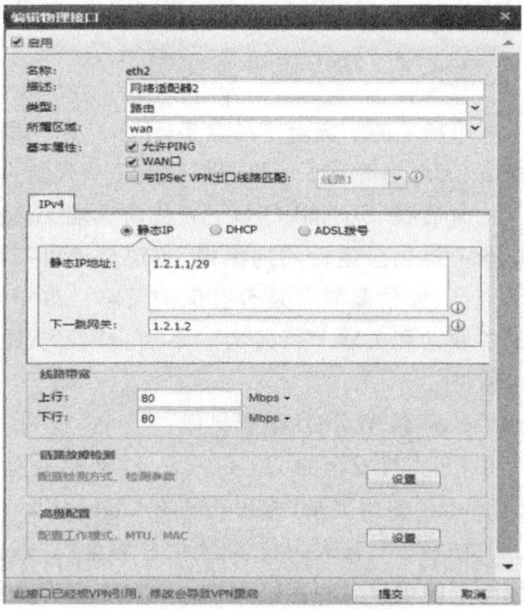

图 3-4-6　路由物理接口配置

接口“类型”选择路由。

“基本属性”可以设置是否为 WAN 口和允许 Ping。连接公网链路的接口需要勾选 WAN 口。

“连接类型”包括静态 IP、DHCP、ADSL 拨号三种，根据该线路的特征进行配置。如果选择静态 IP，需要填写好 IP 地址/掩码以及下一跳网关；如果该接口是 DHCP 自动获得地址，则设置 DHCP，勾选是否需要自动获得网关；如果线路是 ADSL 拨号，则配置好拨号所需的用户名、密码和其他拨号参数。

“静态 IP 地址”可以填写成“IP/掩码”和“IP/掩码-HA”两种形式。后一种形式表示同步网口配置时，不同步 IP 地址，适用于 AF 设备双机部署的环境。

本例中，外网接口连接的是静态 IP 的光纤线路，所以选择静态 IP，并且配置 ISP 提供给该光纤线路的公网 IP 地址和下一跳网关。

“线路带宽”设置公网链路的上下行带宽，点击下拉选项可以修改带宽单位。

“链路故障检测”用于检测链路的好坏。如果需要进行链路故障检测，则可以点击“设置”按钮，设置检测方法如图 3-4-7 所示。

勾选“启用”，开启链路故障检测。

链路检测方法包括 ARP 探测、DNS 解析和 Ping。如果选择 ARP 探测，需要配置被探测的 IP 组，以及发起探测的接口 IP；选择 DNS 解析，则需要配置 DNS 服务器和解析域名；若开启 Ping 检测，则填写 Ping 检测 IP。

本例中，开启 Ping 检测，通过 Ping 目标 IP 为“202.96.137.23”的地址来检测链路的好坏。

第四步：配置内网接口，选择空闲网口，点击接口名称进入配置页面，配置内网接口类型为路由接口，WAN 口类型为否，配置 IP 地址等。本例中，使用 ETH1 作为内网口，界面如图 3-4-8所示。

区域需要在接口设置前设置，本例将 ETH2 划入外网区域，ETH1 划入内网区域。

第五步：配置路由，需要配置一条到“0.0.0.0/0.0.0.0”的默认路由指向前置网关“1.2.1.2”。同时，因为本例内网接口接的跨三层的多个网段，需要添加到各网段的静态路由到三层交换机，进入“网络配置\\路由\\静态路由”，配置界面如图 3-4-8 和图 3-4-9 所示。

第六步：配置代理内网上网，进入“防火墙\\地址转换”，新增源地址转换规则，界面如图 3-4-10所示。

图 3-4-7　链路故障检测

图 3-4-8　链路物理接口设置

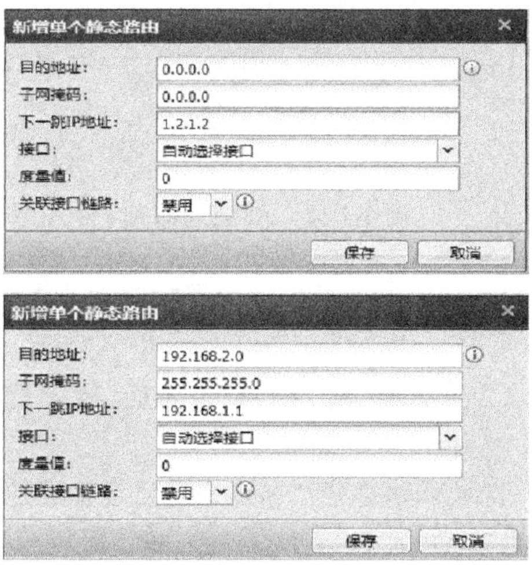

图 3-4-9　新增单个静态路由

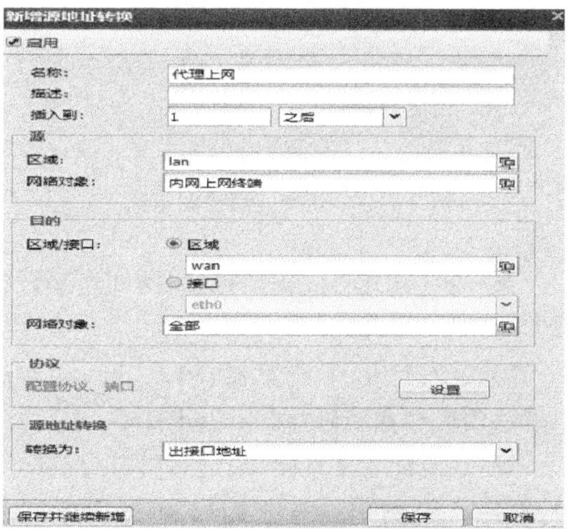

图 3-4-10　新增源地址转换规则

第七步：放通防火墙规则，由于防火墙默认禁止所有数据，需要在“内容安全\\应用控制策略”新增一条规则，放通内网区到外网区的数据，界面配置如图 3-4-11 所示。

第八步：基本配置完毕后，将设备接入网络中，ETH2 口连接光纤，ETH1 口连接内网三层交换机。

设备工作在路由模式时，局域网内电脑的网关都指向设备内网接口 IP 或指向三层交换机，三层交换机的网关再指向设备。上网数据由设备做 NAT 或路由转发出去。

当设备有多个路由接口时，多个路由接口可以设置同网段的 IP 地址，通过静态路由决定数据从哪个网口转发。设备支持配置多个 WAN 口属性的路由接口连接多条外网线路，但是需要开通多条线路的授权。

(2)AF 透明部署

当数据进出 AF 设备的网口处于透明接口模式时，设备相当于透明模式部署，视为一根带过滤功能的网线。一般在不方便更改原有网络拓扑结构的情况下启用，如气象局内网各单位需要部署防火墙，可采用这种方式，把设备接在原有网关及内网用户之间，不要更改原有网关及内网用户的配置，对 AF 设备进行一些基本配置即可使用。透明模式的主要特点是对用户做到完全透明。透明接口分为 Access 接口和 Trunk 接口。

环境部署案例：客户环境与需求，客户的网络拓扑如图 3-4-12 所示，AF 设备做透明模式，内网接三层交换机，内网网段有“192.168.2.0/255.255.255.0”“192.168.3.0/255.255.255.0”两个网段。

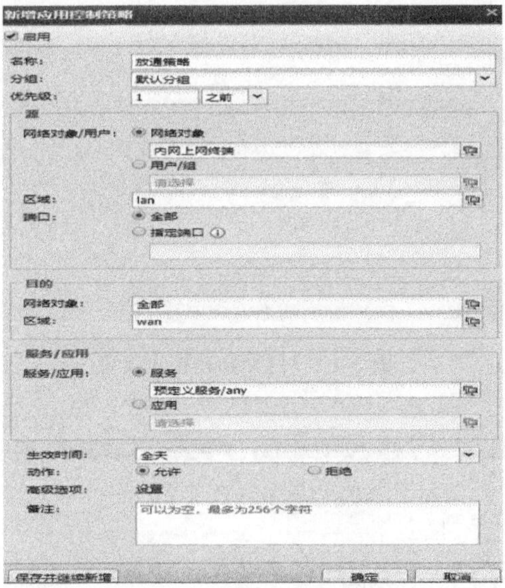

图 3-4-11 新增应用控制策略

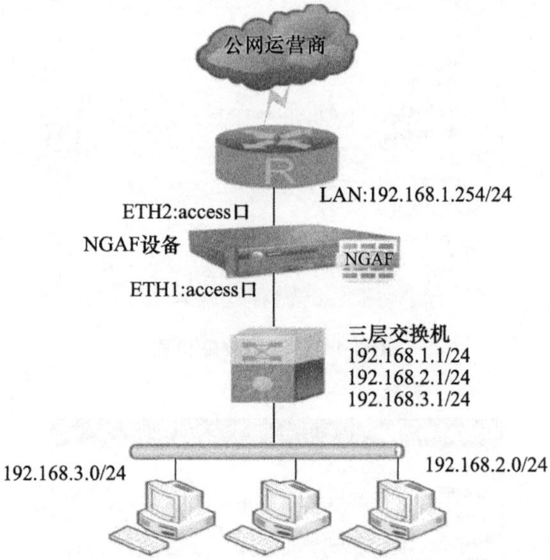

图 3-4-12 AF 透明部署

第一步：首先将设备开机，用网线连接设备的 Manage 口(ETH0)，将电脑网卡的 IP 配置成“10.251.251.253”。

第二步：打开 IE 浏览器，输入“https://10.251.251.251”，即可到登录界面，输入设备出厂默认的帐号和密码“admin/admin”。

第三步：配置外网接口，通过“网络配置\\接口|区域\\物理接口”，点击需要设置成外网接口的接口，本例中设置 ETH2 和 ETH1 口为透明口，并且设置为 Access 口，配置界面如图 3-4-13所示。

接口“类型”选择透明。

“区域”选择接口 ETH2 所属的区域。

“基本属性”可以设置是否为 WAN 口，连接上行链路的接口需要勾选 WAN 口。

“连接类型”可以选择为 Access 或者 Trunk。

本例中，网口类型选择 Access 口，一般情况下 Access 接口属于 VLAN1，可以不修改，也可以设置成其他 VLAN，但设备的两个接口必须在相同 VLAN。

“高级配置”用来设置网口的工作模式，MTU、MAC 地址如果需要修改，点击“设置”按钮，界面如图 3-4-14 所示。

图 3-4-13　编辑物理接口

图 3-4-14　高级设置

区域需要在接口设置前设置，本例将 ETH2 划入外网区域，ETH1 划入内网区域。

第四步：设置 VLAN 接口，为 VLAN 接口设置 IP 地址，则可以通过 VLAN 接口的 IP 地址登录设备控制台做管理。

本例中，设置 VLAN 接口 IP 地址为“192.168.1.2/24”，进入“网络配置\\接口|区域\\VLAN 接口”，设置界面如图 3-4-15 所示。

图 3-4-15　设置 VLAN 接口

第五步："网络配置\\路由\\静态路由"，添加 AF 设备上网的默认路由，同时添加到达内网的静态路由，界面如图 3-4-16 所示。

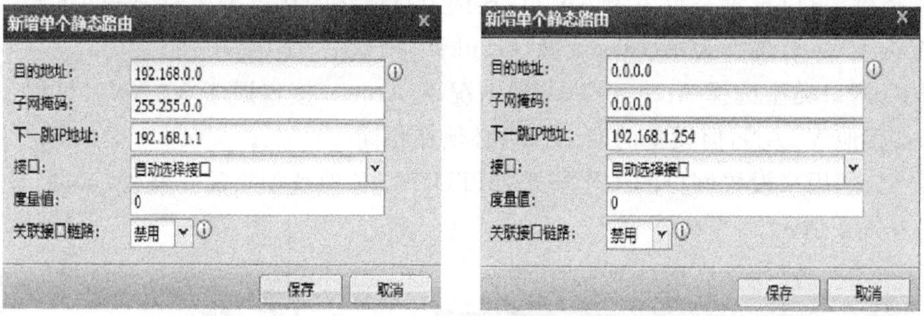

(a) (b)

图 3-4-16　新增内网静态路由

第六步：放通防火墙规则，由于防火墙默认禁止所有数据，需要在"内容安全\\应用控制策略"新增一条规则，放通内网区到外网区的数据，配置界面如图 3-4-17 所示。

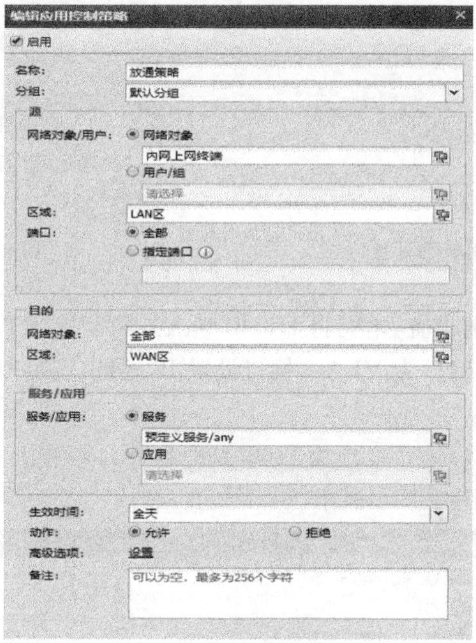

图 3-4-17　放通防火墙规则

第七步：基本配置完毕后，将设备接入网络中，ETH2 口连接前置路由器，ETH1 口接内网三层交换机。

3. 常用功能

AF 功能多，还在不断更新发展，以下简要介绍该防火墙的常用功能，具体操作步骤参考最新的使用手册。

(1)查看运行状态："运行状态"主要用于查看设备的基本状态信息，包括总览、安全运营中心、业务安全、用户安全、流量会话、DHCP 运行状态和封锁攻击者 IP。

(2)DHCP 功能用于 AF 设备作为 DHCP 服务器的设置以及 DHCP 中继功能的设置。

(3)SNMP 用于支持其他网管设备或软件用 SNMP 方式来管理和查看 SANGFOR 设备的相关信息,如接口状态、接口流量、路由等系统相关信息,方便用户集中管理、维护、监控网络。

(4)SSL VPN 功能是一种既简单又安全的远程隧道访问技术。SSL VPN 采用公匙加密的方式来保障数据在传输过程中的安全性,它采用浏览器和服务器直接沟通的方式,既方便了用户的使用,又可以通过 SSL 协议来保证数据的安全。

(5)DoS 攻击/DDoS 攻击,通常是以消耗服务器端资源、迫使服务停止响应为目标,通过伪造超过服务器处理能力的请求数据造成服务器响应阻塞,从而使正常的用户请求得不到应答,以实现其攻击目的。AF 设备的防 DoS 攻击功能分成外网对内攻击防护策略、内网对外攻击防护策略和本机 DoS 防护三个部分,既可以防止外网对内网的 DoS 攻击,也可以阻止内网的机器中毒或使用攻击工具发起的 DoS 攻击,还能防止 AF 设备本身遭受 DoS 攻击。

(6)漏洞攻击防护依靠对数据包的检测来发现对内网系统的潜在威胁。检查入网的数据包,确定这种数据包的真正用途,然后根据用户配置决定是否允许这种数据包进入目标区域网络。

(7)Web 应用防护主要用于保护内网的 Web 服务器免受各种攻击,是专门针对客户内网的 Web 服务器设计的防攻击策略,可以防止 OS 命令注入、SQL 注入、XSS 攻击等各种针对 Web 应用的攻击行为。

(8)"僵尸网络"主要用于发现和隔离内网感染了病毒、木马等恶意软件的 PC,当病毒、木马试图与外部网络通信时,AF 识别出该流量,并根据用户策略进行阻断和记录日志。

(9)内容安全策略主要有邮件安全、URL 过滤、文件安全三种安全设置。邮件安全包含邮件内容检测和邮件附件过滤、邮件附件杀毒;URL 过滤主要是用于过滤符合设定条件的网页 URL 地址;文件安全包含文件过滤和文件杀毒。

(10)应用控制策略根据数据包的应用层特征来过滤上网数据,也可以根据数据包的端口来进行过滤。例如可以实现上班时间禁止内网用户玩游戏。该模块的设置需要调用"对象设置"里面的服务、网络对象、时间计划、应用特征识别库等对象。

(11)连接数控制用于设置单个 IP 的最大会话数。分为源 IP 连接数控制、目的 IP 连接数控制和双向 IP 连接数控制。源 IP 连接数控制:当内网用户下载 P2P 等应用以及内网用户计算机感染病毒时,短时间内会发送很多连接,影响网络设备的性能,此时可以使用源 IP 连接数控制限制单内网 IP 的最高会话,减少网络损耗。

(12)ARP 欺骗是一种常见的内网病毒,中病毒的计算机不定时地向内网发送 ARP 欺骗的广播包,使内网机器的正常通信受到干扰和破坏,严重时会导致整网断网。设备通过不接受有攻击特征的 ARP 请求或回复来保护设备本身的 ARP 缓存,实现自身的免疫。如果设备的访问控制用户有绑定 IP/MAC,则设备会以绑定的 IP/MAC 信息为准。

(13)流量管理通过建立流量管理通道,对各种上网应用的流量大小进行控制。流量管理系统提供了带宽保证和带宽限制功能,通过带宽保证可以保证重要应用的访问带宽,通过带宽限制可以做到限制用户组/用户上下行总带宽、各种应用的带宽等。流量管理系统同时提供流量子通道的功能,可以根据需求建立流量子通道,对通道流量做更为细化的分配。

(14)数据中心主要用于查询和统计各功能模块产生的日志。例如可以查询出 Web 应用防护阻断的攻击行为、攻击源 IP、目标 IP 等详细信息,可以统计出服务器在指定的时间内受到多少次 DoS 攻击等。

3.5 上网行为管理

上网行为管理是指帮助互联网用户控制和管理对互联网的使用,其包括对网页访问过滤、上网隐私保护、网络应用控制、带宽流量管理、信息收发审计、用户行为分析等。

上网行为管理产品及技术是专用于防止非法信息恶意传播,避免国家机密、商业信息、科研成果泄露的产品;并可实时监控、管理网络资源使用情况,提高整体工作效率。上网行为管理产品系列适用于需实施内容审计与行为监控、行为管理的网络环境,尤其是按等级进行计算机信息系统安全保护的相关单位或部门。

为了保障系统运营过程中拥有健康的网络环境,常常会使用上网行为管理系统。上网行为管理系统除了简单的屏蔽网页浏览以外,还具有很多实用的功能,如对全网终端、应用、数据和流量的可视可控,智能感知终端违规接入、敏感数据泄密、上网违规行为等内部风险。上网行为管理系统不仅只有上网行为控制,还包括上网安全过滤、权限设置、集中管理、报告报警机制等。上网行为管理系统一般具有以下功能。

上网认证管理:支持按照组织结构等方式构建用户的帐户组,可进行帐户实名制管理,访问网络前必须进行身份验证。确保每位员工均为实名登录。

上网行为控制:支持针对不同需求的人员,设置不同的使用权限,包括应用访问权限、网址访问权限、终端使用权限等。实现对上网活动的精细化管控。

上网内容过滤:支持针对网络活动过程中涉及的来往邮件、聊天、留言等信息进行敏感内容的过滤。

上网审计:支持对访问网络内容、行为的全面审计,记录能够根据访问时间、帐户名、IP 地址、应用、网址等多个维度进行精细化的审计。

根据实际应用需求和技术的发展,上网行为管理系统的功能也在不断变化和扩充。

上网行为管理设备部署模式常见的有路由模式、网桥模式、旁路模式。选择一种合适的部署模式是顺利将设备安装到网络中并使其能正常使用的基础。

路由模式:将设备作为一个路由设备使用,一般是把设备放在内网网关出口的位置,代理局域网上网;或者把设备放在路由器后面,再代理局域网上网,如图 3-5-1 所示。

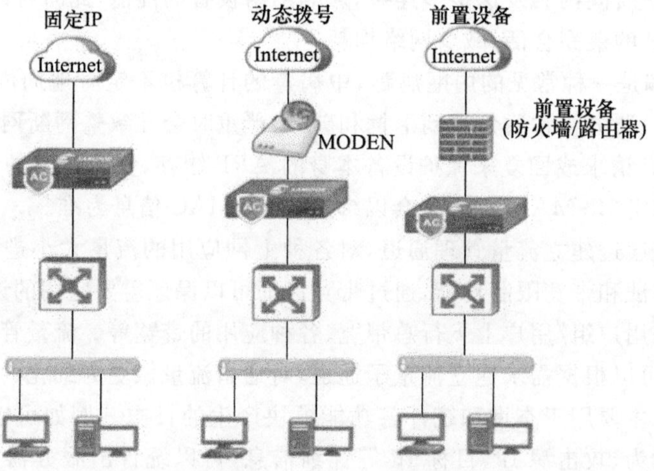

图 3-5-1　路由部署模式

网桥模式：网桥模式是把设备视为一条带过滤功能的网线使用，一般在不方便更改原有网络拓扑结构的情况下启用。把设备接在原有网关及内网用户之间，原网关及内网用户不需要做任何配置改变的情况下，对设备进行一些配置即可使用。对原网关及内网用户而言，亦不知设备的存在，平滑部署到网络中，即所谓对原网关及内网用户透明，如图 3-5-2 所示。

旁路模式：旁路模式不需要改变用户的网络环境，并且可以避免设备对用户网络造成中断的风险。用于把设备接在交换机的镜像口或者接在 HUB 上，保证内网用户上网的数据经过此交换机或者 HUB，并且设置镜像口的时候需要同时镜像上下行的数据，从而实现对上网数据的监视与控制，如图 3-5-3 所示。

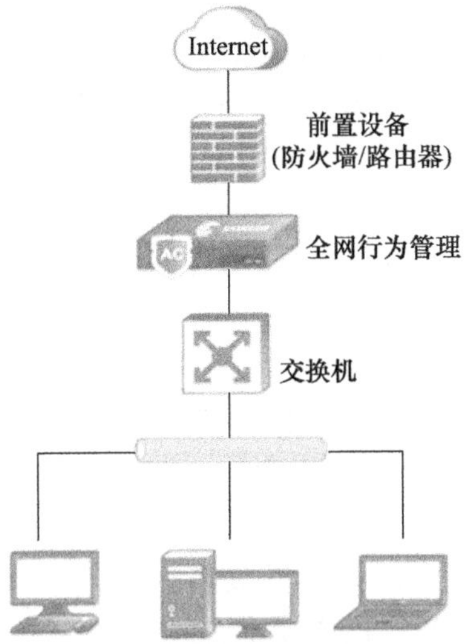

图 3-5-2　网桥部署模式

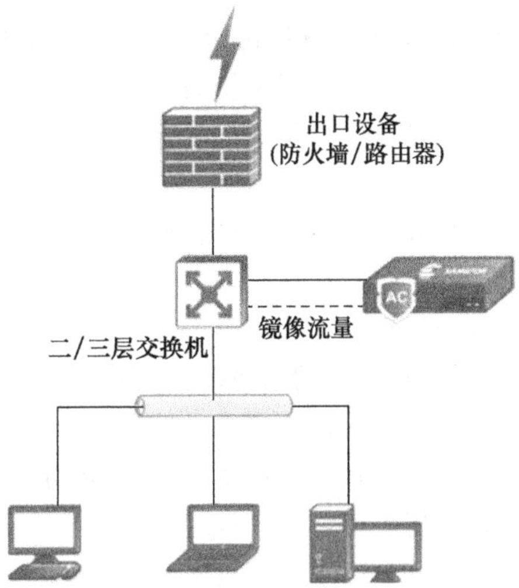

图 3-5-3　旁路部署模式

以上三种部署模式中，路由模式能实现的功能更多、更全面，但配置更复杂。

3.6　网络安全态势感知

态势感知是一种基于环境的，动态、整体地洞悉安全风险的能力，是以安全大数据为基础，从全局视角提升对安全威胁的发现识别、理解分析、响应处置能力的一种方式，其最终是为了决策与行动，是安全能力的落地。

网络安全态势感知是 2018 年全国科学技术名词审定委员会公布的计算机科学技术名词。在大规模网络环境中，对能够引起网络态势发生变化的安全要素进行获取、理解、显示，并据此预测未来的网络安全发展趋势。

一个完整的态势感知系统一般包含数据采集、存储计算、核心业务和态势分析四个部分。

数据采集：这个部分由大量软件和硬件探针组成，负责采集态势相关的元数据，主要包括信息系统的日志以及信息安全产品的日志和告警。

存储计算模块：自动根据预设的数据清洗规则，归一化处理各种品牌、型号的设备产生的日志，根据数据库要求进行存储和索引编制，从而为下一步分析做好数据标准化。

核心业务：这个层面是各类算法和模型的运算中心。存储计算模块一旦引入新数据，就会触发相应模块进行计算，最终对各模型算法的计算结果进行排重和甄别，形成相对统一的结果。

态势分析:这个层次是操作网络安全态势感知的主要界面。态势分析负责实现网络安全的具体业务操作,如态势展示和安全处置等。

网络安全态势感知系统所涉及的技术比较多,这里介绍以下几个方面技术。

网络数据收集方面:数据收集的主要来源是网络设备配置信息、网络设备维护日志信息、警报信息和安全工具日志信息,并且通过有效地集成这些信息,可以为高层次、抽象地理解这些信息提供依据。对于数据收集来说,数据量非常多,例如 Web 服务日志、防火墙日志、安全情报数据,采用 Web 爬虫技术抓取 Web 应用网页内容信息,采用端口探测技术、服务探测技术、操作系统探测技术等工具获取各种设备、Web 应用、邮件系统和 DNS 系统基础信息,采用漏洞扫描技术、Web 扫描技术和 Web 爬虫技术获取各种设备、Web 应用、邮件系统和 DNS 系统漏洞信息。网络数据流量高,采集难度大,可全面提升探针容错性,加强数据采集能力。实时采集网络数据,可通过分光器镜像、网络端口镜像,将收集数据传输到分析平台,分析数据信息。

数据预处理方面:网络安全态势感知系统,主要应用大数据技术处理数据,按照预先设计流程,确保数据处理的可靠性与精确性。在大数据技术中,分布式处理,扩展性较强。

数据预处理技术处理由信息采集传递过来的原始数据,数据存储时可以被同时写入多个不同的存储节点,不同的数据会被写到不同的存储节点上,节点比较多时,就会相应提升并发处理能力。解析组件负责对原始数据进行解析,这些特征信息将汇入到信息库中。安全态势感知系统利用搜索引擎搜索,可以实现分布式全文搜索。

数据分析方面:在分析数据时,挖掘数据中潜在风险,全面做好安全防范处理工作。可能要应用到机器学习重沙箱技术、反病毒查杀技术、恶意代码智能检测技术、自动化数据处理技术。对于恶意代码,则以常规软件、恶意软件作为样本,建立人工智能引擎,深入分析不同软件的特征,同时建设可识别恶意软件的模型,确保恶意软件识别的准确性。对于反病毒查杀技术,在现有技术上优化,确保病毒信息、数据信息识别的准确性。针对机器学习、重沙箱技术,因系统数据采集、处理能力较强,需要高度依赖机器学习、关联分析技术,确保数据筛选的准确性,同时提取重要信息,传输至人工运营团队。建设数据自动化处理平台,通过全貌特征,跟踪攻击者,及时发现潜在威胁,生成可用的威胁情报。

网络安全态势评估方面:及时识别网络攻击活动及其特征,然后通过对这些特征的分析,评估攻击的目的和意图。常用的有基于数学模型的态势评估方法,其常用方法包括层次分析法、熵值法、集对分析法等。其中,层次分析法相对简单,但各层次因素受人的因数影响较大。熵值法比层次分析法更可靠、更准确,但是熵法的缺点是不能降低目标层次的权重,由于无法比较它们之间的级别,因此评估工具的规模很大。

网络安全态势预测方面:对网络安全信息进行分析,结合过去经验和当前理论的综合和分析,以预测网络安全的未来趋势。网络安全状况的变化是不确定的,其性质、范围和目的也不确定,根据网络安全预测的属性,可以将常用的网络安全预测方法分为有因果预测法和定性预测法。根据两者之间的不同关系,由系统变量确定某些因素的可能结果,通过建立正确的数学模型,经过数学模型计算,推测出网络安全的发展趋向。定性预测方法是先将前期所收集到的网络安全要素归纳整理到一起后,依据预先制定好的判断逻辑和思维,对各种网络安全信息进行判断后,预测各个信息的关联和发展趋势。

随着人工智能、大数据等技术在许多领域迅速发展,态势感知系统也将深度融合大数据和人工智能技术，提供精准预测和防御处置建议，基于新一代人工智能科学技术的网络安全态势预测技术将会大量使用。

网络安全态势感知平台总体架构分为信息资源层、应用支撑层和应用层。

信息资源层：支持整合不同来源数据，包括文本日志、应用接口（应用数据）、网络设备、存储设备、数据库记录和安全设备等。提供应用系统的日志生成规范，包括日志格式、存储、字段内容等，通过日志采集完成各种信息资源的集中存储。

应用支撑层：包括基础平台、日志采集、存储管理、智能分析、综合展示，负责数据采集、处理、分析与呈现。

应用层：面向业务场景交付，包括日志合规的分析结果、安全审计、绩效评估和业务分析等方面，是在开发过程中不断迭代优化的部分。

网络安全态势感知相关技术在不断发展中，其架构及各层次的功能也在不断变化。

3.7　Windows 安全管理

3.7.1　Windows 10 数据备份与还原

工作生活中，人们对于数据的依赖性越来越重，现在的文件和资料大多以电子方式记录，部分文件对我们来说非常重要，失去它们的后果是很严重的。在 Windows 10 系统的使用过程中，有时难免会把系统弄坏或中毒，从而导致电脑需要重装系统，为了保护好我们的数据，避免系统重装，我们可以进行系统备份与还原操作。

1. Windows 10 系统备份与还原功能

计算机操作系统的稳定是非常重要的，我们需要定期对系统进行备份，当系统出现问题的时候，可以使用之前的备份来恢复系统到备份时的状态。

（1）创建还原点

当计算机的某些功能不能正常使用，又不想重装系统时，我们可以使用计算机的还原点，将系统还原到系统未出问题的时间点。

首先要创建还原点，才可以使用还原点来还原系统。系统可以自动创建还原点，也可以手动创建还原点。系统创建还原点的操作不受我们的控制，启用了系统保护，Windows 10 可以在对系统进行改动的时候自动创建还原点。下面介绍如何手动创建还原点。

1）右键单击桌面上的“此电脑”图标，然后在弹出的菜单中选择“属性”，打开“系统”窗口，点击窗口左侧的“系统保护”，如图 3-7-1 所示。

2）弹出“系统属性”对话框的“系统保护”选项卡，在保护设置中如果要创建还原点的可用驱动器“保护”状态为“关闭”，需要先在“配置”中“启用系统保护”，并设置磁盘空间使用量，如图 3-7-2 所示。

3）保护状态启用后，点击“创建”按钮，给启用系统保护的驱动器创建还原点。在系统保护窗口输入创建还原点的名称，然后点击“创建”，如图 3-7-3 所示。

4）还原点创建完成后，系统提示“已成功创建还原点”，如图 3-7-4 所示。

（2）使用还原点

当系统出现问题时，可以使用系统自动创建或我们手动创建的还原点来还原系统到之前的状态。

图 3-7-1　Windows 10 系统备份

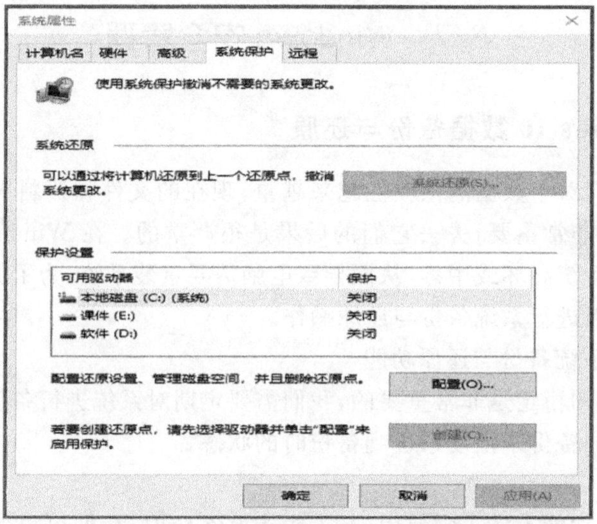

图 3-7-2　Windows 10 系统属性

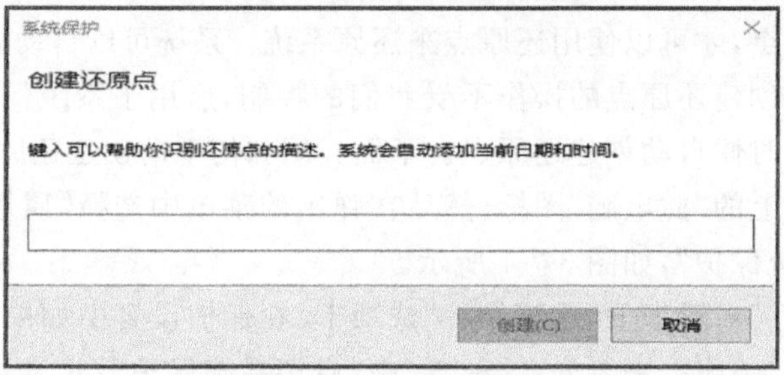

图 3-7-3　创建还原点

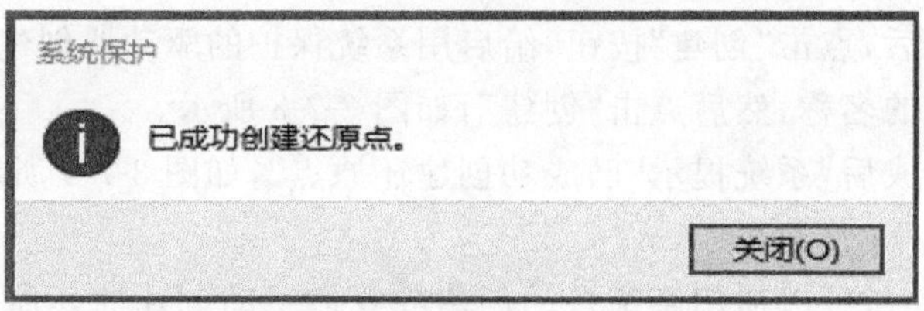

图 3-7-4　创建还原点信息框

1)关闭所有打开的文档和程序。右键单击桌面上的“此电脑”图标,在弹出的菜单中选择“属性”,打开“系统”窗口,然后单击“系统”窗口左侧的“系统保护”,打开“系统属性”对话框。单击窗口上部的“系统还原”按钮,在系统还原向导中点击“下一步”,如图 3-7-5 所示。

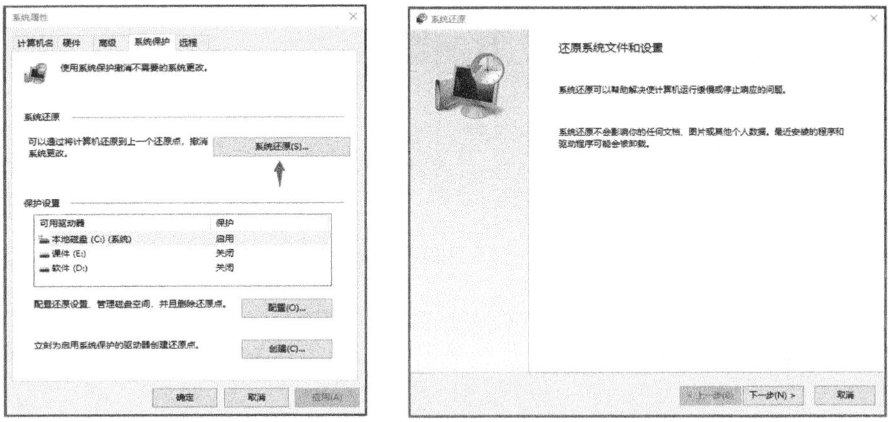

图 3-7-5　使用还原点

2)此时我们需要选择一个还原点,并点击“下一步”,系统会弹出“确认还原点”警告,点击“完成”,如图 3-7-6 和图 3-7-7 所示。

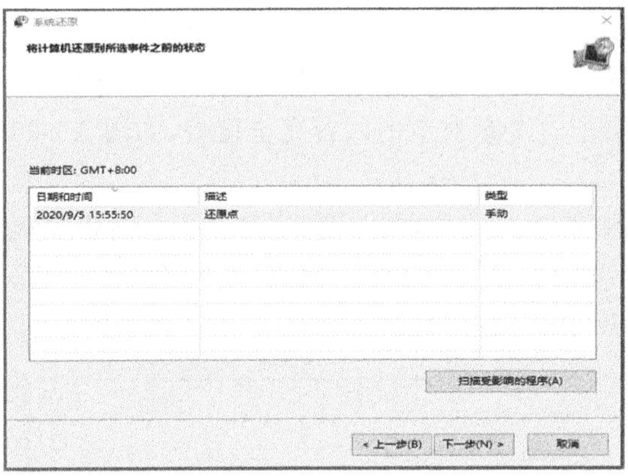

图 3-7-6　选择还原点

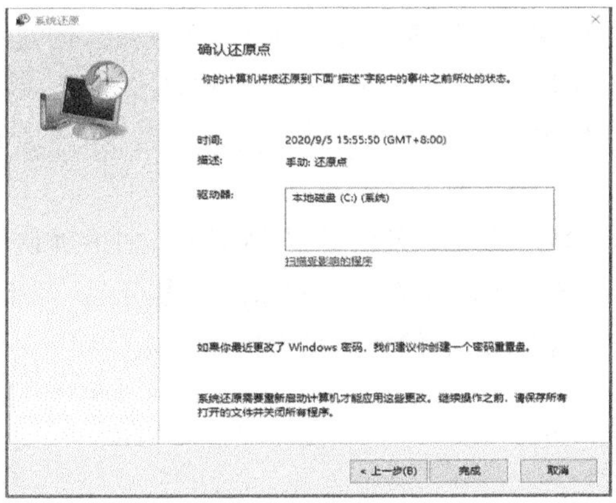

图 3-7-7　确认还原点

3)系统会再次弹出警告,接受点击“是”,计算机会注销系统进入还原过程。系统正在还原中时不要进行任何操作。还原结束后计算机会自动重启并且进入系统,弹出提示,如果看到“系统还原已成功完成”提示,表明系统还原成功。

2. Windows 10 创建并恢复系统映像

当计算机硬盘或系统遭到严重破坏时,还原点有时无法恢复。如果我们在系统正常状态时创建过完整的系统映像,就可以很好地解决这个问题。创建的系统映像建议存放在移动硬盘上或者非系统所在的硬盘上。下面介绍如何创建、使用系统映像。

(1)创建系统映像

1)打开“控制面板”窗口,单击“备份和还原(Windows 7)”,如图 3-7-8 所示。

2)在弹出的“备份和还原(Windows 7)”窗口中,单击左侧的“创建系统映像”,打开“创建系统映像”对话框，如图 3-7-9 所示。

图 3-7-8　打开控制面板

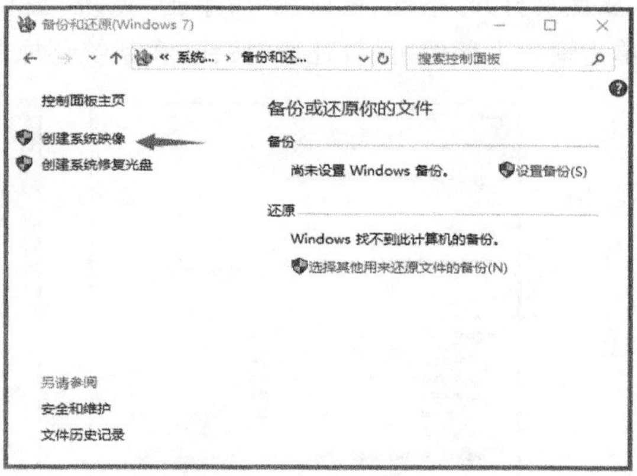

图 3-7-9　创建系统映像

3)在弹出的“创建系统映像”对话框中，选择系统映像的存放位置，建议存放在移动硬盘或非系统所在的硬盘上。如果我们选择系统所在的硬盘驱动器时，系统会发出警告“选定驱动器位于要备份的同一物理磁盘上，如果此磁盘出现故障，将丢失备份。”选择好保存位置后，单击“下一步”按钮，如图 3-7-10 所示。

4)在选择要做映像的驱动器对话框中，勾选要创建备份映像的驱动器。建议在新系统和所有应用软件刚安装好且能正常运行时，创建系统映像。在选择要创建映像的驱动器时，只勾选系统所在盘(一般为 C 盘)和软件安装盘。注意：一定不能勾选存放文件资料的盘，因为创建系统映像相当于把勾选的盘做了备份，还原时会把这些盘对应的内容完全覆盖，如图 3-7-11 所示。

5)弹出“确认备份设置”对话框，如果确认没有问题，单击“开始备份”进行备份。备份完成后，系统会提示是否要创建系统修复光盘，如果需要的话，单击“是”。备份完成后关闭对话框，此时会在存放映像的磁盘上默认生成 “WindowsImageBackup”文件夹。

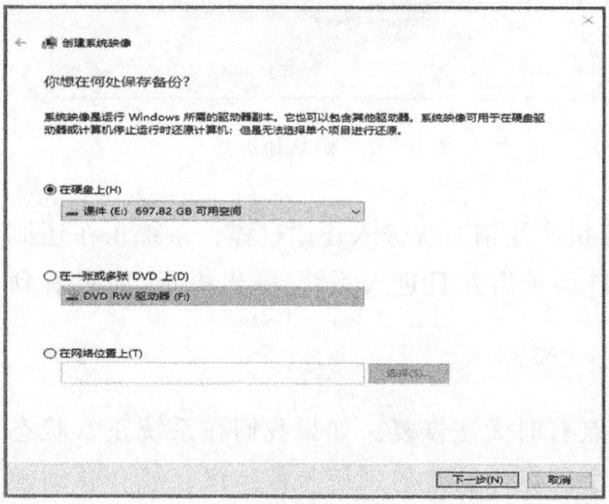

图 3-7-10　选择系统映像路径

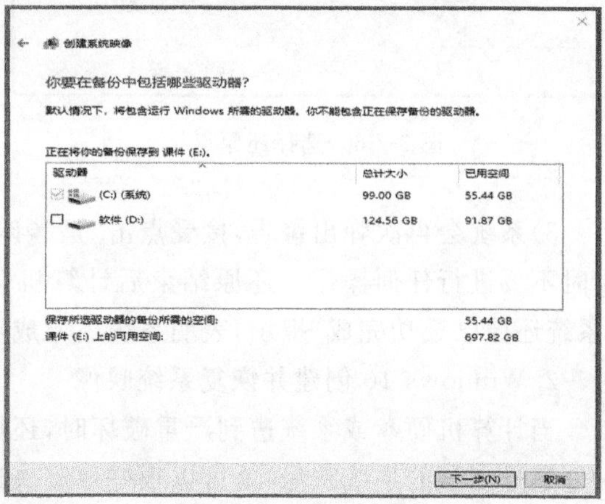

图 3-7-11　开始系统备份

(2)恢复系统映像

当系统出现某些无法处理的故障时，可以通过之前创建的系统映像进行系统恢复，下面介绍如何操作。

1)点击桌面左下角的“开始”按钮,然后单击“设置”图标,打开“设置”窗口,单击窗口内的“更新和安全”图标,如图 3-7-12 所示。

2)进入“更新和安全”设置窗口,点击窗口左侧的“恢复”,在恢复对应的右侧窗口中点击高级启动项中的“立即重新启动”,如图 3-7-13 所示。

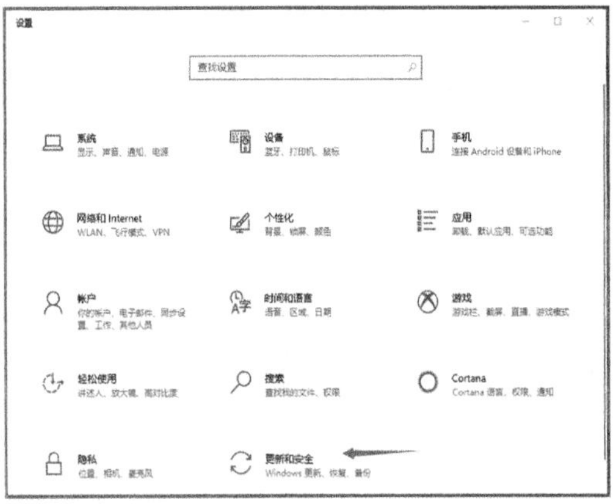

图 3-7-12　Windows 设置

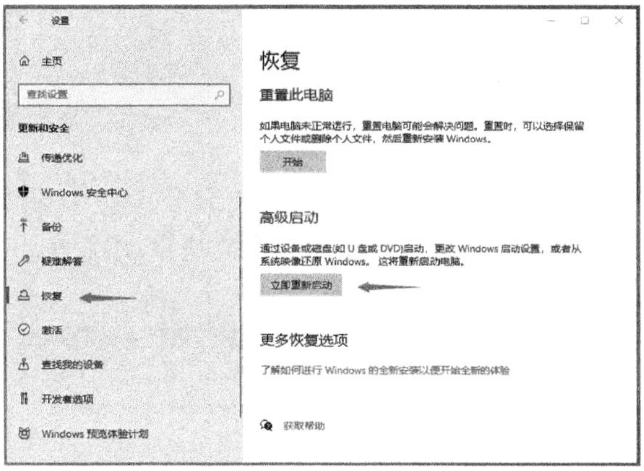

图 3-7-13　Windows 恢复

3)系统重启以后,进入“选择一个选项”窗口,点击“疑难解答”,然后在出现的界面中,点击“高级选项”,如图 3-7-14 所示。

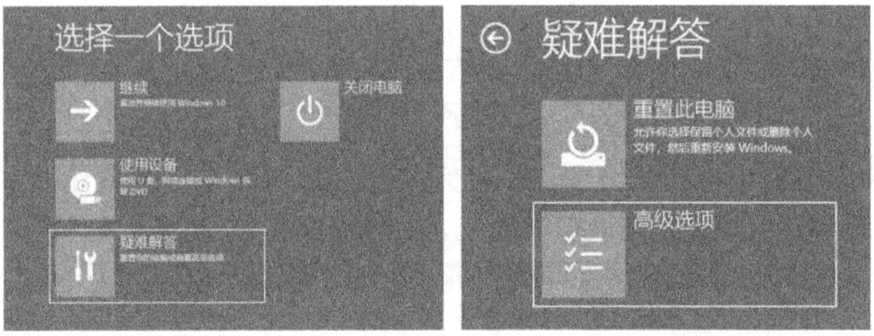

图 3-7-14　Windows 系统映像恢复“高级选项”

4)在弹出的界面中单击“系统映像恢复”按钮,如图 3-7-15 所示。

图 3-7-15　系统映像恢复选项

5)系统重启进入“系统映像恢复”程序，系统会要求选择一个帐户，输入此帐户的密码，单击“继续”按钮，如图 3-7-16 所示。

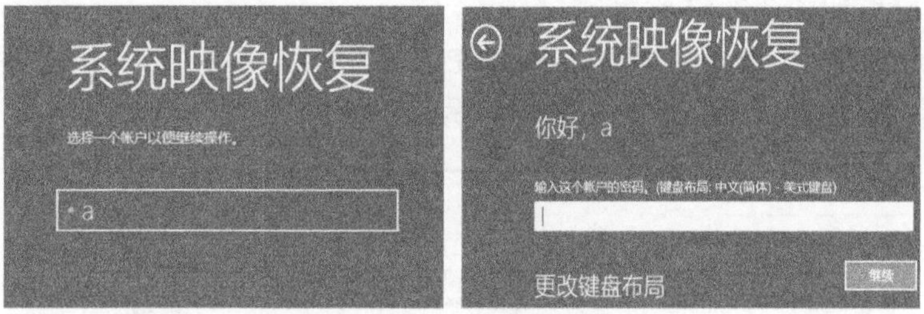

图 3-7-16　系统映像恢复

6)在对话框中选择一个系统映像，然后单击“下一步”按钮，在出现的对话框中再单击“下一步”按钮，如图 3-7-17 所示。

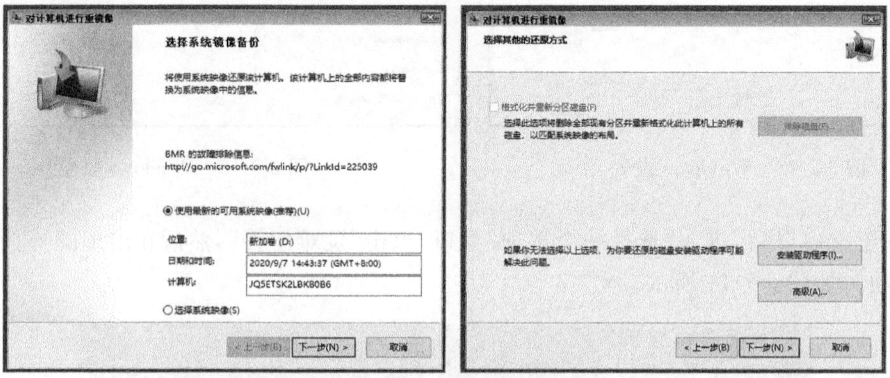

图 3-7-17　选择系统映像位置

7)确认要恢复的映像信息无误后，单击“完成”按钮，如图 3-7-18 所示。弹出警告对话框中单击“是”，计算机开始进行系统映像的恢复。一段时间后，系统恢复完成。

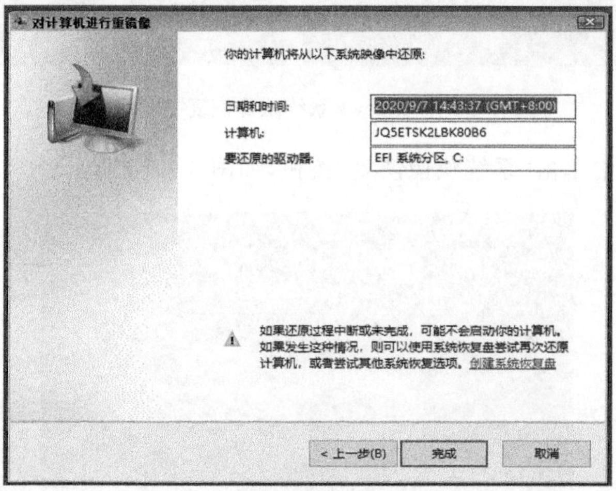

图 3-7-18　选择系统映像日期时间和要还原的驱动器

3. 注册表备份与还原

注册表是 Windows 操作系统中的一个核心数据库，其中存放着各种参数，直接控制着

Windows 的启动、硬件驱动程序的装载以及一些 Windows 应用程序的运行，其在整个系统中起着核心作用。

注册表的数据结构：注册表由键（也叫主键，或称“项”）、子键（子项）和值项构成。一个键就是分支中的一个文件夹，而子键就是这个文件夹当中的子文件夹，子键同样也是一个键；一个值项则是一个键的当前定义，由名称、数据类型以及分配的值组成。一个键可以有一个或多个值，每个值的名称各不相同，如果一个值的名称为空，则该值为该键的默认值。在注册表编辑器中，数据结构显示如图 3-7-19 所示。

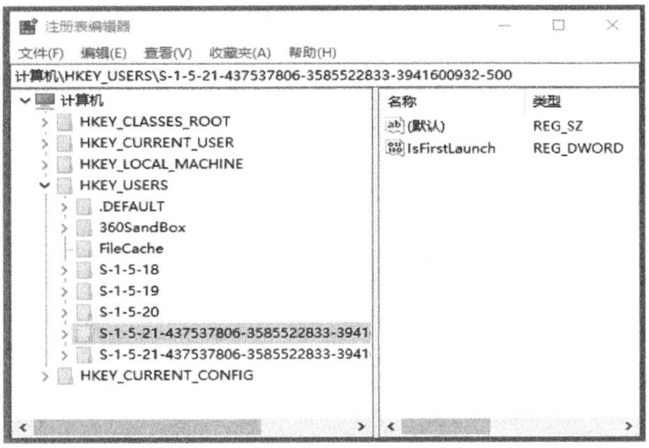

图 3-7-19　注册表编辑

注册表编辑器与资源管理器的界面相似，它有五个分支（有的是六个）：

- HKEY_CLASSES_ROOT，文件扩展名与应用的关联及信息；
- HKEY_CURRENT_USER，当前登录用户控制面板选项和桌面等的设置，以及映射的网络驱动器；
- HKEY_LOCAL_MACHINE，计算机硬件与应用程序信息；
- HKEY_USERS，所有登录用户的信息；
- HKEY_CURRENT_CONFIG，计算机硬件配置信息。

如果注册表受到了破坏，轻则使 Windows 的启动过程出现异常，重则可能会导致整个 Windows 系统的完全瘫痪。因此正确地认识、使用，特别是及时备份以及对有问题注册表的恢复，对 Windows 用户来说非常重要。

（1）注册表备份

按下键盘“Win+R”快捷键，弹出“运行”对话框，在输入框中输入“regedit”，按回车或点击”确定”，进入“注册表编辑器”，如图 3-7-20 所示。

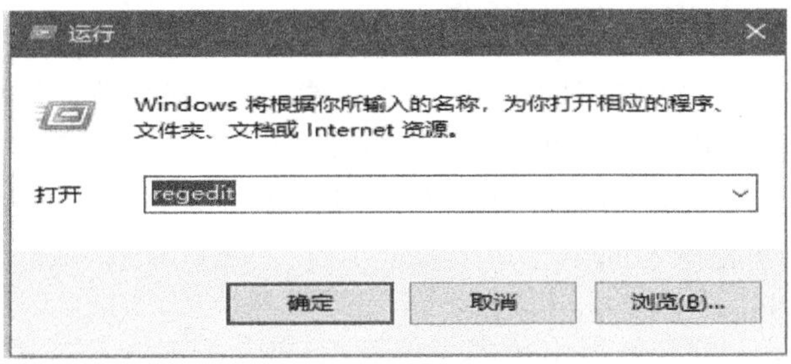

图 3-7-20　打开注册表

在弹出的“注册表编辑器”窗口中，选择菜单“文件\\导出”，如图 3-7-21 所示。

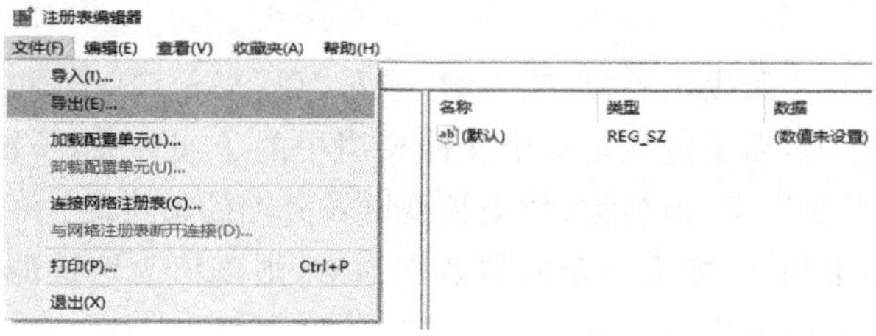

图 3-7-21 选择“导出”命令

在“导出注册表文件”对话框中，选择需要保存的位置，输入文件名，根据需要选择“导出范围(全部|所选分支)”，点击“保存”按钮等待备份完成，如图 3-7-22 所示。

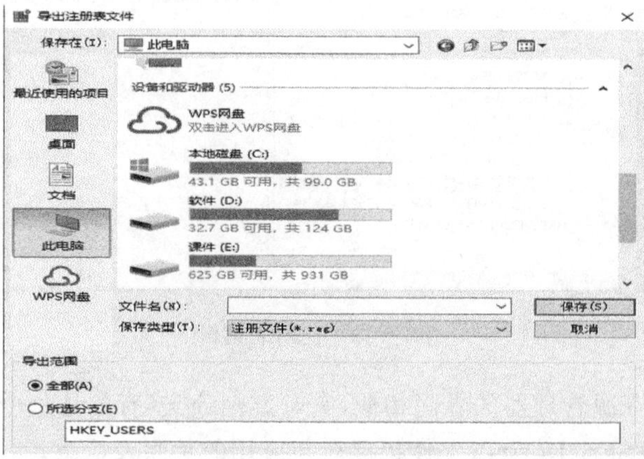

图 3-7-22 注册表保存

(2)注册表恢复

恢复注册表的操作比较简单，找到备份好的注册表文件，直接双击注册表文件，在弹出的信息框中选择“是”，等待注册表恢复，如图 3-7-23 所示。

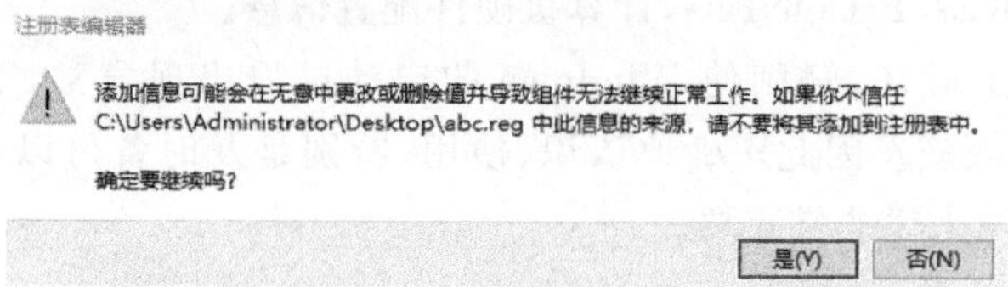

图 3-7-23 注册表恢复

3.7.2 Windows Defender 防火墙

防火墙是 Windows 系统中非常重要的一个功能，它能够协助计算机保护用户的信息安全，增强计算机的安全性，通过一定的限制，以过滤访问计算机的数据。实际上 Windows 的防火墙就是一个在 Windows 系统中自带的软件防火墙，本节主要介绍 Windows 10 自带的防火墙，不同版本操作界面可能会不同。

1. 关闭或启用 Windows Defender 防火墙

(1)打开“控制面板”，在查看方式是“类别”情况下点击“查看网络状态和任务”，打开“网络和共享中心”窗口，单击左侧的“Windows Defender 防火墙”，如图 3-7-24 所示。

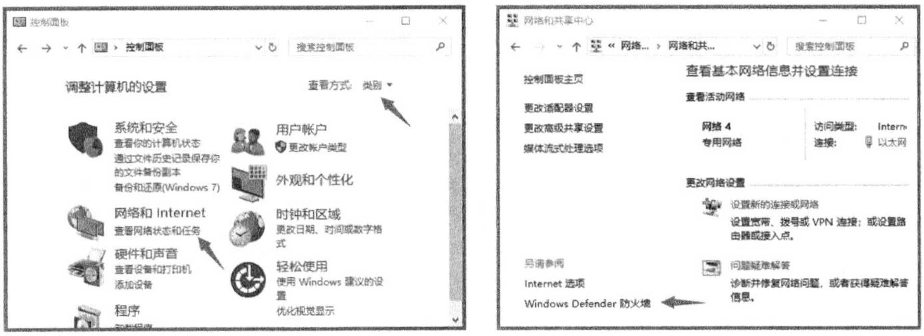

图 3-7-24　打开 Windows Defender 防火墙

(2)在“Windows Defender 防火墙”窗口中，单击左侧的“启用或关闭 Windows Defender 防火墙”，如图 3-7-25 所示。

(3)Windows Defender 防火墙默认状态下是开启的。如果没有安装其他的防火墙软件，建议不要关闭 Windows Defender 防火墙。我们可以分别修改专用网络和公用网络的防火墙设置，这两个网络的防火墙设置互不影响，如图 3-7-26 所示。

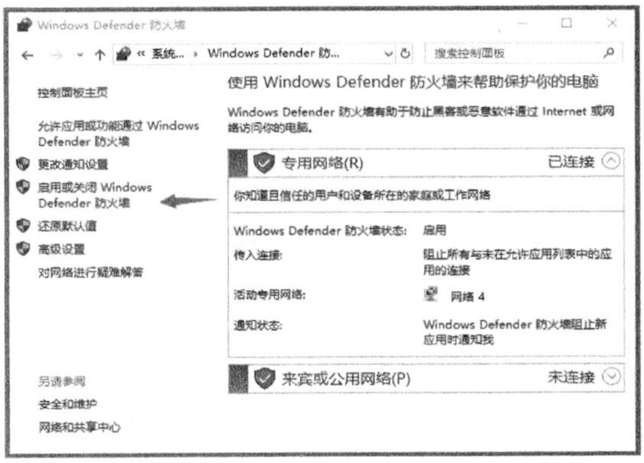

图 3-7-25　Windows Defender 防火墙设置

图 3-7-26　自定义防火墙

2. 允许或禁止应用或功能通过 Windows Defender 防火墙设置

(1)按如上步骤打开“Windows Defender 防火墙”窗口，然后单击左侧的“允许应用或功能通过 Windows Defender 防火墙”，如图 3-7-27 所示。

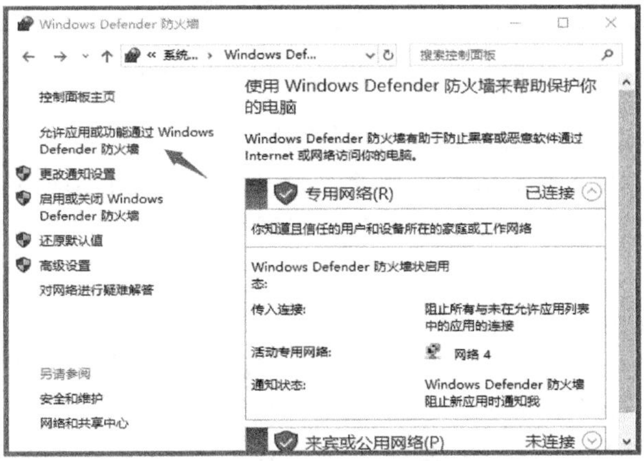

图 3-7-27　允许自定义防火墙

(2)在“允许的应用”窗口中，可以看到程序在专用和公用网络下的允许设置。如果要修改设置，需单击“更改设置”按钮，如图 3-7-28 所示。

(3)如果要允许程序或功能进行网络通信，则勾选对应的方框；如果不允许其进行网络通信，则取消对应方框的勾选，如图 3-7-29 所示。

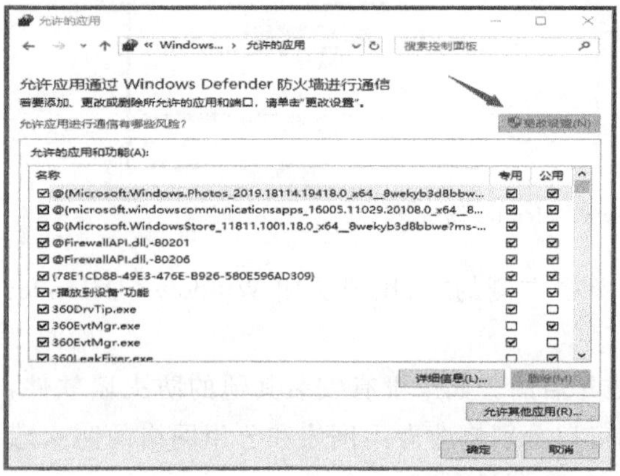

图 3-7-28　更改防火墙规则

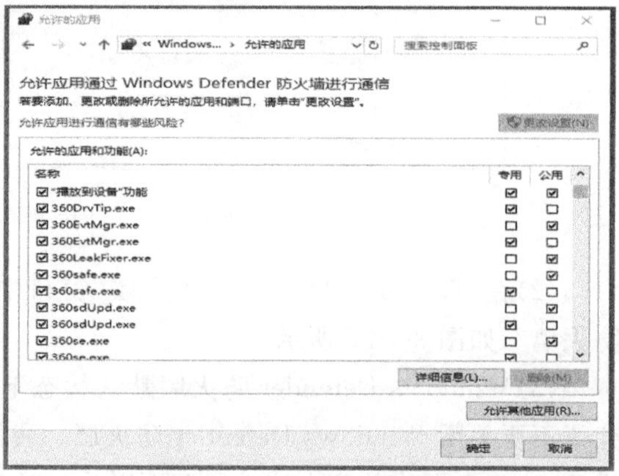

图 3-7-29　添加防火墙应用

(4)如果程序或功能没有出现在列表中，可以手动添加，单击窗口下方的“允许其他应用”按钮，在弹出的对话框中单击“浏览”按钮，如图 3-7-30 所示。

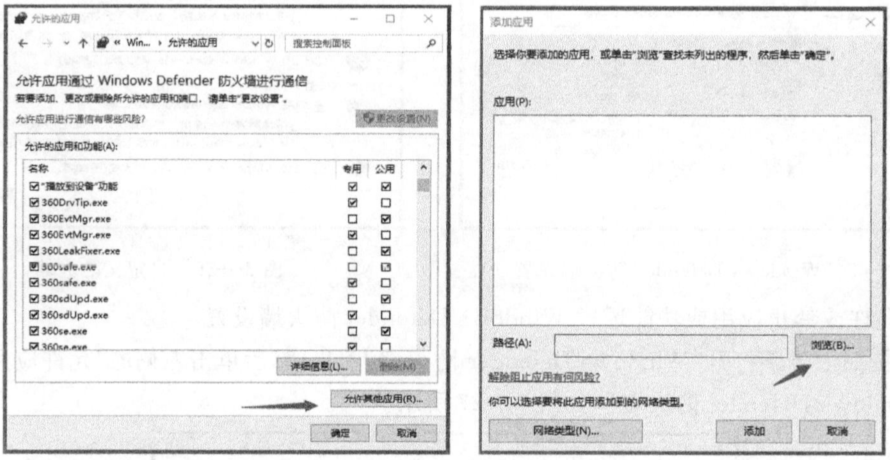

图 3-7-30　手动添加应用防火墙规则

(5)找到需要设置的程序，然后单击“打开”按钮，如图 3-7-31 所示。

(6)返回对话框中，单击左下角的“网络类型”按钮，可以设置不同网络类型下的连接权限，在弹出的对话框中可以分别设置专用网络和公用网络下的权限。设置完成后单击“确定”按钮，如图 3-7-32 所示。

3. Windows Defender 防火墙高级设置

Windows Defender 防火墙提供了强大的管理功能，如果我们要对程序的外部连接进行更加细致或详细的管理，可以使用 Windows Defender 防火墙的高级设置选项。

按照前面的步骤打开“控制面板”窗口，查看方式是“类别”情况下点击“查看网络状态和任务”。在打开的“网络和共享中心”窗口中，单击左侧的“Windows Defender 防火墙”，在“Windows Defender 防火墙”设置窗口单击左侧的“高级设置”，如图 3-7-33 所示。

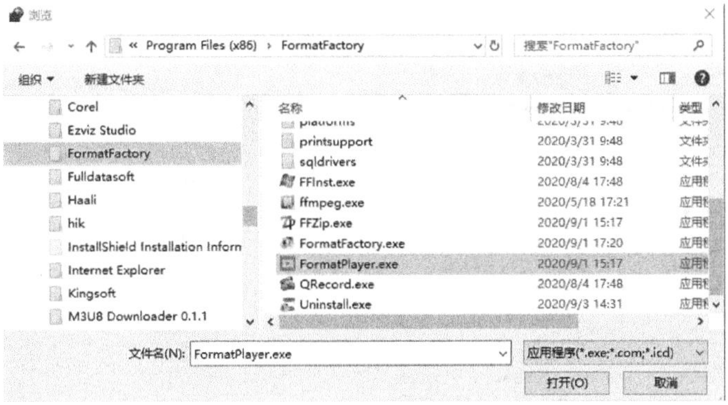

图 3-7-31　自定义防火墙“浏览”窗口

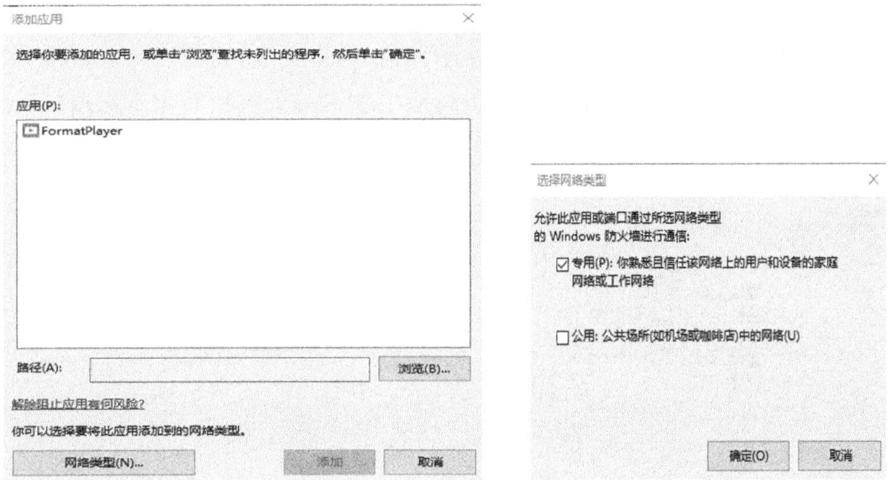

图 3-7-32　自定义防火墙“添加应用”窗口

图 3-7-33　防火墙设置窗口

“高级安全 Windows Defender 防火墙”设置窗口如图 3-7-34 所示。窗口左侧部分为快捷菜单，常用的是“入站规则”和“出站规则”设置。出站就是本机访问外网，入站就是外网访问本机，可以创建入站和出站规则，从而阻挡或者允许特定程序或者端口进行连接。假如本机安装了 Web 服务，指定端口为 8080，下面以设置本机 8080 端口的入站规则为例进行介绍。

(1)点击窗口左侧的“入站规则”，然后点击右侧的“新建规则”，如图 3-7-35 所示。

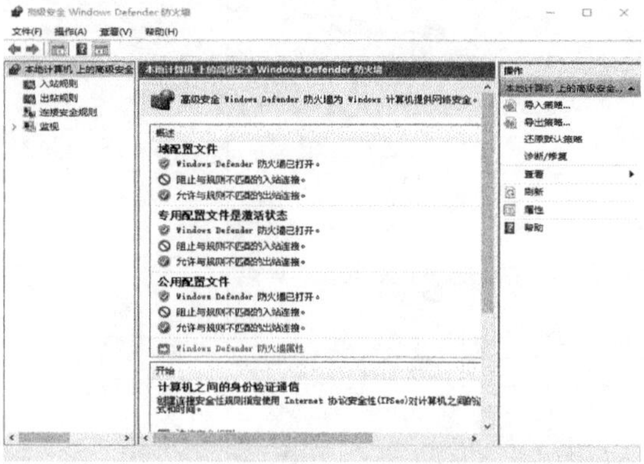

图 3-7-34　高级安全 Windows Defender 防火墙设置窗口

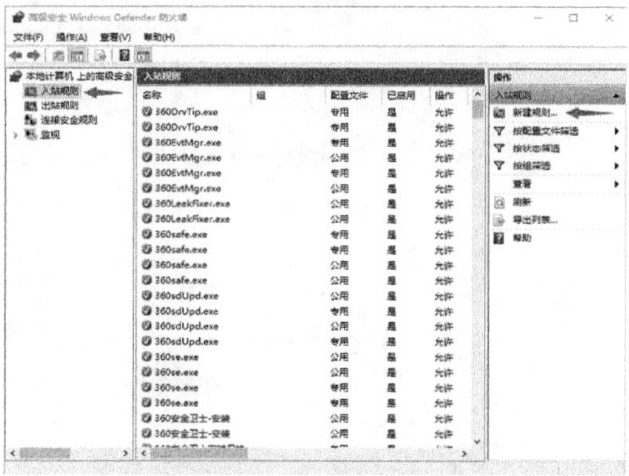

图 3-7-35　防火墙入站规则

(2)打开“新建入站规则向导”，在“规则类型”对话框中选择“端口”，然后单击“下一步”按钮，打开“协议和端口”对话框，这里 Web 使用的是 TCP 协议，选择“特定本地端口”，添加 8080 端口，然后单击“下一步”，如图 3-7-36 所示。

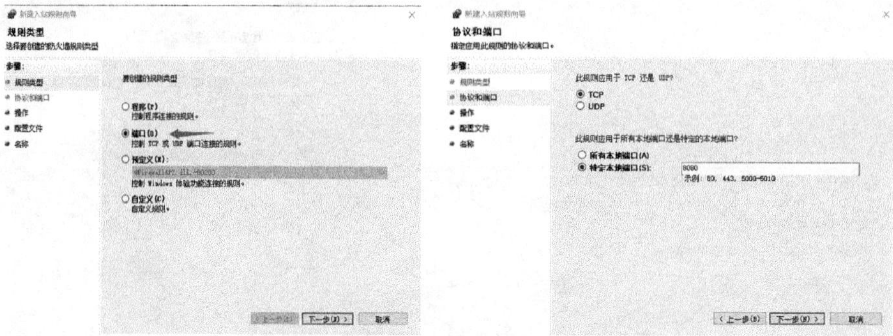

图 3-7-36　防火墙入站规则类型及选择

(3)在“操作”对话框中指定符合条件时应该如何操作。有“允许连接”“只允许安全连接”“阻止连接”三个选项。此处需要外网能够访问本机 Web 服务，选择“允许连接”，然后单击“下一步”，在弹出的对话框中选择在哪几种网络中运用刚才设置的规则，这里需要所有网络均可以访问，勾选所有网络，然后单击“下一步”，如图 3-7-37 所示。

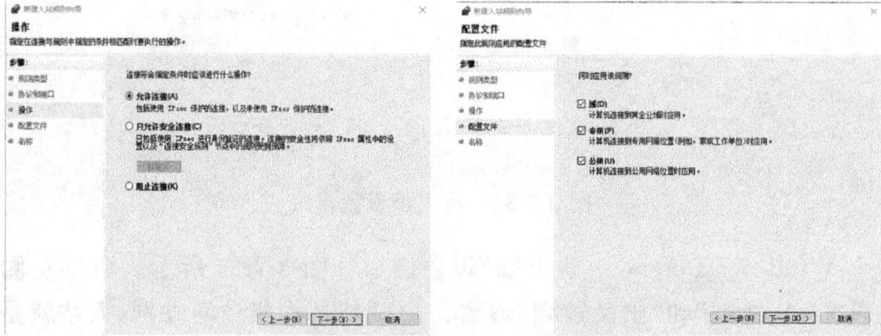

图 3-7-37　防火墙入站规则操作和配置文件

(4)在“名称”对话框中，输入这条规则的名称和相关描述，单击“完成”，如图 3-7-38 所示。

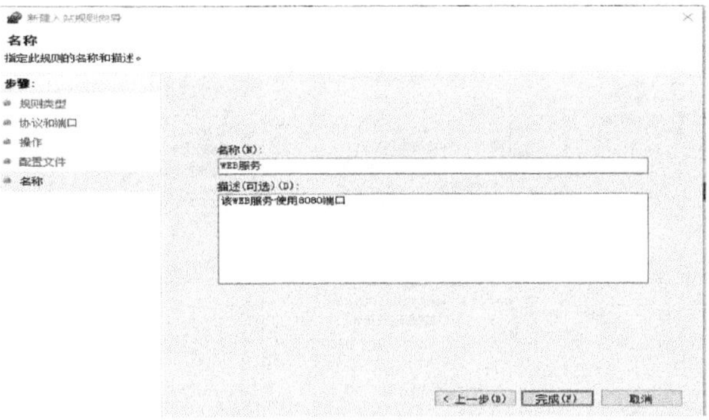

图 3-7-38　防火墙入站规则命名

(5)刚才创建的规则已经出现在规则列表里面了，如图 3-7-39 所示。

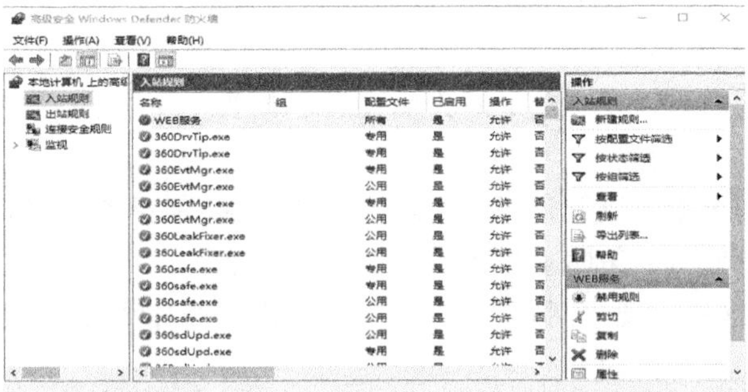

图 3-7-39　防火墙入站规则查看

(6)在规则的“属性”对话框中，有更多、更详细的设置，也可以修改以前的设置参数。双击规则列表中需要设置的规则，打开“属性”对话框，如图 3-7-40 所示。

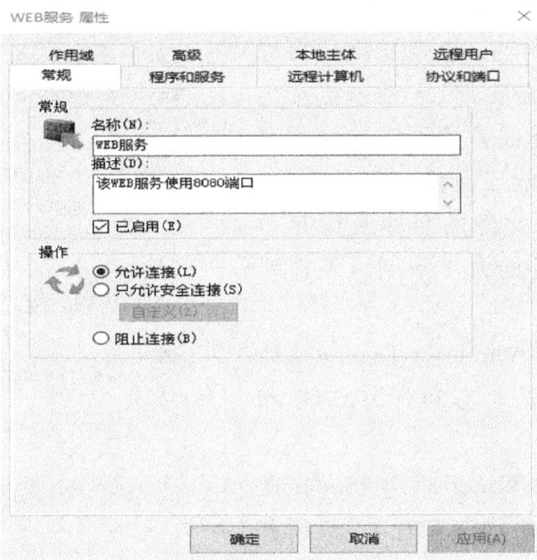

图 3-7-40　防火墙入站规则属性查看

(7)其他设置操作，如图 3-7-41 所示。

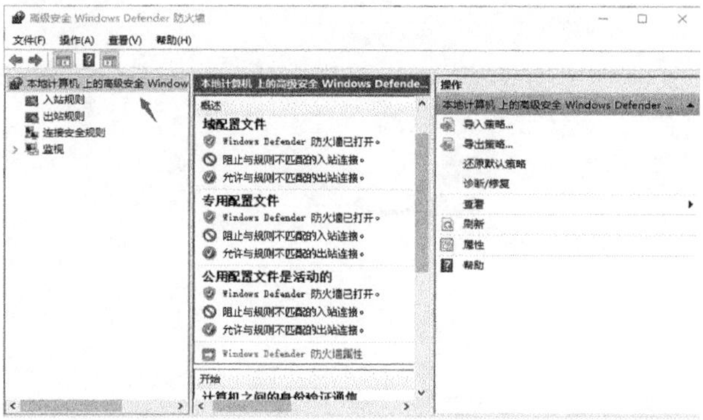

图 3-7-41　Windows 防火墙设置

导入策略：导入策略可以导入之前已经设置好的防火墙安全策略，由于防火墙高级设置比较复杂，如果之前已经保存过好的策略文件，通过导入策略菜单将之前的文件导入，免去了复杂的设置，可以大大节约时间。

导出策略：导出策略可以将当前的防火墙设置导出为一个文件，可以用于备份，也可以用于对其他计算机进行快捷设置。

还原默认策略：如果策略设置过程中出现了一些错误，但是查找又比较困难，可以通过还原默认策略的方法，将所有的策略重置为系统默认的策略。

诊断/修复：如果网络出现了问题，可以使用这个菜单来对网络进行诊断和修复。

查看：可以选择要查看的内容。

刷新：刷新当前的防火墙设置。

属性：可以查看和更改当前 Windows Defender 防火墙的属性设置。当单击“属性”链接时，可以打开 Windows Defender 防火墙属性对话框，如图 3-7-42 所示。属性对话框共有四个选项卡，分别如下。

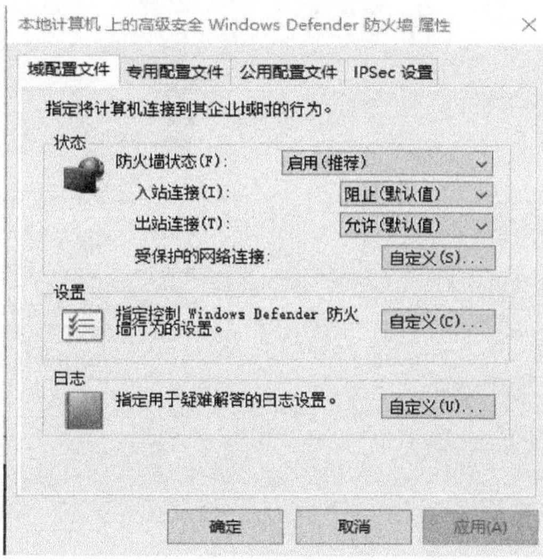

图 3-7-42　Windows Defender 防火墙属性

域配置文件：设置 Windows Defender 防火墙在域模式下的状态和行为。在状态框内可以选择此模式下是否开启防火墙、入站连接和出站连接的默认值，以及受保护的网络连接的名称。设置框可以设置域配置文件的相关选项。在日志栏可以设置日志文件的名称及保存位置，还可以设置日志文件的大小限制以及需要记录的数据等。

专用配置文件：设置 Windows Defender 防火墙在专用网络模式下的状态和行为，选项和域配置文件一致。

公用配置文件：设置 Windows Defender 防火墙在公用网络模式下的状态和行为，选项和域配置文件一致。

IPSec 设置：用于设置 IPSec 连接的相关选项。

3.7.3　Windows 病毒和威胁防护

Windows 安全中心中的病毒和威胁防护帮助扫描设备上的威胁，具有检测和删除恶意软件的功能，可以运行不同类型的扫描，查看之前的病毒和威胁扫描的结果，并获取 Windows Defender 防病毒提供的最新保护。下面以 Windows 10 为例，介绍病毒和威胁防护的使用。

1. 关闭和开启病毒和威胁防护功能

Windows 10 在默认情况下病毒和威胁防护是开启的，当我们需要做一些特殊的操作或完全使用第三方的安全软件时，可能会关闭病毒和威胁防护功能，操作步骤如下。

(1)点击左下角的“开始”菜单，找到“Windows 安全中心”，打开“Windows 安全中心”界面，如图 3-7-43 所示。

图 3-7-43　Windows 安全中心界面

(2)打开“病毒和威胁防护”界面，在“‘病毒和威胁防护’设置”下，选择“管理设置”，然后将“实时保护”和“云提供的保护”设置为“关”，如有提示，点“是”按钮，确定关闭，如图 3-7-44 所示。

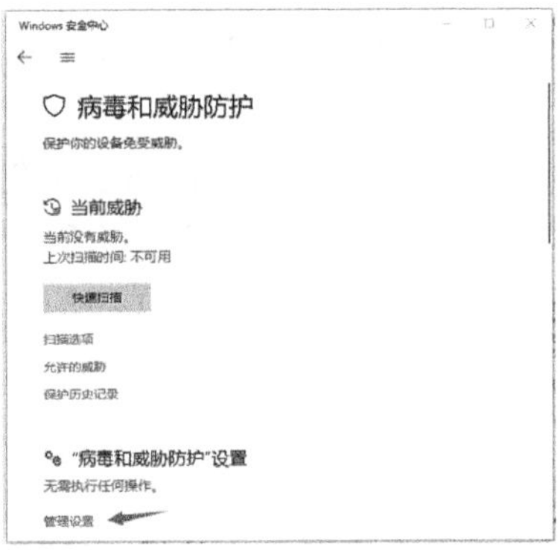

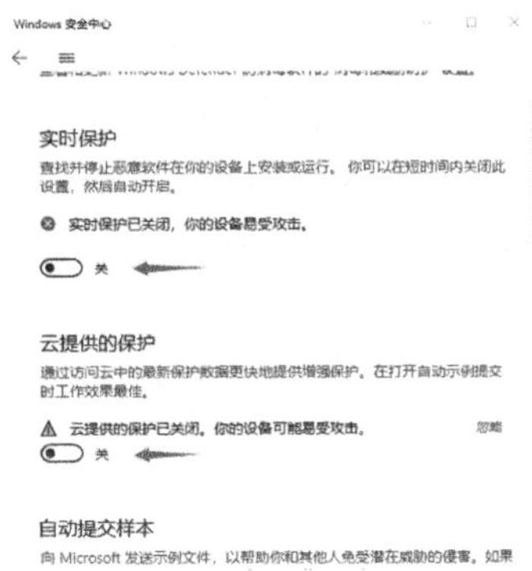

图 3-7-44　Windows 安全中心实时保护打开

(3)开启病毒和威胁防护功能，打开“Windows 安全中心”界面，病毒和威胁防护功能如果关闭会显示叉，同时提示“实时保护已关闭”，此时点击“启用”按钮，开启病毒和威胁防护功能，同时“实时保护”和“云提供的保护”均设置为“开”，如图 3-7-45 所示。

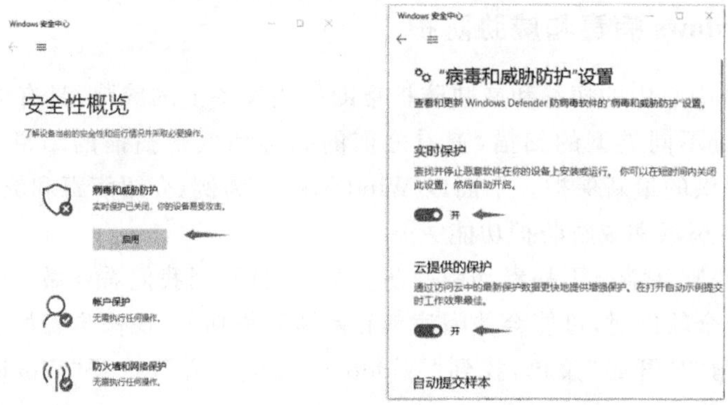

图 3-7-45　Windows 安全中心实时保护关闭

(4)不能开启病毒和威胁防护功能的常见问题

1)有时发现"病毒和威胁防护"功能被关闭了，又无法开启，如果安装了第三方安全软件，看看该软件有没有开启 Windows Defender 的相关设置项。以"360 安全卫士"为例，打开"设置"，在"360 设置中心"里就可以看到"开启 Defender"设置项，如图 3-7-46 所示。

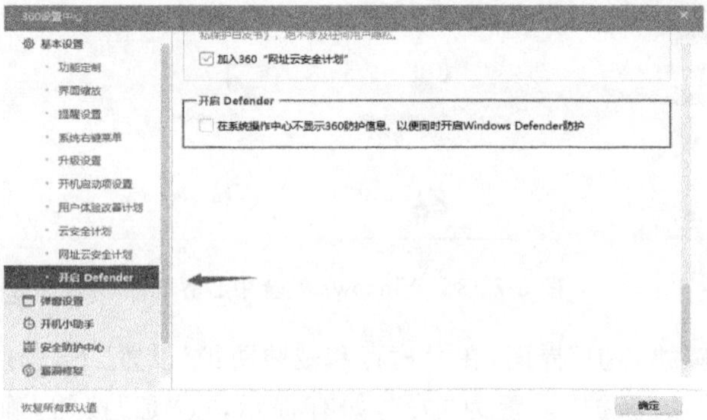

图 3-7-46　开启 Defender

勾选"在系统操作中心不显示 360 防护信息，以便同时开启 Windows Defender 防护"，然后再去开启"病毒和威胁防护"功能。

2)Windows 安全中心中"'病毒和威胁防护'设置\\实时保护"按钮呈灰色，且显示"此设置由管理员进行管理""实时保护已关闭，你的设备易受攻击"，如图 3-7-47 所示。

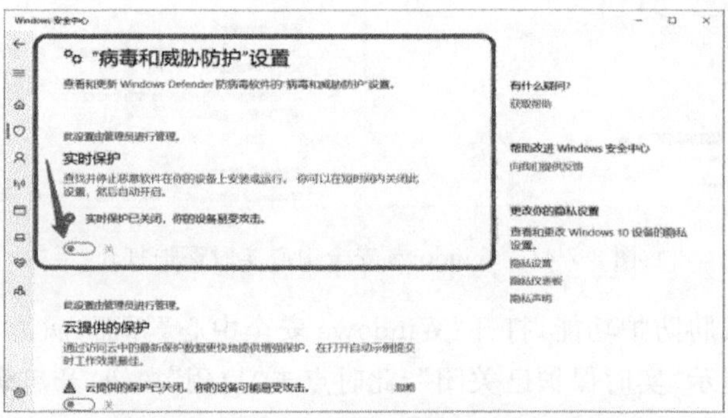

图 3-7-47　病毒和威胁防护实时保护

打开病毒和威胁防护的操作步骤如下。

打开“运行”对话框，输入“gpedit. msc”命令，点击“确定”或按回车键，打开“本地组策略编辑器”，如图 3-7-48 所示。

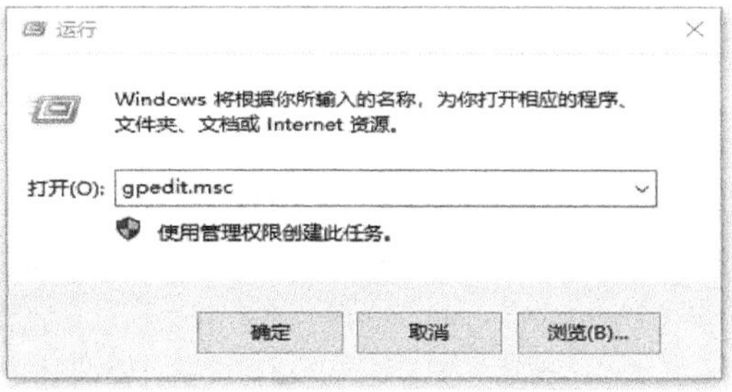

图 3-7-48　“运行”对话框

在“本地组策略编辑器”窗口中依次展开“计算机配置\\管理模板\\Windows 组件\\Windows Defender 防病毒程序\\实时保护”，在右侧窗口中双击“配置本地设置替换以打开实时保护”，如图 3-7-49 所示。

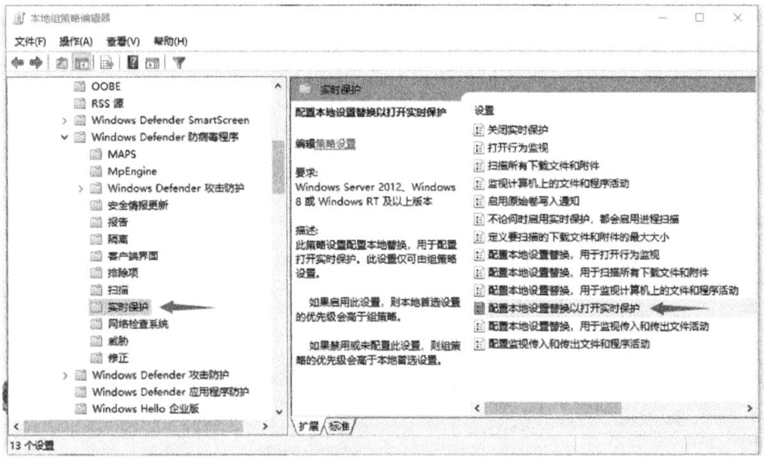

图 3-7-49　打开“实时防护”

在打开的“配置本地设置替换以打开实时保护”窗口中，看到状态为“未配置”，如图 3-7-50 所示。

依次点击“已启用”“应用”“确定”按钮，如图 3-7-51 所示。

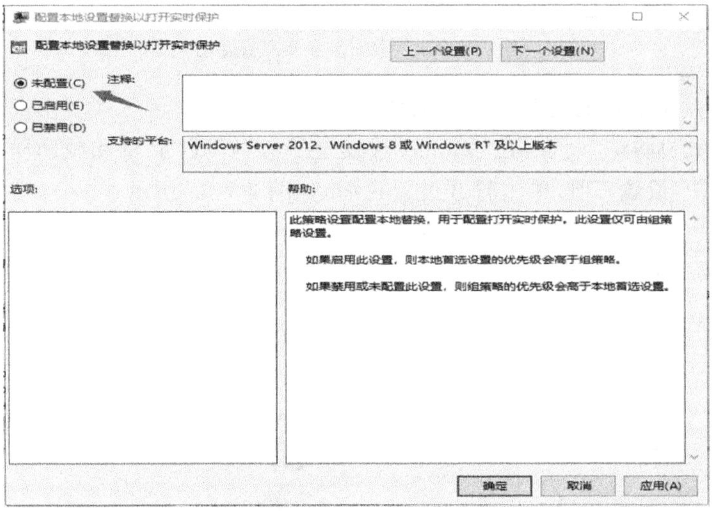

图 3-7-50　“配置本地设置替换以打开实时防护”窗口

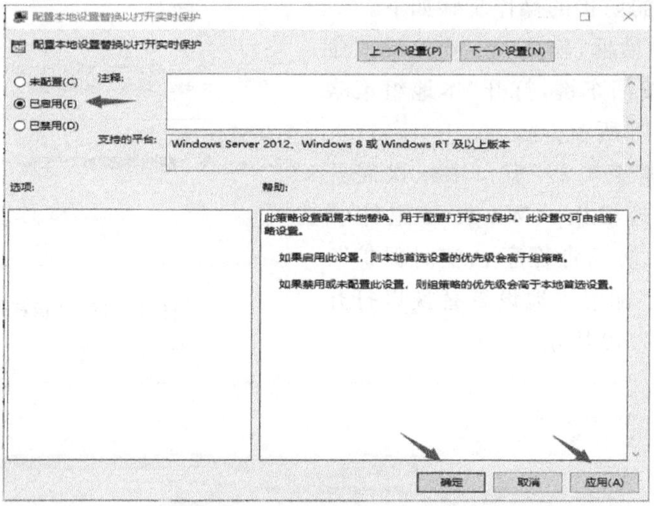

图 3-7-51　应用和确定“实时防护”

回到“本地组策略编辑器”窗口，可以看到“配置本地设置替换以打开实时保护”已启用，点击窗口左上角的“文件”，在下拉菜单中点击“退出”，如图 3-7-52 所示。

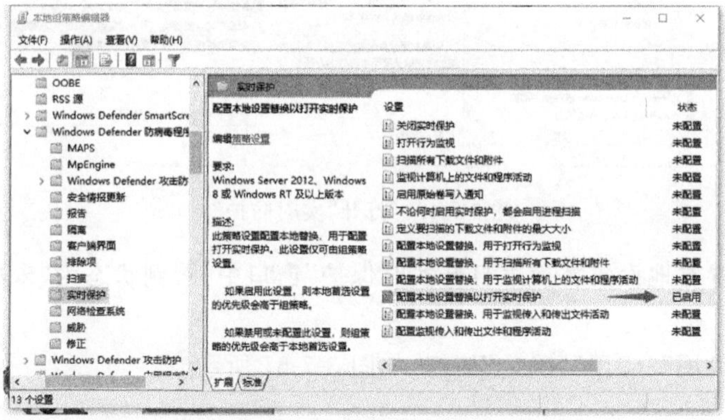

图 3-7-52　“实时防护”状态显示

2. Windows 病毒和威胁防护功能的日常操作

(1)“病毒和威胁防护”设置，在“Windows 安全中心”打开“病毒和威胁防护”对话框，找到“‘病毒和威胁防护’设置 ”项，单击打开设置页面，如图 3-7-53 所示。

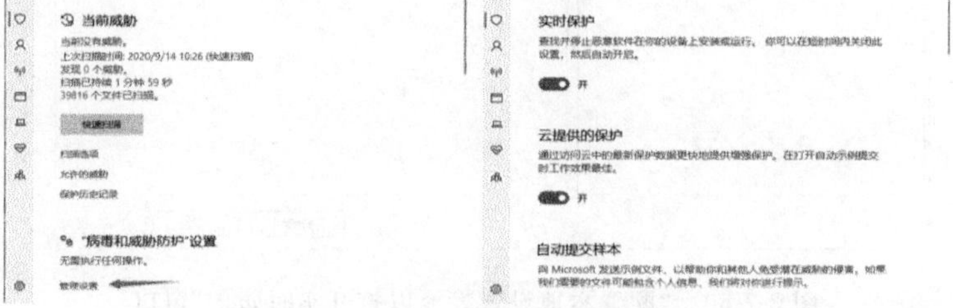

图 3-7-53　打开“病毒和威胁防护”

实时保护：此项打开或关闭实时保护功能。

云提供的保护：打开或关闭通过访问云中的最新保护数据更快地提供增强保护功能。

要使用“病毒和威胁防护”功能，以上两项需要开启。

自动提交样本：向 Microsoft 发送示例文件，以帮助你和其他人免受潜在威胁的侵害。

篡改保护：防止他人篡改重要的安全功能。

文件夹限制访问：防止不友好应用程序对设备上的文件、文件夹和内存区域进行未授权更改。点击“管理受控文件夹访问权限”，进入“文件夹限制访问”设置，这里可以查看“阻止历史记录”“受保护的文件夹”，设置“通过文件夹限制访问允许某个应用”。

排除项：添加或删除不扫描的项，可以是文件、文件夹、文件类型或进程，Windows Defender 防病毒不会扫描已排除的项目。

通知：Windows Defender 防病毒将发送有关的设备运行状况和安全性的重要信息的通知。可以指定想要的非关键通知。

(2)威胁扫描：如果开启了实时保护，系统会自动扫描，这里也可以手动扫描，点击“快速扫描”按钮，如图 3-7-54 所示。

进入“扫描选项”有更多的扫描选择，运行快速、完全、自定义或 Windows Defender 脱机版扫描，如图 3-7-55 所示。

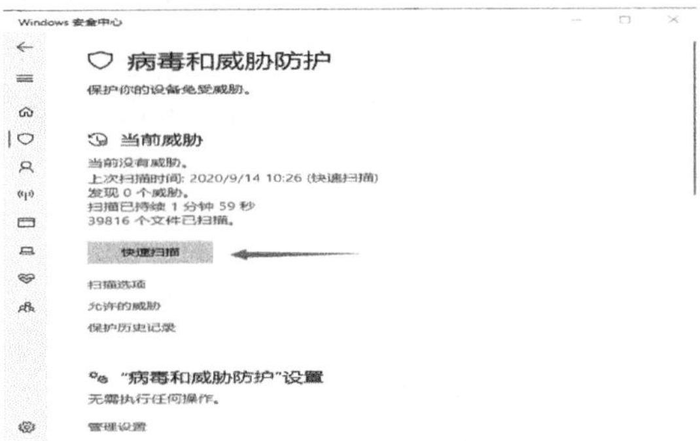

图 3-7-54　快速扫描威胁

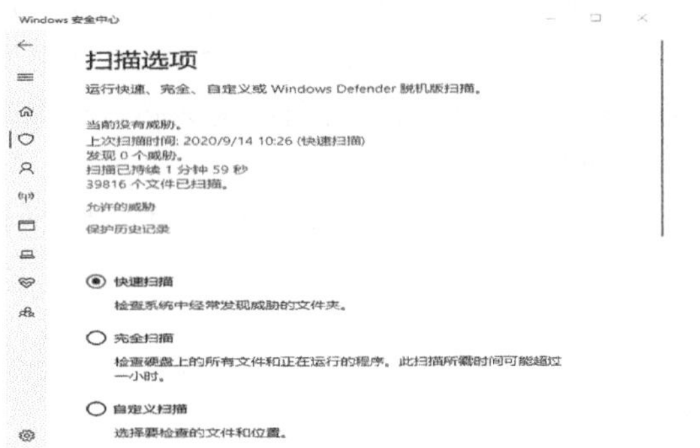

图 3-7-55　扫描选项的选择

这里也可以查看扫描历史记录和扫描出的威胁项。

3.7.4　文件的审核策略设置

使用审核策略跟踪用于访问文件或其他对象的用户帐户、登录尝试、系统关闭或重新启动及类似的事件，而审核文件和 NTFS 分区下的文件夹可以保证文件和文件夹的安全。为文件和文件夹设置审核的步骤如下。

1. 在“运行”对话框中输入“gpedit. msc”，点击“确定”或按回车键，如图 3-7-56 所示。

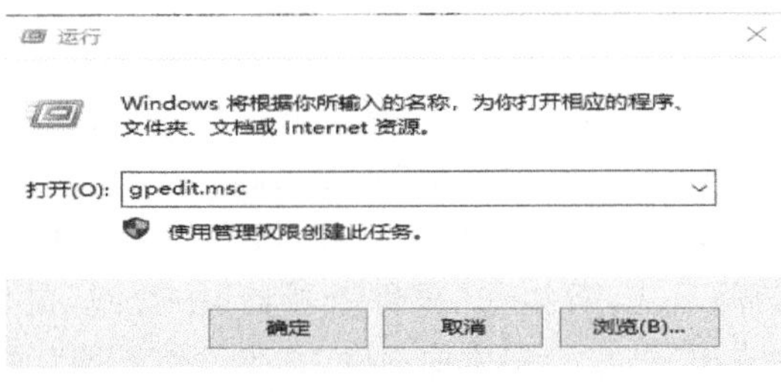

图 3-7-56　打开“本地组策略”

2. 在“本地组策略编辑器”窗口中依次展开左侧窗口中的“计算机配置\\Windows 设置\\安全设置\\本地策略\\审核策略”选项。在右侧窗口中双击“审核对象访问”选项，在弹出的对话框中将“审核这些操作”栏中的“成功”和“失败”复选框都勾选上，然后单击“确定”按钮，如图 3-7-57所示。

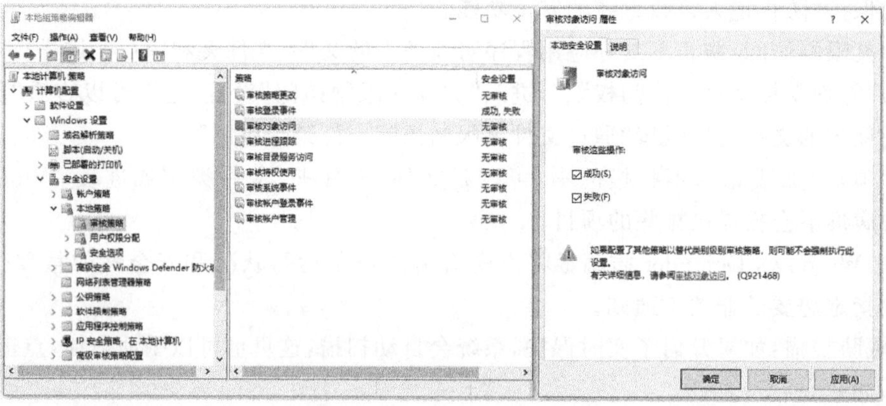

图 3-7-57　审核策略设置

3. 右击要审核的文件或文件夹，在弹出的快捷菜单中选择“属性”，然后在弹出对话框中选择“安全”选项卡，单击“高级”按钮，在弹出窗口中单击“审核”选项卡，此时如果窗口内提示“若要查看此对象的审核属性，则你必须是管理员，或者拥有适当的特权”，单击下方的“继续”按钮，如图 3-7-58 所示。

4. 单击“添加”按钮，在弹出窗口单击“选择主体”，如图 3-7-59 所示。

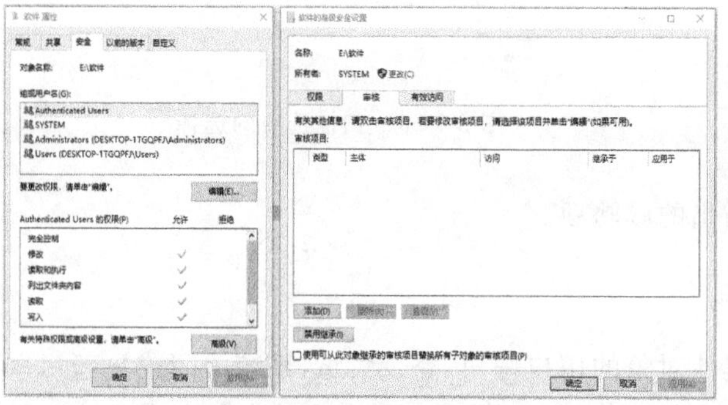

图 3-7-58　文件或文件夹审核属性窗口

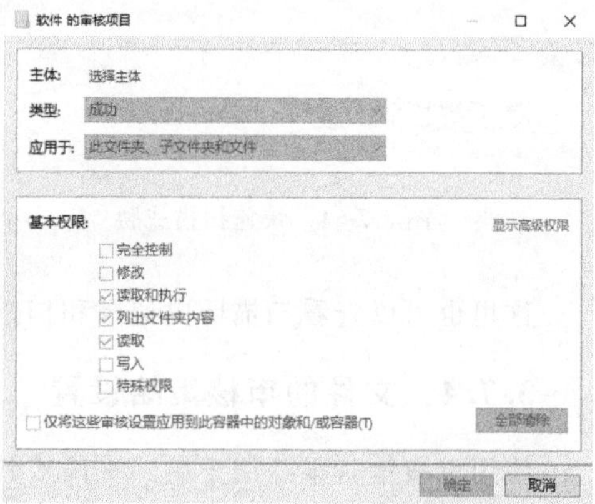

图 3-7-59　文件或文件夹审核属性主体选择

5. 在弹出的对话框中，输入或查找选择要审核的用户名或组，如果要对所有用户审核，选择“Everyone”，然后单击“确定”按钮，如图 3-7-60 所示。

6. 此时会返回上一个窗口，这里可以选择审核的类型：成功、全部或失败，然后选择应用的范围。最后选择权限，全部设置完成后单击“确定”按钮，返回到上个窗口，再单击“确定”按钮，直到关闭全部窗口，此时文件审核策略设置完成，如图 3-7-61 所示。

7. 如果查看文件的访问日志，可以在“事件查看器”中查阅，鼠标右键单击左下角 Windows 图标，在弹出菜单中点击“搜索”，搜索框内输入“事件查看器”，然后在搜索结果中单击运行“事件查看器”，如图 3-7-62 所示。

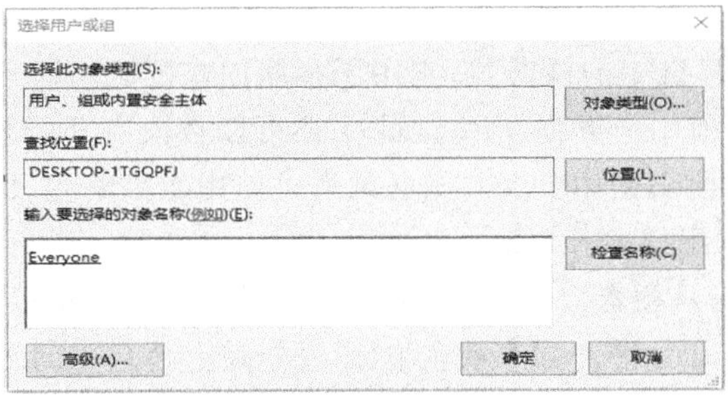

图 3-7-60　选择用户和组

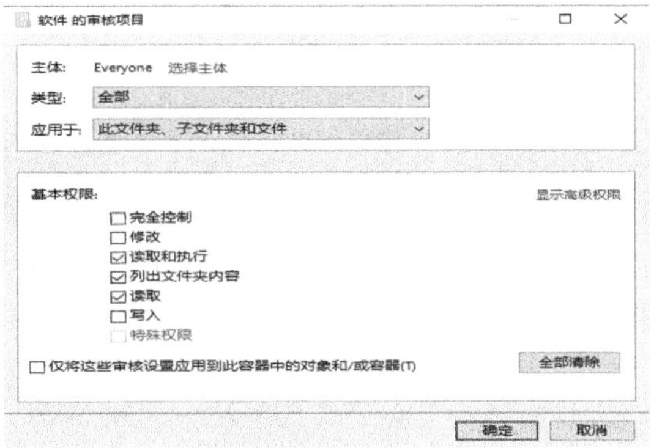

图 3-7-61　确定文件或文件夹审核策略

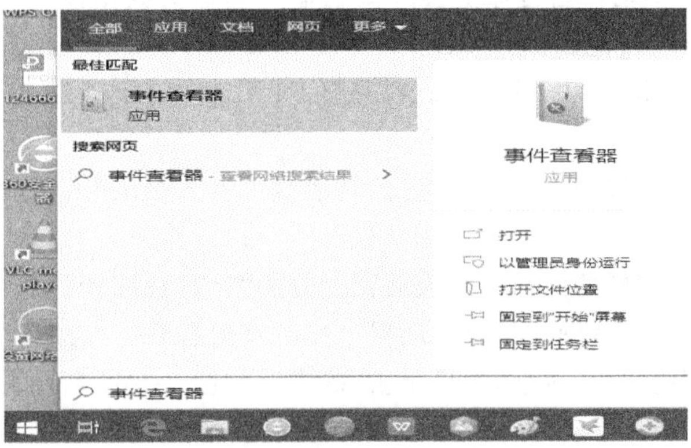

图 3-7-62　打开事件查看器

8. 在弹出的“事件查看器”窗口中，展开 Windows 日志，然后单击“安全”，查看安全事件。可以看到刚才设置的用户对文件夹的访问日志，如图 3-7-63 所示。

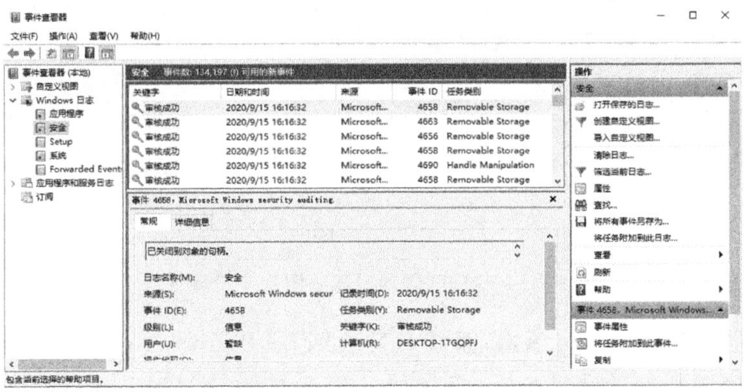

图 3-7-63　查看文件或文件夹审核策略

3.7.5　Windows BitLocker 驱动器加密

Windows BitLocker 驱动器加密是 Windows 自带的一个加密软件，对计算机中的数据提供加密保护功能。BitLocker驱动器加密主要是为了保护计算机中的数据，在计算机丢失、被盗或其他意外情况下数据不会被非法访问，是一种全卷加密技术。BitLocker加密通过把整个驱动器“封装到”一个无法更改的加密区域中，从而防止未经授权的人员对计算机驱动器的访问。

受信任的平台模块(TPM)是一个内置在计算机中的微芯片，它用于存储加密信息。BitLocker使用TPM帮助保护Windows操作系统和用户数据。BitLocker还可以在没有TPM的情况下使用。若要在计算机上使用BitLocker而不使用TPM，则必须通过使用组策略更改BitLocker安装向导的默认行为，或通过使用脚本配置BitLocker。

要使用BitLocker，Windows系统必须设置为从硬盘启动，计算机在启动过程中必须可以读取U盘，硬盘上必须具备系统分区和Windows分区。如果我们在其他分区上使用BitLocker，则需要满足下列要求。要加密的分区系统为FAT16、FAT32、exFAT或NTFS分区中的一种，可用空间大于64 MB。

使用BitLocker对驱动器进行加密会降低磁盘驱动器的数据读取和写入速度，一般只建议在保存重要数据的计算机上启用BitLocker。Windows 10家庭版没有BitLocker功能。一般PC机上没有安装TPM模块，这里以没有安装TPM模块的计算机为例介绍。

1. 加密Windows分区

(1)同时按“Win+R”键，在弹出的“运行”对话框中输入“gpedit. msc”，按回车键，打开“本地组策略编辑器”窗口。

(2)在“本地组策略编辑器”窗口，依次展开左侧的“计算机配置\\管理模板\\Windows组件\\BitLocker驱动器加密\\操作系统驱动器”，然后双击右侧的“启动时需要附加身份验证”，在弹出对话框中选择“已启用”选项，然后单击“确定”，如图3-7-64所示。

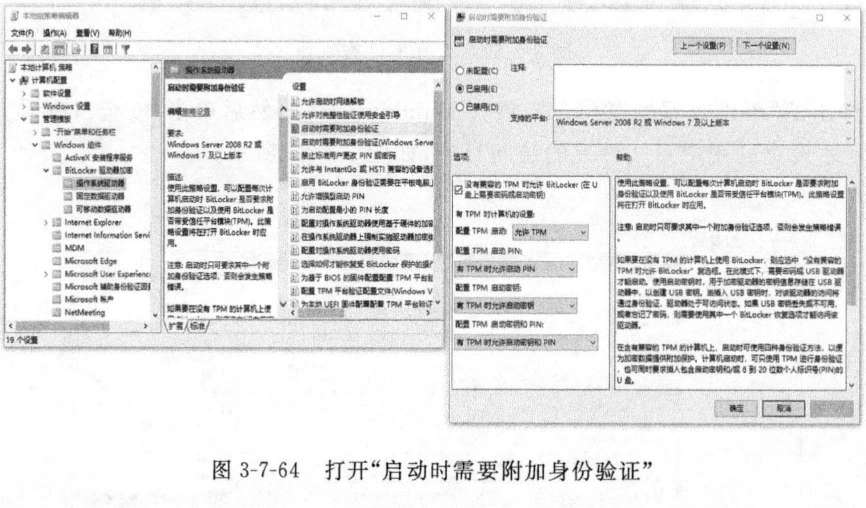

图3-7-64 打开“启动时需要附加身份验证”

(3)打开“控制面板”窗口，单击“系统和安全”，在“BitLocker驱动器加密”窗口右侧可以看到操作系统驱动器的BitLocker已关闭。单击右侧的“启用BitLocker”，如图3-7-65所示。

(4)系统检查是否符合启用BitLocker的条件，如果符合条件，则会显示选择解锁驱动器方式的对话框，选择其中一种方式，这里以“插入U盘”为例，选择你的U盘，并保存，如图3-7-66和图3-7-67所示。

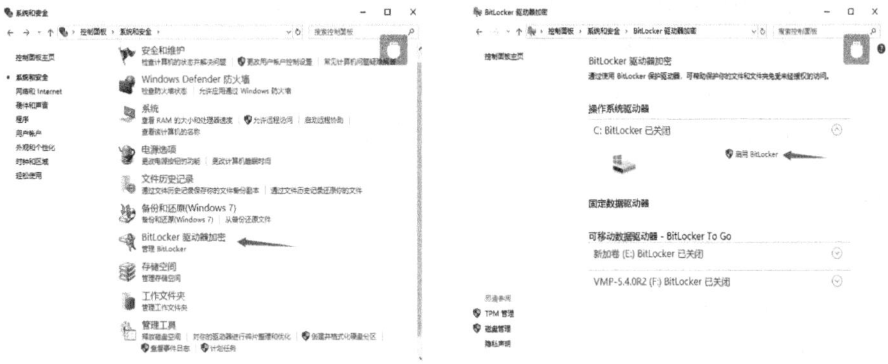

图 3-7-65　操作系统驱动器加密设置

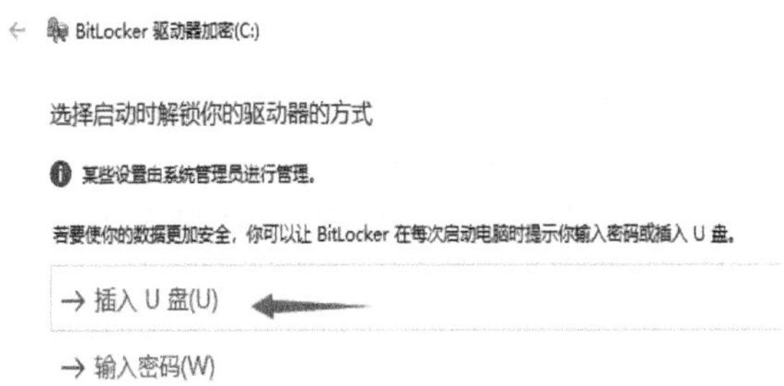

图 3-7-66　驱动加密选择 U 盘

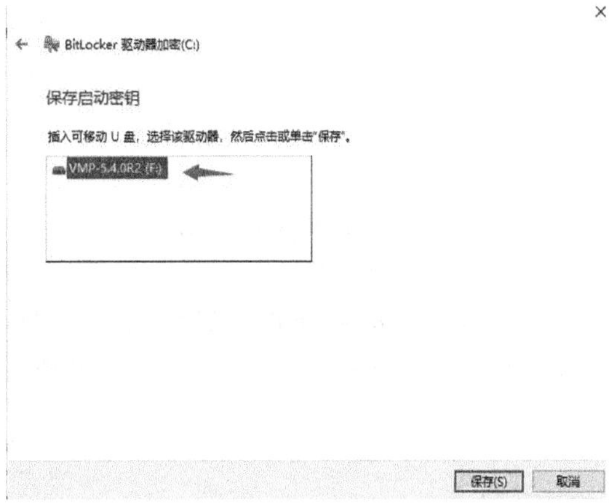

图 3-7-67　驱动加密保存

(5) Windows 10 会要求用户备份恢复密钥。系统提供了四种方式备份密钥：保存到 Microsoft 帐户、保存到 U 盘、保存到文件、打印恢复密钥。一定要妥善保管好加密密钥，密钥丢失无法进入系统。选择备份方式后单击"下一步"，这里以"保存到 U 盘为例"，如图 3-7-68 和图 3-7-69 所示。

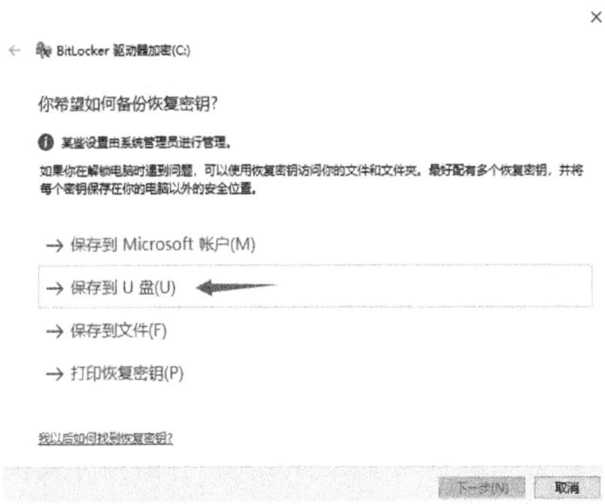

图 3-7-68　驱动密码备份

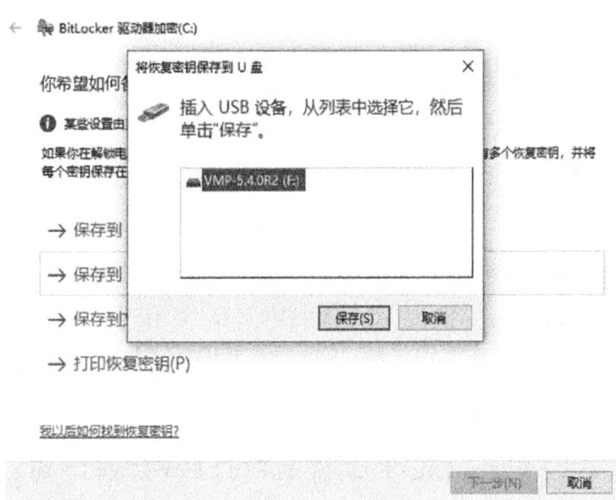

图 3-7-69　驱动密码备份到 U 盘

(6)根据自己的需要选择加密方式。如果对速度要求较高的新计算机，选择第一种，如果是已经使用了一段时间的计算机选择第二种。单击“下一步”，如图 3-7-70 所示。

(7)如图 3-7-71 所示，要求选择加密模式。1511 版本的 Windows 10 引入了一种新的加密模式，如果能选择新加密模式，尽量使用新加密模式。

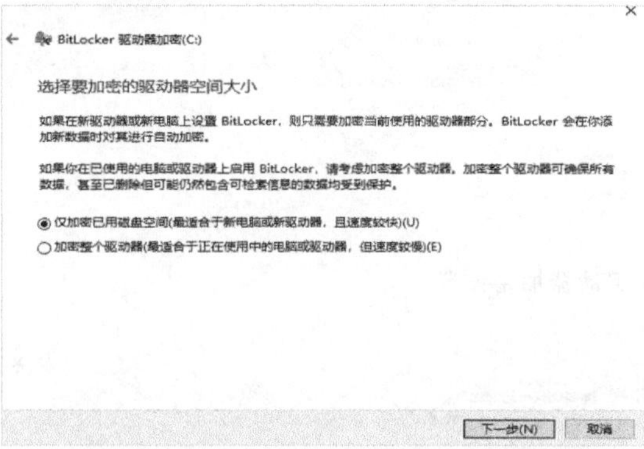

图 3-7-70　选择加密的驱动器空间大小

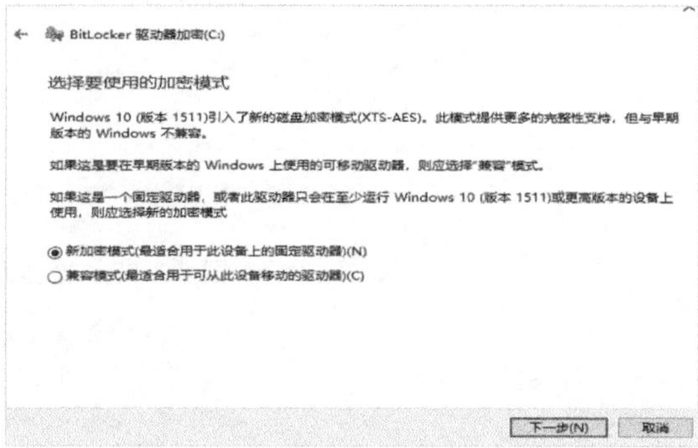

图 3-7-71　选择加密的方式

(8)系统提示“是否准备加密该驱动器”，单击“继续”按钮，如图 3-7-72 所示。

(9)提示重新启动计算机，重新启动计算机后，系统完成最后的加密操作。

(10)加密完成后，下次重启系统，提示“插入包含 BitLocker 密钥的 U 盘”，插入刚做好的 U 盘后系统继续运行。进入系统后，打开资源管理器，看到 Windows 加密分区的磁盘图标已经改变，如图 3-7-73 所示。

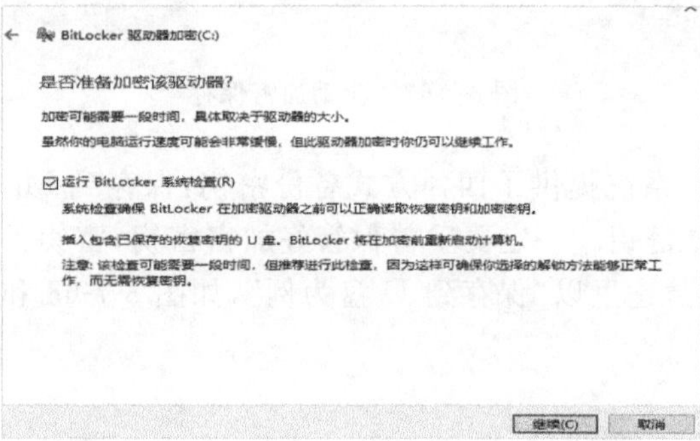

图 3-7-72　准备开始加密驱动器

图 3-7-73　BitLocker 加密磁盘显示

到此 BitLocker 已经加密完成。

2. 加密 U 盘或移动硬盘

BitLocker 可以加密 U 盘和移动硬盘，操作步骤相同。

(1)依次打开“控制面板\\系统和安全\\BitLocker 驱动器加密”，在“BitLocker 驱动器加密”窗口中，单击要加密的 U 盘右侧的向下箭头，然后单击 U 盘下方的“启用 BitLocker”，如图 3-7-74所示。

(2)系统完成对 U 盘的检查后，会弹出窗口要求选择解锁驱动器的方式。有两种方式供我们选择：使用密码解锁驱动器、使用智能卡解锁驱动器。这里以使用密码解锁驱动器为例，输入两遍解锁密码后，单击“下一步”按钮，如图 3-7-75 所示。

图 3-7-74　选择启用 BitLocker

(3)系统会提示备份恢复密钥，选择一种或几种方式保存密钥，进行密钥保存操作，单击“下一步”按钮，如图 3-7-76 所示。

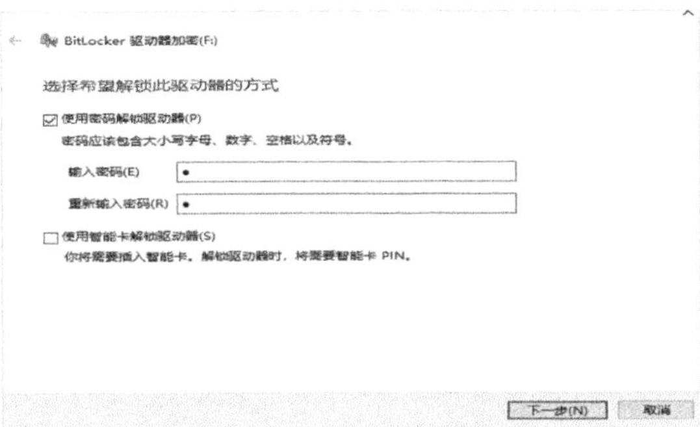

图 3-7-75　输入 BitLocker 驱动器加密密码

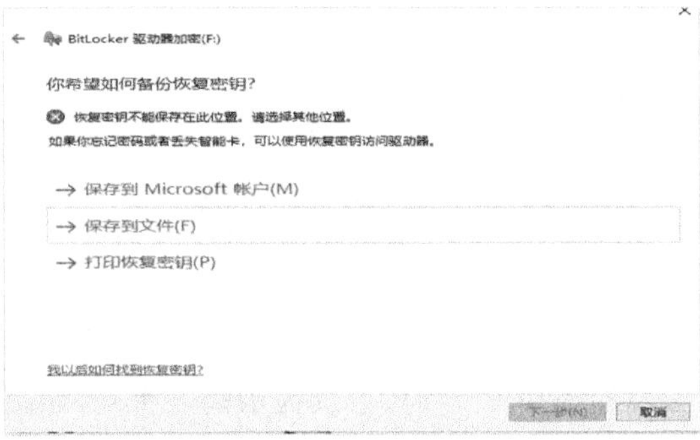

图 3-7-76　备份 BitLocker 密码

(4)系统会要求选择加密驱动器空间大小，这里以选择速度较快的“仅加密已用磁盘空间”为例，然后单击“下一步”按钮，如图 3-7-77 所示。

(5)选择加密模式，因为是 U 盘，要在不同的计算机上面使用，所以选择“兼容模式”，然后单击“下一步”按钮，如图 3-7-78 所示。

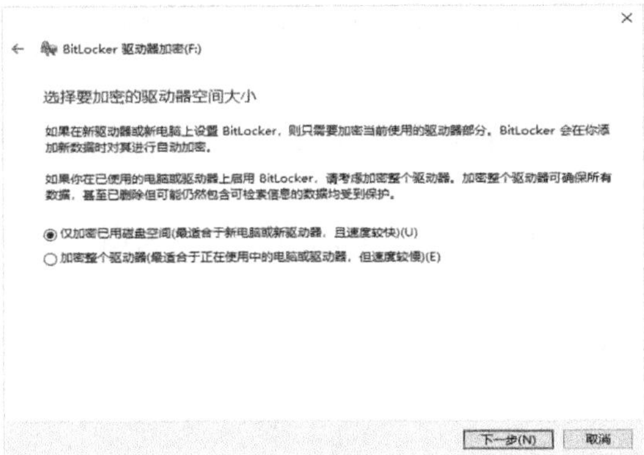

图 3-7-77　选择加密驱动器空间大小

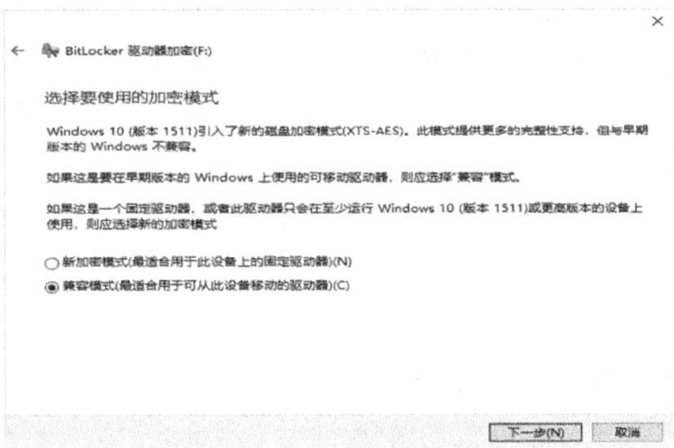

图 3-7-78　选择要使用的加密模式

(6)确认是否准备加密该驱动器,按照系统的提示确认没有问题后单击“开始加密”按钮,如图 3-7-79 所示。

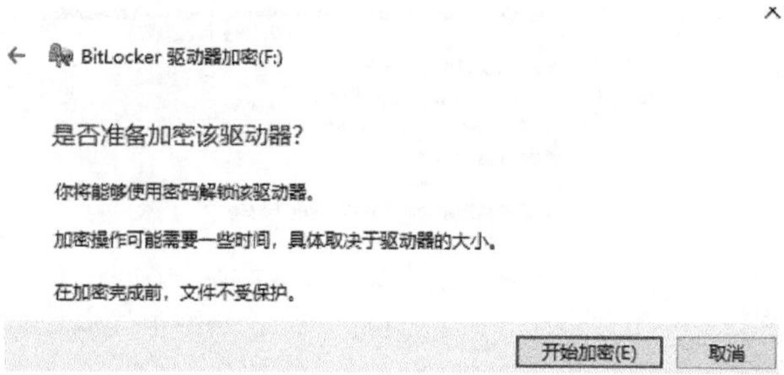

图 3-7-79 确认开始加密

(7)开始对 U 盘进行加密操作。加密过程中务必不要从系统上删除 U 盘,否则可能导致数据损坏。加密完成后系统会弹出提示对话框,如图 3-7-80 所示。

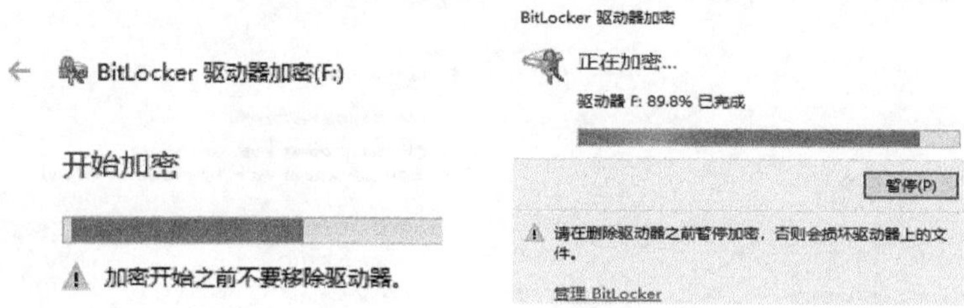

图 3-7-80 加密过程

(8)使用 U 盘时,系统提示输入密码,如图 3-7-81 所示。

3. BitLocker 加密的驱动器管理

通过 BitLocker 管理选项可以对 BitLocker 加密的驱动器进行解密或其他设置操作,以下是常用的几种操作。

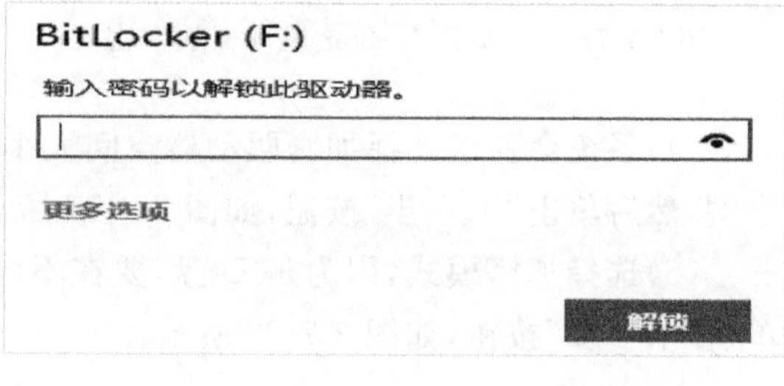

图 3-7-81 插入 U 盘时提示输入密码

(1)关闭保护 Windows 分区驱动器

有时我们的操作需要暂停 BitLocker 对 Windows 分区所在驱动器的保护,如对 BIOS 进行固件更新或修改系统启动项等,以免因为 BitLocker 的加密而无法启动计算机。

在 Windows 分区上单击鼠标右键,在弹出的快捷菜单中选择“管理 BitLocker”命令,如图 3-7-82所示。

在弹出的 BitLocker 管理窗口中,单击窗口右侧的“关闭 BitLocker”按钮,如图 3-7-83 所示。

此时会弹出“关闭 BitLocker”对话框,点击“关闭 BitLocker”按钮,系统驱动器进行解密操作,如图 3-7-84 所示。

(2)启用自动解锁

如果被 BitLocker 加密的移动设备经常在本计算机上使用,可以设置此设备在这台计算机自动解锁,在需要自动解锁的分区上单击鼠标右键,在弹出的快捷菜单中选择“管理 BitLocker”命令，此时打开“BitLocker 驱动器加密”窗口，单击移动设备右侧的“启用自动解锁”，如图 3-7-85 所示。

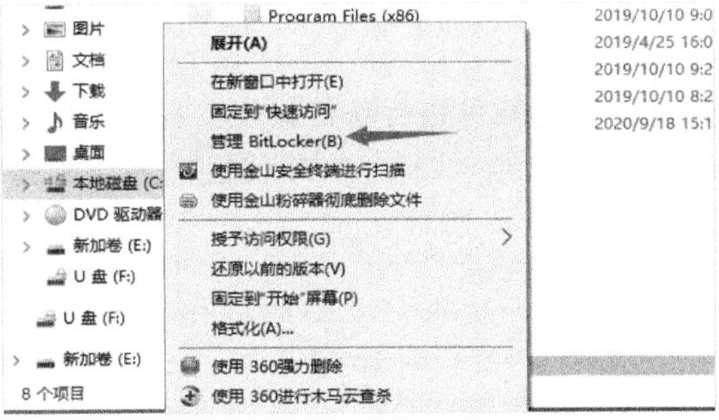

图 3-7-82　打开 BitLocker 管理窗口

图 3-7-83　关闭 BitLocker 加密

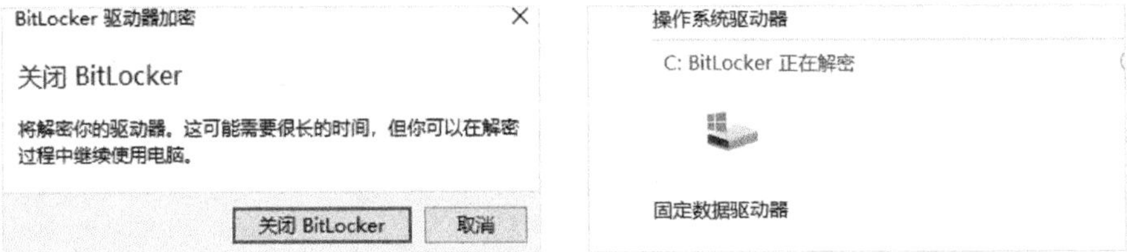

图 3-7-84　选择“关闭 BitLocker”加密

图 3-7-85　启用 BitLocker 的“自动解锁”功能

(3)更改删除 BitLocker 密码

在需要更改密码的驱动器上单击鼠标右键，然后在弹出的快捷菜单中选择“更改密码”，在弹出的“更改密码”对话框中，输入旧密码，然后输入两次新密码，输入完成后单击“更改密码”按钮，如图 3-7-86 所示。

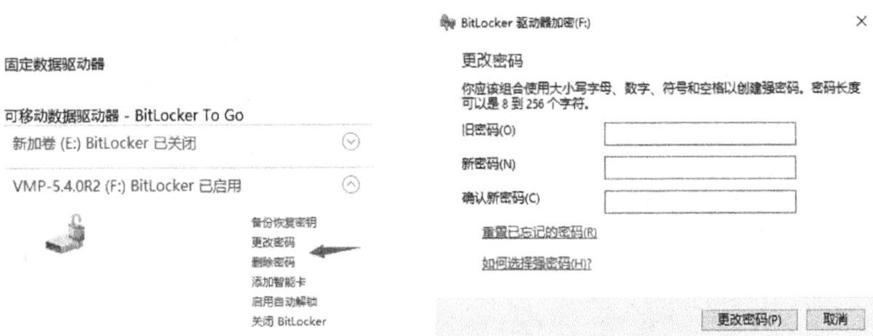

图 3-7-86　更改或删除 BitLocker 密码

在需要删除密码的驱动器上单击鼠标右键，然后在弹出的快捷菜单中选择“删除密码”即可，如果密码是解锁本驱动器的唯一方式，将不能进行删除密码操作，可以先“启用自动解锁”功能，再进行删除密码操作，或者增加其他解密方式。

（4）备份恢复密钥

如在创建加密时没有进行备份恢复密钥，创建完成后仍然可进行备份操作。右击要备份密钥的驱动器，在弹出的快捷菜单中选择“管理 BitLocker”命令，在打开的对话框中，单击设备右侧的“备份恢复密钥”，然后选择备份的方式即可，如图 3-7-87 所示。

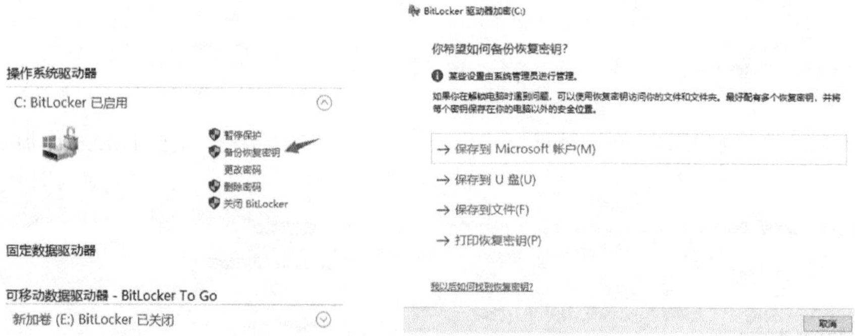

图 3-7-87　备份恢复 BitLocker 密钥

3.7.6　本地安全策略

组策略控制用户可以或不可以在计算机上做什么，它可以控制用户帐户和计算机帐户的工作环境。它提供了操作系统、应用程序和活动目录中用户设置的集中化管理和配置。对登录到计算机上的帐号定义一些安全设置，在没有活动目录集中管理的情况下，本地管理员必须为计算机进行设置，以确保其安全。例如，限制用户如何设置密码、通过帐户策略设置帐户安全性、通过锁定帐户策略避免他人登录计算机、指派用户权限等。这些安全设置分组管理，就组成了本地安全策略。

“本地安全策略”完全隶属于“组策略”，是“计算机设置\\Windows 设置\\安全设置”的子项。要修改本地安全策略，可在“本地组策略”的“计算机设置\\Windows 设置\\安全设置”的子项中修改，也可以在本地安全策略工具中修改。

打开“本地组策略编辑器”，运行命令“gpedit. msc”，打开“本地安全策略”，运行命令“secpol. msc”，如图 3-7-88 所示。

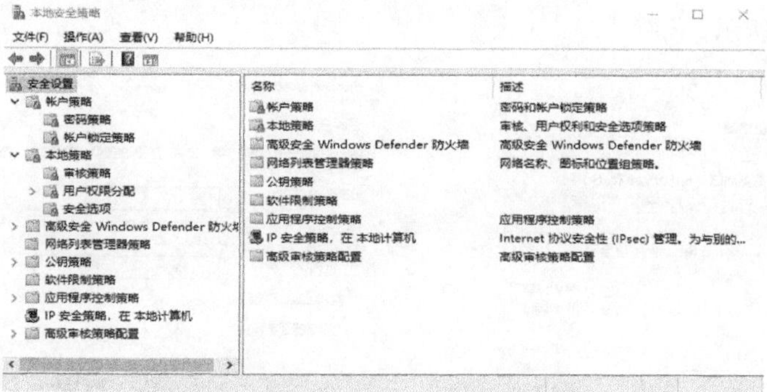

图 3-7-88　打开“本地组策略”窗口

需要对某项策略进行设置时,双击鼠标左键打开该项“属性”对话框,在对话框中可修改。同时打开“说明”选项卡,可了解该项策略的作用和使用方法。下面介绍常用设置,如图 3-7-89 所示。

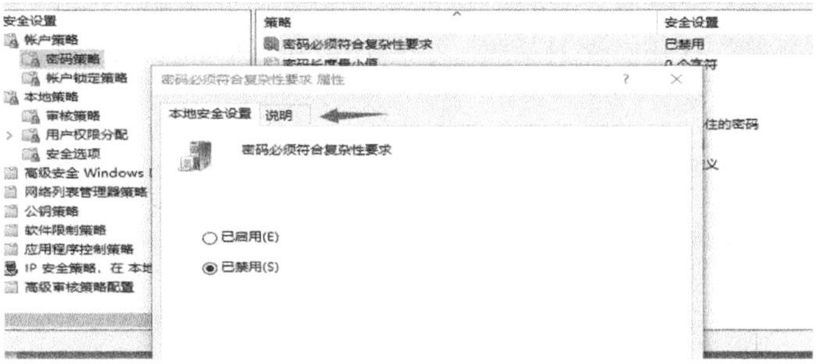

图 3-7-89　设置密码策略

密码策略:密码策略的相应设置。对密码复杂性、密码长度、密码存留期等常用设置。

帐户锁定策略:帐户锁定阈值指可以允许输入密码的次数;帐户锁定时间指超过阈值次数后帐户被锁定的时间。

帐户锁定阈值:安全设置确定导致用户帐户被锁定的登录尝试失败的次数。在管理员重置锁定帐户或帐户锁定时间期满之前,无法使用该锁定帐户。可以将登录尝试失败次数设置为 0～999 的值。如果将值设置为 0,则永远不会锁定帐户。

复位帐户锁定计数器:指用户由于输入密码错误开始计数时,计数器保持的时间,当时间过后,计数器将复位为 0。比如,帐户锁定阈值为 5,帐户锁定时间设为 30,复位帐户锁定计数器设为 10,则表示:10 分钟之内,有连续 5 次登录没有成功,则锁定该帐户 30 分钟;而如果 10 分钟内,只有 4 次登录没有成功,那么 10 分钟后,这 4 次未成功登录将不计。

审核策略:建立审核跟踪是系统安全的重要内容,通过设置审核策略可以确定是否将计算机中与安全有关的时间记录到安全日志里。审核策略指定了要审核的与安全有关的事件的类别,因此在完成审核之前,必须先确定审核策略。

安全日志:主要记录用户登录和对象访问的信息,要查看安全日志,需要打开“事件查看器”,展开“Windows 日志\\安全”。在安全日志中,可以看到审核成功和审核失败两种事件。

用户权限分配:通过用户权限分配,可以为某些用户和组授予或拒绝一些特殊的权限,如更改系统时间、拒绝本地登录等。

安全选项:用来设置一些系统安全方面的策略内容。我们可以在这里设置策略的“启用”或“停用”。

公钥策略:可以让电脑自动向企业证书颁发机构提交证书申请并安装颁发的证书,这样有助于电脑在组织内执行公钥加密操作。

软件限制策略:设置哪些软件可以用,哪些软件不可以用。它默认情况下是关闭的,如果要设置某软件不可用,可以用右键单击“软件限制策略”选项,并选择其中的“创建软件限制策略”选项,接着单击“其他规则”,并在右框中点鼠标右键,在弹出菜单中选择“新建路径规则”选项,接下来单击“浏览”来选择相应程序,最后在安全级别中选择“不允许”并单击“确定”按钮即可完成。

1. 启用密码必须符合复杂性要求

此安全设置确定密码是否必须符合复杂性要求。如果启用此策略,密码必须符合下列最低要求。不能包含用户的帐户名,不能包含用户姓名中超过两个连续字符的部分,至少有六个字符长,包含以下四类字符中的三类字符:英文大写字母(A～Z)、英文小写字母(a～z)、10 个基本数字(0～9)、非字母字符(例如“!”“\$”“#”“%”),在更改或创建密码时执行复杂性要求。

打开“本地安全策略”编辑器,依次找到“安全策略\\帐户策略\\密码策略”,双击右侧“密码必须符合复杂性要求”,打开属性对话框,选择“已启用”即可,如图 3-7-90 所示。

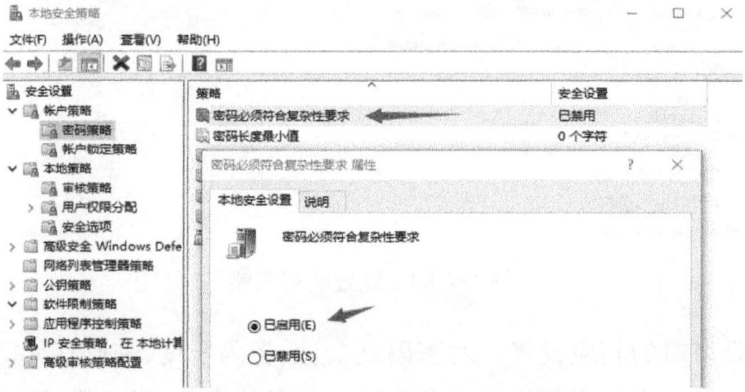

图 3-7-90　启用密码必须符合复杂性要求

2. 调整帐户密码的最长使用期限

许多对安全要求比较严格的场合,要求用户定期更改密码,可以通过设置本地安全策略来实现。打开“本地安全策略”编辑器,依次找到“安全策略\\帐户策略\\密码策略”,双击右侧“密码最长使用期限”,在弹出的对话框中输入密码过期时间。Windows 10 系统默认的时间是 42 天,修改完成后单击“确定”按钮,如图 3-7-91 所示。

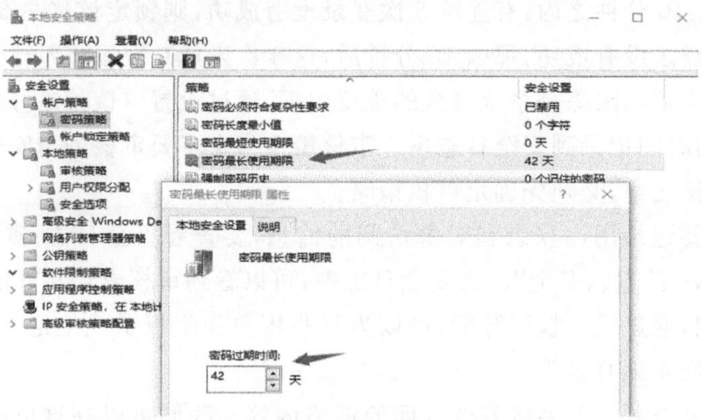

图 3-7-91　调整帐户密码的最长使用期限

3. 重命名系统管理员帐户和来宾帐户

通常情况下,Windows 中内置的两个用户是 Administrator 和 Guest,一个是管理员帐户,一个是来宾帐户。黑客通常会通过密码猜测或暴力破解的方法获得 Administrator 帐户。我们可以通过重命名系统管理员帐户和来宾帐户来保护我们的计算机。

打开“本地安全策略”编辑器,依次找到“安全策略\\本地安全策略\\安全选项”,双击右侧“帐户:重命名来宾帐户”,在打开的窗口中输入新的来宾帐户的帐户名,单击“确定”按钮,如图 3-7-92所示。

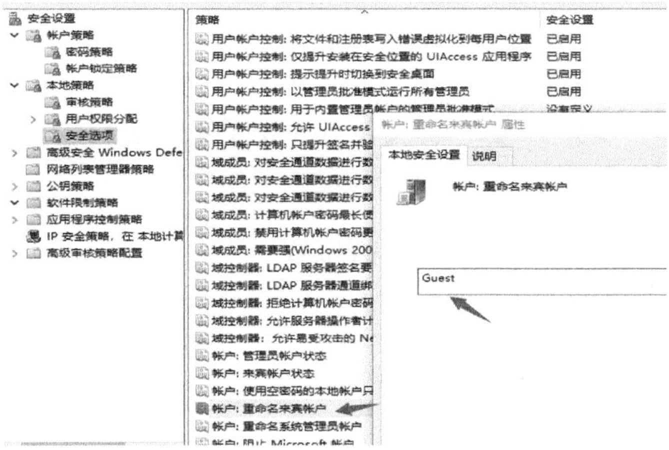

图 3-7-92 重命名系统管理员帐户和来宾帐户

要使本地策略生效，需要运行“gpupdate”命令或者重启计算机。

第 4 章　气象信息网络系统

内容提要

本章介绍了气象信息网络系统的组成，讲述了国家级、省级及以下气象信息网络建设与完善升级的几个主要阶段，包括建设目标、系统设计、重点建设内容、配置设置与新技术运用等，最后介绍气象信息网络安全和组网配置案例。

4.1　国家级气象信息网络系统

信息系统是基于计算机、通信网络等技术建立的对信息进行采集、传输、处理、存储和利用的人机系统，本章所描述的气象信息网络特指气象信息网络传输业务系统，其基本任务是承担各类天气气候监测资料、各级台站加工产品的实时与非实时的收集和分发，承担与相关行业、部门的信息交换与共享服务工作。气象信息网络系统从层次上可分为国家级气象广域网和省(区、市)及以下气象广域网两级。国家级气象信息网络通常称为国家气象主干网，是指国家气象信息中心与各省(区、市)气象部门之间及各省(区、市)气象部门相互之间的网络互联。经过 70 余年的建设和发展，一个地面线路和卫星通信相结合，公网和专网相补充，集中控制、分级管理的宽带、高速、可靠的现代化综合气象信息通信系统已基本形成。综合气象信息通信系统结构如图 4-1-1 所示。

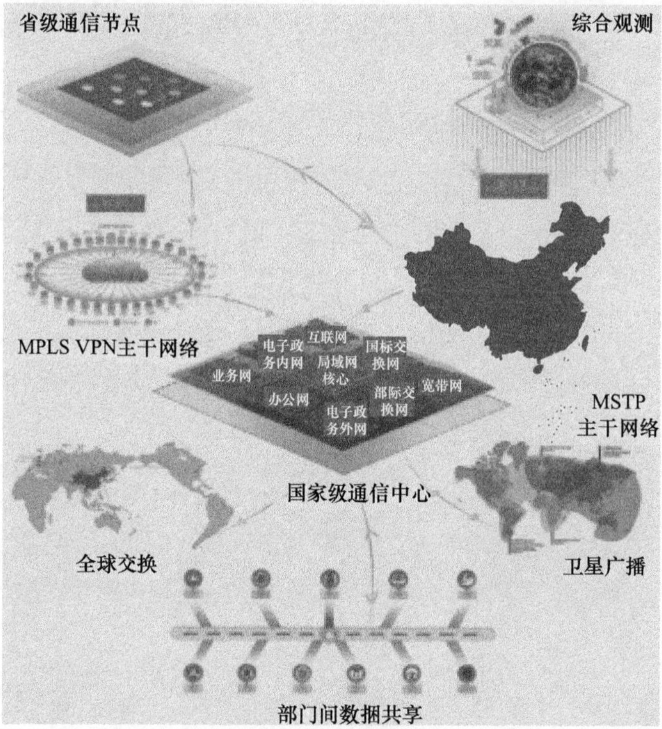

图 4-1-1　综合气象信息通信系统结构图

4.1.1　国省基础网络现状

全国气象宽带网络建成后，经过多次升级，主干系统仍然为 2 个跨国家级中心和 31 个省级气象局的广域网络系统。目前，国省主干系统分别为电信 MPLS VPN（多协议标签交换虚拟专网技术）和联通 MPLS VPN，其中联通 MPLS VPN 为 2020 年建设完成，沿用原电信 MSTP（多业务传送平台）线路接入路由器，网络架构相较"2011 年全国气象宽带网络主干系统"未做根本性调整，只是取消了省级节点 MSTP 路由器和国家级中心 MSTP 路由器之间保障 LoopBack0 地址互通的 OSPF 动态路由配置，依然采用 VRRP（虚拟路由器冗余协议）技术实现网络热备，数据传输以电信 MPLS VPN 线路为主，全网各节点带宽分为四个档次，具体信息如表 4-1-1 所示。

表 4-1-1　节点带宽信息表

节点	电信带宽	联通带宽
国家级	5 Gbit/s	1 Gbit/s
陕西	1.2 Gbit/s	300 Mbit/s
上海、广东、甘肃、四川、湖北、新疆、辽宁、北京	800 Mbit/s	150 Mbit/s
江苏、浙江、福建、海南、广西、河南、宁夏、青海、天津、西藏、河北、内蒙古、山东、贵州、山西、安徽、湖南、黑龙江、江西、云南、吉林、重庆	400 Mbit/s	120 Mbit/s

4.1.2　2011 年全国气象宽带网络主干系统整合简介

原国省宽带网由 SDH（光纤数字电路）和 MPLS VPN 两套系统构成，传输业务的线路通过在国家级宽带网防火墙和省（区、市）气象局核心交换机（部分省份在业务服务器）配置静态路由进行选择。SDH 系统和 MPLS VPN 系统各自独立运行，互相作为冷备份系统，当某系统出现线路或设备故障时，通过人工修改路由的方式将故障系统上的业务切换到备份系统上。为解决 SDH 和 MPLS VPN 线路故障不能自动切换、设备老旧、SDH 带宽无法平滑升级等问题，将原 SDH＋MPLS VPN 的网络升级为 MSTP＋MPLS VPN 热备主干网络系统。

4.1.2.1　系统规划

按照 MSTP＋MPLS VPN 热备组网整合方案，构建全国 MSTP 主干网络系统，替换现有 SDH 主干网络系统。MSTP 主干网络系统与原 MPLS VPN 主干网络系统共同组成新的全国气象宽带网络主干系统。

新建 MSTP 主干网络系统保持原 SDH 主干网络系统星型网络连接结构，以国家级为中心，连接全国 30 个省（区、市）、4 个单列市及深圳。国家级 MSTP 汇聚方式采用 1∶1 点对点汇聚，不使用子接口方式，即各省级线路在国家级端均使用单独的物理线路接入，国家级路由器为各省级线路提供独立物理接口，以降低线路之间的关联度，提高系统稳定性和可管理性。MPLS VPN 主干网络系统仍为全网状互连结构，国家级节点、31 个省（区、市）、2 个单列市之间任意点到点互联，接入带宽不做调整。

国家级和省级均使用两台路由器分别提供 MSTP 线路和 MPLS VPN 线路的接入，通过动态路由和高可用冗余设计，实现 MSTP 线路与 MPLS VPN 线路的热备份。为保证设备的兼容性，两台路由器均使用相同型号的设备。两台路由器通过独立线路直接互联。路由器与国家级、省级局域网之间使用防火墙进行边界访问控制。

整合后省级气象节点仍使用 BGP 的路由方式，各省份在 MSTP 路由器和 MPLS VPN 路由器发布本省（区、市）全部 IP 地址段，由省级宽带网防火墙实现业务的分流和访问控制。整合后的省级宽带网络拓扑结构如图 4-1-2 所示。

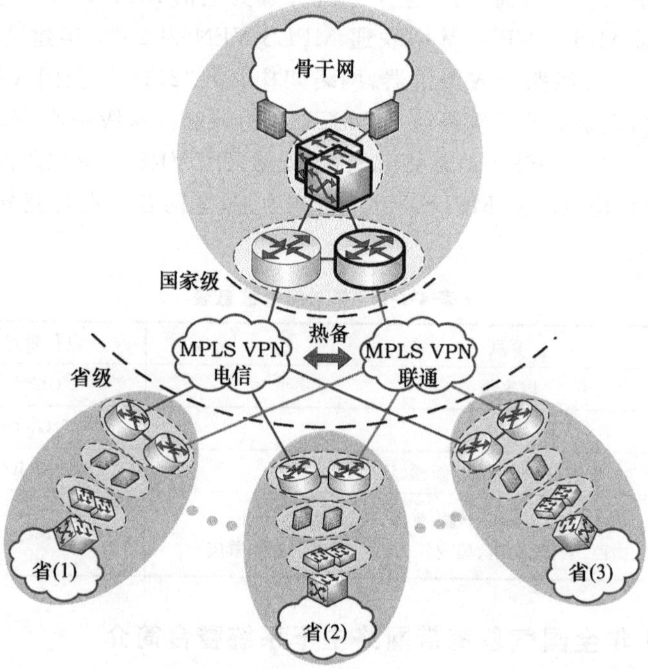

图 4-1-2　整合后的省级宽带网络拓扑结构图

IP 地址变动只涉及省级节点内原来局域网互联地址的扩充，不涉及其他 IP 地址的调整和增加网段。其中，主要增加 MSTP 路由器和 MPLS VPN 路由器之间 IBGP 的互联地址、MSTP 路由器的局域网互联地址，MSTP 路由器和 MPLS VPN 路由器启用两组 VRRP 的虚拟 IP 地址以及部分省级节点调整视频的网关地址。改造后的网络设备接口如图 4-1-3 所示。

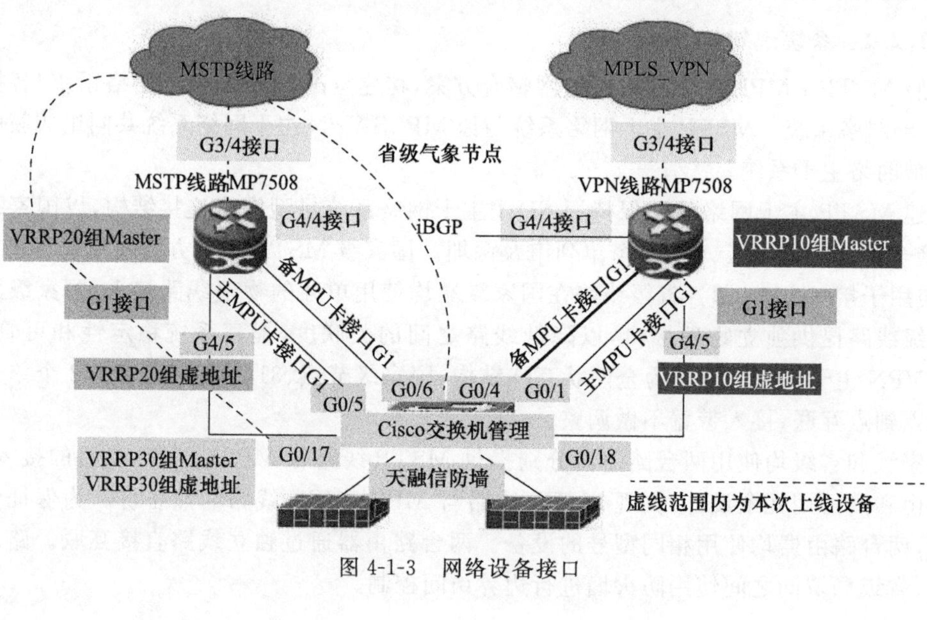

图 4-1-3　网络设备接口

4.1.2.2　系统方案设计

1. MSTP 路由器

各省份 MSTP 接入路由器使用的是迈普 MP7508，该路由器通过 MSTP 线路与国家级中心 MSTP 汇聚路由器相连，构成全国气象宽带 MSTP 主干网络。

2. 自治系统号

每个省份的自治系统号与原来 MPLS VPN 自治系统号相同，如辽宁省气象局本地自治系统号为 65007，四川省气象局本地自治系统号为 65026，后文以辽宁省为例。

3. IP 地址分配

(1)MSTP 链路互联地址规划

根据方案设置省级节点 MSTP 接入路由器与国家级中心 MSTP 路由器互联接口地址。

(2)局域网互联地址规划

辽宁省气象局 MPLS VPN 路由器及 MSTP 接入路由器通过 Cisco2960 互联交换机与省级宽带网防火墙互联。

(3)本地局域网地址段

根据全国气象部门 IP 地址分配方案，设置省级节点下属局域网网段。

(4)设备回环地址规划

在全国气象宽带网络 MSTP 系统中，省级节点接入路由器与 MPLS VPN 接入路由器采用相同方式，统一使用 LoopBack0 接口配置回环地址，并将回环地址作为 MSTP 系统中 BGP 邻居建立的源地址。

4. VRRP 设计

考虑省级节点广域网线路的业务分担情况，将通过双 VRRP 组的方式实现不同线路业务的分流，将 MSTP 路由器设置为 MSTP 线路业务的主路由器，即 VRRP 组 20 的主路由器；将 MPLS VPN 路由器设置为 VPN 线路业务的主路由器，即 VRRP 组 10 的主路由器。同时配置 track 功能，探测广域网上连接口，当上连接口 down 时，降低本路由器的 VRRP 优先级，实现 VRRP 组主、备路由器的切换，使得该线路上的业务可以切换到另一条线路上。

省级节点视频系统使用 VRRP 组 30，主路由器为 MSTP 路由器，同时配置 track 探测广域网上连接口，当上连接口 down 时，降低本路由器的 VRRP 优先级，实现 VRRP 组主、备路由器的切换。

VRRP 组主、备路由器分配如图 4-1-3 所示。当远端线路中断，而本地路由器与电信传输设备间的线路正常时，路由器接口不会 down。因此为实现 VRRP 正常切换，还需要使用 keepalive 保活机制来确认对端是否可达。当线路对端不可达时，主动 down 掉本端接口，以触发 VRRP 切换。

5. 路由设计

(1)路由协议选择

为实现 MSTP 线路与 MPLS VPN 线路的热备份，MSTP 网络仍采用 BGP 路由协议，与原 MPLS VPN 网络进行动态路由交换。

(2)BGP 路由建立

在 MSTP 网络中，使用路由器 LoopBack0 地址作为 BGP 路由协议邻居源地址。省级节点 MSTP 路由器和 MPLS VPN 路由器之间的 IBGP 邻居使用静态路由互指方式实现两个 LoopBack0 之间互通；各个省级节点 MSTP 路由器和国家级中心 MSTP 路由器之间的 EBGP

邻居建立采用 OSPF 动态路由的方式实现，保证全国所有 MSTP 节点的 LoopBack0 地址互通。OSPF 中需要进行 OSPF 的认证，加密方式为 MD5，默认密码为 maipu。

(3)BGP 路由策略

路由策略主要解决 MSTP 网络与 MPLS VPN 网络 BGP 通信中 AS-PATH 长度不一致的问题。由于 MPLS VPN 网络在省级节点和国家级中心节点之间存在一个电信的 AS 自治系统 4809，而 MSTP 网络则是省级节点直接到国家级节点，导致 MSTP 网络 AS-PATH 跳数比 MPLS VPN 网络小 1，从而使 MSTP 网络所有 BGP 路由优先级都比 MPLS VPN 高，所有数据优先选择 MSTP 网络传输。因此需要在 MSTP 接入路由上添加策略路由，在国家级中心与省级节点之间为 MSTP 网络添加一个虚拟 AS 自治系统域 65307，实现 MPLS VPN 和 MSTP 网络的 AS-PATH 属性优先级一致，保证两条线路的对等性。省级节点至国家级节点路由设计拓扑如图 4-1-4 所示。

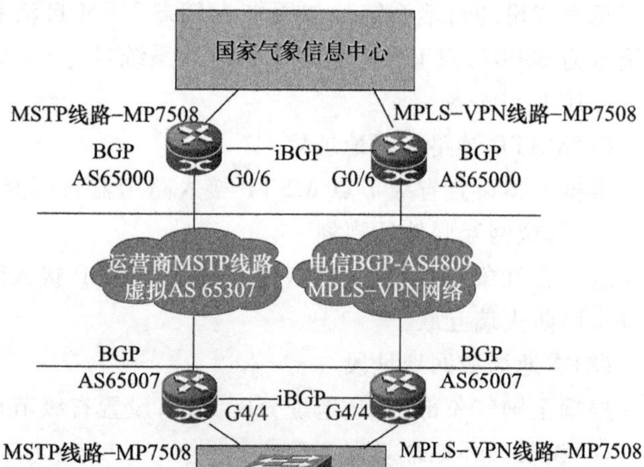

图 4-1-4　路由设计拓扑

(4)线路切换分析

全国宽带网 MSTP 系统建设完成之后，将实现 MSTP 线路和 MPLS VPN 线路热备。正常情况下，MSTP 线路业务路由对应下一跳地址为 VRRP 组 20 的虚地址，主路由器为 MSTP 接入路由器；MPLS VPN 线路业务路由对应下一跳地址为 VRRP 组 10 的虚地址，主路由器为 MPLS VPN 接入路由器。线路热备能力分析如下。

1)正常情况下业务路由走向如图 4-1-5 所示。

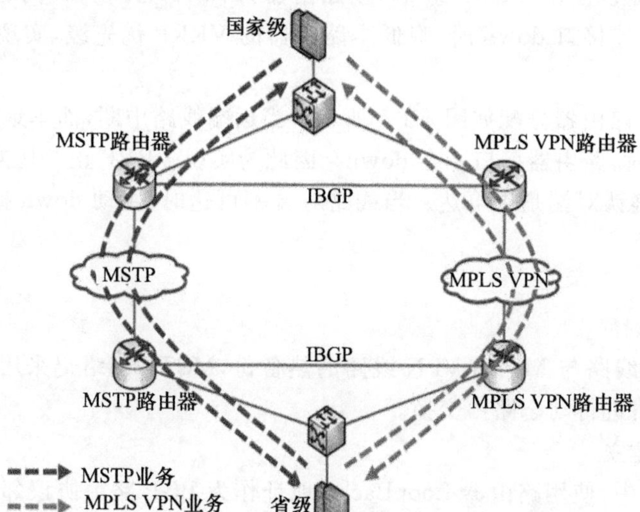

图 4-1-5　正常情况下业务路由走向示意图

2)当 MSTP 接入路由器的上连线路出现故障时,MPLS VPN 路由器成为所有 VRRP 组的主路由器,全部业务切换到 MPLS VPN 线路。MSTP 路由器上连线路断开时的路由走向如图 4-1-6 所示。

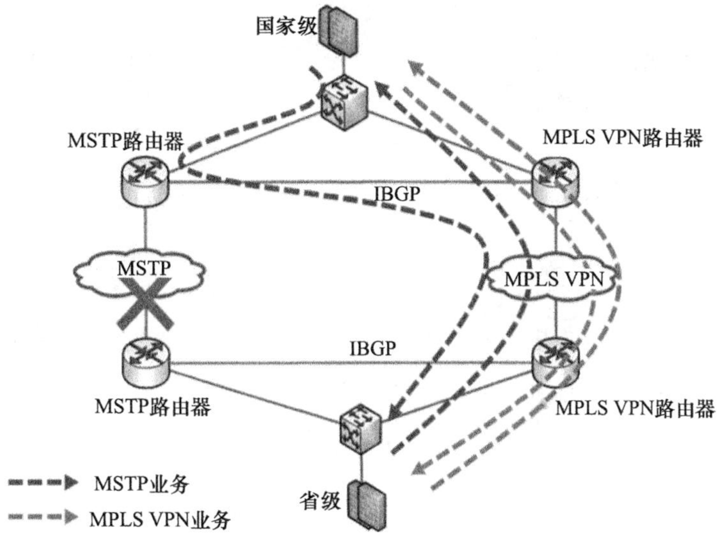

图 4-1-6　MSTP 路由器上连线路断开时的路由走向示意图

3)当 MSTP 接入路由器的下连线路出现故障时,省级 MSTP 业务上行数据传输切换至 MPLS VPN 线路,视频业务切换类似。MSTP 路由器下连线路断开时的路由走向如图 4-1-7 所示。

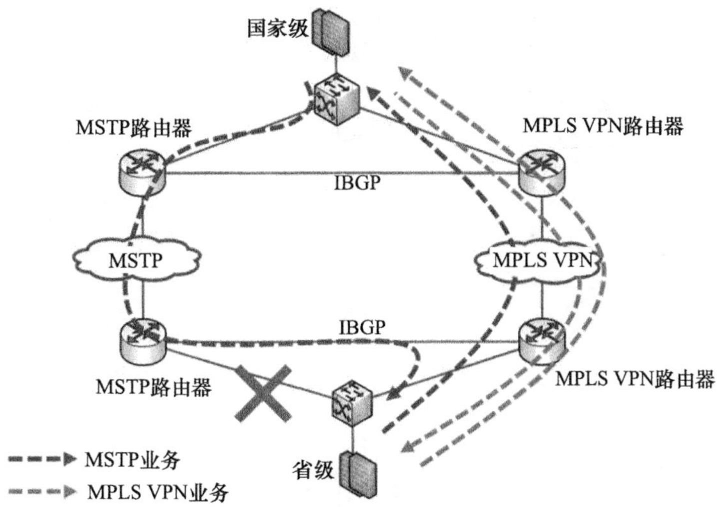

图 4-1-7　MSTP 路由器下连线路断开时的路由走向示意图

4)当 MPLS VPN 路由器的上连线路出现故障时,省级 MSTP 路由器成为所有 VRRP 组的主路由器,全部业务切换到 MSTP 线路运行。MPLS VPN 路由器上连线路断开时的路由走向如图 4-1-8 所示。

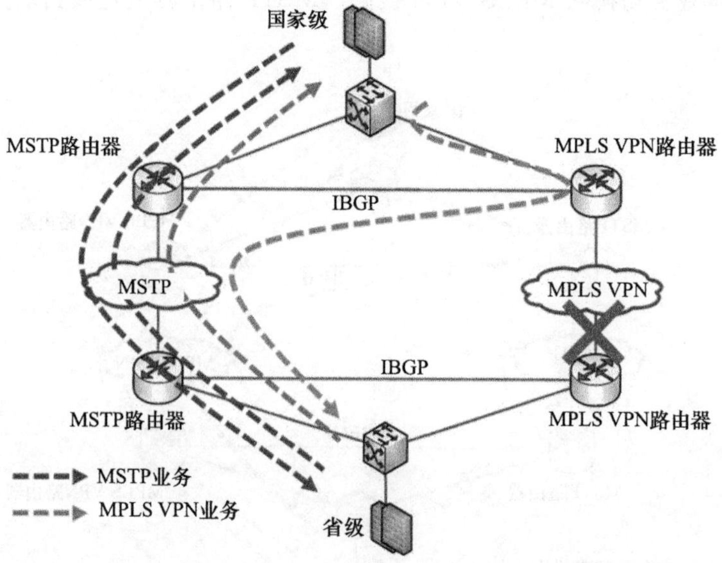

图 4-1-8　MPLS VPN 路由器上连线路断开时的路由走向示意图

5)当 MPLS VPN 路由器下连线路断开时，省级 MPLS VPN 业务上行数据传输切换至 MSTP 线路。MPLS VPN 路由器下连线路断开时的路由走向如图 4-1-9 所示，

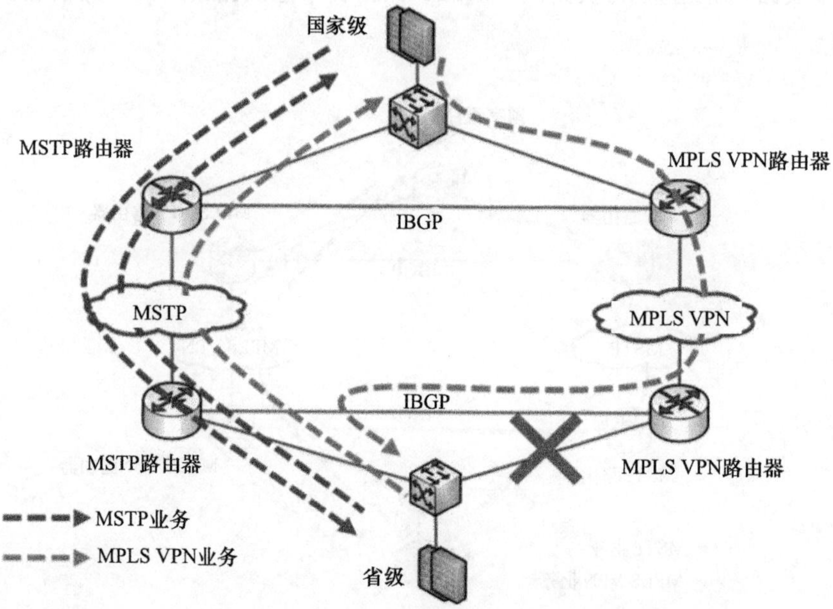

图 4-1-9　MPLS VPN 路由器下连线路断开时的路由走向示意图

6)当 MSTP 路由器整机出现故障时，业务路由走向与 MSTP 广域线路故障情况相同。MSTP 路由器整机故障时的路由走向如图 4-1-10 所示，

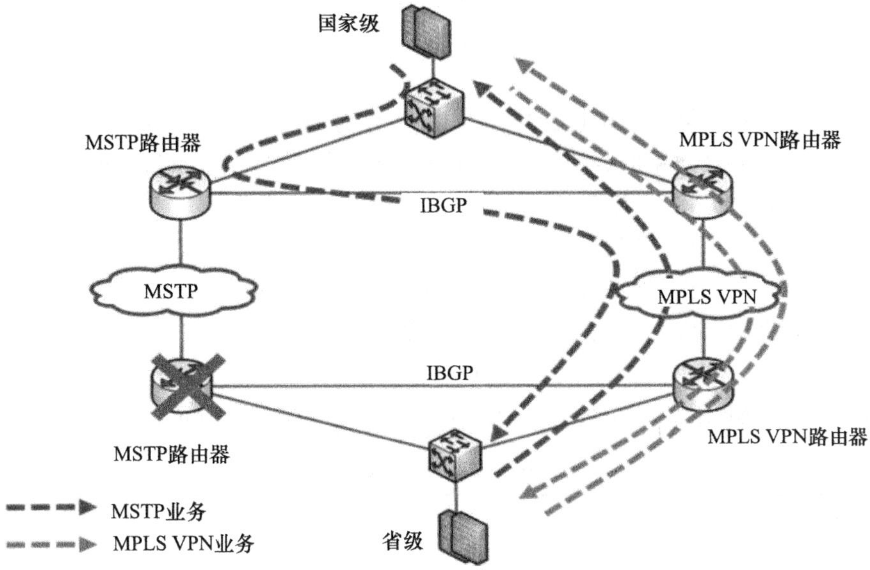

图 4-1-10　MSTP 路由器整机故障时的路由走向示意图

7)当 MPLS VPN 路由器整机出现故障时,业务路由走向与 MPLS VPN 广域线路中断情况相同。MPLS VPN 路由器整机故障时的路由走向如图 4-1-11。

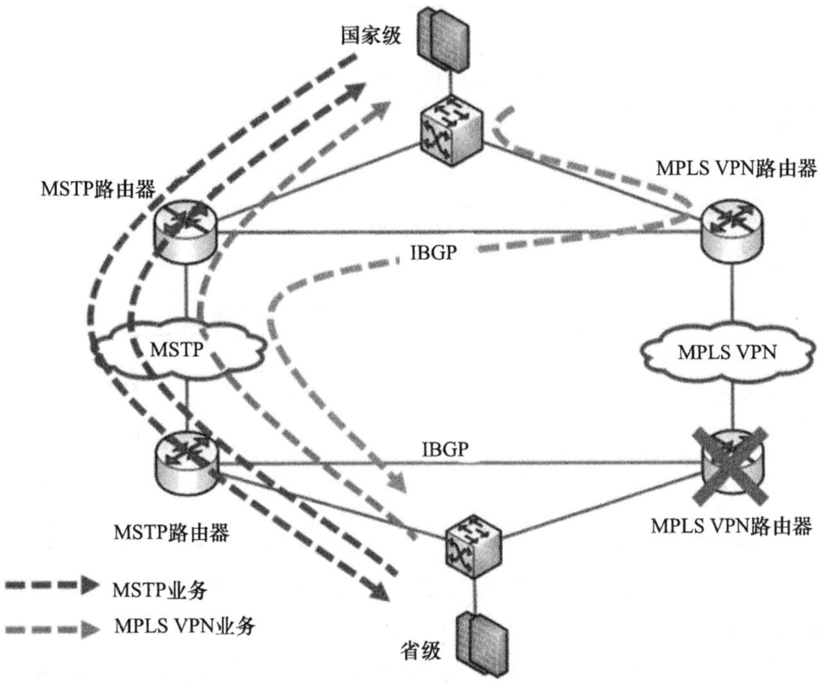

图 4-1-11　MPLS VPN 路由器整机故障时的路由走向示意图

6. QoS 策略设计

在 MSTP 线路拥塞情况下，为保障重要业务数据传输不受影响，需要在 MSTP 网络中进行 QoS 设计，以达到优化网络性能、提高网络可用性的目的。

(1)接入路由器输出带宽的限制

由于电信运营商提供的“承诺访问速率”与接入线路物理接口速率不一致，为提高数据传输质量，要在省级节点接入路由器的出口方向进行流量整形，使流量整形后的接口输出带宽与运营商提供的“承诺访问速率”相匹配。

相关配置：traffic-shape 参数 1、参数 2。

其中，参数 1 表示允许的接口输出速率，单位为“比特”，一般配置为低于中国电信的链路承诺带宽；参数 2 表示允许突发流量，单位为“字节”，为保证 QoS 的准确性，配置较小的突发流量。

针对辽宁省 12 Mbit/s 链路带宽，上述参数推荐值如表 4-1-2 所示。

表 4-1-2　流量整形推荐参数

链路带宽	参数 1(输出速率，bit/s)	参数 2(允许突发，B)
12 Mbit/s	12000000	35000

(2)服务类型及需求

根据原 SDH 系统长期运行情况，SDH 系统原 QoS 保障基本可以满足业务需求，因此，MSTP 线路仍参照原 SDH 线路的 QoS 保障策略进行设计。按照不同的业务定义为：EF、AF4、AF3、AF2、AF1、BE。同时对每类业务进行带宽的分配和控制，具体 MSTP 线路 QoS 保障带宽分配情况如表 4-1-3 所示。

表 4-1-3　MSTP 线路 QoS 策略规划

访问类型	服务类型	10 M 带宽	12 M 带宽
视频会商及其备份业务	EF	3.5 Mbit/s	3.5 Mbit/s
“9210 工程”通信业务	AF4	325 kbit/s	340 kbit/s
宽带网网管业务			
雷达数据传输业务	10.1.4.16	AF3	595 kbit/s
MPLS VPN 业务备份(关键业务及网络功能服务应用)	AF2	1300 kbit/s	1360 kbit/s
华风影视素材传输	AF1	520 kbit/s	595 kbit/s
其他业务	ip any any	BE	剩余带宽剩余带宽

考虑到 MSTP 线路和 MPLS VPN 线路的相互备份情况，因此需要在两条线路的 QoS 策略中加入备份业务的 QoS 保障，以满足当某条线路中断后另外线路能够对所承担的备份业务做到基本的 QoS 保障。在 MSTP 线路中，为 MPLS VPN 线路所承载业务提供 600 K 的带宽保障，保障队列为 AF2；同时在 MPLS VPN 线路上的白金级服务带宽中，为 MSTP 线路视频提供 3.5 Mbit/s 的服务保障，在金级服务带宽中为 MSTP 线路其他业务提供 QoS 保障。MPLS VPN 线路 QoS 带宽保障如表 4-1-4 所示。

表 4-1-4　MPLS VPN 网络 QoS 策略规划

QoS 等级	业务分类	6 Mbit/s 链路提供的带宽	8 Mbit/s 链路提供的带宽	12 Mbit/s 链路提供的带宽	IP PRE 标签值
白金	新一代国内通信系统、 大气探测中心雷电监测站传输、 DAB 预警信息发布、 网管及 DNS	4 Mbit/s	6 Mbit/s		5
	MSTP 线路视频(子策略)	2.5 Mbit/s	2.5 Mbit/s	2.5 Mbit/s	
金	NTP 系统	2.4 Mbit/s	3.6 Mbit/s		3
	MSTP 线路其他业务备份				
银	全国财务联网监控系统、 数值预报产品地面备份、 大气探测中心 ASOM 系统、	1.6 Mbit/s	2.4 Mbit/s		2

7. 设备命名设计

辽宁省气象局 MP7508 接入路由器设备命名如表 4-1-5 所示。

表 4-1-5　各节点设备命名详表

节点名称	MP7508 设备名称
辽宁	MSTP_LiaoNing

8. 端口描述与使用规范

网络接口必须进行描述,接口描述命名规范:TO-目的网络简称/互联设备名称[对端设备接口 IP 地址/对端设备管理地址]。

迈普 MP7508 路由器共有 8 个业务板卡插槽以及 2 块主控卡插槽,如图 4-1-12 数字编号所示。在全国气象宽带网络 MSTP 系统中,每个节点的 MP7508 设备均配置 2 块 4GET4GEFH 板卡,该板卡统一安装在 MP7508 机框的第 3 插槽和第 4 插槽,如图 4-1-12 加框线处所示。

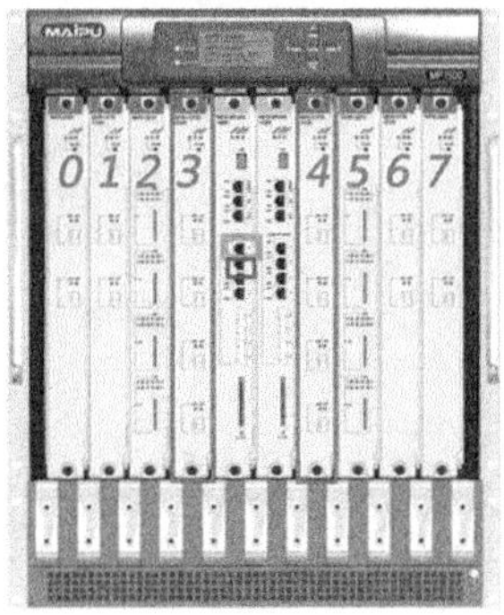

图 4-1-12　MP7508 路由器槽位示意图

考虑到双主控板卡的原因,MSTP 路由器的接口主要使用业务板卡上接口。其中,第 3 槽位业务卡的第 4 端口(g3/4 接口)用于 MSTP 线路上连,第 4 槽位业务卡的第 4 端口(g4/4 接口)用于 MSTP 路由器和 MPLS VPN 路由器的互联接口,主控卡第 1 端口(g1 接口)用于下连本地网络。要调整视频的省份需要添加视频网关接口(G4/5 接口),端口使用规范如表 4-1-6 所示。

表 4-1-6　MP7508 接口使用规范表

序号	用途	物理位置	端口号
1	上连 MSTP 接口	3 号业务板卡 4 接口	Interface gigaethernet3/4
2	MPLS 互联接口	4 号业务板卡 4 接口	Interface gigaethernet4/4
3	下连局域网接口	主控卡 1 端口	Interface gigaethernet1
4	视频会商网关接口	4 号业务板卡 5 接口	Interface gigaethernet4/5

为提供下连线路冗余,两张主控卡的 gigaethernet1 口均连接到路由器下接的 Cisco 二层交换机。正常情况下,主从 MPU 卡配置自动同步,且当主卡处于正常工作状态时,备卡不工作,故无须特殊配置。

9. MPLS VPN 路由器端口修改

由于原本 MPLS VPN 路由器接线较少,故采用了主控卡接线。考虑设备的主控卡备份,将原来 MPLS VPN 路由上连电信的接口由原来的 g0 口迁移至第 3 槽位业务板卡 g3/4 接口上,同时在第 4 槽位业务板卡 G4/4 接口上添加和 MSTP 路由器互联的接口,在第 4 槽位业务卡 G4/5 接口上添加视频会商网关接口。

10. 视频终端调整

目前,省级视频会商设备直接连接在 SDH 路由器业务板卡上,为实现视频会商系统的线路热备切换,需要将视频终端迁移到连接省级节点路由器和防火墙的 Cisco2960 交换机上,在该交换机上划分 VLAN800 作为视频会商系统的专用 VLAN,同时在 MPLS VPN 和 MSTP 路由器的 G4/5 接口上分别添加视频会商的网关地址并建立 VRRP 组 30,以 MSTP 路由器作为 VRRP 组 30 的主路由器。视频连接网络拓扑如图 4-1-13 所示。

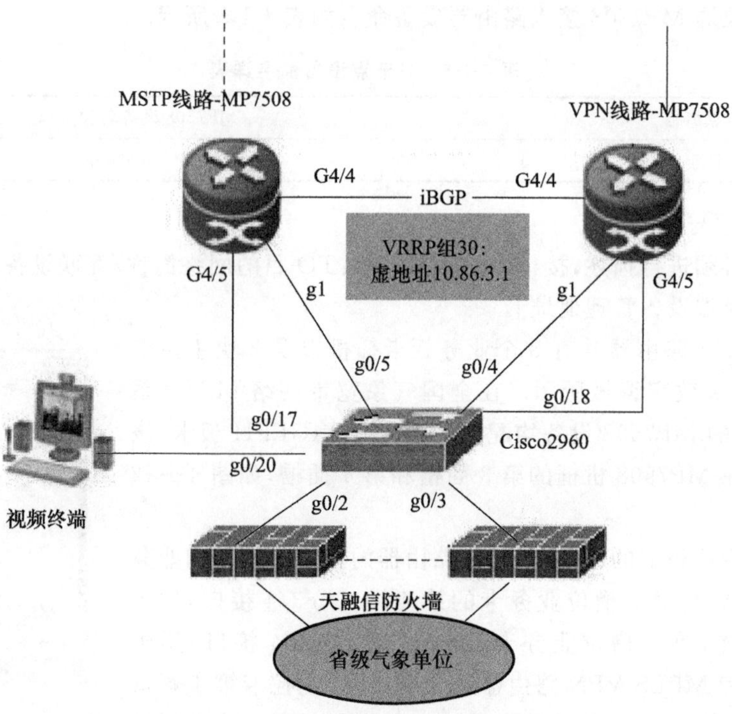

图 4-1-13　视频连接网络拓扑图

4.1.3　国省气象宽带网络系统完善升级

4.1.3.1　省级宽带网互联交换机更新改造

2012 年,针对宽带网互联交换机存在单点故障的问题,国家气象信息中心组织实施了全国省级宽带网互联交换机更新改造。

1. 系统结构现状

原全国气象宽带网络省级接入系统的主要设备包括 MSTP 线路路由器、MPLS VPN 线路路由器、天融信防火墙以及互联以上设备的 Cisco2960 交换机。

MSTP 路由器和 MPLS VPN 路由器各自分担部分国家级和省级气象部门间的网络传输业务，并实现 MSTP 和 MPLS VPN 线路的相互热备份。

两台天融信防火墙通过 HA 实现双机热备，保证高可靠性。在防火墙和两台路由器之间由一台 Cisco2960 交换机实现相关设备的汇聚互联，同时该交换机还通过划分专用 VLAN 的方式，提供省级会商设备的接入。防火墙与省级局域网核心间也通过一台 Cisco2960 交换机实现互联。防火墙另外连接一台接入交换机，提供宽带网双向 DMZ 区接入。具体拓扑结构如图 4-1-14 所示。

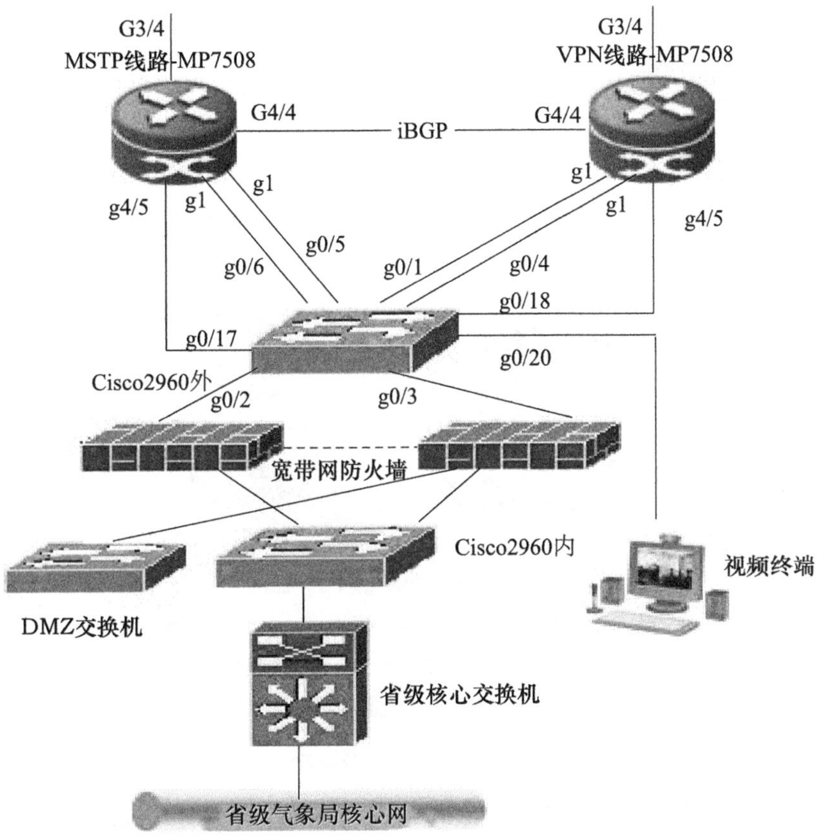

图 4-1-14 省级气象局宽带网接入拓扑结构图

2. 系统结构调整设计

本次更新改造的主体工作涉及三个方面的结构调整。

(1)互联交换机的可靠性结构调整

使用两台 H3C 交换机，通过堆叠虚拟化为一台设备后，替换原网络单台 Cisco2960 交换机。各省级节点两台 H3C 交换机采用 IRF 技术实现逻辑上的单台设备，同时与天融信防火墙实现链路捆绑互联，与迈普路由器实现双线路上行，解决线路互连及设备单点故障隐患。

(2)接入系统互联 IP 地址空间调整

对路由器与防火墙间的互联的子网进行扩充，掩码由 29 位变更为 27 位，可用地址由 6 个增加为 30 个，提高互联子网的扩展性，便于今后系统建设扩展。对应调整防火墙与局域网核心间的子网，掩码不变，地址前移。

(3)DMZ 区扩展

在防火墙下利用替换下来的 Cisco2960 交换机建立新的 DMZ 区,通过 VLAN 划分为双向 DMZ 区和单向 DMZ 区,一方面增加双向 DMZ 接入容量,另一方面为交互类应用系统建立安全接入环境。具体拓扑结构如图 4-1-15 所示。

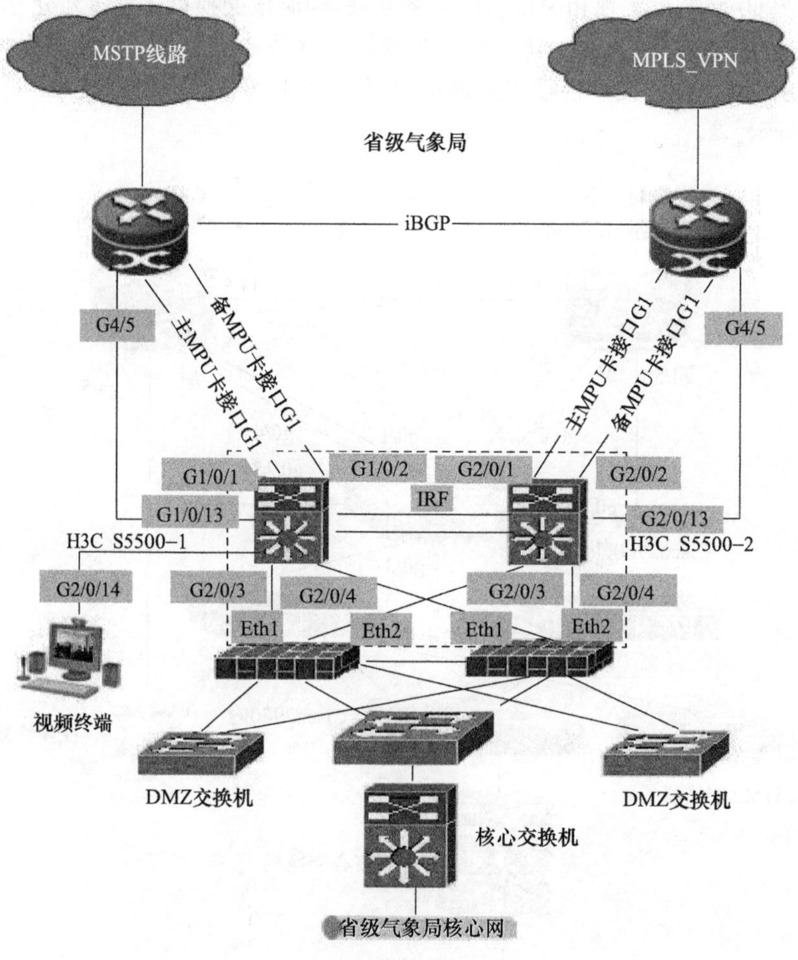

图 4-1-15 省级气象局宽带网建设后的接入拓扑结构图

4.1.3.2 省级宽带网防火墙更新改造

2013 年,针对省级宽带网防火墙老化和性能不足的问题,国家气象信息中心组织实施了全国省级宽带网防火墙升级更新工作,并对网络结构配置进行了细微调整。

省级宽带网络中,MSTP 路由器和 MPLS VPN 路由器各自分担部分国家级和省级气象部门间的网络传输业务,并实现 MSTP 和 MPLS VPN 线路的相互热备份;两台宽带网防火墙通过 HA 实现双机热备,保证高可靠性;在防火墙和两台路由器之间由两台 H3C 交换机通过 IRF 虚拟化为一台设备,实现与路由器、防火墙的互联,其中宽带网互联交换机与天融信防火墙为链路捆绑互联,与宽带网路由器为双线路上连路由器主备 MPU。具体拓扑结构如图 4-1-16所示。

1. 互连结构调整

本次实施的主要工作是使用 TG-5628 防火墙替换 TG-4628 防火墙,实现原 TG-4628 在网络中的路由转发、访问控制等功能。设备替换前后网络总体结构不做大的调整,但 TG-5628

上线替换 TG-4628 时，将同步调整省级宽带网防火墙与宽带网互联交换机以及与省级局域网核心交换机的连接方式，替换后的拓扑结构如图 4-1-17 所示。

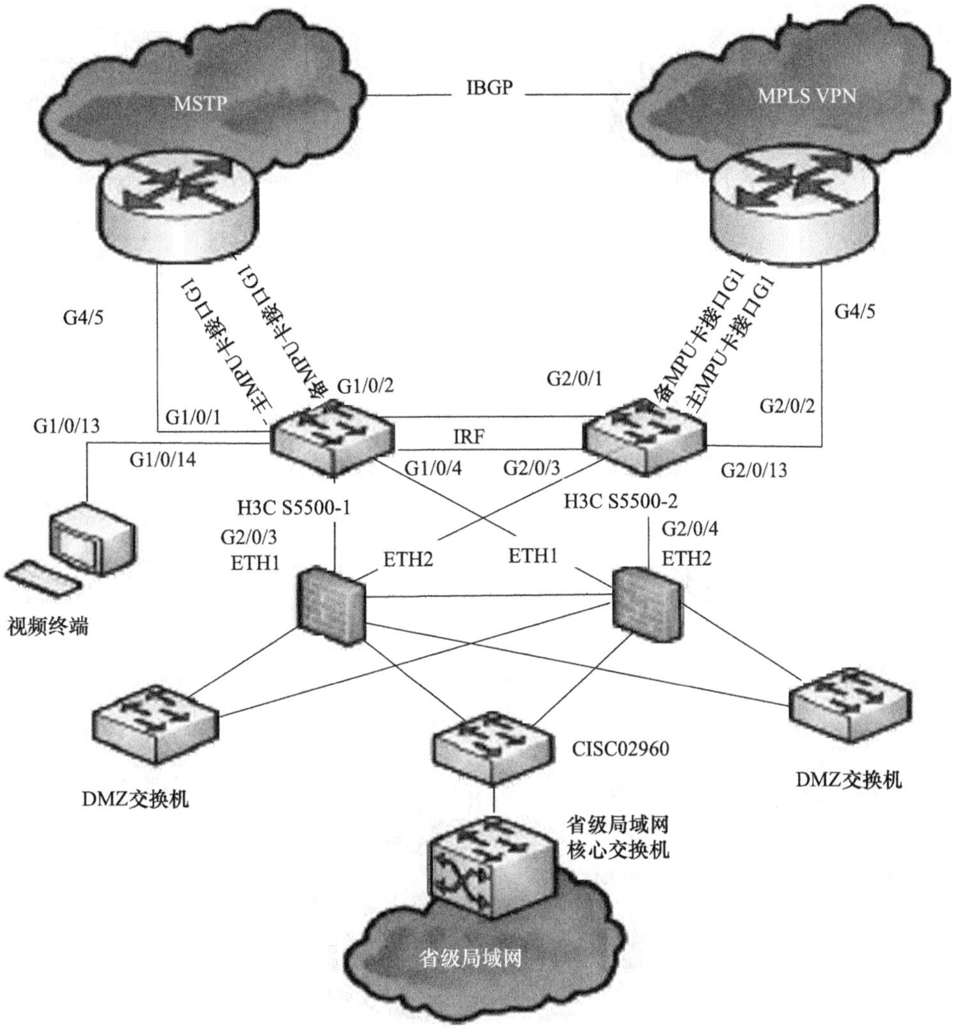

图 4-1-16　省级气象局宽带网接入拓扑结构

2. 区域调整

(1)区域名变更

防火墙区域中 outside 和 inside 不变，原 BSD 改名为 CommZone，USD 变更为 WebZone，BSD&USD 更名为 Comm&Web1。

(2)新增区域

增加一个新区域 Comm&Web2，使用网络连接调整撤下的 Cisco2960 交换机连接防火墙接口 ETH20，其中交换机一半接口配置为 VLAN9，另一半接口配置为 VLAN10。

3. 网络连接调整

(1)防火墙与宽带网互联交换机连接调整

目前省级宽带网防火墙与互联交换机采用全互联链路聚合的连接方式，即防火墙的 ETH1、ETH2 做 BOND(防火墙链路聚合)，分别与两台 H3C 交换机相连，互联交换机上连同一台防火墙的两个接口做链路聚合，连接拓扑如图 4-1-18 所示。

防火墙替换后省级宽带网将取消其与 H3C 交换机的 BOND 连接，改为口字型连接方式，即两台防火墙的 ETH10 接口分别与互联交换机相连，连接拓扑如图 4-1-19 所示。

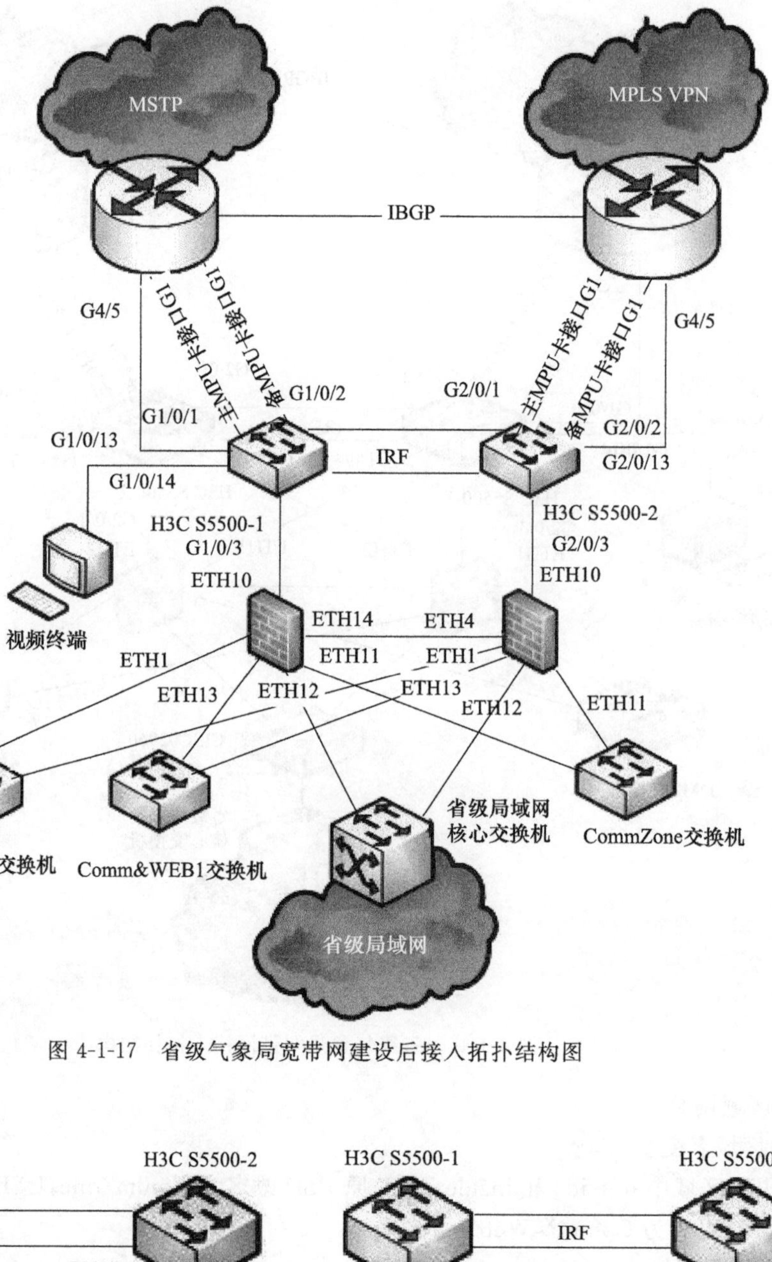

图 4-1-17　省级气象局宽带网建设后接入拓扑结构图

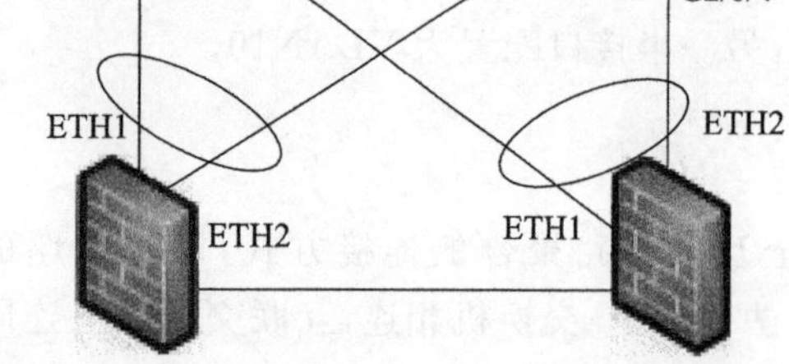

图 4-1-18　替换前防火墙与 H3C 交换机连接

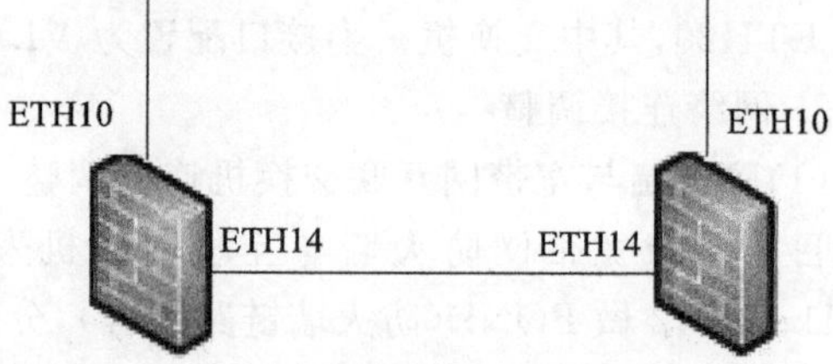

图 4-1-19　替换后防火墙与 H3C 交换机连接

(2)防火墙与局域网连接调整

目前省级宽带网防火墙与局域网核心交换机通过一台 Cisco2960 交换机实现连接，连接拓扑如图 4-1-20 所示。

此次取消内网互联交换机，根据各省级局域网核心交换机配备情况(单核心、双核心、双虚拟化核心)分别制定防火墙与局域网互联方案。

1)单核心交换机

替换后省级宽带网防火墙与省级局域网核心交换机直接连接，消除互联交换机单点故障隐患，连接拓扑如图 4-1-21 所示。

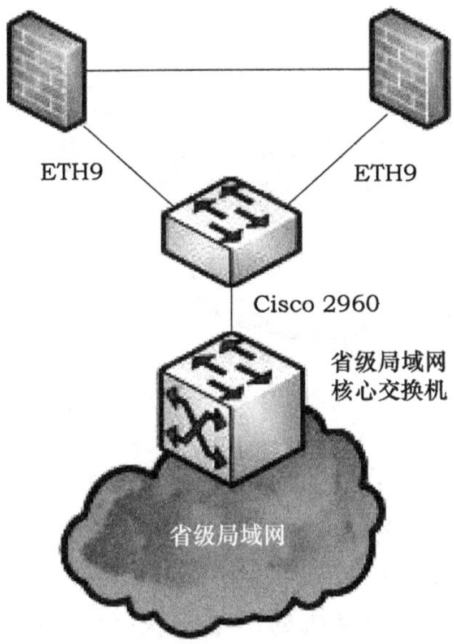

图 4-1-20　替换前防火墙与局域网连接

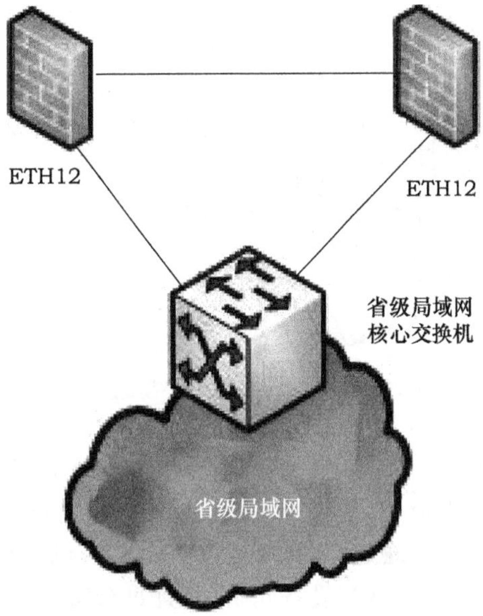

图 4-1-21　替换后防火墙与局域网连接

方案说明：两台防火墙的 ETH12 接口分别与核心交换机的两个接口相连，工作模式为主/备工作模式，此时主墙与备墙的 ETH12 接口的 IP 地址相同，同一时间点主墙的接口接收并转发数据包，备墙的接口接收不转发数据包，HA 监控接口将 ETH12 口加入监控组内，实现线路与设备冗余；防火墙上访问省(区、市)内局域网的路由指向不变，下一跳地址不变；核心交换机使用原来连接 Cisco2960 的接口与主防火墙相连；核心交换机另外一个接口与备份防火墙相连，此接口和与主防火墙相连的交换机接口划分在同一 VLAN 中；核心交换机路由不变。

2)双核心交换机口字型结构

双核心交换机口字型结构如图 4-1-22 所示。

方案说明：两台防火墙的 ETH12 接口分别与两台核心交换机相连，工作模式为主/备工作模式，此时主墙与备墙的 ETH12 接口的 IP 地址相同，同一时间点主墙的接口接收并转发数据包，备墙的接口接收不转发数据包，HA 监控接口将 ETH12 口加入监控组内，实现线路与设备冗余；防火墙向内路由保持不变；两台核心交换机与防火墙相连的接口使用与原 Cisco2960 交换机互联的接口；两台核心交换机配置 VRRP，防火墙的路由指向 VIP 地址，注意此处两台核心交换机相连的 Trunk 通道允许所有 VLAN 通过。

方案优点：结构简单，易于配置和维护管理，容易排障；结构调整时不需要更改核心交换机配置；节省网络接口。

方案缺点：与交叉互连结构相比，系统可靠性相对低。

3)双核心交换机交叉互连结构

双核心交换机交叉互连结构如图 4-1-23 所示。

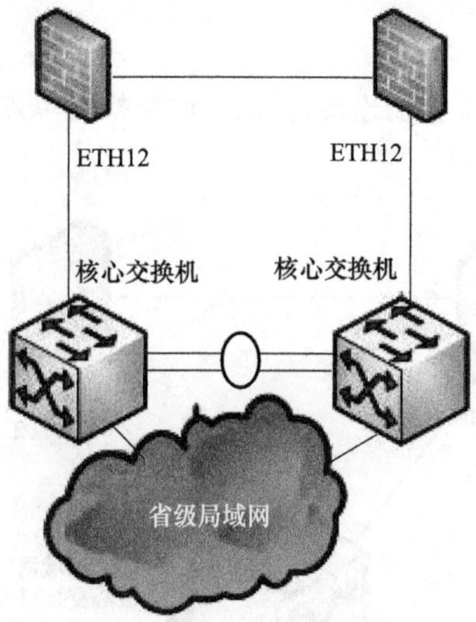

图 4-1-22　双核心交换机口字型结构

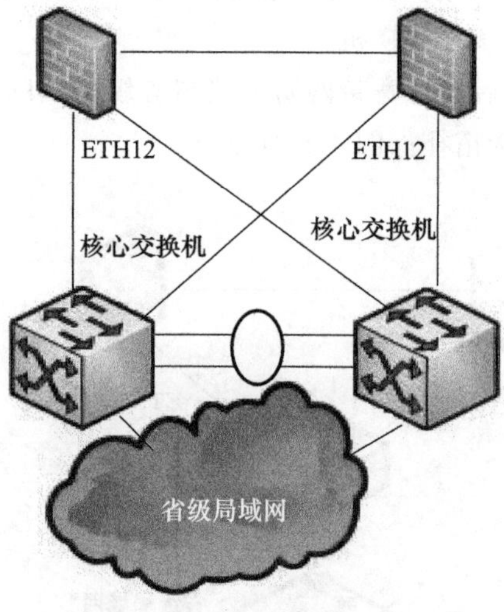

图 4-1-23　双核心交换机交叉互连结构

方案说明：采用交叉互连结构，每台防火墙用两个接口分别与两台核心交换机相连，同一台防火墙与核心交换机连接的两个接口划分在一个 VLAN 中，VLAN-ID 任意，VLAN 上配置 IP 地址，通过此 IP 地址与核心交换机进行通信，HA 监控接口将此 VLAN 接口加入监控组内，实现线路与设备冗余，并且每台防火墙只有在与核心交换机的两个互联接口同时 down 掉的情况下，才会发生切换，此处防火墙需开启生成树，以防止环路的发生；防火墙对内路由指向交换机 VRRP 的虚地址；每台核心交换机需使用两个接口分别与主防火墙和备防火墙互联，这两个接口处于同一个 VLAN 中；两台核心交换机配置 VRRP，注意此处两台核心交换机相连的 Trunk 通道允许所有 VLAN 通过；核心交换机路由不变。

方案优点：相比口字型结构，使系统具有更高的可靠性。

方案缺点：结构复杂，使管理和维护相对复杂，不容易排障；交换机配置要进行必要的调整和修改；相比口字型结构，每台防火墙和交换机需要一个额外的网络接口。

综合以上分析，基于网络接口数量需求、实施配置、维护管理、故障排查等原因，双核心情况建议采用口字型结构。

4)双虚拟化核心交换机

双虚拟化核心结构下，核心交换机通过虚拟化技术模拟为一台交换机，与防火墙连接时视为一台交换机，如图 4-1-24所示。

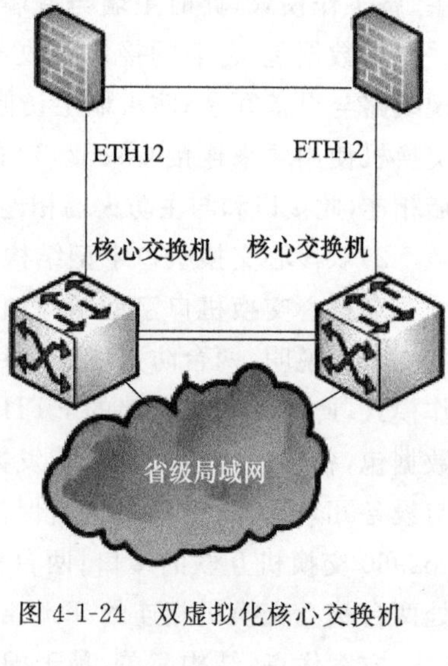

图 4-1-24　双虚拟化核心交换机

方案说明：两台防火墙的 ETH12 接口分别与两台核

心交换机相连，工作模式为主/备工作模式，此时主墙与备墙的 ETH12 接口的 IP 地址相同，同一时间点主墙的接口接收并转发数据包，备墙的接口接收不转发数据包，HA 监控接口将 ETH12 口加入监控组内，实现线路与设备冗余；防火墙的配置保持不变；两台核心交换机分别与主备墙的 ETH12 口相连；两台核心交换机的 VLAN 和路由配置保持不变。

4.1.4　气象宽带网络系统后期局部调整

2014 年，省级 CMANet 通信区内迁至局域网：将通信区内已部署的新一代国内通信系统、国内通信备份系统、CMACast（中国气象局气象数据卫星广播系统）等国内通信业务系统，以及 NTP、DNS 等网络基础服务系统迁移至局域网核心交换机或 CIMISS（全国综合气象信息共享平台）汇聚交换机，由 CIMISS 负载均衡实施团队与省级气象局配合共同完成。

2015 年，根据各省份线路带宽利用情况及现有业务需求，对全国各节点 MPLS VPN 线路进行统一升速，区域中心由 20 Mbit/s 升速至 50 Mbit/s，普通省份由 16 Mbit/s 升速至 40 Mbit/s。

2019 年，根据业务发展需求，对全国各节点 MPLS VPN 线路进行统一升速，区域中心由 50 Mbit/s 升速至 800 Mbit/s，普通省份由 40 Mbit/s 升速至 400 Mbit/s。此次升级将原外网口 g3/4（电口）配置迁移至 G3/3（光口），取消 MPLS VPN 接入路由器上到网康流控设备的策略路由配置。

2019—2020 年，电信 MSTP 线路调整为联通 MPLS VPN 线路，接入至 MSTP 路由器的 gigaethernet3/3 口，网段配置为电信 MPLS VPN 同一 C 段，并大幅提高网络接入带宽，根据具体带宽配置接口流量整形参数对 QoS 进行调整优化。

4.2　省级及以下气象信息网络系统

省级及以下气象信息网络系统是指各省级气象信息中心与本省（区、市）范围内的市级、县级气象部门之间的网络互联，由本省（区、市）地面宽带网及其他有关网络组成。

本节以四川省气象信息网络系统为例进行介绍。

4.2.1　第一轮省、市、县三级气象广域网络建设

四川省气象局于 2004 年完成省-市两级气象广域网络系统建设。通过租用四川省广电 2 M带宽的 SDH，以四川省气象局为中心，连接 21 个市（州）气象局，形成一个星型结构的气象信息广域网络传输系统主干网。四川省气象信息中心使用一台华为 Quidway NetEngine 16E 骨干路由器，通过通道化 POS 接口连接省广电 SDH。各市（州）气象局使用华为 Quidway R2631E 路由器，通过 E1 端口连接 SDH，和四川省气象信息中心组成广域网，形成连接四川省各市（州）气象局的专用气象网络。该网络作为省、市（州）气象信息基础通信平台，开通气象资料传输、办公自动化系统、视频会商系统和 Web 服务等多种业务应用，使四川省气象部门真正进入了广域网宽带网络时代。广域网连接拓扑如图 4-2-1 所示。

广域网络未延伸到县级气象部门，缺乏备用通信线路，无法满足气象业务发展的需求。2007 年，四川省气象部门开始了省、市、县三级气象广域网络建设。

1. 建设目标

四川省气象信息广域网络系统升级改造，依托公用电信运营商，提供覆盖全省的光纤数字电路，建设以四川省气象信息中心为中心、21 个市（州）气象局为分中心、186 个县级气象局

(站)为终端的星型与树型相结合的结构,实现省-市-县三级带宽为 SDH 2 M,涵盖省、市、县三级统一的气象信息通信和信息存储、分发的集气象信息数据、语音和视频多媒体运用等多种业务传输于一体的广域网络系统建设目标。

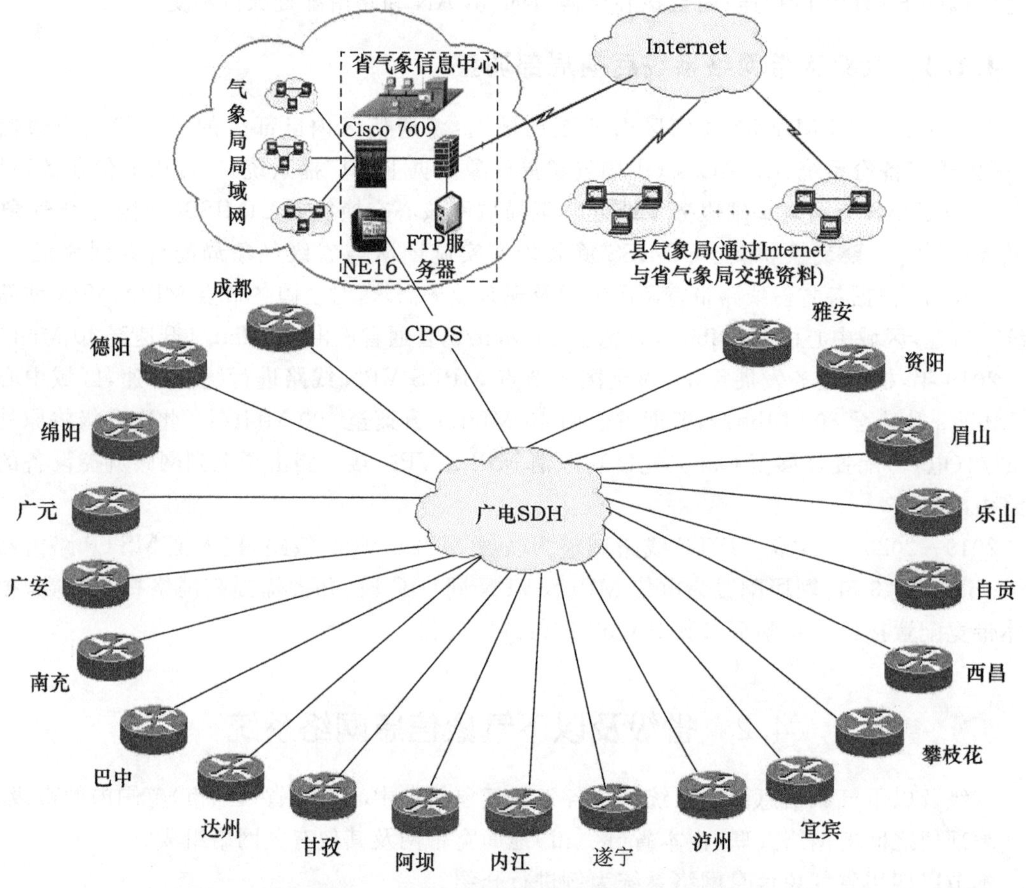

图 4-2-1　四川省气象部门广域网连接拓扑示意图

以 IP 网络通信协议为主的四川省气象信息广域网系统,互联省、市、县三级局域网,并和中国气象局及其他省级气象部门网络相联,同时接入互联网。

四川省气象信息广域网络系统按网络层次划分为省、市、县三级网络,每级具有各自的功能和分工。省级负责全省气象信息网络的应用和网络管理,是各种气象信息汇聚和分发中心,除到各市(州)的 SDH 主干连接外,建立 VPN 接入,提供市级和县级气象局(站)的直接接入和移动用户的网络接入,同时作为应急备份;市级作为省和县级广域网连接的枢纽,承担省、市、县三级网络的连接,市级提供互联网和 VPN 接入,供本地和所属县级气象部门使用;县级作为广域网的第三级,接入广域网后可获得市(州)气象局和省气象局的信息资源以及更快捷和稳定的网络传输。作为成都区域气象中心的气象信息网络,面向西南区域各省(区、市)气象部门提供有关信息资源和 VPN 接入,并为区域内联网提供条件。

四川省气象信息广域网络系统建成后应支持多种多媒体协议,实现网络的综合应用。良好的 QoS 保障能够满足气象部门多种业务应用系统和视频天气会商等对服务质量的需求,特别是对一些时效性要求很高的网络应用系统。

在气象信息广域网络中,实现网络的安全高效运行,使各个单位既能充分使用网络上的各种信息资源，又能对其进行有效管理。

为保证网络正常工作，采用虚拟专用网络技术建设基于互联网的应急备份网络系统。省、市(州)配置 VPN 接入设备，县级气象部门通过互联网和省、市(州)气象网络建立 VPN 连接，市(州)气象网络和省中心网络建立 VPN 连接。通过网络路由配置，能够在 SDH 连接或有关设备出现问题时自动通过 VPN 保证网络的连通。移动用户能在互联网上通过 VPN 和气象信息网络建立连接，使用网络各种信息资源。

规范互联网的接入和使用策略是网络安全有效运行的保证。四川省气象信息广域网络系统建成后具备网络级到设备级全方位方便的网络管理和监控功能，省、市(州)二级网络在接入互联网时需有防火墙保护，确保整个网络的安全。县级气象局(站)通过互联网建立 VPN 连接，关闭所有与 VPN 连接无关的端口和配置，以降低网络被攻击的概率。

四川省气象信息网络系统升级改造后不仅覆盖省、市、县三级，建立省-市、市-县、省-县级传输网络系统，而且具有较高的可靠性、兼容性、可用性、可管理性和可扩展性。同时，在网络的速度和容量上完全满足需求，对网络设备从规格、管理软件、安全防护等方面进行整合和统一。总体拓扑结构如图 4-2-2 所示。

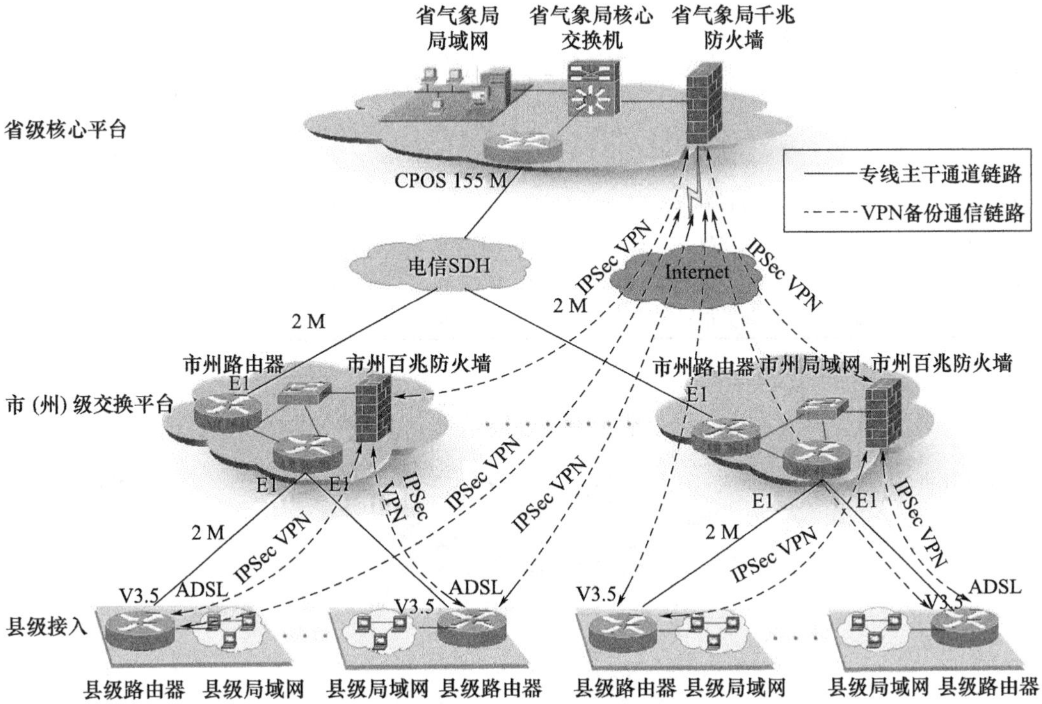

图 4-2-2 四川省气象信息网络系统升级改造后总体拓扑结构示意图

2. 建设重点

主干组网：以省、市(州)气象局为中心，依托电信 SDH 线路，组建省-市-县三级网络系统。从省气象局到市(州)气象局的安装调试，在业务系统运行情况下进行在线式业务系统切换和割接，工作的重点在于如何平滑地割接线路，使用户对网络抖动的感知减到最小。

备份路由：基于 Internet 建立省-市-县三级 IPSec VPN 隧道，建立气象信息网络系统的备份链路，保证主干链路出现故障时能实现业务系统正常运行。

Internet 接入：采用有防护的 Internet 接入。

移动办公：移动办公人员通过 SSL VPN 安全访问内部网络。

全网网络监管：利用网络管理软件进行全网统一规划、统一监控和分级管理。

3. IP 地址规划

改造所涉及的端口、设备一律采用中国气象局颁发的新 IP 地址规范。

4. 新增主干链路 IP 详细分配原则

执行中国气象局下发的全国气象部门系统 IP 地址规划方案，市(州)气象局拥有的 32 个 C 类网中前 2 个 C 类网段保留，用于省到市(州)的互联；县级气象局拥有的 8 个 C 类网中第 1 个 C 类网段保留，用于市(州)到县级气象局的互联，若县级气象局存在局站分离的情况则征用第 2 个 C 类网段，用于市(州)到县级气象站的互联。

5. 互联 IP 地址的使用原则

上级单位设备地址用 1，下级单位设备地址用 2。

6. 全网 OSPF 路由协议区域划分

依照中国气象局分配给四川省的 IP 地址段顺序，从小到大分配区域。具体方案如表 4-2-1 和图 4-2-3 所示。

表 4-2-1 中国气象局分配给四川省的 IP 地址段

单位	区域号	单位	区域号	单位	区域号	单位	区域号
四川省气象局	0	内江市	7	泸州市	14	雅安市	21
成都市	1	宜宾市	8	德阳市	15		
甘孜州	2	广安市	9	攀枝花	16		
达州市	3	自贡市	10	巴中市	17		
凉山州	4	阿坝州	11	遂宁市	18		
绵阳市	5	乐山市	12	广元市	19		
眉山市	6	南充市	13	资阳市	20		

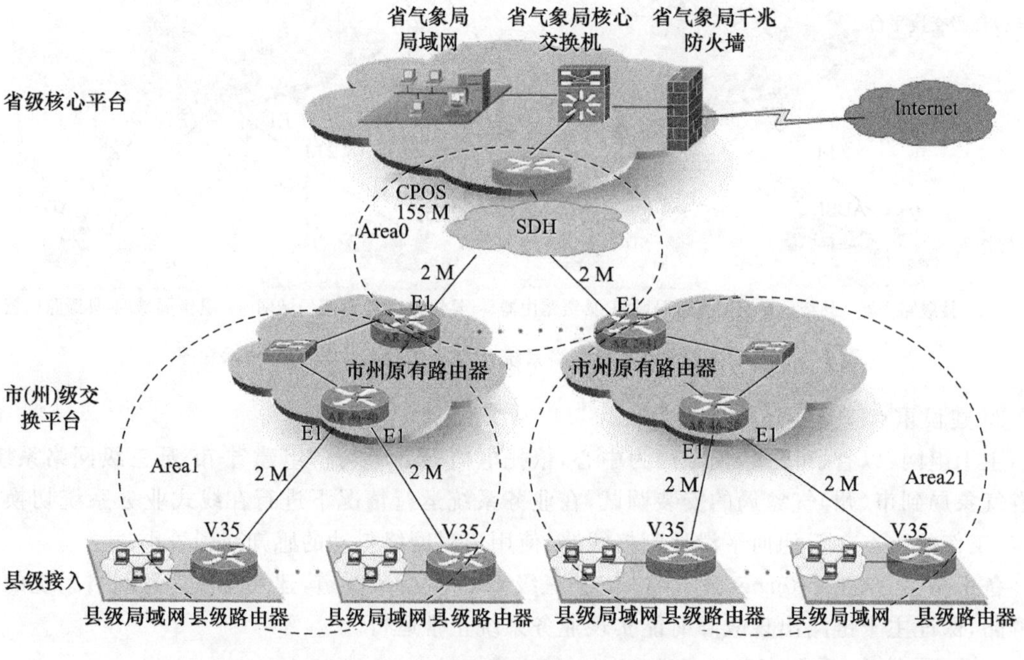

图 4-2-3 OSPF 路由协议区域划分

7. 主备线路策略配置

在四川省气象广域网络系统中，正常情况下数据通过 SDH 线路传输，SDH 线路异常时通过 VPN 备份线路保障数据正常通信。

四川省气象广域网络系统使用的 OSPF 动态路由协议通过链路开销(COST)值来进行路由选择，开销值的计算方式是:10 的 8 次方除以带宽(带宽单位是 bit/s)，100 M 链路的开销值为 1。在默认情况下，由于路由设备接口带宽问题，OSPF 会选择 VPN 线路作为主用线路，通过手工设置 VPN 线路接口的 OSPF COST 值，可以将默认路由指向 SDH 线路接口，当 SDH 线路异常时，OSPF 无法收到来自 SDH 线路的路由信息，此时 OSPF 自动将路由指向 COST 值较大的 VPN 线路接口，实现网络路由切换，备用线路启用。

8. 双层 VPN 技术应用

四川省气象广域网络系统 VPN 备份线路是基于 Internet 建立的，链路调度需要在 VPN 线路上启用 OSPF 动态路由协议。根据气象广域网络系统备份线路组网特点，结合 VPN 技术及特点，选择 IPSec＋GRE 两种 VPN 技术进行双层 VPN 复用的技术方法，实现基于 Internet 构建四川省气象广域网 VPN 备份网络动态路由调度。通过 IPSec VPN 技术，实现县级气象局到市(州)气象局、县级气象局到省气象局、市(州)气象局到省气象局的 LoopBack 地址互通，利用互通的 LoopBack 地址构建 GRE 隧道，在 GRE 隧道配置互联地址，启用 OSPF 动态路由协议。具体示例如下：

```
ike peer center                  /配置到省中心的 ike peer/
exchange-mode aggressive         /设置 IPSec 为野蛮方式/
pre-shared-key abc               /预共享密钥为 abc/
id-type name                     /选择名字作为 ike 协商过程中使用的 ID/
remote-name center               /对端的名字为 center/
remote-address X. X. X. X        /对端的 IP 地址/
ike peer deyang                  /配置到市(州)的 ike peer/
exchange-mode aggressive         /设置 IPSec 为野蛮方式/
pre-shared-key abc               /预共享密钥为 abc/
id-type name                     /选择名字作为 ike 协商过程中使用的 ID/
remote-name deyang               /对端的名字为 deyang/
remote-address X. X. X. X        /对端的 IP 地址/
```

注释:ike peer 的名字就是对端的 ike local-name，remote-address 是对端的公网地址，具体见市(州)基础配置表(ike 表以及 IP 表)。

```
ipsec proposal 1                 /定义 IPSec proposal/
ipsec policy gh 1 isakmp         /配置到市(州)的 IPSec policy/
security acl 3000                /指定安全策略所引用的访问控制列表号/
ike-peer deyang                  /引用 ike peer/
proposal 1                       /引用 IPSec proposal/
```

注释:gh 是 IPSec policy 的名字，用县(区)名称的简写；deyang 是具体市(州)的名称，这里用的试点地市的名字为德阳，具体见市(州)基础配置表。

```
ipsec policy gh 2 isakmp         /配置到省中心的 IPSec policy/
security acl 3001                /指定安全策略所引用的访问控制列表号/
```

ike-peer center　　　　　　　　　　　　/引用 ike peer/
proposal 1　　　　　　　　　　　　　　/引用 IPSec proposal/
acl number 3000　　　　　　　　　　　　/定义从县(区)到市(州)的 GRE 数据流被允许通过/
rule 0 permit gre source X. X. X. X 0 destination Y. Y. Y. Y 0
acl number 3001　　　　　　　　　　　　/定义从县(区)到省中心的 GRE 数据流被允许通过/
rule 0 permit gre source X. X. X. X 0 destination Z. Z. Z. Z 0

注释:X. X. X. X 是本县(区)的路由器 LoopBack 地址,Y. Y. Y. Y 是市(州)防火墙的 LoopBack 地址,Z. Z. Z. Z 是省中心的 LoopBack 地址,具体见市(州)基础配置表—IP 表。

interface Tunnel0　　　　　　　　　　　/创建隧道 0/
description to deyang-F100　　　　　　　/设置描述/
ip address X. X. X. X 255. 255. 255. 252　　/设置隧道地址/
source Y. Y. Y. Y　　　　　　　　　　　/创建隧道用的源地址/
destination Z. Z. Z. Z　　　　　　　　　/设置隧道目的地址/
ospf authentication-mode md5 1 scinfowlk　/设置 OSPF 认证密码为 scinfowlk/

注释:X. X. X. X 为隧道地址,Y. Y. Y. Y 为自己的 LoopBack 地址,Z. Z. Z. Z 为对端市(州)气象局的 LoopBack 地址,具体地址见地址规划表。

interface Tunnel1　　　　　　　　　　　/创建隧道 1/
description to sichuan-F1000　　　　　　/设置描述/
ip address X. X. X. X 255. 255. 255. 252　　/设置隧道地址/
source Y. Y. Y. Y　　　　　　　　　　　/创建隧道用的源地址/
destination Z. Z. Z. Z　　　　　　　　　/设置隧道目的地址/
ospf cost 3000　　　　　　　　　　　　/设置 OSPF COST/
ospf authentication-mode md5 1 scinfowlk　/设置 OSPF 认证密码为 scinfowlk/

注释:X. X. X. X 为隧道地址,Y. Y. Y. Y 为自己的 LoopBack 地址,Z. Z. Z. Z 为对端省气象局的 LoopBack 地址,具体地址见地址规划表。

9. 主备网络在重大自然灾害中受损恢复情况

从"5・12"特大地震灾区气象广域网络恢复统计信息中可以发现,由于 Internet 基础网络通常具有环路,2008 年"5・12"地震后部分台站气象 VPN 网络恢复时间如表 4-2-2 所示。

表 4-2-2　部分台站网络恢复时间表

网络节点	SDH 中断恢复时间	VPN 中断恢复时间
德阳市	>18 小时	8 小时
广元市	>24 小时	19 小时
绵阳市	>20 小时	16 小时
青川站	>16 天	15 天
绵竹站	17 天	13 天
平武站	>64 小时	52 小时

4.2.2　第二轮省、市、县三级气象广域网络建设

四川省一共有 156 个国家级气象观测站，业务开展和资料传输共享主要依赖于 2011 年改造完成的全省气象广域网络。

2007 年四川省启动了全省气象广域网络系统建设方案，通过租用电信的 SDH 专线，构建一套星型与树型相结合的覆盖省、市、县三级气象部门的气象广域网络。其中，省-市级带宽为 4 M，市-县级带宽为 2 M，市级作为整个网络的汇聚层。同时，为提高整个网络可靠性，基于 Internet 的 VPN 建设了一套备份线路，通过动态路由调度实现备份线路的热备份功能。

VPN 备份线路虽然实现了动态路由配置，能够和主用线路实现故障自动切换恢复，但是该线路带宽和线路质量无法保证，只能实现降级备份，对于部分业务正常运行支撑有限。同时为了提高整个气象广域网络的稳定性，2011 年四川省引入了第二运营商 SDH 专线，利用旧有设备构建了“双宽带并用、业务分流、互为热备”的气象广域网络系统，第二运营商专线带宽同原电信专线带宽一致，省-市级带宽为 4 M，市-县级带宽为 2 M。网络建成后，正常情况下常规业务数据传输以电信线路为主通道，移动线路作为备份，在电信线路出现故障后，自动切换到移动线路；视频会商数据以移动线路为主通道，电信线路作为备份。整体网络结构及数据传输路径选择如图 4-2-4 和图 4-2-5 所示。

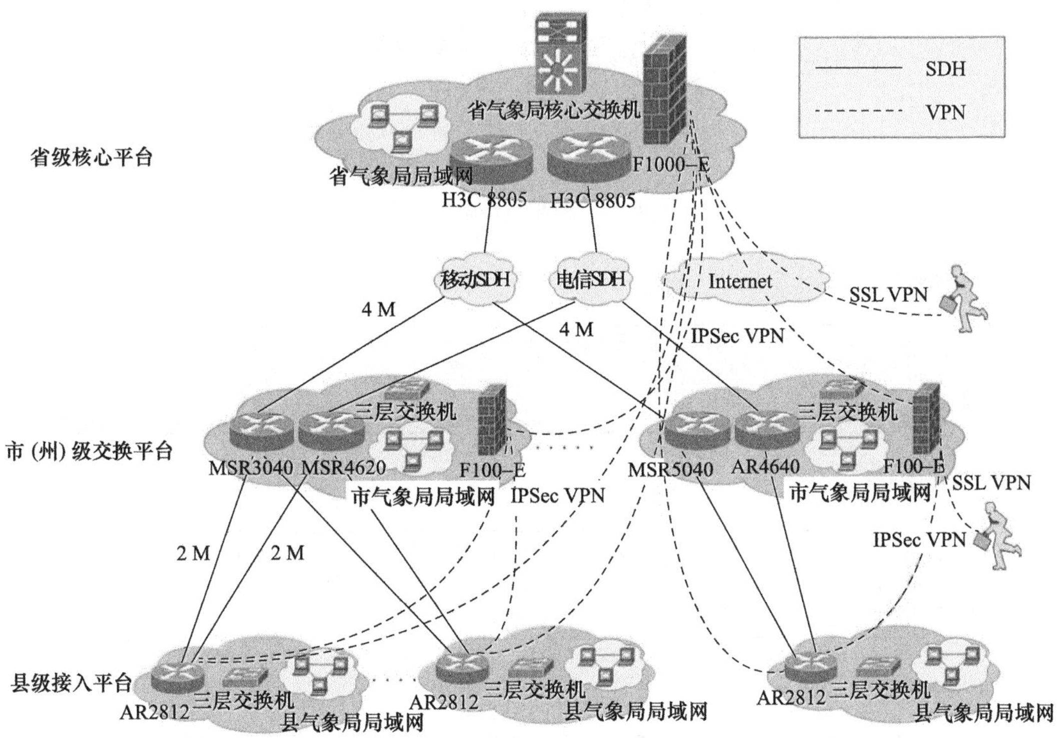

图 4-2-4　四川省广域网现状图

近年来，基于省级数据支撑环境的多个应用系统面向全省部署高清视频会商、精细化数值预报等产品，共享、管理和学习材料传输、县级综改业务发展需求等，对广域网络带宽提出了非常大的需求，四川省现有气象广域网络可用带宽显得捉襟见肘，无法满足业务正常开展。网络

流量监控数据(图 4-2-6～图 4-2-8)能够清晰地反映出电信线路负载很大,而移动线路则比较空闲。为保障气象业务正常、高效开展,需提高四川省气象广域网络的实际可用带宽和带宽利用率。

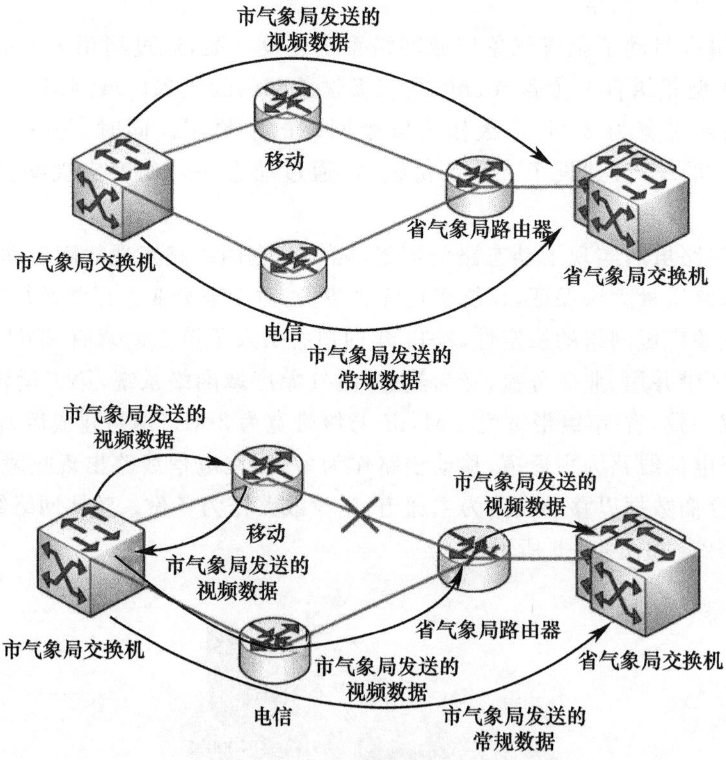

图 4-2-5　数据传输路径选择

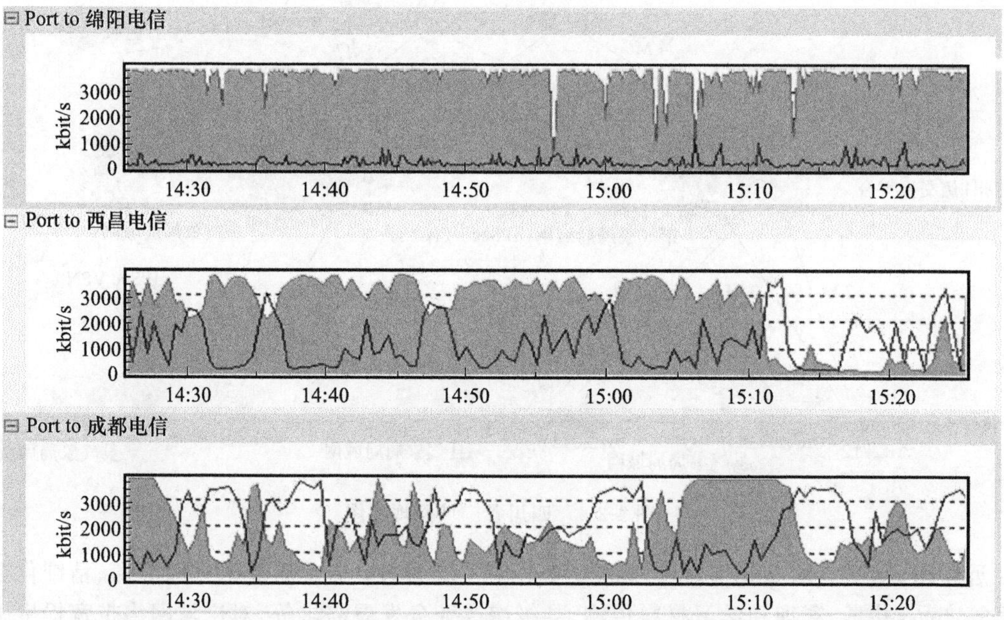

图 4-2-6　四川省气象局核心路由器电信线路流量监控图(线条为上行,填充为下行)

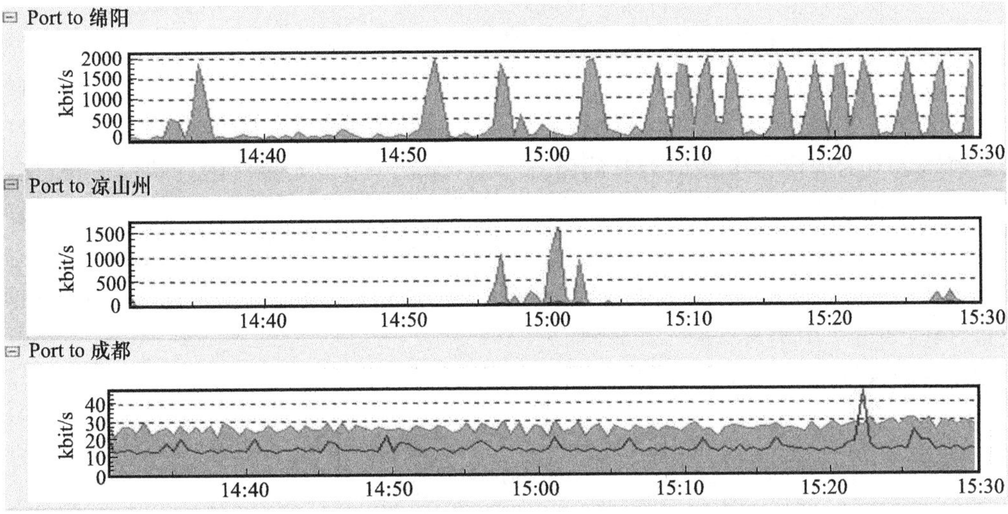

图 4-2-7　四川省气象局核心路由器移动线路流量监控图(线条为上行,填充为下行)

1. 建设目标

建设一套双宽带并用、负载均衡、互为热备的高效气象广域网络系统,在实现系统高可靠、带宽高利用率的基础上,具备后期网络带宽调整的灵活性。

2. 整体设计架构

本次建设维持原有省、市、县三级架构不变,在全网启用 OSPF 动态路由,同时对链路进行全面升级,由原来的 SDH 线路升级改造为 MSTP 线路,通过负载均衡技术进一步提升线路的带宽利用率,同时还具备后期网络带宽调整的灵活性。

在省中心升级两台支持非平衡链路负载均衡技术的核心路由器,通过虚拟化技术实现系统冗余和网络节点简化,提高系统的可靠性。考虑网络接口转发性能和未来带宽扩展趋势,在两台路由器各通过三个千兆接口汇接 21 个市(州)气象局的电信和移动 MSTP 线路,再各通过一个万兆(或千兆)接口接入局域网核心交换机系统。

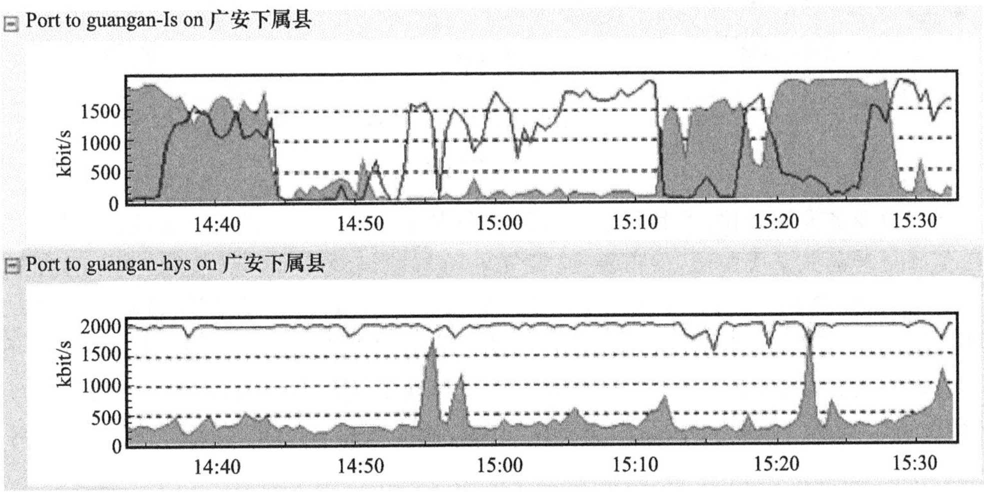

图 4-2-8　广安市气象局电信汇聚路由器流量监控图(线条为上行,填充为下行)

市(州)气象局升级为两台支持非平衡链路负载均衡技术的中端路由器,通过虚拟化技术实现系统冗余和网络节点简化,提高系统的可靠性。在市(州)气象局两台路由器各通过一个千兆接口接入电信和移动 MSTP 线路,上联到省气象局核心路由器;同样考虑网络接口转发性能和未来带宽扩展趋势,各通过一个或两个(视县级气象局接入点数量而定)千兆接口汇接下属县级接入点的电信和移动 MSTP 线路;同时各选取一个千兆接口进行端口汇聚,接入局域网核心交换机系统。

县级升级为一台支持虚拟化和非平衡链路负载均衡技术的低端路由器,通过两个千兆接口接入电信和移动 MSTP 线路,上联到市(州)气象局路由器;通过一个千兆接口接入局域网交换机,同时通过一个千兆口接入互联网。

改造后的系统结构如图 4-2-9 所示。

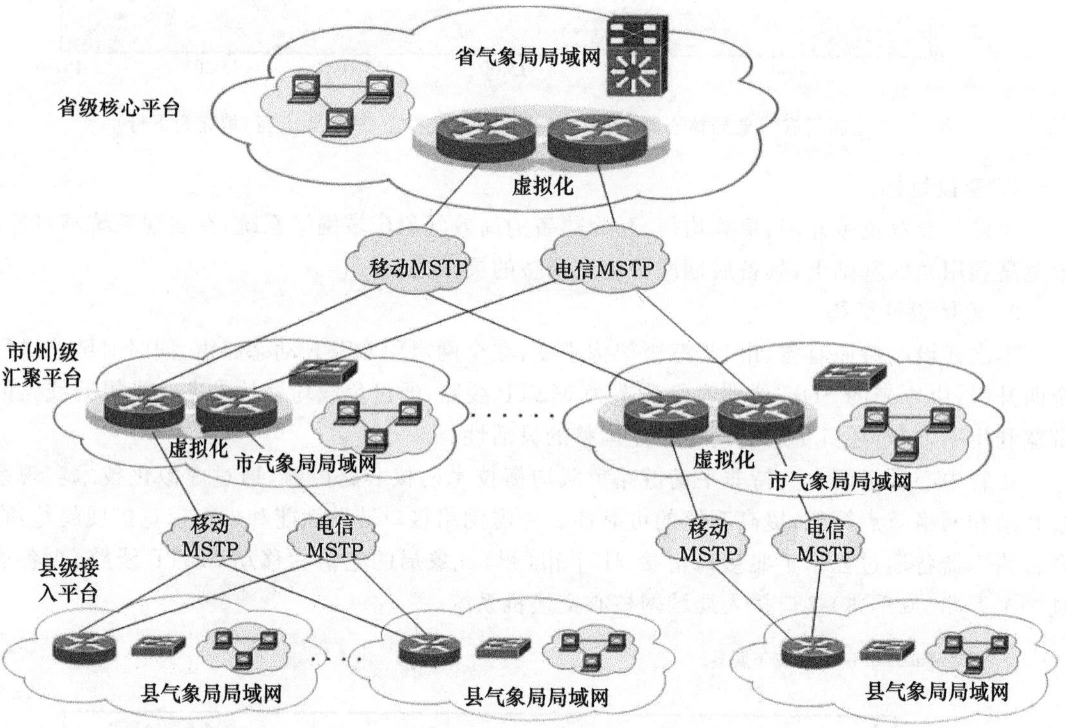

图 4-2-9　四川省气象广域网升级改造结构图

3. 广域网链路选择

目前气象业务发展较快,尤其是基于省级数据支撑环境的业务系统全面投入业务运行、精细化数值预报产品共享等应用,使市级、县级气象局与省气象局信息交换量大增,网络带宽瓶颈严重,在很大程度上影响了气象业务的发展,迫切需要提高气象广域网络带宽。四川省现有的气象广域网络基于电信和移动双运营商 SDH 专线构建,采用 PPP-MP 链路协议对多个2 M 专线进行捆绑提升带宽,由于现有路由器硬件接口模块扩展困难以及高带宽情况下 MP 捆绑带宽浪费严重,需要一种接口通用、带宽调整便利的新专线系统来满足气象业务发展对网络的需求。

根据中国气象局信息网络系统总体发展规划,要求省内广域网系统逐步建设为网状网结构,在进行专线选择时优先对运营商基础 MPLS VPN 网络专线建设情况进行了考察。通过考察确认，四川省仅有电信提供 MPLS VPN 专线租用服务，并且只有省、市两级建设比较完备，同时客户应用情况还不理想，后期线路维护保障存在很大问题。相对于 MPLS VPN，MSTP 专线运营商基础建设完备，线路质量本质上就是 SDH，线路维护有保障，带宽调整便利，同时能够在运营商基础网络完善后不更新设备的情况下调整为 MPLS VPN 等接入。综合考虑运营商基础网络建设情况和气象业务数据传输需求，项目建设选择电信和移动 MSTP 专线作为全省气象广域网络建设改造的省-市-县三级互联线路，接口选择以太网 RJ-45 接口，这样既可以保障专线质量相对原有 SDH 不降低，还能保证后期网络带宽调整的灵活性，为网状网气象广域网络建设奠定基础。

4. 路由、QoS 策略、流量负载均衡

网络运行 OSPF 动态路由协议，以保证双链路的热备和自动切换。通过调整不同线路的路由权重和配置策略路由使视频业务以移动线路为主，其他业务以电信线路为主，进行了业务数据分流，能较好地保证视频会商会议的顺利召开。此方案在一定程度上综合利用了双宽带，但其带宽利用率不高。

通过技术研讨和论证，在充分考虑四川省网络规模和网络设备性能发展情况的基础上，全省广域网络的路由协议依然采用 OSPF，OSPF 区域划分沿用现有网络的划分方式，在满足建设需要的情况下，能够降低后期维护难度，方便新旧网络切换。同时，在新建广域网络系统的边界路由器上启用路由聚合，有效减少网络中的路由条数，提升网络运行效率。

通过采用 OSPF 路由协议实现双宽带的并用和故障自动切换，通过策略路由来实现业务的调度。在 OSPF 等价路由的基础上，通过启用负载均衡配置，调整负载均衡参数，实现电信和移动线路带宽非平衡情况下的链路负载均衡，充分发挥双宽带的效用，避免带宽浪费。

由于广域网带宽不高，通过负载均衡提高带宽利用率的方式会带来带宽拥堵和抢占，如何保障重要业务的网络带宽是必须解决的问题。通过 QoS 策略来进行带宽保障，将广域网络中传输的数据分为多个优先级，根据业务开展的重要性匹配适当的优先级，同时根据业务开展对带宽的需求保障合适的带宽。通过 QoS 保障，为观测数据、会商数据流等传输提供最高的优先级，充分保障其带宽需求，为预测预报业务平台等提供次一级的优先级，充分提高这些平台系统的应用效率。

5. 新旧网络调整和切换

本次建设的四川省气象广域网络系统全部采用新购路由器和运营商新铺设的 MSTP 专线搭建，建设期间不能影响原有 SDH 广域网络的正常运行，建设完成后需要和现有网络并行运行一段时间，在确认新建网络没有问题的情况下，进行新旧网络切换，同时要确保在切换出现问题时能快速恢复原有网络正常工作。

新建广域网络中的路由器接口地址全部采用新网段，包括广域网互联地址、广域网和局域网互联地址等。为保证新建广域网络在建设时不影响现有网络系统的正常运行，采用调高新网络 OSPF 路由 COST 值的方式确保新旧网络切换前所有数据不通过新建网络传输；在全网建设完成并确认新建网络稳定运行后，按计划分片将原有广域网络系统设备下电，最终完成网络切换，如切换发生异常则及时将原设备加电，恢复原网络系统正常工作。

6. 市、县两级物理设备接口规范

市(州)气象局设备接口规范图如图 4-2-10 所示。其中主框接电信线路，备框接移动线路。

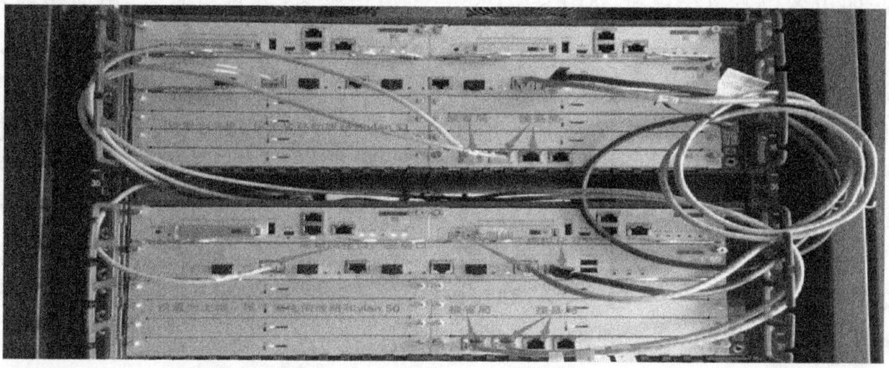

图 4-2-10　市(州)气象局设备接口规范图

县级气象局设备接口规范如图 4-2-11 所示。其中 0 号口接电信,1 号口接移动,2 号口接互联网,3 号口接局域网 VLAN10。

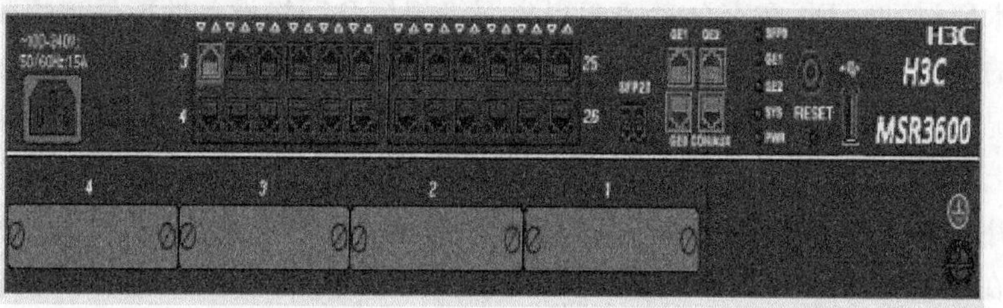

图 4-2-11　县级气象局设备接口规范图

7. 缺点

取消了 VPN 网络,县级气象局到省气象局的数据传输没有直连线路,只能通过所属市(州)气象局中转,一旦出现市(州)气象局设备故障等极端情况,将影响该市(州)所属全部县级气象局的业务工作和数据传输。

8. 现状

根据业务发展需要,在设备和基本配置不变的前提下,四川省对广域网带宽进行了多次扩充,目前省-市两级电信、移动带宽均为 60 M,市-县两级电信、移动带宽均为 20 M。针对县级气象局到省气象局没有直连线路的问题,在省气象局建立 SSL VPN 系统,作为台站上传资料备份手段,主要包括 CTS 流传输、FTP 服务等。

4.2.3　县级应急通信系统建设

四川省共有 156 个国家级气象观测站,资料传输共享依赖于全省地面广域网络,2011 年四川省气象广域网络实现双宽带覆盖省、市、县三级,在正常情况下,基本满足现行气象业务开展的需求,但整个网络体系严重依赖地面通信,因此自然灾害对气象业务开展的影响较大。四川省地貌复杂,高原山区地质灾害高危点多,汛期地质灾害频发,造成道路和通信中断,严重影响气象业务正常开展。从汶川和芦山两次地震对气象宽带网络的影响情况来看,双运营商宽带网络抗灾害风险能力强于单运营商宽带网络,但地面通信网络在极端自然灾害发生时,不可避免的会受到不同程度的影响,气象信息化建设迫切需要引入卫星等天基通信手段,增强气象信息网络自身的健壮性。

1. 建设目标

县级气象应急通信系统的建设目标是建设一套稳定可靠、平战结合的应急通信系统，在发生极端自然灾害、地面通信网络中断时，提供受灾点与省气象局及周边台站信息传递功能，实现常规观测资料上传省气象局，能与现有观探测资料传输系统无缝衔接，不影响现有业务正常开展。

应急信息传输：在发生极端自然灾害、地面通信网络中断时，该系统能够将台站人员安全情况、设备及建筑受损情况等上报到省气象局及周边台站，能够与省气象局现有短信平台有效结合，将台站上报的信息有选择地通过短信平台发送给相关领导；省气象局能够通过该系统将应急指导意见传达到地面通信中断的台站，确保极端自然灾害波及的台站不会与外界失去联系。

资料传输：根据北斗通信系统数据传输能力，通过北斗系统只能满足自动站 Z 文件和常规高空观测报文的传输需求，作为应急通信系统，在非应急状态下维持资料传输主要是为了检验及确保系统的工作状态，同时作为资料传输的备份方式。建设应急北斗通信系统，设计为自动传输自动站每个时次的正点资料，手动选择发送自动站加密资料、自动站日照文件、自动站日志文件、自动站辐射文件、自动站状态文件、常规高空 UP 报文等，同时还能够根据需要传输指定文件。

2. 系统组成

北斗应急通信系统由省级中心管理系统、台站终端系统组成，省级中心管理系统包括北斗卫星中心管理系统接入终端(北斗指挥机)、服务器、中心管理系统软件；台站终端系统包括北斗终端、计算机、北斗终端数据处理软件，北斗终端通过网线连接到部署了终端数据处理软件的计算机。系统设计示意图如图 4-2-12 所示。

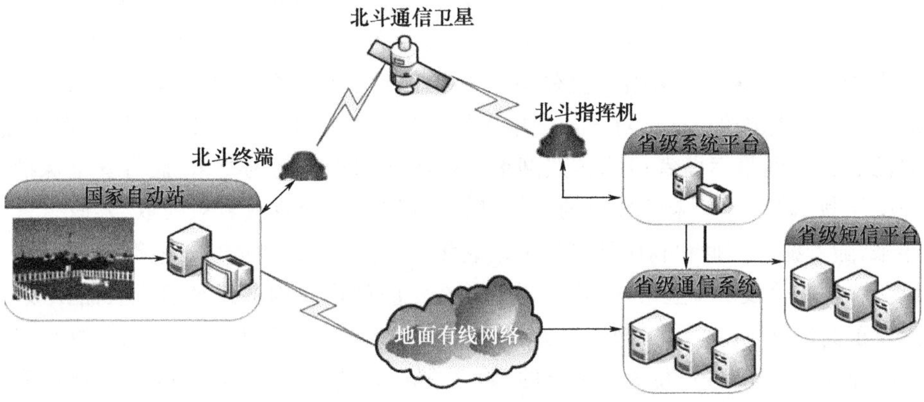

图 4-2-12　县级气象应急通信系统示意图

3. 应急通信系统工作流程

(1)测站观测报文通过地面宽带传送至新一代通信系统，北斗系统将发送后的留底文件发送到省级北斗中心站，如图 4-2-13 所示。

(2)当地面宽带网络中断时，北斗数据处理软件将观测报文文件发送到省级中心平台，省级中心平台开启推送服务，将该时次观测报文上传 CTS 进入正常通信流程。

(3)应急情况下，通过应急通信系统传输的应急消息在北斗终端数据处理软件和中心站软件上实现编辑和显示。

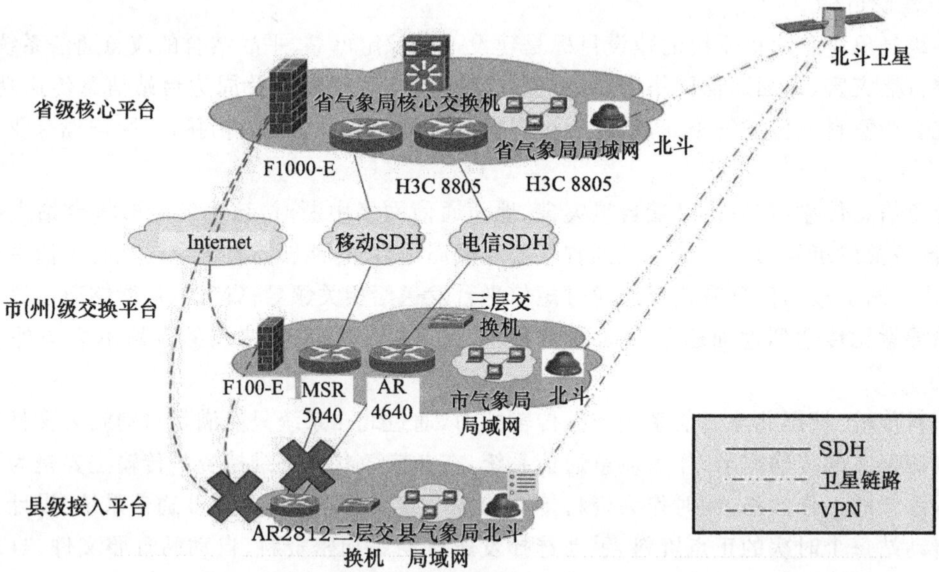

图 4-2-13 应急通信系统

4.3 气象信息网络安全

4.3.1 背景

2017 年 6 月,《网络安全法》正式实施,其中第二十一条规定"国家实行网络安全等级保护制度"。2019 年 5 月,国家标准化管理委员会正式发布了网络安全等级保护 2.0 核心技术标准。等级保护制度是我国在网络安全领域的基本制度、基本国策,是国家网络安全意志的体现。等级保护 2.0 标准的发布,对于加强中国网络安全保障工作、提升网络安全保护能力具有十分重要的意义。网络运营者应当按照网络安全等级保护制度的要求,履行安全保护义务,保障网络免受干扰、破坏或者未经授权的访问,防止网络数据泄露或者被窃取、篡改。

近年来,随着漏洞挖掘和利用技术越来越成熟,恶意程序变种也越来越多,针对政府、组织背景的高级持续性威胁攻击日益增多,攻击者能够在短时间内对内部系统造成大面积破坏。攻击从过去的以正面进攻、进行恶意破坏,到如今结合社工、钓鱼、APT 和高端渗透的立体进攻,攻击以窃取、篡改高附加值业务信息资产为目的,如 WannaCry 勒索病毒、GlobeImposter 勒索病毒。

4.3.2 全国气象信息网络安全

当前气象信息网络中的流量,已经由原来的气象数据传输为主,发展为包括办公、科研、数据共享等在内的多种应用数据。现代化气象服务和气象防灾减灾工作高度依赖于气象信息业务系统,气象信息业务系统的安全事关气象工作的成败,参照等级保护 2.0 标准进行信息网络安全建设已迫在眉睫。

对照等级保护和信息安全联合检查要求,目前气象网络中大致存在数据传输安全风险、计算机病毒传播风险、网络设备运行安全风险、信息系统安全风险、管理安全风险等。当网络出现攻击行为或网络受到其他一些安全威胁时(如内部人员的违规操作等),无法进行实时的检测、监控、报告与预警。事故发生后,也无法提供黑客攻击行为的追踪线索及破案依据,网络的可控性与可审查性较为薄弱。

在气象宽带网络系统结构配置中,省级只配备了两台天融信传统防火墙,作为国省宽带网络接入信息系统安全防护设备,对于省级信息安全系统建设没有统一的建设指导方案和专项建设维持经费。各省(区、市)只能按照自身经费支持力度和业务需求开展信息网络系统安全能力建设,导致全国气象部门信息系统安全建设发展不均衡,总体来看,大部分省(区、市)的信息网络系统建设满足等级保护合规性需求。

4.3.3 省级气象信息网络安全

目前,各省(区、市)的气象信息网络系统已初具规模,数据服务能力不断提高,信息网络资源规模不断扩大,在气象服务和防灾减灾中发挥了重要支撑与保障作用。随着移动终端的迅速普及并在业务、办公中大量应用,无线网络、互联网接入需求也不断提升,网络接入方式的多样性给整个信息网络系统带来较大安全隐患。

本小节以四川省气象信息网络安全为例进行介绍。

4.3.3.1 网络安全现状

1. 四川省气象局网络安全建设现状

目前四川省气象局的网络架构如图 4-3-1 所示。

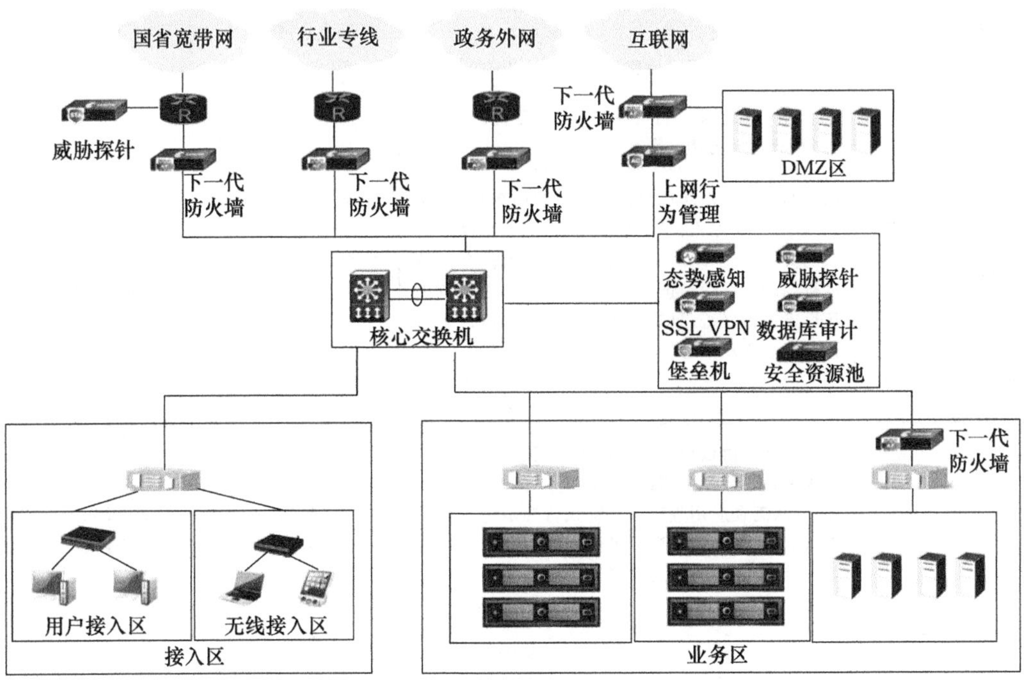

图 4-3-1 四川省气象局的网络架构

内网核心业务区承载着最核心的业务,需要避免重要业务系统直接连接外部信息系统,在网络边界中部署下一代防火墙设备,进行安全隔离和防护。

在互联网出口边界部署下一代防火墙设备,实现 L2-L7 层防护;部署上网行为管理设备,实现内部用户上网行为审计,并根据业务重要程度进行带宽优先级分配和保障,实现在网络拥堵环境下优先保障重要业务。构建互联网交换区进行气象数据收集和共享，通过互联网出口防火墙对交换区进行安全防护。

政务外网及行业专线接入，通过部署下一代防火墙设备进行安全防御，通过专用交换区进行数据收集和共享。在安全运维区通过旁路部署 SSL VPN、堡垒机、数据库审计和安全态势感知平台，解决远程安全接入和运维审计，安全态势感知平台通过机器学习、大数据、威胁建模、行为分析等技术实现全网安全态势可视化。

参照等级保护 2.0 的要求，四川省气象局的网络安全建设无论是从合规角度还是安全风险管理角度来看都存在一定的风险，具体如表 4-3-1 所示。

表 4-3-1　四川省气象局网络安全面临的主要风险

等级保护 2.0 评估点	不满足项	实现方式	备注
安全区域边界			
边界防护	缺乏对非授权设备私自联接到内部网络的行为进行检查或限制	网络准入	实施难度较大，提高运维压力
	缺乏对内部用户非授权联接到外部网络的行为进行检查或限制		
安全审计	缺乏在网络边界、重要网络节点的安全审计，审计未覆盖到每个用户，对重要的用户行为和重要安全事件未进行审计	日志审计	建议部署
	缺乏审计记录，包括事件的日期和时间、用户、事件类型、事件是否成功及其他与审计相关的信息		
	缺乏对审计记录进行的保护、定期备份，未避免受到未预期的删除、修改或覆盖等		
可信验证	缺乏基于可信根对边界设备的系统引导程序、系统程序、重要配置参数和边界防护应用程序等进行的可信验证，缺乏在应用程序的关键执行环节进行的动态可信验证；在检测到其可信性受到破坏后未进行报警，且未将验证结果形成审计记录送至安全管理中心	针对边界设备进行可信验证	建设成本较高，且国家目前暂无相关标准
安全计算环境			
可信验证	缺乏基于可信根对计算设备的系统引导程序、系统程序、重要配置参数和应用程序等进行的可信验证，缺乏在应用程序的关键执行环节进行的动态可信验证；在检测到其可信性受到破坏后未进行报警，且未将验证结果形成审计记录送至安全管理中心	在计算设备部署可信计算验证方式	建设成本较高，且国家目前暂无相关标准
安全管理中心			
审计管理	缺乏通过审计管理员对审计记录进行的分析，且未根据分析结果进行处理，包括根据安全审计策略对审计记录进行存储、管理和查询等	日志审计	建议部署
集中管控	缺乏对分散在各个设备上的审计数据进行的收集汇总和集中分析，且未保证审计记录的留存时间符合法律法规要求		

续表

等级保护 2.0 评估点	不满足项	实现方式	备注
云计算扩展要求			
入侵防范	缺乏检测云服务发起的网络攻击行为，且未能记录攻击类型、攻击时间、攻击流量等	主机安全检测与响应	建议部署
	缺乏检测对虚拟网络节点的网络攻击行为，且未能记录攻击类型、攻击时间、攻击流量等		
	缺乏检测虚拟机与宿主机、虚拟机与虚拟机之间的异常流量		
	缺乏在检测到网络攻击行为、异常流量情况时进行的告警		

(1)PC 终端没有经过可信认证就随意接入内网，终端接入网络后访问权限缺乏管控，其自身安全无法确定，存在极大隐患，如携带病毒接入导致病毒蔓延等。

(2)随着行业规范逐渐强化以及社会责任要求，日志管理及安全审计问题已不仅仅是单位内部的管理和控制问题，监管部门也从法规和标准的角度提出了更高的安全性要求，《网络安全法》第二十一条要求采取监测、记录网络运行状态、网络安全事件的技术措施，并按照规定留存相关的网络日志不少于六个月。

(3)目前四川省气象局网络区域多、横向传输数据多，域间防护缺失，域内主机、云内虚机的数据交互无任何控制措施。随着新型安全威胁的不断出现，横向攻击、横向感染、异常流量会造成更大的安全威胁。

2. 市(州)气象局网络安全建设现状

目前市(州)气象局的网络架构如图 4-3-2 所示。

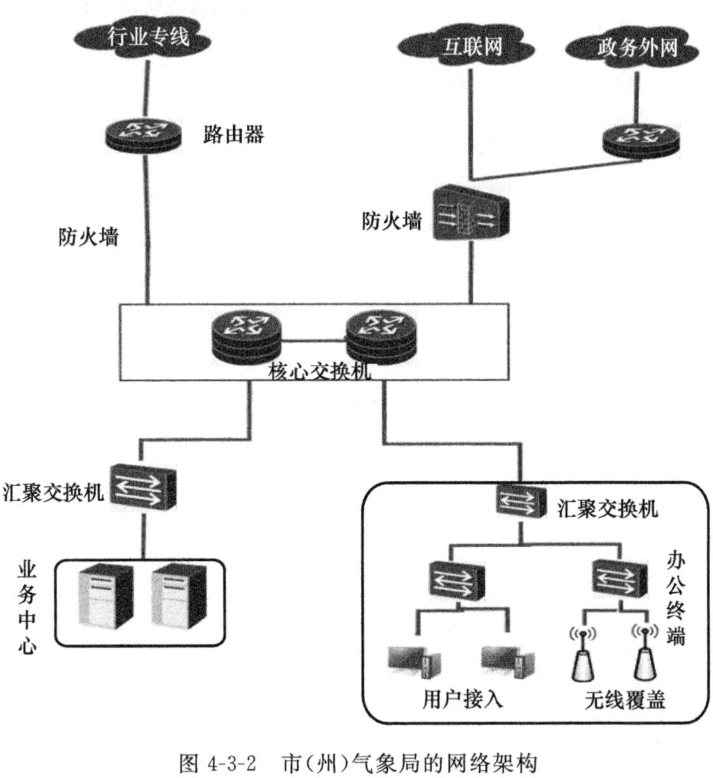

图 4-3-2　市(州)气象局的网络架构

市级外部网络接入通常包括互联网、政务外网、行业专线等。局域网内根据业务办公属性划分为不同的网段。互联网接入区作为市(州)互联网边界，部署下一代防火墙设备，并开启IPS、WAF功能，实现L2-L7层防护。

21个市(州)政务外网和行业专线未全部通过防火墙等安全设备进行安全控制，数据交换未建立专用数据交换区，无线网络和局域网隔离不规范。

参照等级保护2.0二级的要求，市(州)气象局的网络安全建设，无论是从合规角度还是安全风险管理角度来看，都存在一定的风险，具体如表4-3-2所示。

表4-3-2 市(州)气象局网络安全面临的主要风险

等级保护2.0评估点	不满足项	实现方式	备注
安全区域边界			
边界防护	跨越边界的访问和数据流未通过边界设备提供的受控接口进行通信	行业专线、政务外网边界部署下一代防火墙	建议部署
访问控制	在网络边界或区域之间未根据访问控制策略设置访问控制规则，默认情况下除允许通信外，受控接口未拒绝所有通信	行业专线、政务外网边界部署下一代防火墙	建议部署
	无法删除多余或无效的访问控制规则、优化访问控制列表、保证访问控制规则数量最小化		
	缺乏对源地址、目的地址、源端口、目的端口和协议等进行的检查，以允许/拒绝数据包进出		
入侵防范	缺乏在关键网络节点处检测、防止或限制从外部发起的网络攻击行为	行业专线、政务外网边界部署下一代防火墙，核心交换机部署潜伏威胁探针	建议部署
恶意代码防范	缺乏在关键网络节点处对恶意代码进行的检测和清除，未维护恶意代码防护机制的升级和更新	行业专线、政务外网边界部署下一代防火墙	建议部署
安全审计	缺乏在网络边界、重要网络节点进行的安全审计，审计未覆盖到每个用户，对重要的用户行为和重要安全事件未进行审计	日志审计	建议部署
	缺乏审计记录，包括事件的日期和时间、用户、事件类型、事件是否成功及其他与审计相关的信息		
	缺乏对审计记录进行的保护，未定期备份，未避免受到未预期的删除、修改或覆盖等		
安全计算环境			
恶意代码防范	未安装防恶意代码软件或配置具有相应功能的软件，未定期进行升级和更新防恶意代码库	在终端、服务器部署防病毒组件	建议部署
安全管理中心			
审计管理	缺乏对审计管理员进行的身份鉴别，未限制其只允许通过特定的命令或操作界面进行安全审计操作，且未对这些操作进行审计	日志审计	建议部署
	缺乏通过审计管理员对审计记录进行的分析，且未根据分析结果进行处理，包括根据安全审计策略对审计记录进行存储、管理和查询等		

(1)随着行业规范逐渐强化以及社会责任要求，日志管理及安全审计问题已不仅仅是单位内部的管理和控制问题，监管部门也从法规和标准的角度提出了更高的安全性要求，特别是对日志数据的完整性、保密性和可审计性。

(2)目前各市(州)气象局电脑终端没有统一的主机安全防护措施，在高级威胁持续产生的大环境下，基于病毒特征库方式的杀毒软件呈现被动、后知后觉等检测特点，无法及时有效防御新型病毒，如 WannaCry 勒索病毒等。

(3)目前行业专线、政务外网边界存在安全防护不规范等情况，安全防护多数采用传统防火墙，无法防范应用层攻击。

3. 区(县)气象局网络安全建设现状

目前区(县)气象局的网络架构如图 4-3-3所示。

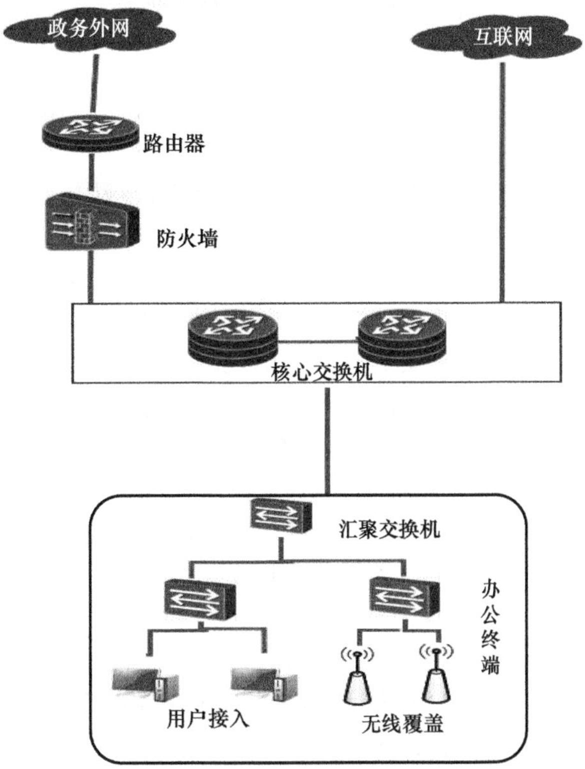

图 4-3-3　区(县)气象局的网络架构

区(县)气象局的互联网、政务外网接入未部署边界防护设备，网络安全面临的主要风险如表 4-3-3 所示。

表 4-3-3　区(县)气象局网络安全面临的主要风险

等级保护 2.0 评估点	不满足项	实现方式	备注
安全区域边界			
边界防护	跨越边界的访问和数据流未通过边界设备提供的受控接口进行通信	互联网、政务外网边界部署下一代防火墙	建议部署
访问控制	缺乏在网络边界或区域之间根据访问控制策略设置的访问控制规则，默认情况下除允许通信外，受控接口未拒绝所有通信	互联网、政务外网边界部署下一代防火墙	建议部署
	无法删除多余或无效的访问控制规则，未优化访问控制列表，且未保证访问控制规则数量最小化		
	无法对源地址、目的地址、源端口、目的端口和协议等进行检查，以允许/拒绝数据包进出		
入侵防范	缺乏在关键网络节点处检测、防止或限制从外部发起的网络攻击行为	互联网、政务外网边界部署下一代防火墙	建议部署
恶意代码防范	缺乏在关键网络节点处对恶意代码进行的检测和清除，且未维护恶意代码防护机制的升级和更新	互联网、政务外网边界部署下一代防火墙	建议部署
安全计算环境			
恶意代码防范	无安装防恶意代码软件或配置具有相应功能的软件，且未定期进行升级和更新防恶意代码库	在终端、服务器部署防病毒组件	建议部署

目前,各区(县)气象局电脑终端没有统一的主机安全防护措施,在高级威胁持续产生的大环境下,基于病毒特征库方式的杀毒软件呈现被动、后知后觉等检测特点,无法及时有效防御新型病毒,如 WannaCry 勒索病毒等。同时,普遍存在业务主机访问互联网、WIFI 建设不规范等情况。

4.3.3.2 网络安全建设目标

参照等级保护 2.0 标准和《网络安全法》进行安全规划,为构建四川省气象信息网络系统"防御-检测-响应"的网络安全体系,切实提升气象信息系统风险应对和安全保护能力,立足信息系统各业务实际安全需求,以建立统一安全策略为指引,解决等级保护建设工作的合规性,安全体系建设的完整性、先进性与适用性。

四川省气象部门的信息系统定级主要为三级和二级,相关信息系统需具备以下能力:

• 具有抵御小规模、较弱强度恶意攻击的能力,抵抗一般自然灾害的能力,以及防范一般性计算机病毒和恶意代码危害的能力;

• 具有常见攻击行为检测、发现、报警及安全事件记录的能力;

• 具有对安全事件进行响应处置,并能够追踪安全责任的能力;

• 具有对系统资源、用户、安全机制等进行集中管控的能力;

• 信息系统在统一的安全防护策略下具有抵御大规模、较强恶意攻击的能力,抵抗较为严重的自然灾害的能力,以及防范计算机病毒和恶意代码危害的能力;

• 系统遭受损害后,具有能够恢复正常运行状态的能力,对于服务保障性要求高的系统,应能快速恢复正常运行状态。

4.3.3.3 安全体系设计

1. 四川省气象局网络安全设计

四川省气象局网络安全架构设计如图 4-3-4 和图 4-3-5 所示。

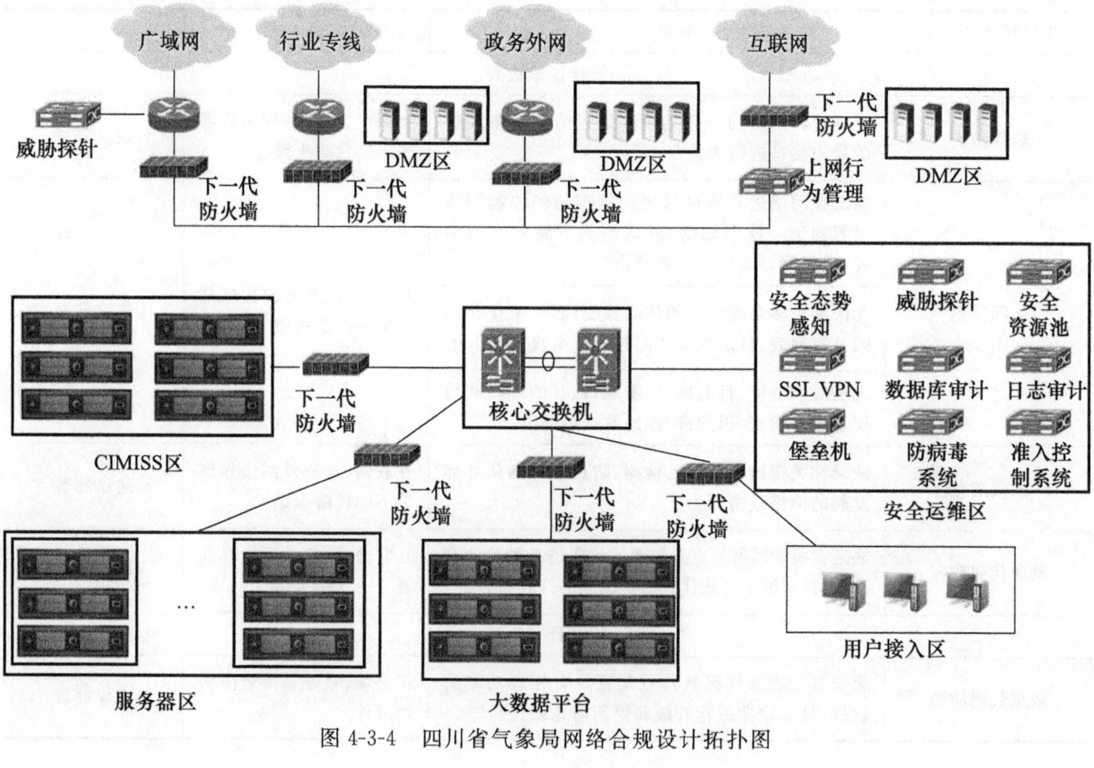

图 4-3-4 四川省气象局网络合规设计拓扑图

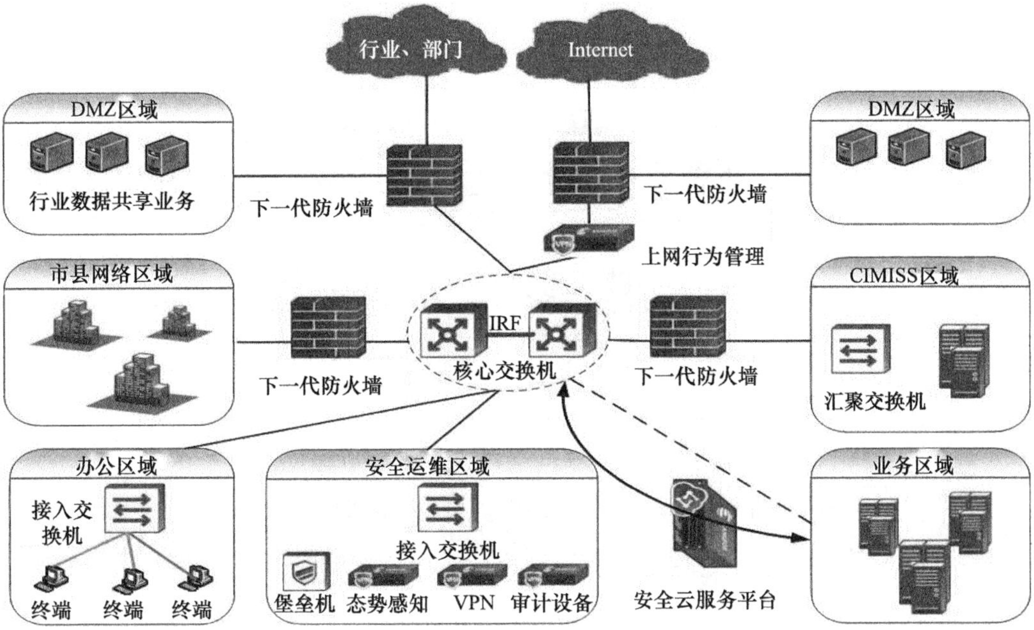

图 4-3-5　四川省气象局网络合规建设现状示意图

(1)省气象局安全区域设计

基于现有重要业务系统核心支撑系统全部位于省级的这一业务特性,在市(州)、区(县)网络之上构建省级网络安全域;在省气象局网络内部构建 CIMISS 安全域、业务系统安全域、DMZ 区对外交换安全域、安全运维管理域。将业务系统安全域根据业务特性细划为省级平台、资源池基础平台、通信系统、托管业务、调试业务等多个子安全域。市(州)网络、CIMISS 区域、DMZ 区域在整个网络系统中都有明显的物理网络边界,通过在边界部署单独的物理防火墙设备进行安全隔离;业务系统安全域各子域虽然基本为独立网段,网关位于核心交换机,但设备布局分散,接入物理线路较多,部署物理安全设备难度较大,设计采用数据引流配合云安全服务平台虚拟防火墙实现网络安全控制,每个子域对应一个虚拟防火墙,一方面简化配置,另一方面分担设备负载。防火墙与安全态势感知平台联动,封锁安全规则库无法识别的未知高危攻击行为。

(2)运维管理区设计

部署日志审计设备,监测及采集信息系统中的系统安全事件、用户访问行为、系统运行日志、系统运行状态等信息,经过规范化、过滤、归并和告警分析等处理后,以统一格式的日志形式进行集中存储和管理,结合丰富的日志统计汇总及综合分析功能,实现对信息系统整体安全状况的全面审计。

(3)主机安全设计

在服务器和终端部署安全插件,防范内网恶意代码,对病毒木马和蠕虫等进行防范和查杀,对失陷主机进行隔离,防止病毒的进一步横向扩散。对最新流行的勒索病毒等高级威胁进行防护,降低内网遭受勒索病毒等安全风险,满足等级保护三级主机安全和恶意代码防范要求,并与已有安全态势感知平台联动,感知平台一旦发现威胁主机,可联动安全插件进行主机威胁拦截。

2. 市(州)气象局网络安全设计

市(州)气象局网络架构设计如图 4-3-6 所示。

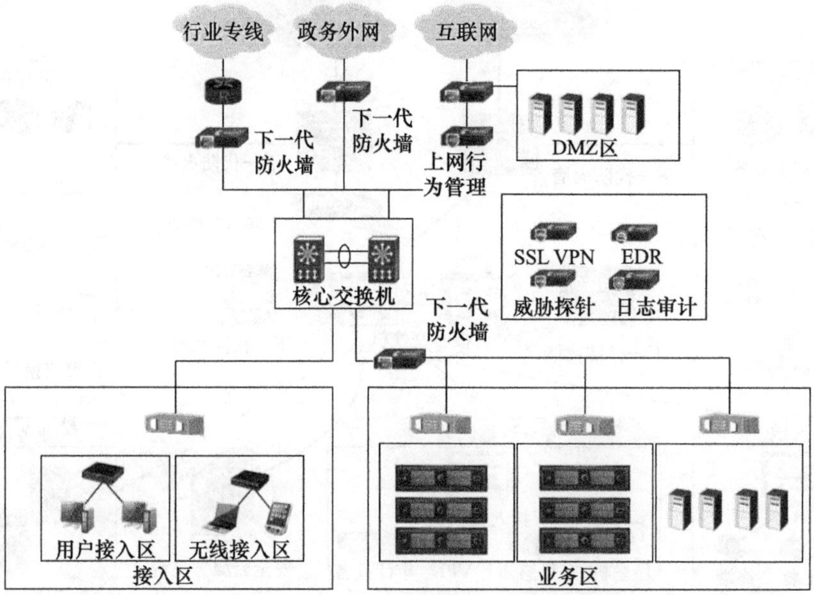

图 4-3-6 市(州)气象局网络合规设计拓扑图

(1)网络边界区设计

参照省气象局安全域规划构建核心业务安全域。互联网、行业专线、政务外网等网络边界处是单位与外部交互的主要通道,分别部署一台下一代防火墙,进行边界防护升级,保护内部网络,从 L2-L7 层对攻击进行防护,实现对入侵事件的监控、阻断,保护整体网络各个安全域免受外网常见恶意攻击。防火墙能与省气象局安全态势感知平台联动,封锁安全规则库无法识别的未知高危攻击行为。互联网边界处部署一台上网行为管理,对内部工作人员上网日志进行保存,对上网行为进行安全审计。

(2)运维管理区设计

部署潜伏威胁探针,对未知威胁检测和全网安全事件进行管理,对流经核心交换机的流量进行采集,将流量汇总至省气象局安全态势感知平台,实现市(州)气象局网络安全可视,最终对整体网络安全事件进行统一管理,实时掌握全网状况。

部署日志审计设备,监测及采集信息系统中的系统安全事件、用户访问行为、系统运行日志、系统运行状态等信息,经过规范化、过滤、归并和告警分析等处理后,以统一格式的日志形式进行集中存储和管理,结合丰富的日志统计汇总及综合分析功能,实现对信息系统整体安全状况的全面审计。

部署堡垒机设备,所有运维操作通过堡垒机进行监控和审计。

(3)主机安全设计

在服务器和终端部署安全插件,防范内网恶意代码,对病毒木马和蠕虫等进行防范和查杀,对失陷主机进行隔离,防止病毒的进一步横向扩散。对最新流行的勒索病毒等高级威胁进行防护,降低内网遭受勒索病毒等安全风险,满足等级保护三级主机安全和恶意代码防范要求,并与已有安全态势感知平台联动,感知平台一旦发现威胁主机,可联动安全插件进行主机威胁拦截。

3. 区(县)气象局网络安全设计

区(县)气象局网络架构设计如图 4-3-7 所示。

(1)网络边界区设计

在政务外网等网络边界处部署下一代防火墙,进行边界防护升级,保护内部网络,从 L2-L7 层对攻击进行防护,实现对入侵事件的监控、阻断,保护整体网络各个安全域免受外网常见恶意攻击。防火墙能与省气象局安全态势感知平台联动,封锁安全规则库无法识别的未知高危攻击行为。

(2)主机安全设计

在终端部署安全插件,防范内网恶意代码,对病毒木马和蠕虫等进行防范和查杀,对失陷主机进行隔离,防止病毒的进一步横向扩散。对最新流行的勒索病毒等高级威胁进行防护,降低内网遭受勒索病毒等安全风险,满足等级保护三级主机安全和恶意代码防范要求,并与已有安全态势感知平台联动,感知平台一旦发现威胁主机,可联动安全插件进行主机威胁拦截。

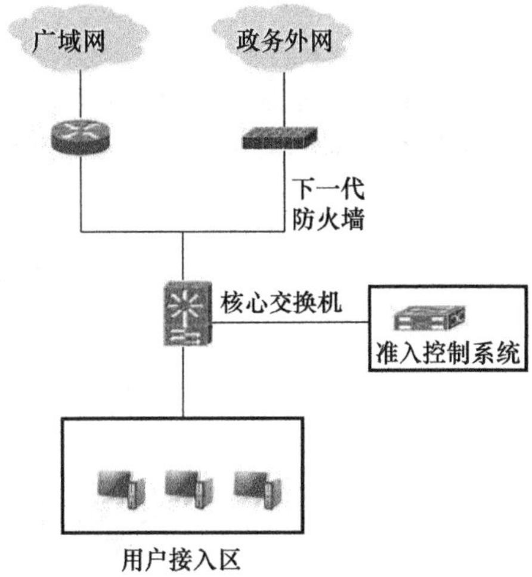

图 4-3-7　区(县)气象局网络合规设计拓扑图

4.3.3.4　后期整改

2020 年 4 月,中国气象局印发了《中国气象局网络安全管理办法(试行)》,根据该办法规定,市、县两级气象部门不得自建互联网出口,全省(区、市)统一互联网出口至省级气象局,此项工作涉及基于互联网提供服务的业务系统升级改造。在升级改造过渡期,市(州)气象局按期网络合规设计进行网络安全建设;升级改造完成后,取消互联网接入,最终数据交换网络访问如图 4-3-8 所示。

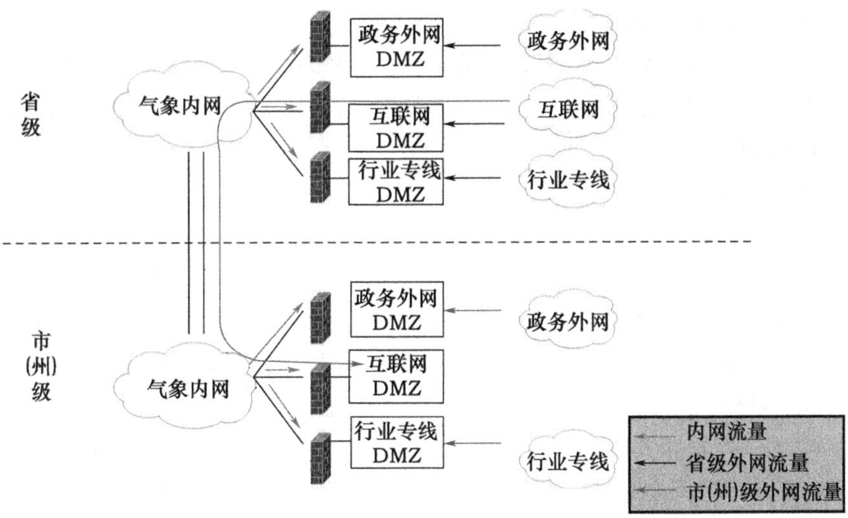

图 4-3-8　省级气象局统一互联网出口网络访问示意图

4.4 气象信息网络组网配置案例

国-省-市-县四级气象信息网络组网配置要求如图 4-4-1 所示。所有设备配置远程 Telnet 登录服务，开启本地用户口令验证，并限定登录地址网段为 10.X.0.0/16。实现县级气象局业务网络之间互通，县级气象局业务网络到省级气象局、中国气象局网络互通。

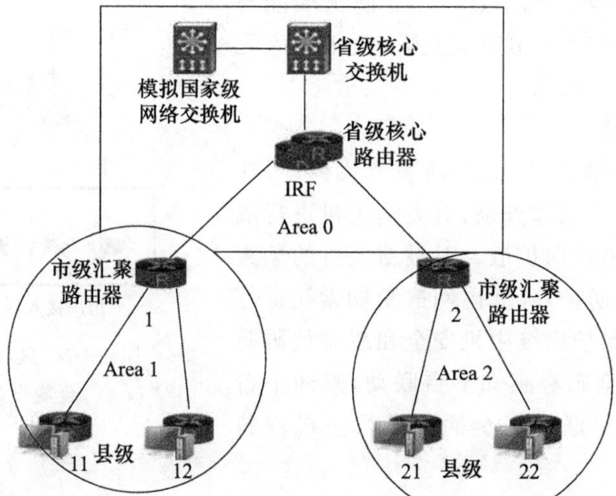

图 4-4-1　组网配置实例图

1. 省级核心交换机配置

(1)G0 口上联中国气象局，配置地址 10.X.0.1/30，配置到中国气象局静态路由 10.1.0.0/24 和 10.2.0.0/24，指向 10.X.0.2。

(2)G1 口接政府相关部门，配置地址 10.X.0.5/30，配置静态路由 192.168.1.0/24 和 192.168.2.0/24，指向 10.X.0.6。

(3)G2 口接省级核心路由器，配置地址 10.X.0.9/30，启用 OSPF 动态路由协议。

(4)OSPF 路由中引入到中国气象局的静态路由，确保市、县两级到中国气象局的访问；过滤到政府部门的静态路由。

2. 省级核心路由器配置

(1)双机配套 IRF 虚拟化。

(2)G0 口接省级核心交换机配置地址 10.X.0.10/30，启用 OSPF 动态路由协议。

(3)G1 口接市级汇聚路由器 1 配置地址 10.X.1.1/30，启用 OSPF 动态路由协议。

(4)G2 口接市级汇聚路由器 2 配置地址 10.X.8.1/30，启用 OSPF 动态路由协议。

3. 市级汇聚路由器配置

(1)1 号设备 G0 口接省级核心交换机配置地址 10.X.1.2/30，启用 OSPF 动态路由协议；2 号设备 G0 口接省级核心交换机配置地址 10.X.8.2/30，启用 OSPF 动态路由协议。

(2)1 号设备 G1 口接县级路由器 11 配置地址 10.X.3.1/30，启用 OSPF 动态路由协议；G2 口接县级路由器 12 配置地址 10.X.5.1/30，启用 OSPF 动态路由协议。

(3)2 号设备 G1 口接县级路由器 21 配置地址 10.X.9.1/30，启用 OSPF 动态路由协议；

G2 口接县级路由器 22 配置地址 10. X. 11. 1/30，启用 OSPF 动态路由协议。

4. 县级路由器配置

(1)11 号设备 G0 口接市级汇聚路由器 1，配置地址 10. X. 3. 2/30，启用 OSPF 动态路由协议，G1 口接本地业务，配置 10. X. 4. 1/24；12 号设备 G0 口接市级汇聚路由器 1，配置地址 10. X. 5. 2/30，启用 OSPF 动态路由协议，G1 口接本地业务，配置 10. X. 6. 1/24。

(2)21 号设备 G0 口接市级汇聚路由器 2，配置地址 10. X. 9. 2/30，启用 OSPF 动态路由协议，G1 口接本地业务，配置 10. X. 10. 1/24；22 号设备 G0 口接市级汇聚路由器 2，配置地址 10. X. 11. 2/30，启用 OSPF 动态路由协议，G1 口接本地业务，配置 10. X. 12. 1/24。

5. 模拟中国气象局网络交换机

G0 口连接省级气象局核心交换机，配置 10. X. 0. 2/30，G1 和 G2 口配置 10. 1. 0. 0/24 和 10. 2. 0. 0/24，默认路由指向 10. X. 0. 1。

附：IRF 参考配置。

配置参考：主框优先级为 2，备框优先级为 1，用 1 条 10 G 的链路加入 IRF-port，并开 MAD 检测，具体命令如下(端口根据实际网络设备端口信息确定)。

```
irf member 1 priority 2
irf member 2 priority 1
irf-port 1/2
port group interface Ten-GigabitEthernet1/2/0/4
irf-port 2/1
port group interface Ten-GigabitEthernet2/2/0/4

interface Route-Aggregation1
description MAD-BFD-Link
mad bfd enable
mad ip address X. 1. 1. 1 255. 255. 255. 0 member 1
mad ip address X. 1. 1. 2 255. 255. 255. 0 member 2

interface GigabitEthernet1/2/0/3
port link-aggregation group 1
interface GigabitEthernet2/2/0/3
port link-aggregation group 1
```

第5章　气象业务应用系统

内容提要

本章主要介绍了全国气象部门广泛使用的部分气象业务应用系统，同时介绍了四川省气象局本地部署的特色气象业务应用系统，包括系统的安装、本地部署与参数设置、主要功能、常见故障与排除方法等。

5.1　常见气象业务应用系统介绍

5.1.1　ISOS业务软件简介及安装

台站地面综合观测业务软件(ISOS)是整个地面综合观测自动化系统的重要内容之一，软件系统由SMO(台站地面综合观测业务软件-采集)、MOI(台站地面综合观测业务软件-业务)和MOIFtp(台站地面综合观测业务软件-传输)三个独立软件模块构成，主要功能有数据收集显示、质量控制、综合判别、数据传输、业务监控、工作管理等。

台站地面综合观测业务软件(ISOS)实现了分钟级BUFR格式数据文件的自动生成与监控，数据交互量大、频次高，软件对台站业务计算机的配置要求如表5-1-1所示。

表5-1-1　ISOS软件对业务计算机的配置要求

项目	配置或说明
处理器	主频2.4 G及以上
内存	8 G及以上
硬盘	160 G及以上
操作系统	Windows 7及以上版本(兼容32位、64位)
其他说明	建议选用商务计算机，硬盘分区不少于2个； 操作系统禁用Ghost版； 建议安装最新的系统补丁； 显卡驱动必须为随机光盘或官网下载； 建议不安装杀毒软件或将软件定义为杀毒软件信任模式； 先安装.Net Framework 4.0及以上版本，通常操作系统已预装

1. 安装步骤

双击“地面综合观测业务软件”安装包文件，根据“安装向导”对话框中的提示信息，依次进行“选择目标位置(软件安装文件夹)”“设置台站信息(选择省份、输入区站号)”“选择开始菜单文件夹”等操作，最后弹出“安装向导完成”对话框，如图5-1-1所示。

注意：安装过程中设置台站信息(选择省份、输入区站号)时，需确保省份选择和区站号输入正确，软件安装完成后无法修改。

2. 参数设置

(1)首次运行 ISOS 业务软件时将弹出“第一次使用”对话框,如图 5-1-2 所示。

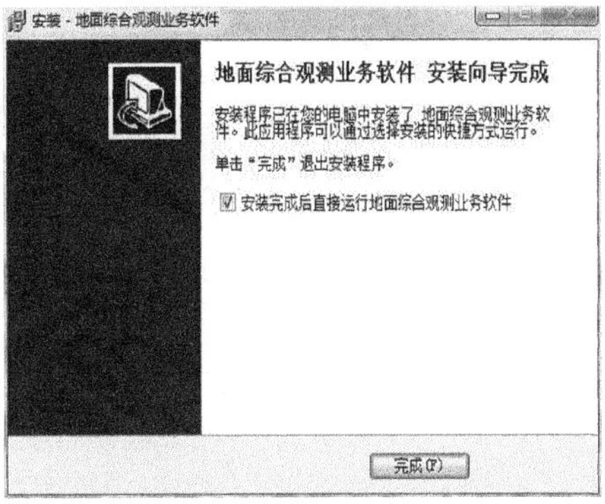

图 5-1-1　“安装向导完成”对话框

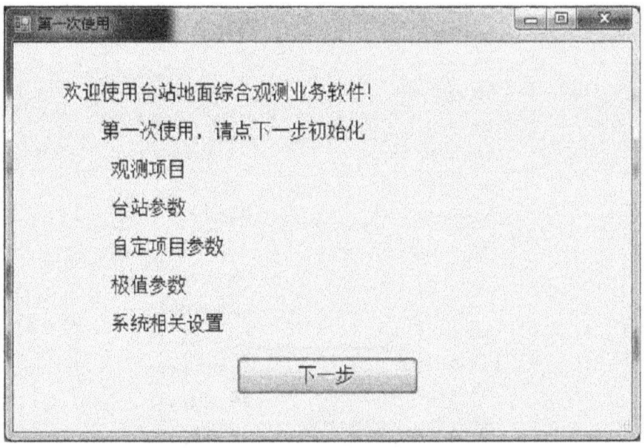

图 5-1-2　“第一次使用”对话框

(2)点击“下一步”,弹出“自动项目挂接设置”对话框,如图 5-1-3 所示。

(3)点击“导入”按钮,选择“自动项目挂接设置.xml”文件,完成自动项目挂接导入操作,之后可以通过软件主界面左侧树型列表,检查自动项目挂接设置是否正确。

(4)点击“保存”按钮,进入“台站参数”设置界面,如图 5-1-4 所示。

(5)点击“导入”按钮,选择“台站参数.xml”文件,完成对台站参数的导入。点击“保存”按钮,完成“台站参数”设置,点击“关闭”按钮,进入“自定项目参数”设置界面,如图 5-1-5 所示。

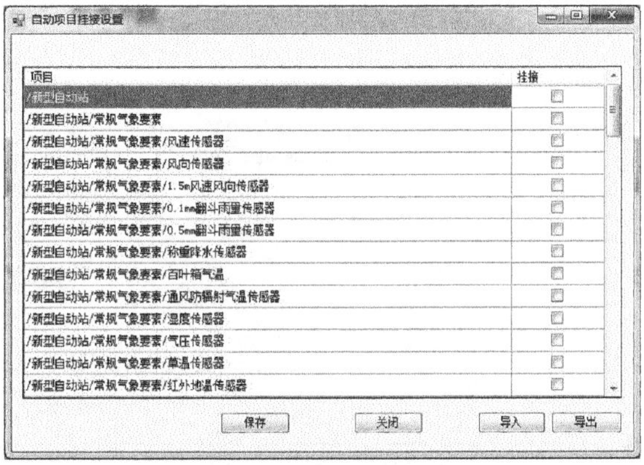

图 5-1-3　“自动项目挂接设置”对话框

(6)在“选项设置”页面,勾选报文生成设置中的“Z 文件”“日照数据”“日数据”;将“自定观测时次发送时间”“加密时次发送时间”均设置为“120”;勾选 FTP 通讯参数下的“M_Z 分钟数据文件”“Z 文件”“日数据”“日照数据”“平行观测数据”“计量信息”“雨滴谱”,设置“FTP 服务器地址”“用户名”“密码”等信息。注意:在输入 FTP 服务器地址时,前面要加上“ftp://”。

(7)分页面保存自定项目参数后,点击“关闭”按钮,软件将进入“分钟历史气候极值参数设置”和“小时历史气候极值参数设置”界面。点击“导入”按钮导入文件内容。

(8)点击“保存”按钮,进入“系统设置”界面,设置“首页控件显示要素所在数据表”为“常规要素每日逐分钟订正数据表”,设置“首页综合判别结果数据表”为“天气现象综合判断每日逐分钟数据表”(默认值),如图 5-1-6 所示。

(9)点击“保存”按钮,进入“初始化完成,点确定运行本软件”提示窗口。点击“确定”按钮进入软件主界面,如图 5-1-7 所示(中国气象局气象干部培训学院四川分院综合气象观测实习气象站截图)。

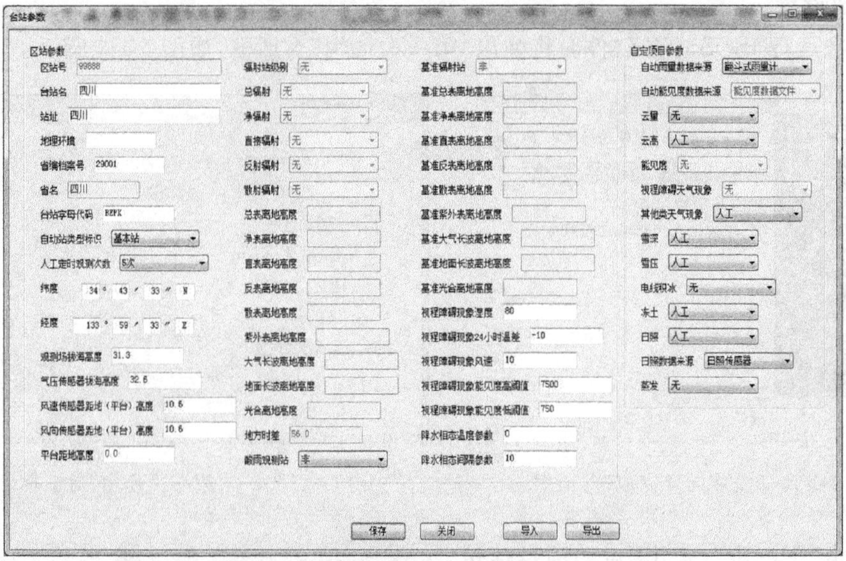

图 5-1-4 “台站参数”设置界面

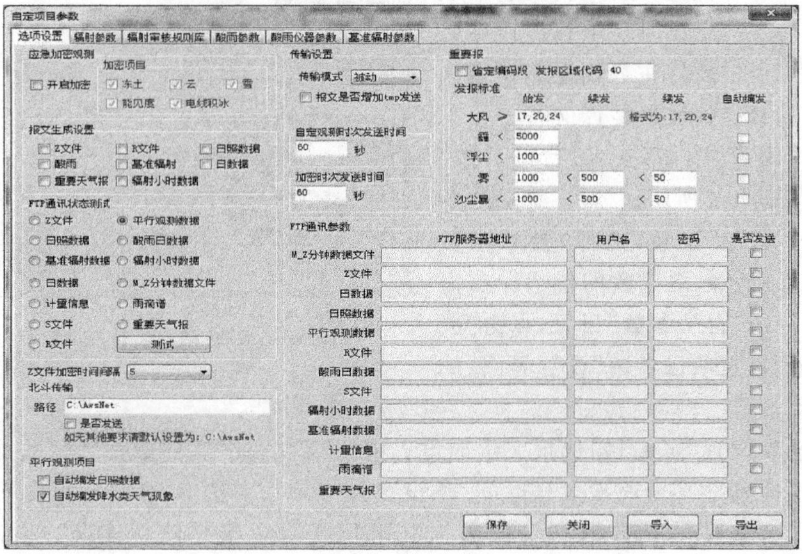

图 5-1-5 “自定项目参数”设置界面

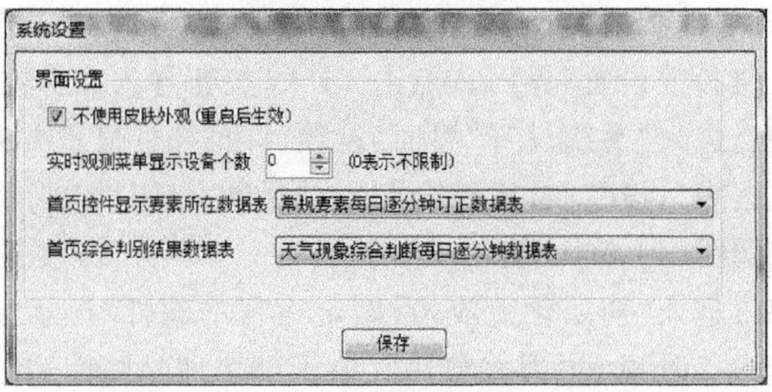

图 5-1-6 “系统设置”界面

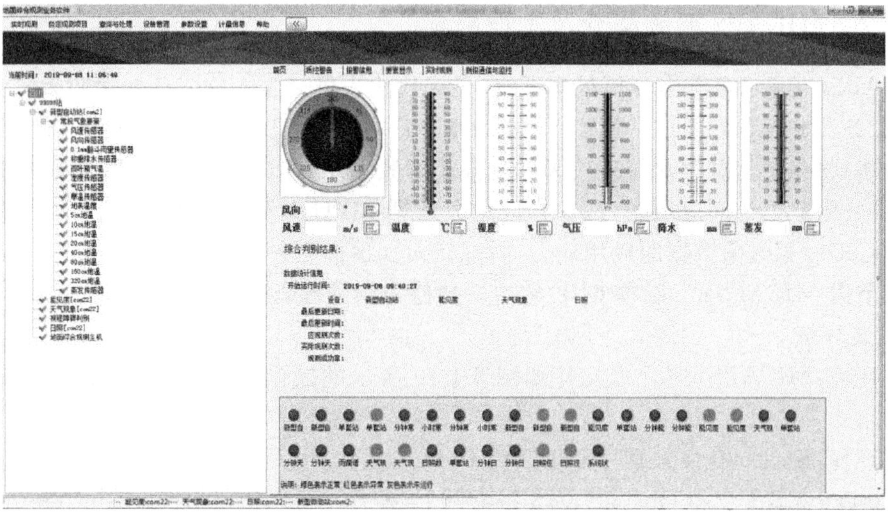

图 5-1-7　软件主界面

3. 通信参数设置

鼠标右键单击软件主界面左侧树形列表中的“新型自动站”，在弹出的右键菜单中单击“通信参数”，弹出“通信参数”设置窗口，按图 5-1-8 所示进行参数设置并保存。能见度仪、降水现象仪、光电式数字日照计的通信参数设置方式类似。

4. 报警参数设置

(1)环境报警参数设置

建议参数设置：主程序 CPU 限额 70%，内存限额 70%，硬盘 85%，句柄数 10000(保留默认值)。勾选“声音报警”选项，选择声音文件，点击“保存”按钮即可开通环境声音报警功能，如图 5-1-9 所示。

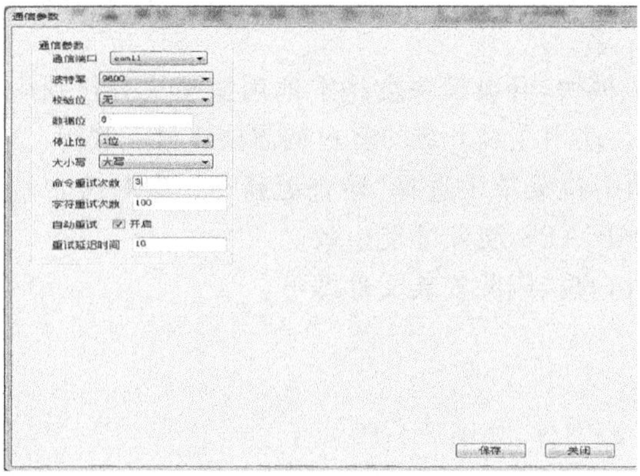

图 5-1-8　新型自动气象站“通信参数”设置界面

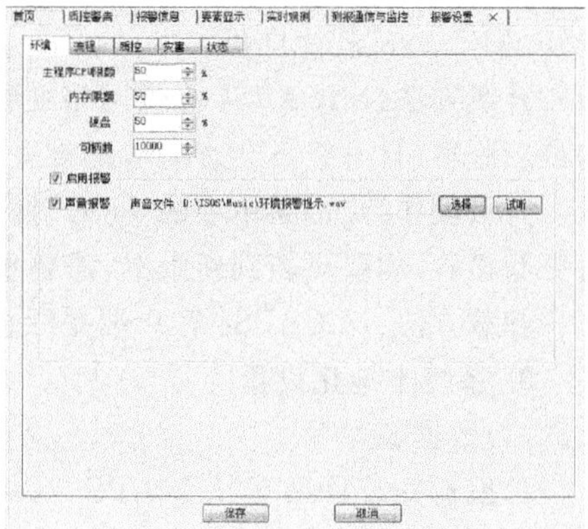

图 5-1-9　“环境报警”设置界面

(2)其他报警参数设置

根据气象观测业务规范和运行要求，分别在“流程、质控、灾害、状态”页框界面中设置相应的报警参数，点击“保存”按钮，参数设置即可生效。

5.1.2 MICAPS 系统简介及本地部署

MICAPS(气象信息综合分析处理系统)是现代化人机交互气象信息处理和天气预报制作系统,由服务器和客户端组成。MICAPS4 版本客户端重新定义了“黑白”两种主题,提升了数据显示效率;将先进信息技术与现代天气预报技术紧密结合,集成集合预报、格点预报等业务功能,提升气象数据访问应用能力;综合应用大数据、GPU 计算和图形图像技术,提高对高分辨、多维度、多时相气象数据的应用能力,对现代天气预报业务提供了较好支撑。

本小节以 MICAPS4.5 版本 64 位客户端软件为例进行介绍。

1. 安装环境

软件环境:MICAPS4 客户端支持如图 5-1-10 所示的操作系统,运行环境要求安装 .Net Framework 4.7 或以上版本。

硬件环境:硬盘 500 G 及以上,CPU 为 Core i5 及以上,显示器推荐 24 英寸,显示分辨率 1600×900 以上;显卡支持 OpenGL 3.3 版本以上(推荐),可以使用 GPU Caps Viewer 软件查询当前显卡的全部信息,如图 5-1-11 所示。

图 5-1-10 MICAPS4 支持的操作系统

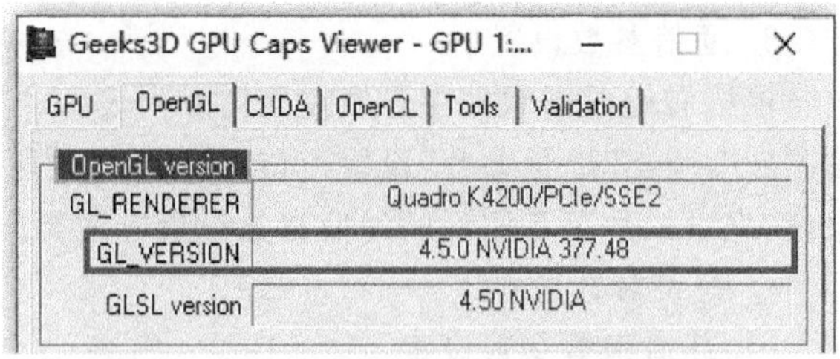

图 5-1-11 GPU Caps Viewer 程序运行界面

2. 系统安装、升级及卸载

安装方法:MICAPS4 客户端是绿色软件,将软件包解压到安装目录后执行“MICAPS. exe”程序即可。

升级方法:MICAPS4 提供网络在线升级模块,升级模块会将本地功能模块更新到服务器的最新版本,且升级不会影响本地设置文件。使用在线升级的客户端需要连接互联网。

升级操作:点击菜单项的“问号”按钮,从下拉菜单中选择“检查更新……”项,客户端会进行更新检验,如要更新到新版本,需要重启 MICAPS,更新才能生效。

卸载方法:MICAPS4 客户端是绿色软件,直接删除安装文件即可。

3. 系统本地化设置

(1)数据源设置

1)编辑安装目录下“MICAPS. exe. config”文件,如图 5-1-12 所示。

将<! --Cassandra 集群 IP 地址-->标签下面的 IP 地址改为 Cassandra 内网 IP 地址,同时修改<! --Cassandra 集群个数-->标签下面的 value 值,使该数值等于配置的 Cassandra 节点数。

将<add key="GDSServer1" … /><add key="GDSServer2" … />下面的 IP 地址改为 GDS 的 IP 地址。

注意:Cassandra 内网的 IP 地址和 Cassandra GDS 的 IP 地址由每个省份自行设定,具体地址可以询问每个省份的 MICAPS 系统管理员。

2)编辑安装目录下“MICAPSSystemEditor. exe”文件,如图 5-1-13 所示。

图 5-1-12　MICAPS. exe. config 文件内容

图 5-1-13　MICAPSSystemEditor. exe 文件内容

将<! --Cassandra 集群 IP 地址-->标签下面的 IP 地址改为 Cassandra 内网 IP 地址,同时修改<! --Cassandra 集群个数-->标签下面的集群个数,使该数值等于配置的 Cassandra 节点数。

3)编辑安装目录下“config\\datasources. ini”文件,如图 5-1-14 所示。

如图 5-1-13 所示,MICAPS4 的数据源可以有多个,传统的文件系统和 MICAPS 分布式处理系统可以共存。[mdfs]数据源就是 MICAPS 分布式处理系统所生成的数据缓存;图中 H、Y、K 盘为网络映射盘,即对应 MICAPS 文件系统服务器的路径。当 MICAPS4 综合图中配置的路径为相对路径时,则尝试遍历使用该配置文件中的配置源作为前缀拼接成完整文件名。

设置完数据源后,点击 MICAPS4 主界面工具栏中的“数据源搜索”按钮,显示如图 5-1-15 所示的数据源检索窗口。可以展开数据目录并单击数据文件,若 MICAPS 能够正常显示文件信息,说明配置正确;如出现没有反应或死机现象,可参考常见问题,寻找解决方案。

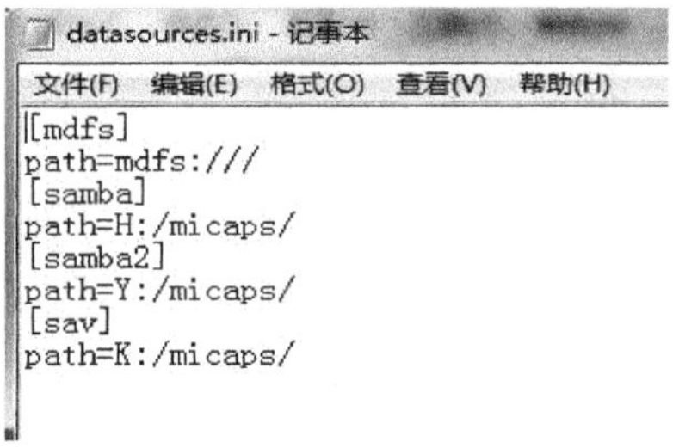

图 5-1-14　datasources. ini 文件内容

图 5-1-15　数据源检索窗口

(2)系统基本设置

1)系统配置

点击主界面菜单项右侧的“问号”按钮,从下拉菜单中选择“系统配置”,在“系统配置”窗口中,颜色主题可以设置深色和浅色,dem 数据路径显示高程地图,默认站点可以设置成本地区的站号,打开文件默认路径可以设置为本地文件路径,如图 5-1-16 所示。

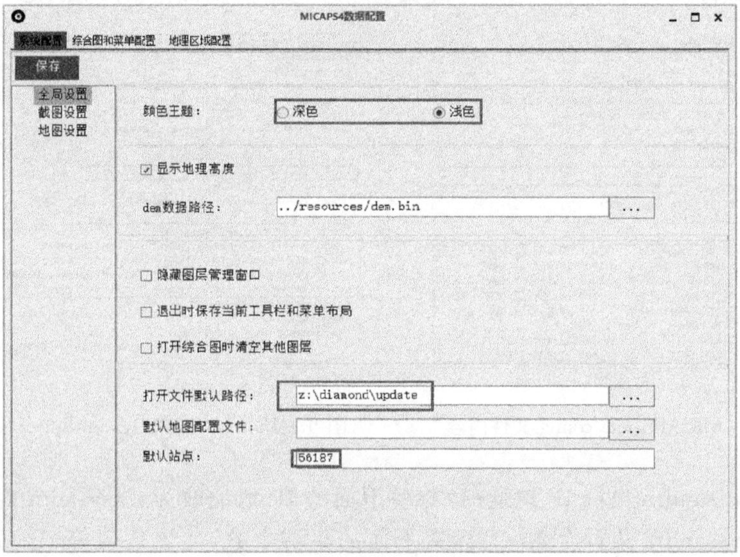

图 5-1-16　MICAPS 系统配置窗口

2)综合图配置

在 MICAPS 中，综合图定义为一种特殊的文件格式：第十类数据，该数据的格式如图 5-1-17 所示。综合图本身不包含数据内容，保存的是一个或多个数据的路径以及数据的显示样式。MICAPS4 将所有的综合图统一存放在 zht 目录下，如图 5-1-18 所示。

文件头：diamond　10　综合图中所含的数据文件数(整数)。

数据：数据文件路径　后缀　数据类型代码(均为字符串)。

图 5-1-17　综合图定义截图

图 5-1-18　综合图文件目录

3)菜单项配置

数据路径、数据源、综合图三者之间的关系如图 5-1-19 所示。一个综合图文件可以定义多个数据路径；菜单项为综合图的快捷调用方式，每个菜单项与综合图的对应关系为 1 对 1。MICAPS4 的菜单项设置保存在“config\\menu. txt”文件中，如图 5-1-20 所示。当鼠标选择菜单项时，“menu. txt”文件会根据选择的菜单项找到对应的综合图文件并打开，完成数据加载。

图 5-1-19　关系图

4)菜单及综合图配置工具

为节省配置时间，MICAPS4 开发了“配置、迁移综合图和菜单项”的独立程序“MICAPSSystemEditor. exe”，该程序位于软件安装目录下。执行程序，选择“综合图和菜单配置”页，即可进行配置操作，操作界面如图 5-1-21 所示。

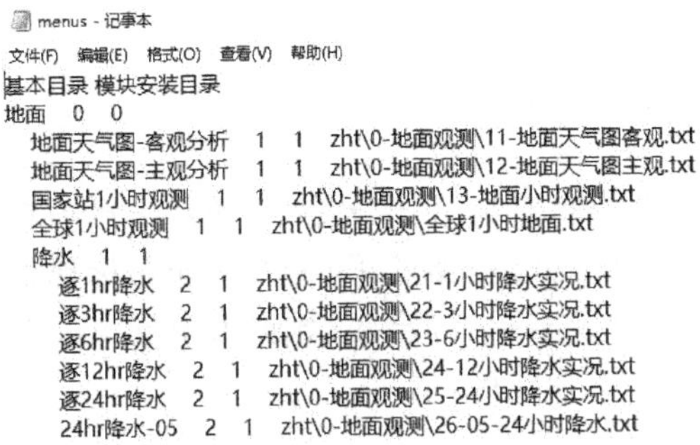
menus - 记事本
文件(F)　编辑(E)　格式(O)　查看(V)　帮助(H)
基本目录 模块安装目录
地面　0　0
　地面天气图-客观分析　1　1　zht\0-地面观测\11-地面天气图客观.txt
　地面天气图-主观分析　1　1　zht\0-地面观测\12-地面天气图主观.txt
　国家站1小时观测　1　1　zht\0-地面观测\13-地面小时观测.txt
　全球1小时观测　1　1　zht\0-地面观测\全球1小时地面.txt
　降水　1　1
　　逐1hr降水　2　1　zht\0-地面观测\21-1小时降水实况.txt
　　逐3hr降水　2　1　zht\0-地面观测\22-3小时降水实况.txt
　　逐6hr降水　2　1　zht\0-地面观测\23-6小时降水实况.txt
　　逐12hr降水　2　1　zht\0-地面观测\24-12小时降水实况.txt
　　逐24hr降水　2　1　zht\0-地面观测\25-24小时降水实况.txt
　　24hr降水-05　2　1　zht\0-地面观测\26-05-24小时降水.txt

图 5-1-20　menu. txt 文件内容

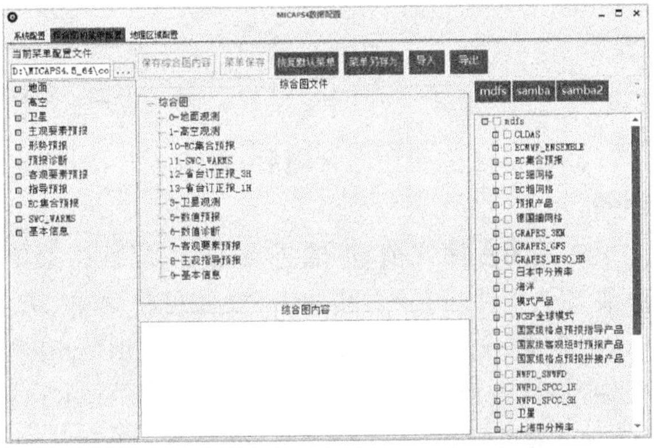

图 5-1-21　MICAPSSystemEditor. exe 操作界面

主界面横向分为菜单配置区、综合图文件区以及数据源区。菜单配置区用于加载和配置“config\\menu. txt”文件中定义的所有菜单项，并按照顺序和层次关系进行组织；综合图文件区按照层级关系显示所有 zht 目录下的综合图目录及文件；数据源区用于显示“datasources. ini”配置文件中的内容，当点击某一数据源后，会在下方显示该数据源内的数据组织情况，当选择编辑数据源后可在弹出对话框中添加、修改、删除数据源，操作方法是：点击鼠标右键进行添加、删除，在数据源名称或者路径上双击鼠标右键进行修改。

在菜单项节点上点击鼠标右键，会提示可进行“添加节点”“添加子节点”“重命名”“删除”等操作，其中“添加节点”表示在同一级目录下添加菜单项，“添加子节点”表示在下一级中添加菜单项。在“菜单项区域”中选择任意一个菜单项后，“综合图区域”中会自动定位到此菜单项对应的综合图文件，如图 5-1-22 所示。

当选择某一综合图后，该综合图文件中的信息会在下方“综合图内容”中显示出来，第一行为标准的第十类数据文件头，第一行第三项为文件个数，该数字会根据实际的文件目录数进行动态调整。点击鼠标右键可添加或删除综合图，可也选择“设置为菜单”，从而将该综合图设置为当前选中的菜单项。

双击“综合图内容”下方的数据路径后，会在右侧“数据源”显示区中显示对应的数据路径，用户可直接输入新的路径，或者直接从右侧某一目录处拖拽到该路径区，修改路径后文字颜色会变成红色。

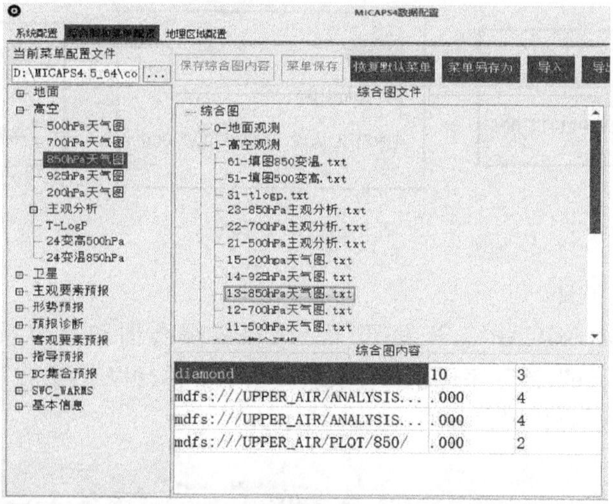

图 5-1-22 菜单项修改界面

修改完菜单项和综合图后，点击综合图区域上方的“保存综合图”或者“保存菜单项”进行存储。

在关闭程序之前，可通过点击“恢复默认菜单”进行重置，点击“菜单另存为”可将菜单项备份成其他文件。“导入”“导出”操作可将菜单、综合图以及数据源全部备份，选择导出目标地址后，会生成 export 文件夹，包含“menuedit. xml”配置文件及菜单、综合图、数据源的导出配置文件，保持该目录结构不变，导入时选择“menuedit. xml”文件即可。

4. 常见问题

(1)如果启动 MICAPS4 时出现如图 5-1-23 所示报错信息，请升级操作系统补丁或更换操作系统。

(2)如果启动 MICAPS4 时出现如图 5-1-24 所示报错信息，请升级显卡驱动和安装运行环境，安装 .Net Framework 4.7 或以上版本。

(3)如果启动 MICAPS4 时出现图 5-1-25 所示报错信息，请升级安装运行环境，安装 .Net Framework 4.7 或以上版本。按上述方法操作后，如果还出现同样报错信息，可能是因为缺失“GISMap”文件，请拷贝本省份完整的 MICAPS4 重新安装。

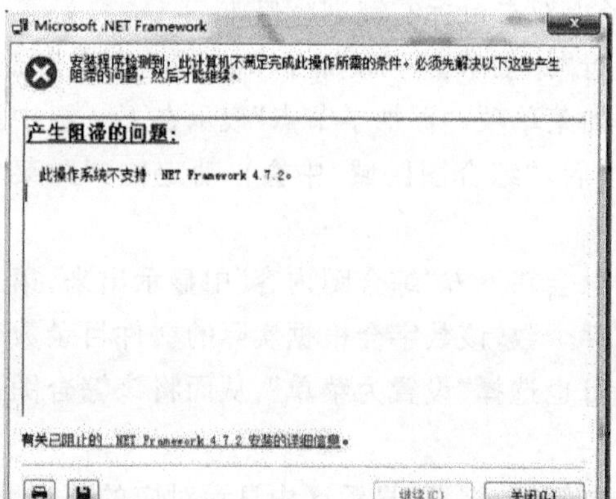

图 5-1-23 系统报错窗口 1

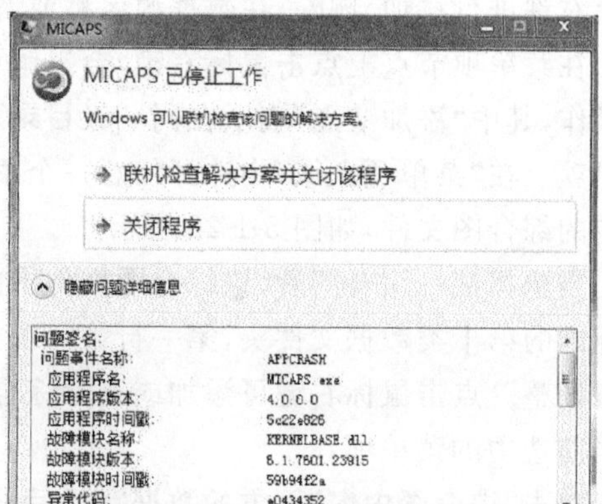

图 5-1-24 系统报错窗口 2

(4)如果点击 MICAPS4 菜单或者综合图时，死机或者没有反应，请打开文件安装目录下的“MICAPS. exe. config”文件，尝试 Ping Cassandra 内网的 IP 地址，观察 IP 地址能否访问。如果 Ping 不通，需检查到省级气象局 mdfs 服务器的路由网关设置；或者 IP 地址可能不是本省份的 Cassandra IP，请询问本省份的 MICAPS 系统管理员后修改配置。

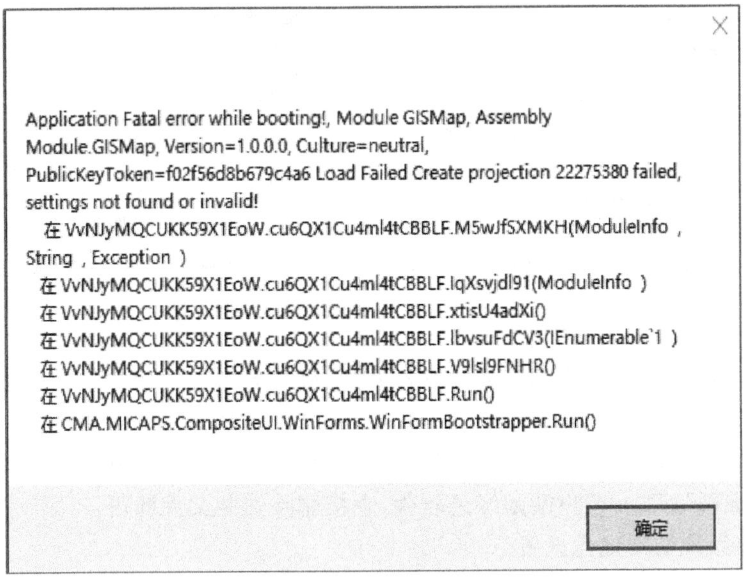

图 5-1-25　系统报错窗口 3

5.1.3　SWAN 系统安装与参数设置

SWAN 是灾害性天气短时临近预报预警业务系统，由服务器和客户端组成。SWAN2. x 版本客户端是一个集短时临近监测、分析、预报、预警制作等为一体的业务平台。

1. 系统结构及数据源

SWAN 是预报员进行短临天气监测、预报的业务平台，支持文件系统和分布式数据库两种数据源，系统结构如图 5-1-26 所示。

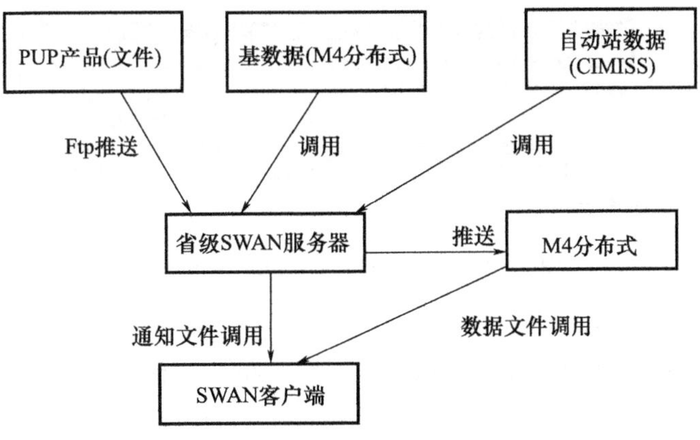

图 5-1-26　SWAN 系统结构图

省级 SWAN 服务器的雷达基数据来自 M4 分布式，省级 SWAN 服务器生成的 SWAN 产品推送至 M4 分布式。打开 MICAPS4(已配置好 mdfs 数据源)主界面工具栏数据源搜索中的 mdfs 数据源,或 SWAN2. x(已配置好 mdfs 数据源)工具栏数据检索中的 mdfs 数据源,图 5-1-27所示为雷达基数据在 M4 数据源的目录结构,图 5-1-28 所示为 SWAN 产品在 M4 数据源的目录结构。

图 5-1-27 雷达基数据在 M4 数据源的目录结构

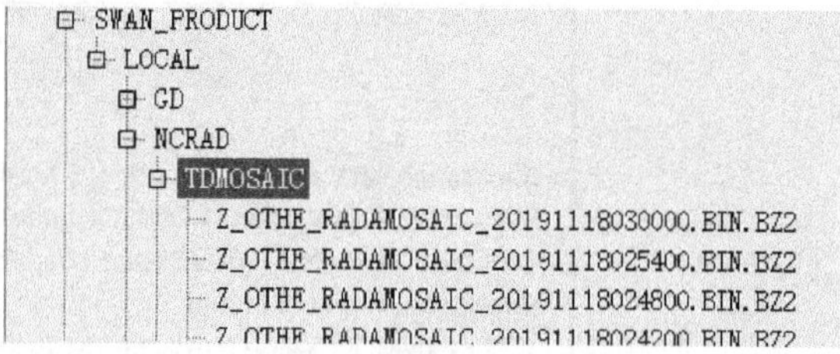

图 5-1-28 SWAN 产品在 M4 数据源的目录结构

2. SWAN2 系统的安装及卸载

安装环境:SWAN2. x 客户端支持的操作系统、硬件环境与 MICAPS4 一致,不支持 Windows XP,运行环境需安装 . Net Framework 4. 7 或以上版本。

安装方法:SWAN2. x 客户端是绿色软件,解压后执行"SWAN. exe"程序即可。

卸载方法:SWAN2. x 客户端是绿色软件,直接删除安装文件即可。

3. SWAN2 系统的本地化设置

(1)数据源设置

编辑安装目录下"SWAN. exe. config"文件,如图 5-1-29 所示。

```
<appSettings>
    <add key="appName" value="SWAN 2.1 x64" />
    <add key="ClientSettingsProvider.ServiceUri" value="" />
    <!--集群文件访问前缀 例如mdfs://-->
    <add key="CassandraPrefix" value="mdfs" />
    <!--Cassandra集群配置-->
    <!--Cassandra集群个数-->
    <add key="ClusterNumber" value="5" />
    <!--Cassandra集群端口-->
    <add key="ClusterPort" value="9170" />
    <!--Cassandra集群IP地址-->
    <add key="ClusterIPAddress1" value="[illegible]" />
    <add key="ClusterIPAddress2" value="[illegible]" />
    <add key="ClusterIPAddress3" value="10.194.17.123" />
    <add key="ClusterIPAddress4" value="[illegible]" />
    <add key="ClusterIPAddress5" value="[illegible]" />
    <add key="cacheNumber" value="1" />
</appSettings>
```

图 5-1-29 SWAN. exe. config 文件内容

将＜! --Cassandra 集群 IP 地址--＞标签下面的 IP 地址改为 Cassandra 内网的 IP 地址,同时修改＜! --Cassandra 集群个数--＞标签下面的 value 值,使该数值等于配置的 Cassandra 节点数。

注意:Cassandra 内网的 IP 地址和 Cassandra GDS 的 IP 地址由每个省份自行设定,具体地址可以询问每个省份的 SWAN 系统管理员。SWAN 的 Cassandra 的 IP 地址与 MICAPS4. x 一致。

编辑安装目录下“config\\datasources. ini”文件并保存，如图 5-1-30 所示。

(2)SWAN 产品路径和通知文件路径配置

SWAN2. x 客户端可以使用分布式和文件系统两个数据源。

文件系统数据源：安装完 SWAN 客户端之后，首先要映射产品路径，如果产品放在产品服务器上，则要将产品服务器上的产品目录共享；如果产品放在 MICAPS 数据服务器上，则保证 MICAPS 数据服务器的盘可以正确访问。点击工具栏中的“系统配置”按钮，在通用选项卡中配置基本路径。数据文件路径需要配置到 share 级，通知文件路径需要配置到 productindex 路径下，如图 5-1-31 所示。productindex 是报警功能必须的通知文件路径，如果配置不正确，将无法使用 SWAN 的报警功能。更改通知文件路径后系统会自动重启。

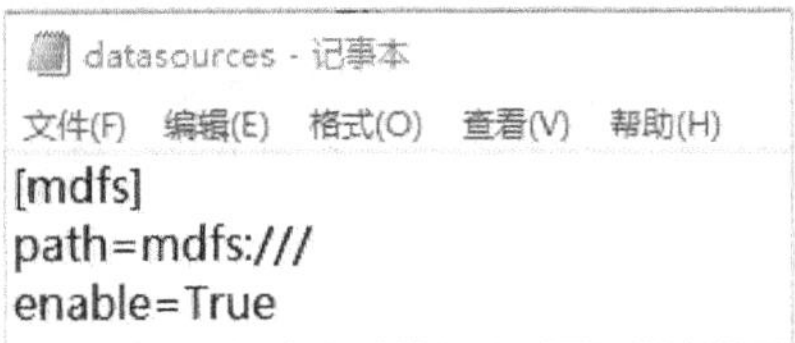

图 5-1-30　datasources. ini 文件配置

图 5-1-31　文件系统 SWAN 路径配置

分布式数据源：数据文件直接配置到 mdfs:///SWAN_PRODUCT/，通知文件路径需要配置到 product_mdfs 路径下，如图 5-1-32 所示，X 盘为映射的通知文件路径。product_mdfs 是报警功能必须的通知文件路径，如果配置不正确，将无法使用 SWAN 的报警功能。更改通知文件路径后系统会自动重启。

(3)SWAN 行政区域、报警区域、地图设置

用户第一次进入系统，还需要设置所属行政区域。点击定位标志，依次选择省、市、县三级。省级用户选择全省，市级用户选择全市，县级用户选择所在县级行政区，如图 5-1-33 所示。

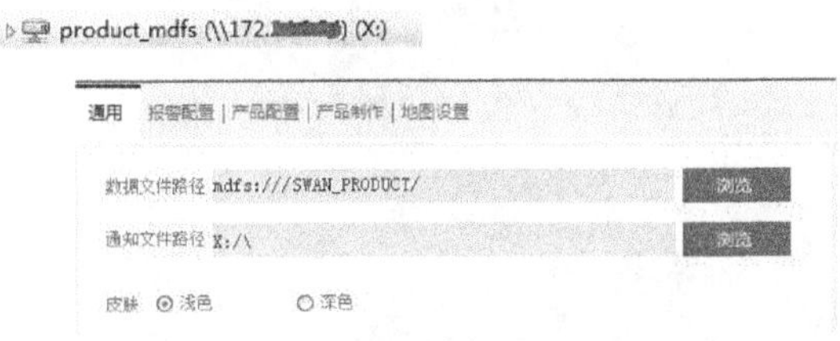

图 5-1-32　分布式数据源 SWAN 路径配置

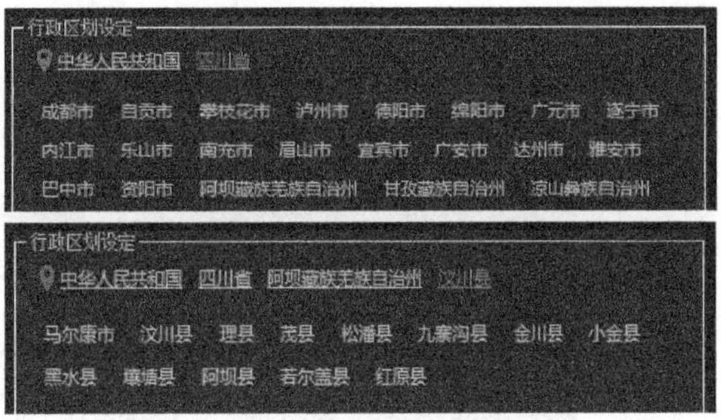

图 5-1-33　行政区域设定

用户可在报警区域选项卡中设置报警区域。行政边界、圆、自定义是报警区域的三种不同显示方式。其中，行政边界以所选地区的边界线自动绘制报警区域；以圆的方式显示报警区域，则必须输入圆的半径，以通用里面所选地区的中心点为圆心点绘制圆；以自定义的形式显示报警区域，点击区域选择，然后在地图上绘制区域，左键开始右键结束。

4. 常见问题

SWAN2. x 客户端与 MICAPS4 开发框架一致，SWAN2 常见问题可参考 MICAPS4 常见

问题。如果配置好 SWAN2. x 客户端，但无数据显示，请先检查通知文件路径是否可以打开，是否有最新的文件；其次，请检查 MICAPS4（已配置好 mdfs 数据源）主界面工具栏数据源搜索中的 mdfs 数据源或 SWAN2. x（已配置好 mdfs 数据源）工具栏数据检索中的 mdfs 数据源是否有最新的 SWAN 产品，如果没有最新文件，请联系省级系统 SWAN 管理员，如果 mdfs 数据源有最新 SWAN 产品，请检查客户端的配置。

5.1.4 国家突发事件预警信息发布系统市级平台安装部署与运维

国家突发公共事件预警信息发布系统是《“十一五”期间国家突发公共事件应急体系建设规划》提出的十个重点建设项目之一，是国务院应急平台唯一的突发公共事件预警信息权威发布系统，是政府应急部门和社会公众及时获取预警信息的主要渠道。项目主要依托中国气象局现有信息化基础设施和信息发布渠道，通过进一步完善和扩建其功能，形成覆盖全国的突发公共事件预警信息统一发布系统，承担国家突发公共事件预警信息发布系统建设、运行与维护，并为各部门提供预警信息发布服务。

国家突发事件预警信息发布管理平台（以下简称“发布管理平台”）分别部署于国、省、市三级系统中，实现国、省、市、县四级预警信息的制作与发布管理功能。其中，通过省级和市级平台，实现省（区、市）内各级政府和部门预警信息采集、上传、共享，实现预警信息在国、省、市三级之间的传输和发布，建立起全省（区、市）有效的突发公共事件预警信息发布渠道。县级发布单位通过终端远程登录的方式，使用市级发布管理平台实现预警信息的制作与发布。本节主要介绍市级发布管理平台的管理操作职责及具体操作方法。

5.1.4.1 市级平台安装部署

1. 安装配置

(1)执行安装光盘

放入对应网络区域的安装光盘，然后重启服务器，重启后按 F12 键进入系统引导项，选择光驱启动，进入安装界面，选择第三项 AutoInstallation(a-city)或 AutoInstallation(b-city)后按回车键，如图 5-1-34 所示。

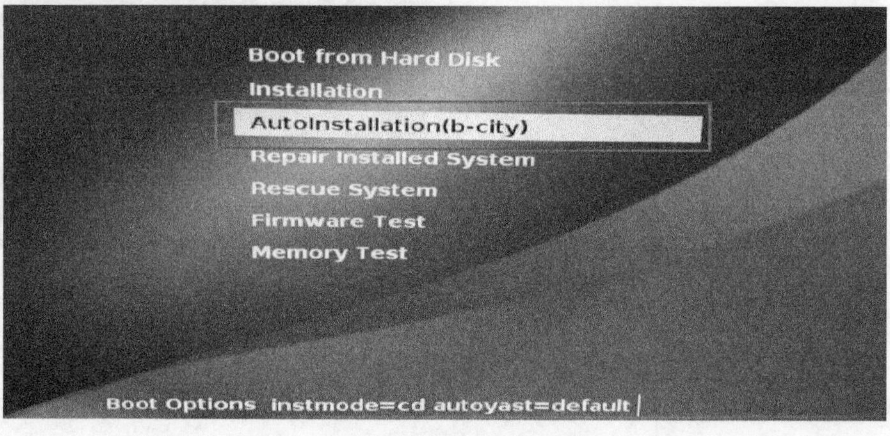

图 5-1-34 执行安装光盘

注意：系统包含两张光盘，按照光盘表面字样选择要安装的网络域系统，进入上图界面中请按如下字样进行区分：

AutoInstallation(a-city)　表示气象局域网服务器系统；

AutoInstallation(b-city)　表示电子政务外网服务器系统。

(2)执行一键式应用配置工具

系统安装完毕后显示登录页面，请按如下步骤进行配置操作。

步骤 1：在显示登录页面，使用 root 用户登录系统，如图 5-1-35 所示。

图 5-1-35　登录系统市级平台

步骤 2：输入 root 口令，默认为 1qaz@WSX，如图 5-1-36 所示。

图 5-1-36　输入口令

步骤 3：进入系统后右键桌面选择“在终端中打开(E)”打开终端，在标记 1、2 处输入命令，如图 5-1-37 所示。

注意：输入的主机名需根据如下说明填写，否则将造成节点信息错误。

电子政务外网部署时输入：AMP-B01-XXXXXX。

气象局域网部署时输入：AMP-A01-XXXXXX。

其中，XXXXXX 为当前市级行政区划代码。

步骤4:通过office工具修改步骤3生成的文件，即“/opt/app/workfiletodeploy”目录下的“javaShCSV-utf-8-0.2.csv”文件，配置过程如图5-1-38～图5-1-41所示。

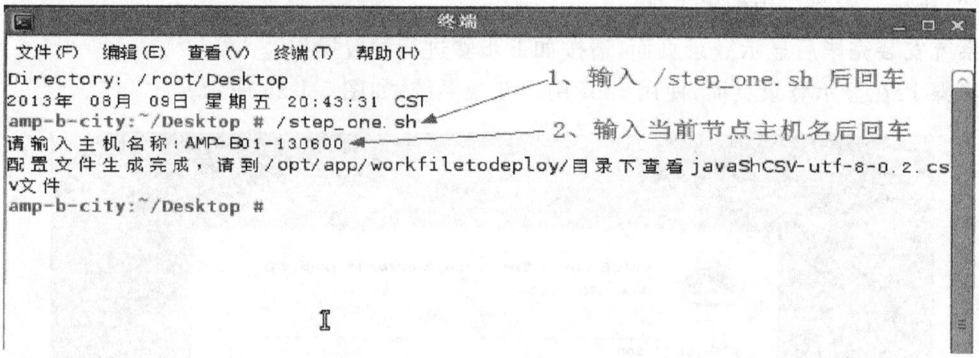

图5-1-37 修改终端配置文件内容

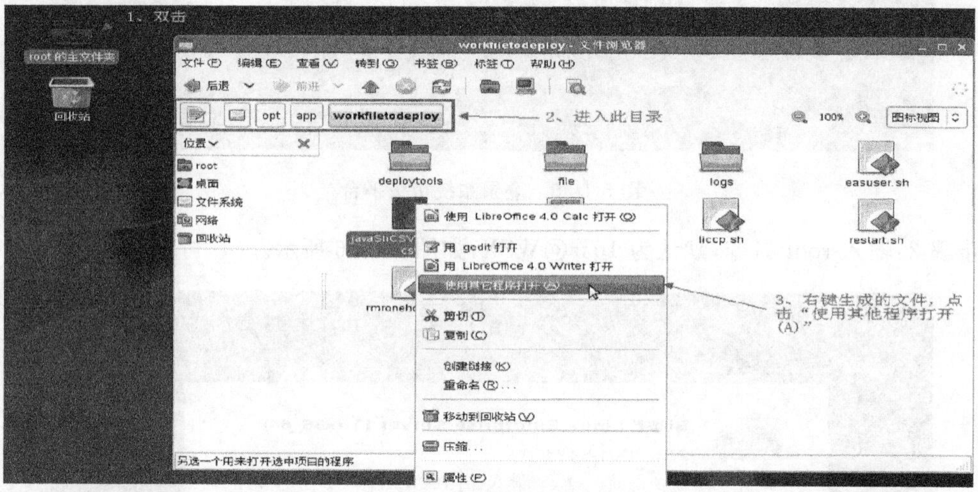

图5-1-38 选择文件打开方式

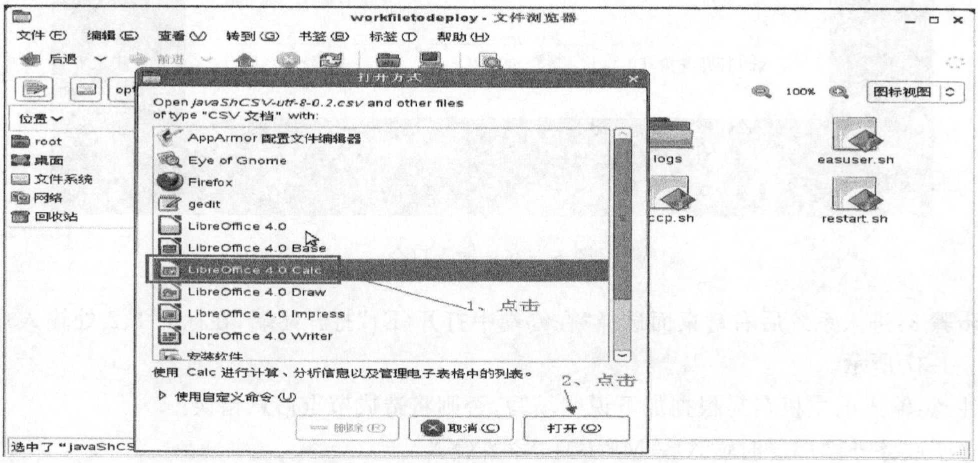

图5-1-39 选择程序LitbreOffice 4.0 Calc

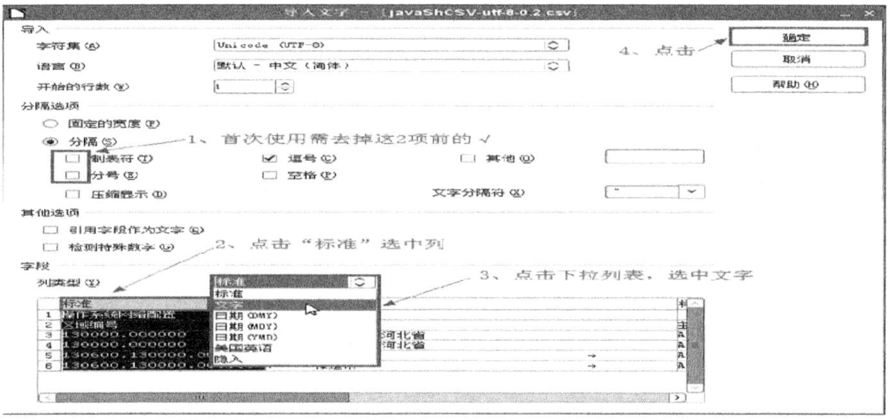

图 5-1-40　对文件进行相关配置

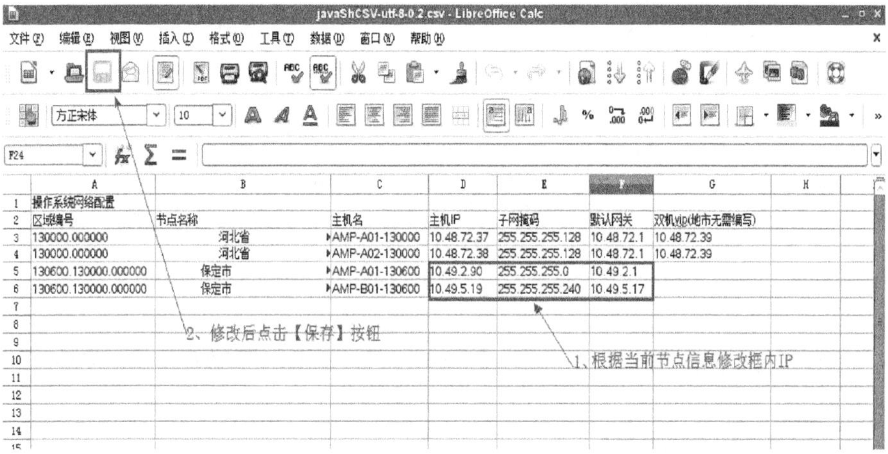

图 5-1-41　修改节点 IP 地址并保存

步骤 5:保存修改,执行脚本进行应用配置,如图 5-1-42 所示。

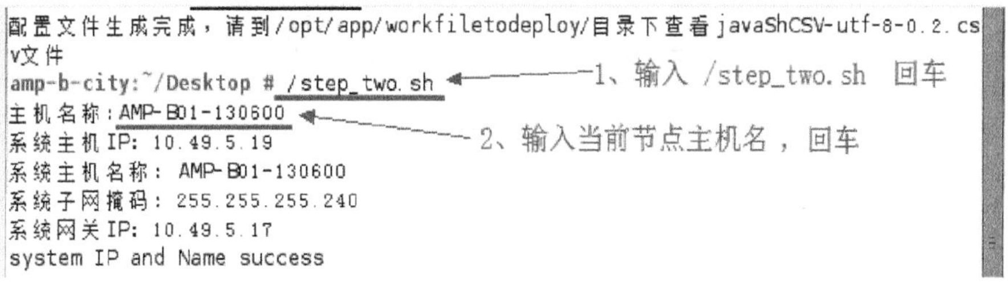

图 5-1-42　修改相应脚本配置

注意:图中处输入的主机名与步骤 3 输入的主机名相同。当输入主机名回车后,需等待提示成功,如提示报错,请检查前一环节修改的文件是否符合当前市级节点信息。

(3)开启 FTP 服务(适用于电子政务外网和气象局域网)

步骤 1:开启网络服务。在桌面上单击鼠标右键,选择"在终端打开(E)"一项,进入终端对话框。在终端对话框中输入如下命令并回车:yast2。

步骤 2:按图 5-1-43~图 5-1-46 所示选择并启用网络服务。

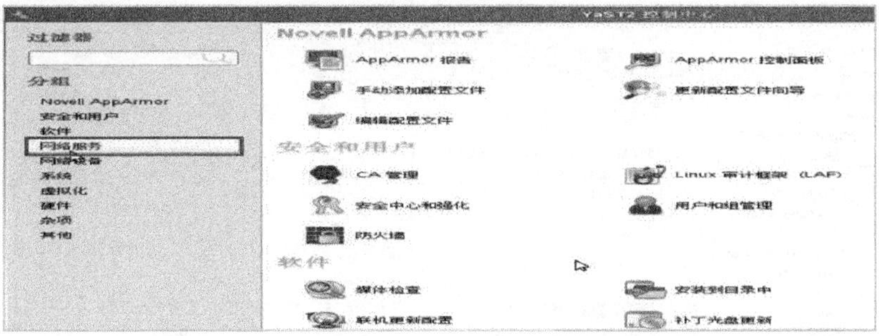

图 5-1-43　打开网络服务

图 5-1-44　选择网络服务

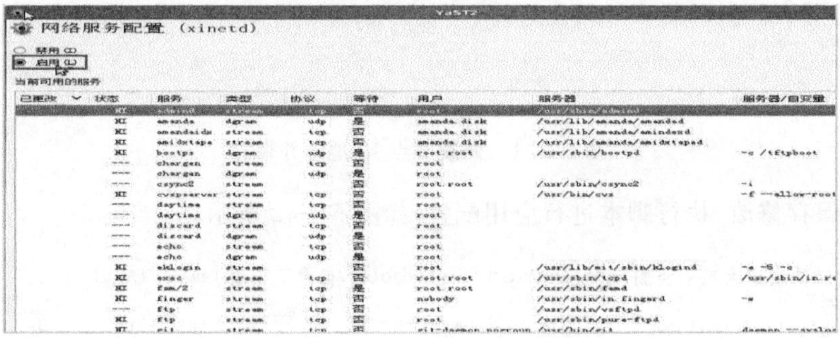

图 5-1-45　启用网络服务配置

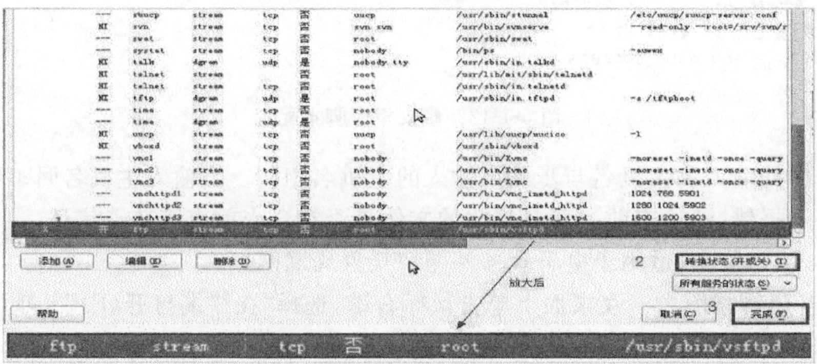

图 5-1-46　开启 FTP 服务

步骤 3：将 FTP 服务置为开启状态。

(4)配置时间同步(电子政务外网和气象局域网)

使用 root 用户在终端对话框中输入如下命令：vim /etc/ntp. conf。输入完毕按回车，显示如图 5-1-47 所示页面。

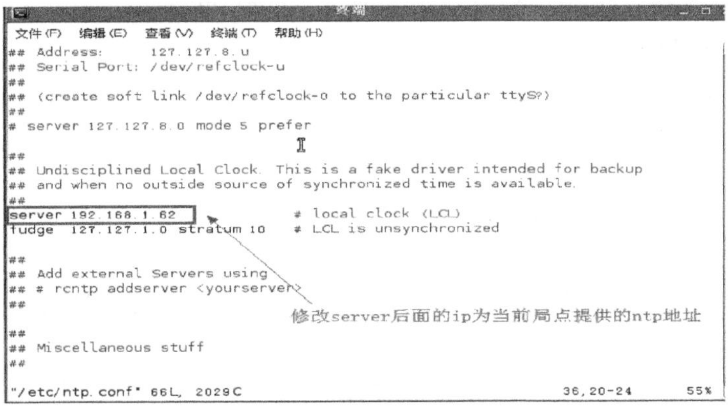

图 5-1-47　配置时间同步

按键盘中的 I 键，依照上图中的描述，完成对应操作。输入完毕后按 Esc 键退出编辑模式，输入“：wq”保存文件。退出后在终端执行“/step_three. sh”命令。

注意：此处填写的 NTP 网络地址是当前节点提供的时间同步服务器地址，市级建议使用省级气象宽带网时间同步服务器作为本市时间同步使用。

(5)重启服务器

在桌面上单击鼠标右键，选择“在终端打开(E)”一项，进入终端对话框，输入如下命令：reboot。

(6)操作系统启动顺序

因系统涉及两个网络域，其中气象局域网需要连接电子政务外网数据库，所以完成以上所有步骤后请按如下顺序启动系统：先启动电子政务外网服务器 B01，等待电子政务外网服务器 B01 进入登录页面(表示操作系统已启动)，再启动气象局域网服务器 A01。

2. 气象宽带网登录

(1)电子政务外网登录地址

市级用户电子政务外网登录地址：

http://电子政务外网服务器(B01)(内部 IP)：8080/AMP(发布管理平台)；

http://电子政务外网服务器(B01)(内部 IP)：8081/MI_AMP(监控平台)。

其他发布单位，如中国地震局、国土资源局等通过电子政务外网访问地址：

http://电子政务外网服务器映射到防火墙的 IP(本级政府信息化办公室分配的地址)：8080/AMP(发布管理平台)。

(2)气象宽带网登录地址

市级用户气象宽带网登录地址：

http://气象宽带网服务器 IP(A01)：8080/AMP(发布管理平台)；

http://气象宽带网服务器 IP(A01)：8081/MI_AMP(监控平台)。

3. 查看下载日志

(1)发布管理平台日志位置：/space/supdata/ amp/log/catalina. out。

(2)监控系统日志位置:/opt/ app/ mi_tomcat/logs/catalina. out。

(3)网络参数配置文件:/opt/app/workfiletodeploy/javaShCSV-utf-8-0. 2. csv。

(4)应用参数配置文件:/opt/app/amp _ tomcat/webapps/AMP/WEB-INF/classes/resDir. properties。

(5)TLQ 日志文件:/opt/ app/TLQ8SER/log/TongLink. sys。

4. 启动脚本更新问题

利用光盘安装部署后或者重新部署后,需要更新两台服务器的启动脚本,脚本及文档从省级气象局负责人处获取,具体操作如下。

(1)开机自启动脚本更新。将“startallapp”文件,用 root 用户,通过 SFTP 工具或 U 盘上传或拷贝至“/etc/init. d/”目录下,如重复则选择覆盖。

(2)“一键停止启动所有应用”快速命令复制到桌面。将“startallapp. sh”和“stopallapp. sh”文件,用 root 用户,通过 SFTP 工具或 U 盘上传或拷贝至“/root/Desktop”目录下,如重复则选择覆盖。

(3)如果没有选择覆盖,会产生自动启动脚本权限不正确现象,用如下命令设置权限:chmod 755 /etc/init. d/startallapp。

(4)更新启动脚本之后,需要重新启动服务器。启动 B01,能够成功登录,证明 B01 启动完成;再启动 A01,能够成功登录(用 kadmin 登录),证明 A01 启动完成。

(5)发布预警信息测试两台服务器是否正常工作,查看全流程监控是否收到网站、省(区、市)、国家成功备案的回执。

5. 清除缓存

系统部署或者自动升级完成后,如果出现网页报错的现象,需要删除“opt/app/amp_tomcat/work/Catalina/localhost”目录下的应用包,重新查看网页即可。

5.1.4.2 市级平台运维相关问题

1. 重启应用相关软件

使用 root 用户重启发布管理平台和监控平台应用,如图 5-1-48 所示,操作步骤如下。

(1)使用 root 用户登录操作系统。

(2)打开命令窗口,停止所有应用,输入命令:. /stopallapp. sh。

(3)重新启动所有应用,输入命令:. /startallapp. sh。

(4)检查应用进程是否启动:ps - ef| grep java。看到界面打印出 eas(发布管理平台)的进程号、easmi(监控平台)的进程号,证明应用启动成功。

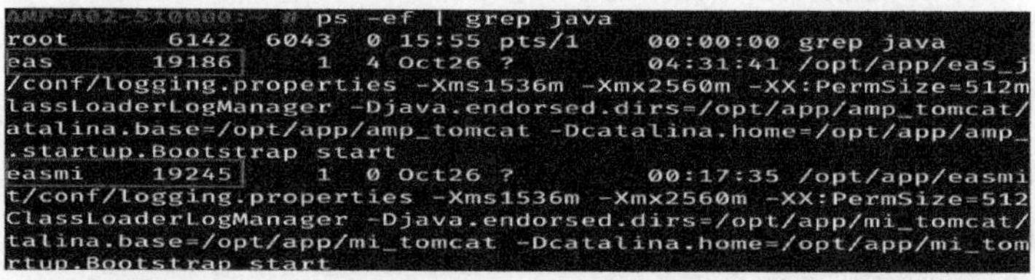

图 5-1-48 使用 root 用户重启平台

2. 查看应用日志内容

查看应用日志的命令如下。

(1)进入市级系统日志存放位置,输入命令:cd /space/supdata/amp/log。

(2)实时查看日志:tail - f catalina. out。

(3)查看日志的最后 XX 行:tail - n XX catalina. out。

3. 查看消息队列的消息数据

查看 A 机的消息队列的消息数据,使用 eas 用户查看,具体操作如下。

(1)使用 eas 用户登录操作系统,或者使用 root 用户登录系统然后切换到 eas 用户,具体命令为:su eas。如图 5-1-49所示。

```
AMP-A01-000000:~ # su eas
eas@AMP-A01-000000:/root>
```

图 5-1-49　切换到 eas 用户

(2)查看 tlq 的状态,输入命令:tlqstat。如图 5-1-50 所示。

```
eas@AMP-A01-000000:~> tlqstat
                    TongLINK/Q WATCH TOOL
                           Configuration and Real_time Running
Select one  item:

        [sys]. System Restriction Information
        [qcu]. QCU information
        [msg]. Message Information
        [snd]. Send Process Information
        [rcv]. Receive Process Information
        [cli]. ClientBroker Information
        [sub]. SubBroker Information
        [lic]. license Information
        [ver]. version Information
        [q]. Quit
Please enter your choice:
```

图 5-1-50　查看 tlq 状态

(3)查看 Qcu 的信息,输入命令:Qcu。如图 5-1-51 所示。可以看到两个 Qcu 的状态等信息。一个接收 Qcu:rcv_local。一个发送 Qcu:snd_area。

```
------------------------Under the NodeName: [sendnode]------------------------
-----------------------------------QCUMstTbl-----------------------------------
     QcuId   QcuName  Status  monirptr  mngrptr  monimptr mngmptr   time
       0    rcv_local active      2        1        1        2       2337
       1     snd_area active      4        3        1        2       2337
-------------------------------------------------------------------------------
```

图 5-1-51　查看 Qcu 信息

(4)按组合键" Ctrl+C",退出 Qcu 信息显示页面,输出如图 5-1-52 所示。

(5)输入 s,要求输入 Qcu 名称查看更多信息,以查看接收队列(rcv_local)为例,如图 5-1-53所示。

```
^C[s] To see more
[t] To the top level
[q] quit
Enter your choice:
```

图 5-1-52　退出 Qcu 信息显示页面

```
Enter your choice:s
Please select a QCUName:rcv_local
```

图 5-1-53　查看接收队伍信息

输入 Qcu 名称后,输出信息如图 5-1-54 所示。

```
-------------------------------QCU  information-------------------------------
          a.[General Information]
          b.[BQS Information]
          c.[Queue & Message]
          d.[Topic & Subscriber]
          e.[Neighbor PSBroker]
          f.[Instance Information]
          g.[QCU Send& Receive Message Count]
          h.[Que Send& Receive Message Count]
          i.[QCU Client& JMSClient Connection Control Info]
          t.[To the top level]
          q.[QUIT]

          Please select an item:
```

图 5-1-54　输出 Qcu 信息

要求输入一个选项，输入 c，查看队列和消息，如图 5-1-55 所示。

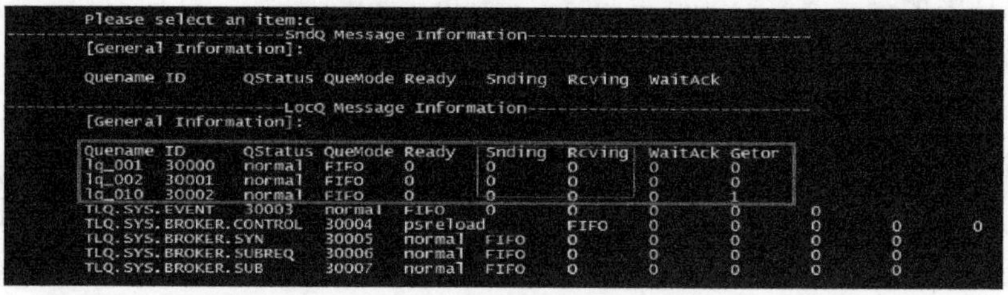

图 5-1-55　查看队列和消息

可以看到接收 Qcu 的三个队列(lq_001,lq_002,lq_010)发送的消息数“Snding”和接收的消息数“Rcving”。队列设置的最大消息数据为 1000。

查看发送 Qcu:snd_area。其命令操作同接收 Qcu:rcv_local。结果如图 5-1-56 所示。

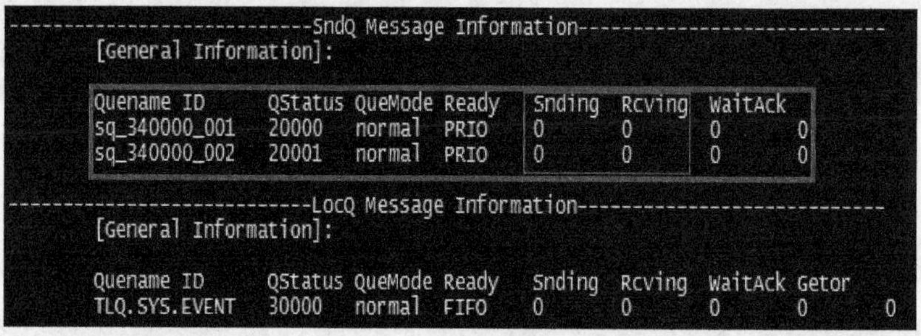

图 5-1-56　查看 snd 消息

4. 网络问题排查

(1)检查网络是否连通，命令格式：Ping IP 地址。

(2)检查网络端口是否畅通，命令格式：Telnet IP 端口号。

5. 执行一键式部署应用配置工具

以 root 用户登录系统，修改“/opt/app/workfiletodeploy”目录下的“javaShCSV-utf-8-0.2.csv”文件，此时我们可通过 office 工具进行修改。

在此基础上继续操作，如图 5-1-57 所示。

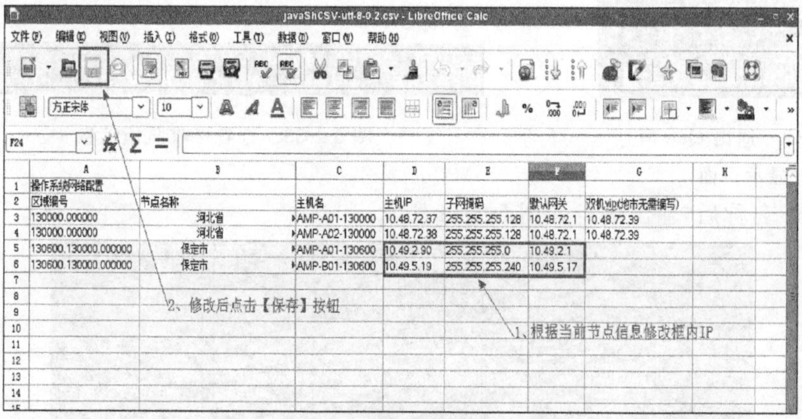

图 5-1-57　修改节点 IP 地址并保存

依照图 5-1-57 的顺序完成对应操作，保存已修改的文件后执行脚本进行应用配置，如图 5-1-58 所示。

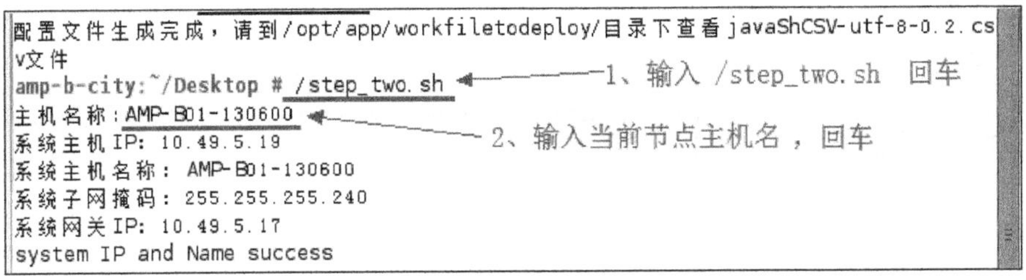

图 5-1-58　保存配置文件

在上图中标记 1、2 处输入命令并回车后，需等待提示成功消息，如提示报错请检查前一环节修改的文件是否符合当前市级节点信息。

6. 修改系统 IP

市级气象宽带网服务器 IP 变更后，需完成三部分工作。

(1)通知省级气象局，进行网络联通测试，保证网络畅通。

(2)修改市级本地的配置文件，执行一键式部署应用配置工具。

(3)省级气象局同样需要修改配置文件，执行一键式部署应用配置工具，保证省级系统中该市级的 IP 信息一致。

市级电子政务网服务器 IP 变更后，仅需执行一键式部署应用配置工具。

7. 日志问题排查

(1)HTTP 方式发送消息异常，服务器异常，发送请求后返回的状态值为(500)

解决方法：删除根目录下的“ResourceOneHome”文件夹。输入命令：rm -rf ResourceOneHome。执行命令：/step_two. sh。输入主机名。停止应用，输入命令：. /stopallapp. sh。启动应用，输入命令：. /startallapp. sh。等待 2～3 分钟，至应用启动为止。

(2)A 机连接不上 B 机的数据库

日志现象如图 5-1-59 所示。

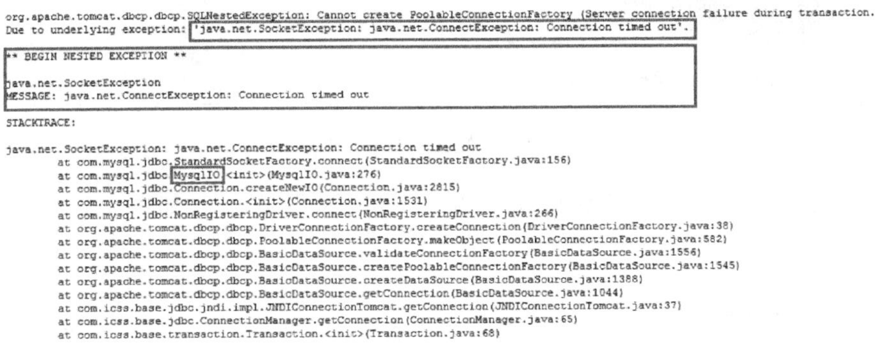

图 5-1-59　A 机连接不上 B 机数据库日志

原因：导致此现象的原因一般是网络问题。主要包括两方面，一是 A 机与 B 机网络不联通；二是 A 机与 B 机之间防火墙未开通 3306 端口。

测试方法：测试网络是否连通。在 A 机打开命令窗口，输入命令：Ping B 机 IP。检查是否能够 Ping 通。测试 3306 端口是否开通，在 A 机打开命令窗口，输入命令：telnet B 机 IP

3306。检查是否能够连通。

解决办法:请网络管理员解决网络问题。

(3)报连不上 TlqServer 错误

日志现象如图 5-1-60 所示。

```
2014-05-06 13:10:15,816 ERROR - [ com.icss.ro.de.connector.tlqimpl.TLQ7IProcessorImpl ]can't connect to TlqServer url:10.98.25.16,10261,rcv_local,lq_002
com.tongtech.tlq.base.TlqException:syserr:110,tlqerrno:54:trans_connect: connect failed [10.98.25.16] [10261]
        at com.tongtech.tlq.base.ClientKernel.tlqConn(Native Method)
        at com.tongtech.tlq.base.KernelFacade.tlqConn(KernelFacade.java:129)
        at com.tongtech.tlq.base.TlqConnection.<init>(TlqConnection.java:38)
        at com.icss.ro.de.connector.tlqimpl.TLQ7IProcessorImpl.connTLQ(TLQ7IProcessorImpl.java:113)
        at com.icss.ro.de.connector.tlqimpl.listener.TLQListenerThread.class(TLQListenerThread.java:382)
        at com.icss.ro.de.connector.tlqimpl.listener.TLQListenerThread.run(TLQListenerThread.java:159)
```

图 5-1-60 报连不上 TlqServer 错误日志

原因:系统连不上该 IP(红圈部分)或者 10261 端口不通。此问题一般由两种情况造成:

• “javaShCSV-utf-8-0.2.csv”配置文件修改了新的 IP 后未生效,报错的 IP 为修改之前的 IP,或者该配置文件打开时格式错误;

• 网络故障,导致该服务器连不上报错的 IP,或者防火墙端口未开通 10261 端口。

解决方法:修改配置文件 IP 时,务必按照安装手册进行。配置文件的打开一定要按照图 5-1-61 所示进行。

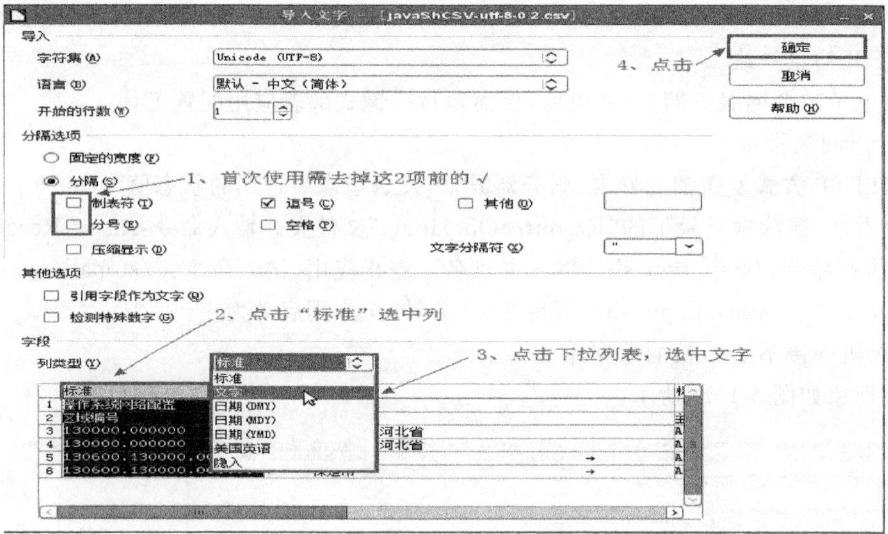

图 5-1-61 配置文件打开步骤要求

保证打开的文件中,国家的区域编号为 000000,而不是为 0,如图 5-1-62 和图 5-1-63 所示。

操作系统网络配置						
区域编号	节点名称	主机名	主机IP	子网掩码	默认网关	双机vip(地市无需编号)
000000	国家	AMP-A01-000000	10.1.72.175	255.255.255.128	10.1.72.129	10.1.72.192
000000	国家	AMP-A02-000000	10.1.72.176	255.255.255.128	10.1.72.129	10.1.72.192
230000.000000	黑龙江省	AMP-A01-230000	10.96.72.37	255.255.255.128	10.96.72.1	10.96.72.39
230000.000000	黑龙江省	AMP-A02-230000	10.96.72.38	255.255.255.128	10.96.72.1	10.96.72.39
231200.230000.000000	绥化市	AMP-A01-231200	172.19.136.11	255.255.255.0	172.19.136.1	
231200.230000.000000	绥化市	AMP-B01-231200	10.100.25.16	255.255.255.0	10.100.25.1	

图 5-1-62 查看配置文件中正确的国家区域编号

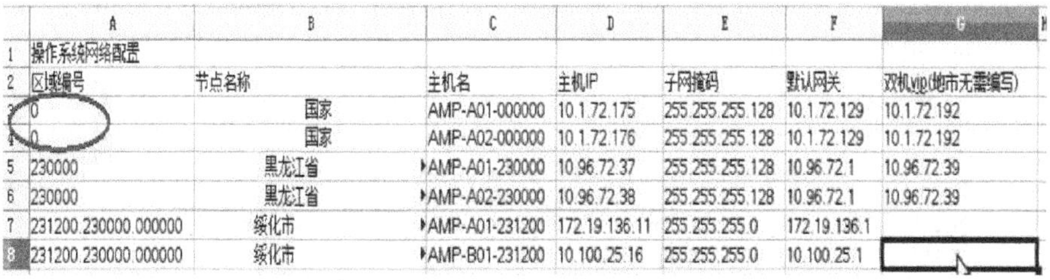

	A	B	C	D	E	F	G
1	操作系统网络配置						
2	区域编号	节点名称	主机名	主机IP	子网掩码	默认网关	双机vip(地市无需编写)
3	0	国家	AMP-A01-000000	10.1.72.175	255.255.255.128	10.1.72.129	10.1.72.192
4	0	国家	AMP-A02-000000	10.1.72.176	255.255.255.128	10.1.72.129	10.1.72.192
5	230000	黑龙江省	AMP-A01-230000	10.96.72.37	255.255.255.128	10.96.72.1	10.96.72.39
6	230000	黑龙江省	AMP-A02-230000	10.96.72.38	255.255.255.128	10.96.72.1	10.96.72.39
7	231200.230000.000000	绥化市	AMP-A01-231200	172.19.136.11	255.255.255.0	172.19.136.1	
8	231200.230000.000000	绥化市	AMP-B01-231200	10.100.25.16	255.255.255.0	10.100.25.1	

图 5-1-63　查看配置文件中错误的国家区域编号

如果国家的区域编号出现一个 0 的情况，需要删除“javaShCSV-utf-8-0. 2. csv”，从“/step_one. sh”开始执行，重新生成新的“javaShCSV-utf-8-0. 2. csv”配置文件。

(4)远程队列不存在

日志现象如图 5-1-64 所示。

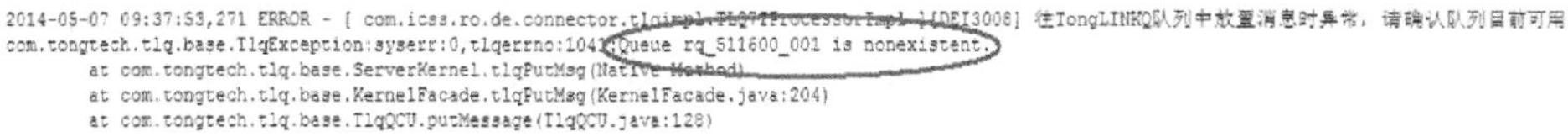

```
2014-05-07 09:37:53,271 ERROR - [ com.icss.ro.de.connector.tlqimpl.TLQ??ProcessorImpl ][DEI3008] 往TongLINKQ队列中放置消息时异常，请确认队列目前可用
com.tongtech.tlq.base.TlqException:syserr:0,tlqerrno:1041:Queue rq_511600_001 is nonexistent.
        at com.tongtech.tlq.base.ServerKernel.tlqPutMsg(Native Method)
        at com.tongtech.tlq.base.KernelFacade.tlqPutMsg(KernelFacade.java:204)
        at com.tongtech.tlq.base.TlqQCU.putMessage(TlqQCU.java:128)
```

图 5-1-64　远程队列不存在错误日志

原因：出现此现象说明该队列不存在，tlq 配置文件没有该队列的配置，是由于一键式配置管理工具没有执行正确导致的。Tlq 配置文件所在目录为：/opt/app/TLQ8SER/etc。rq 为远程队列，对应的配置文件为“tlqcu_and_area. conf”，可以查看该配置文件，全文检索是否存在该队列名称。

解决办法：重新执行一键式配置管理工具(省级)，检查保证各个 IP 配置准确即可。

8. 数据库存储空间不足处理办法

现象：“/space/dbdata/mysqldb/dbdata”存储空间接近或达到 100%。用 root 用户登录系统执行“df - h”命令可进行查看，如图 5-1-65 所示。

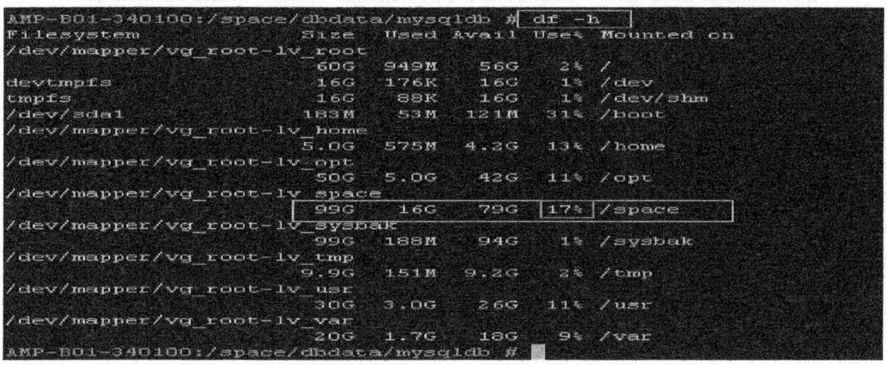

```
AMP-B01-340100:/space/dbdata/mysqldb # df -h
Filesystem                 Size  Used Avail Use% Mounted on
/dev/mapper/vg_root-lv_root
                            60G  949M   56G   2% /
devtmpfs                    16G  176K   16G   1% /dev
tmpfs                       16G   88K   16G   1% /dev/shm
/dev/sda1                  183M   53M  121M  31% /boot
/dev/mapper/vg_root-lv_home
                           5.0G  575M  4.2G  13% /home
/dev/mapper/vg_root-lv_opt
                            50G  5.0G   42G  11% /opt
/dev/mapper/vg_root-lv_space
                            99G   16G   79G  17% /space
/dev/mapper/vg_root-lv_sysbak
                            99G  188M   94G   1% /sysbak
/dev/mapper/vg_root-lv_tmp
                           9.9G  151M  9.2G   2% /tmp
/dev/mapper/vg_root-lv_usr
                            30G  3.0G   26G  11% /usr
/dev/mapper/vg_root-lv_var
                            20G  1.7G   18G   9% /var
AMP-B01-340100:/space/dbdata/mysqldb #
```

图 5-1-65　查看数据库存储空间

原因：mysql 的日志文件过大，导致 mysql 存储空间不足，mysql 进程无法启动。

解决方案：先将“/space/dbdata/mysqldb/”目录下空出一部分空间，确保 mysql 可以正常启动，然后执行日志清理命令(保留最近 30 天的日志数据)。

操作步骤(操作前停止政务网和宽带网的应用)如下。

(1)root 用户登录系统，查看 mysql 的进程是否存在，命令：ps - ef|grep mysql。

(2)如果图 5-1-66 黑框部分存在,说明 mysql 没有停止,则直接(5)开始执行;如果没有黑框部分,说明 mysql 数据库因为空间已满而自动停止,需继续执行下一步。

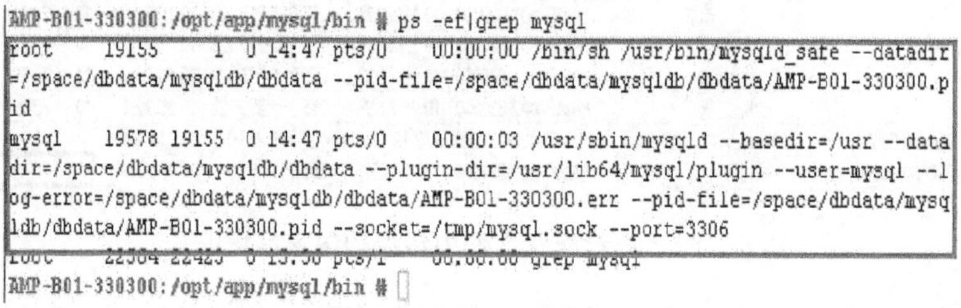

图 5-1-66　检查 mysql 进程是否停止

(3)将“dbdata. tar. gz”文件移动到“/sysbak”目录下,执行命令:mv /space/dbdata/mysqldb/dbdata. tar. gz /sysbak/。

(4)移动完“dbdata. tar. gz”后,“space”空间下降,空出 600 M 左右的空间,此时可以启动 mysql,启动命令: service mysql start(双机环境可以使用 crm_gui 界面操作);启动后可执行(1),再次验证 mysql 进程是否存在。

(5)mysql 启动后,登录数据库,命令:/opt/app/mysql/bin/mysql -uamp -pamp123。

(6)清理 30 天前的日志数据,登录数据库,命令为“PURGE MASTER LOGS BEFORE DATE_SUB(CURRENT_DATE, INTERVAL 30 DAY);”。如图 5-1-67 所示。

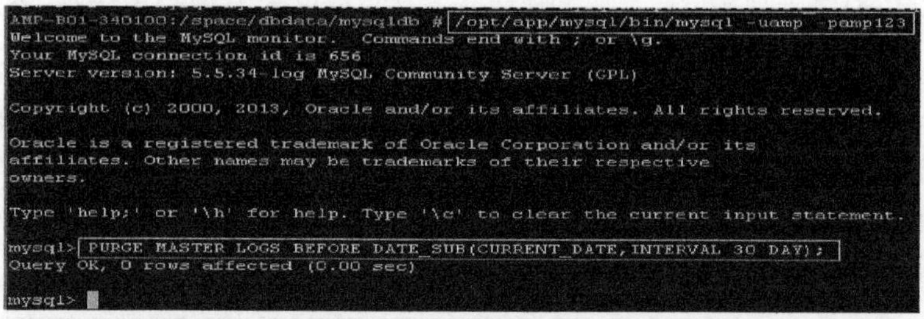

图 5-1-67　清理日志数据

(7)如果执行了(3), 则将“dbdata. tar. gz”文件移回“/space/dbdata /mysqldb/”目录下,命令:mv /sysbak/dbdata. tar. gz /space/dbdata/mysqldb/。没有执行(3)则跳过此步骤。

(8)按顺序重启政务网和宽带网的应用。

9.“catalina. out”日志文件清除

系统运行一段时间后,“catalina. out”日志会不断增大(市级系统“catalina. out”文件在“/space/supdata/amp/log”目录下),需要人工删除“catalina. out”文件,具体操作方法如下。

第一种情况:当系统无故障正常运行时,以 eas 用户登录操作系统,删除“catalina. out”,然后在该目录下新建一个新的“catalina. out”空文件。不用重启应用,应用会自动在该文件中写日志。

第二种情况:当系统出现故障时,删除“catalina. out”文件,重启应用。不用手动新建“catalina. out”文件,重启应用后系统会自动生成该文件。

10. 数据归档和数据备份定时任务执行失败处理办法

(1)数据存储备份定时任务功能启动后,常发现数据归档和数据备份定时任务执行失败,主要检查点如下。

检查政务网(B 机)eas 用户是否拥有 mysql 用户组,检查方法如下:root 用户登录到政务网服务器(B 机),打开终端,输入命令“groups eas”,如图 5-1-68 所示。

如果输出信息中不包括 mysql,表示 eas 没有 mysql 用户组,需要手动执行添加命令“ usermod -G easgroup,dialout,video,mysql eas”,如图 5-1-69 所示。

图 5-1-68 输入打开终端命令

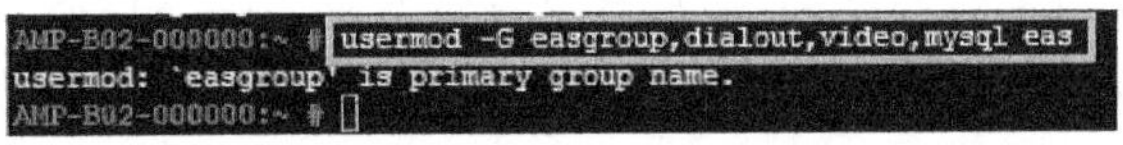

图 5-1-69 输入手动执行添加 mysql 组命令

执行完毕后,可再次执行“groups eas”命令查看,确保添加成功。

说明:双机环境中,两台服务器都要执行以上操作。

(2)确保归档和备份路径的所属权限都是“eas:easgroup”,命令如下。

Root 用户登录到政务网服务器(B 机),执行命令“chown -R eas:easgroup /space/supdata/amp/datastore/”,如图 5-1-70 所示。

图 5-1-70 设置归档和备份路径所属权限

说明:space 路径是共享目录,双机环境中,通过虚 IP 访问操作即可。

以上步骤均操作完成后,需要重启应用(先政务网,再宽带网),重启后,进入“业务配置\\定时任务管理”中,点击失败任务的“立即执行”按钮进行验证,并在“统计监视\\存储备份监视”中查看相应任务的执行结果。

11. 预警信息或重要通知数据丢失处理办法

数据存储备份功能升级后,发生预警信息数据丢失的情况(查询不到此前发送的预警信息),主要原因是用户在启动数据存储备份功能的定时任务时误启动了“预警信息数据备份”和“预警信息数据归档”,处理步骤如下。

进入“业务配置\\定时任务管理”功能页面,查找到以上两个定时任务并停止,停止后删除两个定时任务即可,如图 5-1-71 和图 5-1-72 所示。

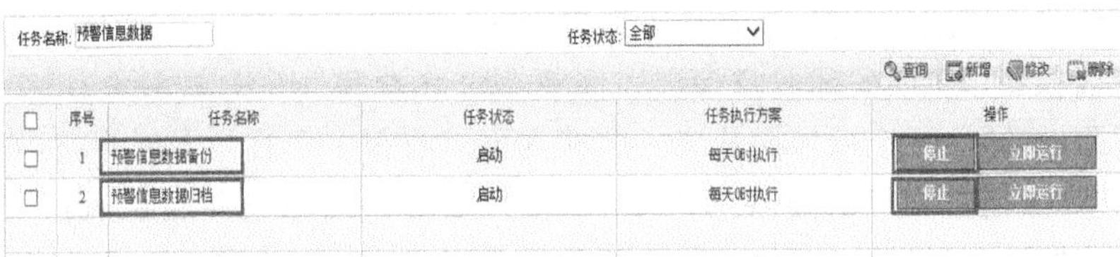

图 5-1-71 停止备份和归档定时任务

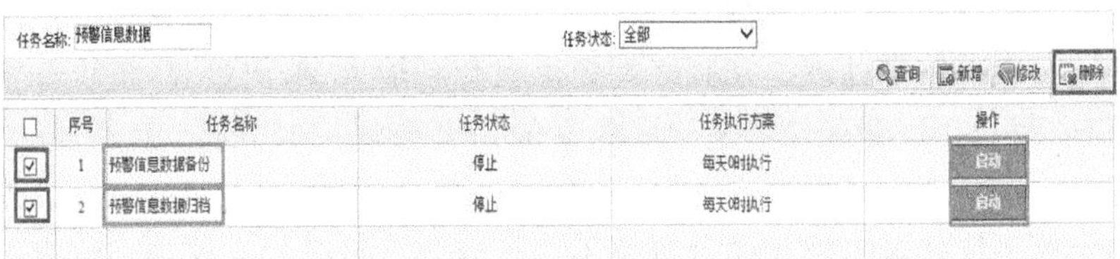

图 5-1-72 删除份和归档定时任务

按照上图中线框标记操作即可完成停止和删除操作。

5.1.5 天气预报视频会商系统介绍

天气预报视频会商系统是视频会议系统在气象部门的应用。天气预报电视会商是两个或多个气象台站之间，通过气象宽带网及多媒体设备，将声音、图像及文件资料的互相传送。参加视频会商的人员如同置身于同一会商室，不仅可以进行音视频对话、讨论，还可以同步显示PPT、文档、影音文件，达到即时互动会商的目的。与传统的会商方式相比，视频会商具有直观性强、信息量大的特点。天气预报视频会商系统还在气象部门的电视电话会议、学术交流、业务培训等方面得到广泛应用。

1. 视频会议系统分类

按视频会议系统构建方式划分，视频会议系统可分为硬件视频会议系统、软件视频会议系统和云视频会议系统。按会议质量划分，又可分为标清视频会议系统和高清视频会议系统。标清、高清视频会议一般都属硬件方式的视频会议系统，其逻辑结构如图 5-1-73 所示。

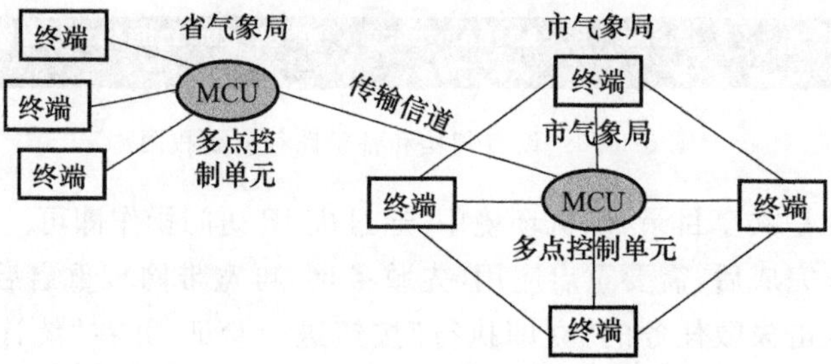

图 5-1-73　视频会议系统逻辑结构示意图

(1)硬件视频会议系统

基于硬件的视频会议产品基本上都遵循 H.323 标准的基本框架。H.323 标准是国际电信联盟(ITU)定义的基于包交换网络的视频多媒体会议通信的一个协议族，包括：音频编解码标准(G.711、G.722、G.723、G.729 等)、视频编解码标准(H.261、H.263、H.264 等)、双流传输标准、媒体流通信控制协议、呼叫控制信令等。

硬件视频会议系统组成较简单，如图 5-1-74 所示。每个会场通常包括摄像头、全向麦、显示设备(电视机、投影、LED 大屏或拼接屏)、视频会议终端和 MCU(视频会议多点控制单元，多方会议需要此设备)。一个局域网或者一栋楼内可以有很多个视频会议终端，要实现多方的视频会议，终端都要通过交换机连接到 MCU。视频终端将摄像头和麦克风输入的图像及声音编码通过网络发送到远端，同时将接收到的信号解码输出。当会场达到三个或以上时，就须采用 MCU 进行管理，MCU 是视频会商系统的核心部件，主要作用是将来源于各下联视频终端的数据流同步分离，抽取音频、视频、数据等信息和信令，完成相应的音视频混合、切换、数据广播、路由选择、会议控制等处理。视频终端提供视音频输入、输出接口，负责音视频输入信息的采集、输出和控制。会控管理是安装于服务器的一套会议控制软件，负责会议的各种控制、调度、管理功能操控。

硬件视频会议系统按输出视频的分辨率不同可分为标清视频会议和高清视频会议。标清是指分辨率在 400 线左右的标准清晰度视频；高清是指视频垂直分辨率超过 720P 的视频，全高清是指物理分辨率高达 1920×1080 显示(包括 1080i 和 1080P)，其中 i 指隔行扫描，P 代表逐行扫描，1080P 的画质要胜过 1080i。

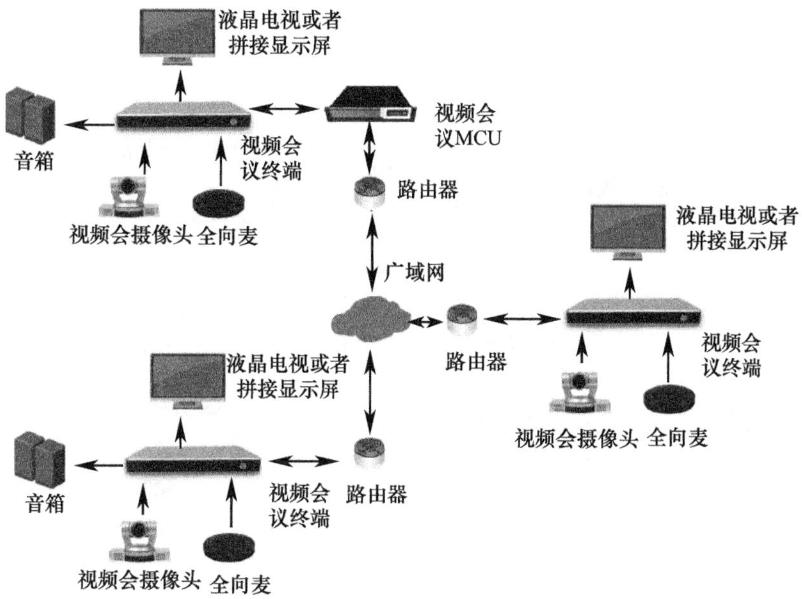

图 5-1-74　硬件视频会议系统组成示意图

(2)软件视频会议系统

基于软件的视频会议系统的原理与硬件视频会议系统基本相同,不同之处在于其 MCU 和终端都是利用高性能的 PC 机与服务器结合的软件来实现的,软件大都是在 IP 网络上开发的一组音视频传输和编解码软件,可分为 C/S 和 B/S 模式,基本上由 Client /Browser 端、Server 端和网络传输三部分组成。软件视频会议系统由配备于每个会场的音视频采集设备(如 USB 摄像头、耳麦)、计算机和相关软件组成。软件视频会议系统主要依靠 CPU 处理视音频编解码工作,其视频质量普遍无法超越硬件视频系统,且在稳定性、可靠性方面还有待提高。由于其廉价、易实现等特点,在个人办公、小型会议和娱乐等领域有大量部署。

(3)云视频会议系统

云视频会议以云计算为核心,服务提供商建设云计算中心,把视频会议 MCU 部署在云端,使用者无须购买 MCU,无须大规模改造网络,通过租用服务的形式,实现多方音视频沟通,如会易通、展示互动、宝利威等。如图 5-1-75 所示。

云视频会议系统支持多服务器动态集群部署,并提供多台高性能服务器,大大提升了会议稳定性、安全性、可用性。视频会议因能大幅提高沟通效率,持续降低沟通成本,带来内部管理水平升级,已广泛应用在政府、军队、交通、运输、金融、运营商、教育、企业等各个领域。

2. 省级以下视频会商系统结构

我国天气预报电视会商系统大致可分为两个层次:一是以国家气象中心为中央控制节点、各省(区、市)为终端的国家-省天气预报电视会商系统;二是省级以下天气预报电视会商系统,以省级节点为中央控制节点、以各市级节点为分中心节点、各县级为终端的省-市-县三级天气预报电视会商系统。省级中央节点是全省(区、市)天气预报会商控制中心,负责全省(区、市)各市级 MCU 的接入、会议调度和管理。各市级节点 MCU 受省级中央节点管理,承担市级所辖县级终端接入、会议调度和管理,两级 MCU 实现视音频交换(MCU 的级连)。如图 5-1-76 所示为四川省气象局第三代视频会商系统构架示意图。

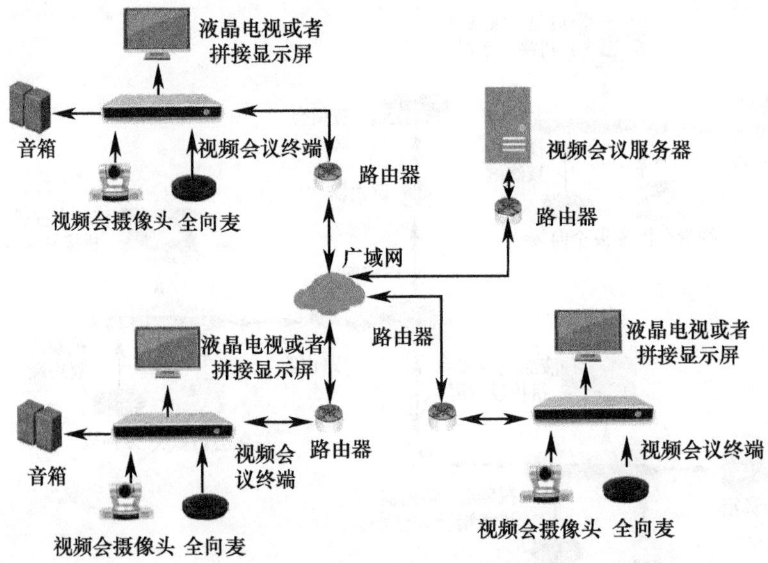

图 5-1-75　云视频会议系统组成示意图

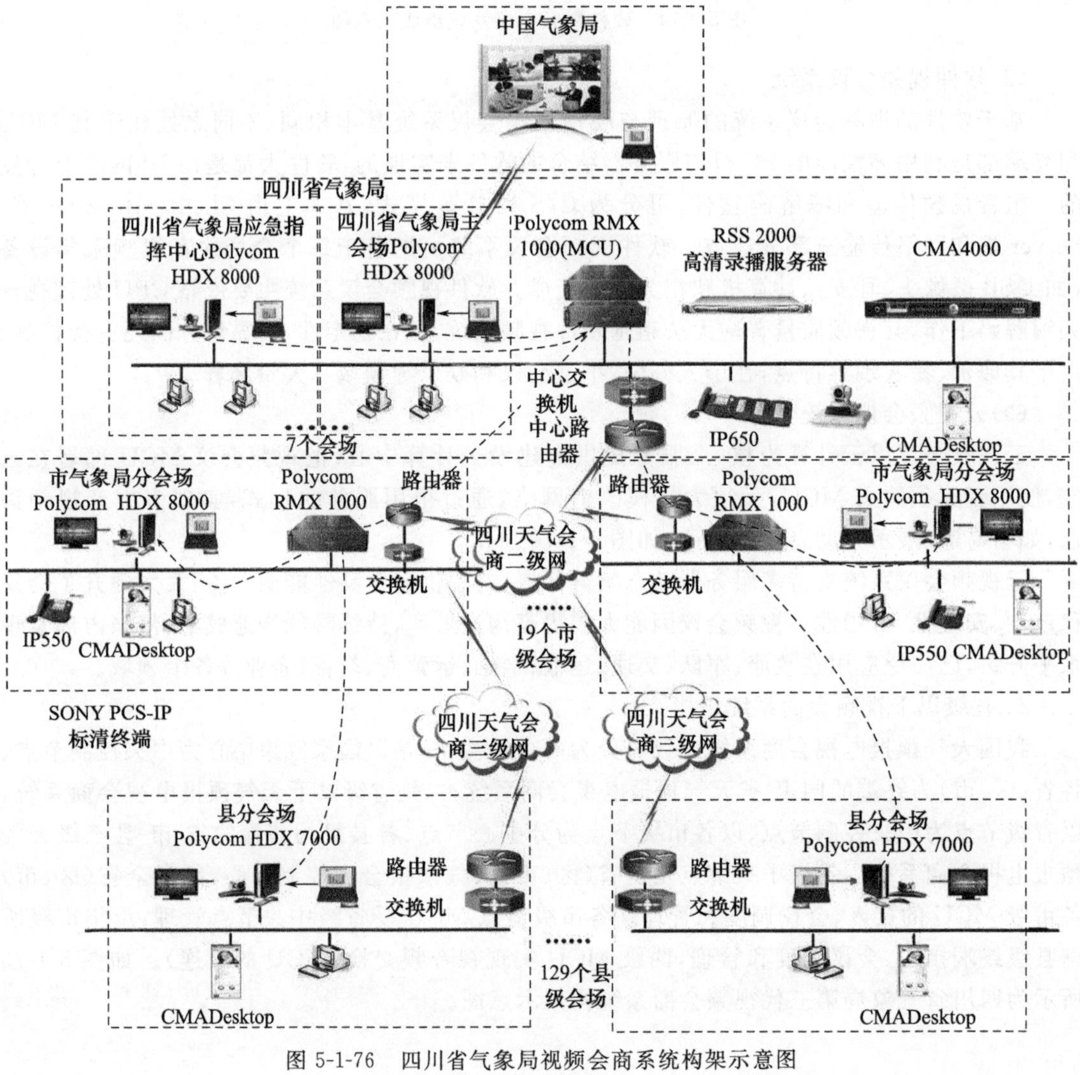

图 5-1-76　四川省气象局视频会商系统构架示意图

天气预报电视会商系统依托气象宽带网运行，县级台站会商终端主要包括视频终端、摄像头、麦克风、相关的音响与显示设备，省、市两级还包括MCU。

3. 场地环境

视频会商系统的呈现效果不仅与使用的设备有关，同时也与会商室的布局、装饰、照明等环境有着密不可分的联系，视频会商系统中会场的设计和建设是获得满意的视听效果的关键因素之一，设计良好的会商室除了提供舒适的开会环境外，还可以提升临场感。

(1)会商桌

会商室的大小根据参加会商最多人数来确定，要避免会商桌座位安排为长条形或大扇形，以上两种情况容易使人员画面重叠，无法取得正面特写，而且与会者无法清晰完整地看到远端会议传过来的信息。

会议桌的颜色和亮度也很重要，为了减少脸部的阴影，要求采用浅色桌，使光线能通过桌子反射到人的脸上，或在桌上铺上浅色桌布。不要使用白色的桌面，若桌子是白色的，镜头为适应桌面的亮度会使光圈自动调小，与会者就会显得过暗。

(2)墙面

为防止颜色对人物摄像产生的"夺光"及"反光"效应，背景墙应采取单一均匀的浅颜色(但不宜用白色)，通常多采用蓝色或灰色，以使摄像头镜头光圈设置合适。房间的其他三面墙壁、地板、天花板等应与背景墙相匹配，忌用黑或鲜艳色彩的饱和色，通常采用浅蓝色、浅绿色、浅灰色等。各墙面不宜采用复杂的装饰图案，以免摄像头移动或变焦时图像产生模糊现象。另外，会场布置应庄重、朴素、大方，避免陈设镜子、悬挂艺术品等。

(3)照明

会商室的门窗宜用深色窗帘遮挡，尽可能避免自然光，应使用人工光源。如果正坐在会议室明亮灯光下，将导致脸上产生明显的阴影，应采用三基色灯，建议三基色灯间距为0.8～1.2 m，功率为30～40 W，不应混用白炽灯，避免使用工作在30～50 Hz的节能日光灯，可在天花板灯具上安装光源分散器，使光线能均匀分布到会议室各处。

(4)音视设备

话筒和扬声器的布置，应尽量使话筒置于各扬声器的辐射角之外，在麦克风与桌子之间最好加一层软性材料，如橡胶底等，以免在敲击桌子时造成太大的响动。摄像头的布置应使被摄入物都收入视角范围之内，方便地获得会场全景或局部特写镜头。会商室出入口尽量靠近摄影机摆设位置，否则开会时人员进出将会导致运动图像太多，从而影响画面效果。监视器或大屏幕拼接屏的布置，应尽量使与会者处在较好的视距和视角范围内，避免摄影机取景范围内有窗户，否则室外光源会迫使摄影机光圈变小，造成黑暗。

(5)布线

会商室采用暗敷底方式布放缆线。在建造或改建会商室时，应事先埋设管子、安置桥架、预留地槽和孔洞等，以便穿线。安装之前应考虑合理的布线位置，在会场应预留足够的视频、音频、网络接口等。室内必须是低噪音空调。

4. 视频会商系统维护

(1)日常维护注意事项

保持会议室或机房清洁干净，使温度和湿度稳定在系统性能指标要求范围内；开关会商系统设备(包括外设)时应按照开关机流程处理，防止冲击损坏设备；系统各种接线应理顺并规范走向，以扎线带捆绑固定，容易混淆的线缆还应在其两端和中间合适的位置给出明显的标记，以利于识别;线缆连接好之后不要随意更改;不要更改系统配置参数。

(2)常见故障处理

• 发言时音箱或电视听到自己会场的声音

分析处理:对方话筒离扩声设备(音箱或电视喇叭)太近,自己的声音从对方的麦克又传回来了。检查麦克风与扬声器的距离是否保持在 3 m 以上;检查扬声器音量是否设置太大;检查扩音线路或调音台是否形成回路。

• 进入会议后听不到远端的声音

分析处理:检查视频终端的音量是否调到适当大小;检查音响设备或电视的音量是否调到适当大小;如果使用 HDMI 线与电视连接,检查视频终端与电视之间的 HDMI 线缆是否正确连接,如果使用调音台设备,检查视频终端与调音台之间的音频线缆是否完好,音频接口是否插对,连接是否松动,对应调音台通道是否开启;检查"终端—设置—系统信息—诊断—扬声器测试"音频播放是否有本地扩音;确认对方没有设置麦克风关闭;确认 MCU 上对方麦克风是否被静音。

• 扬声器输出声音太小或没有声音

分析处理:扬声器音量太小、终端输出音量太小,调大扬声器和终端输出语音音量;音频输入/输出设备与终端间的连接有误,检查各部分连接是否正常;音频输入/输出设备没有上电或工作状态不正常;远端会场被静音或麦克风的输入音量过小。

• 终端发送双流提示不支持分辨率和信号或没有 PC 端信号

分析处理:检查 PC 到终端之间的连接线缆是否正常;检查 PC 是否切换到输出模式;检查 PC 的分辨率及刷新率设置是否过高。

• 画面有马赛克,严重时图像卡顿

分析处理:查看当前网络统计的丢包情况,请网络管理员检查网络情况,排除网络故障,保证会议带宽;了解分会场的网络情况,线路、带宽、近期是否调整过网络;检查终端的网卡属性,是否协商为 100 M 全双工,是否和交换机的工作模式一致;从服务器网段 Ping 终端 IP 地址,设置 1260 大包,检查网络链路情况,检查交换机上终端端口状态,是否有错误包现象;进入路由器或防火墙等网络管理设备的流量监控界面,查看网络带宽占用情况;降低终端的呼叫速率,检查是否是网络带宽不足引起丢包。

• 视频会议终端显示蓝屏

分析处理:视频源没有选择正确,或镜头的输入类型没有选择正确;点击遥控器近端按键,选择正确视频源,检查菜单内关于摄像机的配置。

• 视频终端上电运行正常后本端摄像机不受控制

分析处理:摄像头控制线未安装,确认摄像头控制线已安装好;如果使用的是摄像机则将摄像机上电,如果摄像机不能上电或者有其他异常,可能是摄像机故障,请检查摄像机电源、转动云台等部分,必要时更换摄像机;在控制摄像机转动的方向上,摄像机已经转至其能力极限位置,不能继续在此方向上转动,控制摄像机向反方向转动或者使摄像机恢复到缺省的位置上。

5.1.6 中国气象局气象远程教育网操作使用方法

1. 在线学习方式说明

气象远程教育网提供三种在线学习方式:自选公开课、报名参加培训班学习、进入学习专题学习。简要学习流程如下:

- 自选公开课\\课程\\课件列表\\进入学习；
- 报名培训班\\课程列表\\课件列表\\进入学习；
- 学习专题\\课程列表\\课件列表\\进入学习。

2. 自选公开课的学习步骤

第一步：在浏览器地址栏输入网址“http://www.cmatc.cn”，打开气象远程教育网首页，点击右上角“用户登录”，在弹出窗口输入用户信息，如图 5-1-77 所示。

第二步：选择“教学平台”，如图 5-1-78 所示。

图 5-1-77　气象远程教育网首页

图 5-1-78　进入教学平台

第三步：进入教学平台，点击“去选课”，进入资源中心，可以根据分类选择或者搜索。在课程列表中可预览课件，单击“选课”按钮后，选中的课程会出现在学员端学员首页“我的课程”区域中。如图 5-1-79 和图 5-1-80 所示。

图 5-1-79　进入我的课程列表

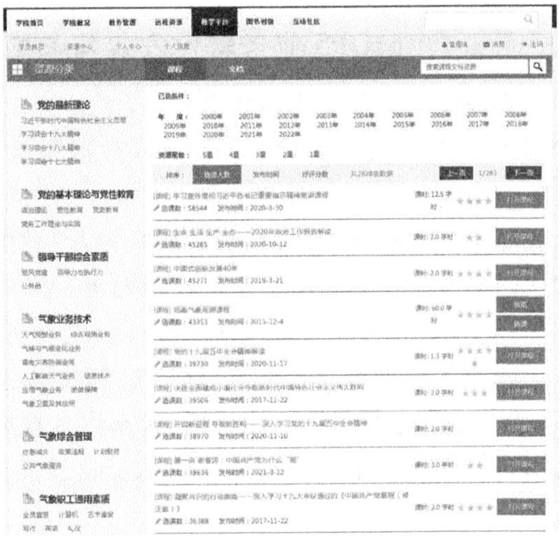

图 5-1-80　进入资源中心选课

第四步：在学员首页“我的课程”区域点击课程进入课程首页，页面左侧显示学习课程的学时、学习进度等信息，页面上部有课程资料、资源评价等操作链接，点击课件列表某个课件对应行的“开始学习”进入课件学习界面。如图 5-1-81 和图 5-1-82 所示。

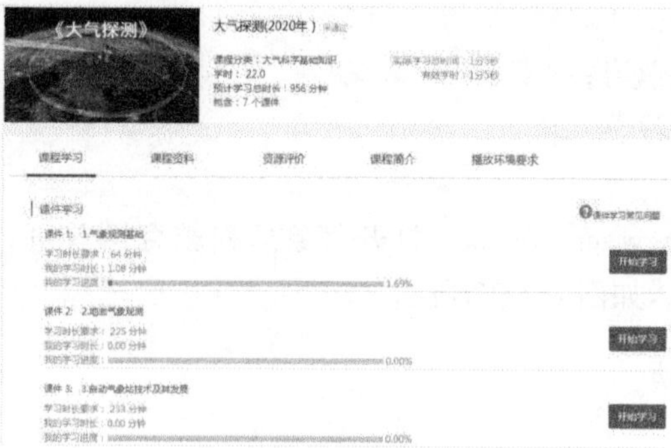

图 5-1-81　课程首页

图 5-1-82　学习界面

3. 常见问题

(1)客户端浏览器的要求

由于教学平台课程资源种类较多、课件格式多,不同格式课件对不同浏览器兼容性需求不同,建议使用 360 浏览器,在极速模式和兼容模式间切换观察以达到最佳学习效果。

(2)三分屏流媒体课件无法观看

如果课程学习无法正常显示,请尝试如下操作:

- 安装“VGAPlayer”插件(从气象远程教育网下载);
- 使用 IE 浏览器并打开兼容模式;
- 请检查系统“Media Player”是否正常支持流媒体文件播放。

5.2　四川省特色气象业务应用系统介绍

5.2.1　MOPS 业务软件安装与参数设置

县级综合气象观测业务集成平台(MOPS)实现了县级(台站级)业务人员所需的设备运行状态监控、通信传输监控、站网管理、数据展示与统计分析、气象资料业务系统(MDOS)与气象业务综合气象观测系统运行监控平台(ASOM)的集约化管理等功能。通过该平台可以完成综合观测业务的所有工作,对于提高业务人员的工作效率和设备维护保障水平具有十分重要的意义。本节内容以温江站安装部署为例。

1. 省级 MOPS 数据信息流程

观测数据及状态信息数据通过新一代国内通信系统进行传输,其中观测数据提交给 CIMISS 系统进行数据存储管理,状态信息数据提交给本系统进行存储管理,数据管理对县级应用提供数据支撑。省级 MOPS 数据信息流程如图 5-2-1 所示。

2. 平台运行环境

平台采用浏览器作为客户端软件,为保证平台稳定可靠运行、所有功能和显示正常,需要使用指定的浏览器,推荐使用搜狗 5.0 或 IE 10 及以上版本浏览器。

3. 系统用户

- 县级用户

县级用户为该业务平台主要用户,该平台中几乎所有的功能都可以使用,不能使用系统管理-公告管理、系统管理-传输补录。

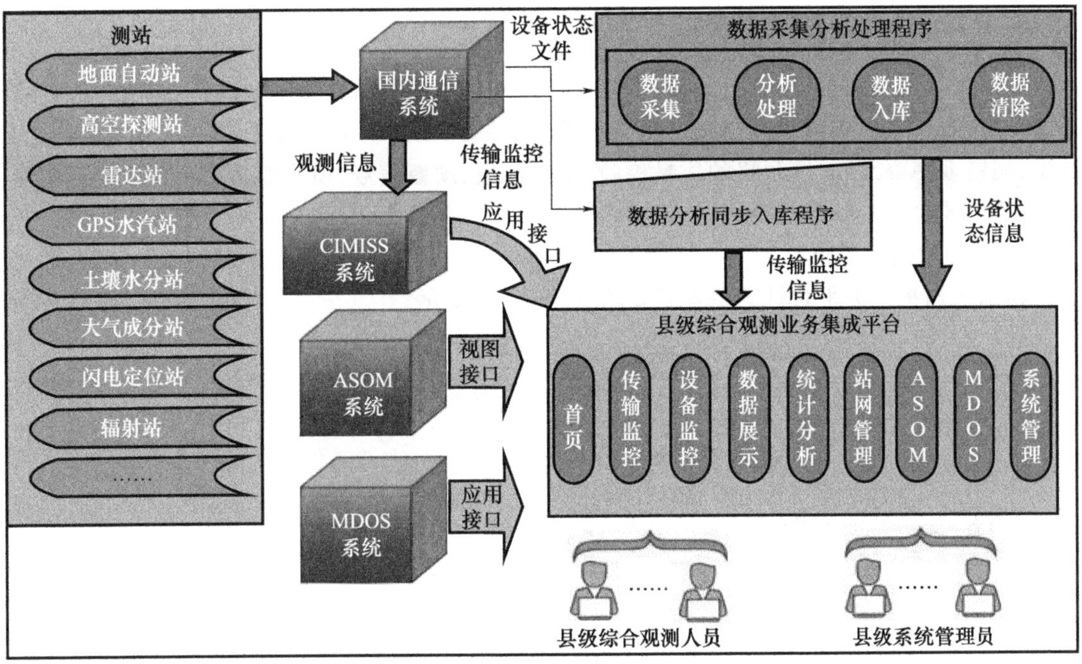

图 5-2-1　省级 MOPS 数据信息流程图

• 市级用户

市级用户在该系统中主要功能为站网管理部分的市级审核部分，其他部分也可以使用，不能使用 ASOM、MDOS、系统管理-管理配置。

• 省级用户

省级用户在该系统中主要功能为站网管理部分省级审核部分、系统管理中的各项配置、系统管理的传输监控数据补入、业务规范的重建索引和服务器监控。

4. 平台登录

打开浏览器，在地址栏输入网址“http://10.194.17.49/mops”，即可打开登录界面，如图 5-2-2所示。

5. 平台主界面

输入用户信息(以温江站用户为例)，点击“登录”按钮进入平台主界面，如图 5-2-3 所示。主界面集成了业务人员在工作时所需的各类观测信息，包括本县(区)台站的实况、数据传输监控统计，单站时序图、任务、提示、实况天气等信息，并提供跳转到二级监控及管理页面(传输监控、设备监控、数据展示、统计分析、站网管理、MDOS)的快捷入口，使业务人员能够快速全面获取所需的综合观测业务信息。

图 5-2-2　MOPS 登录界面

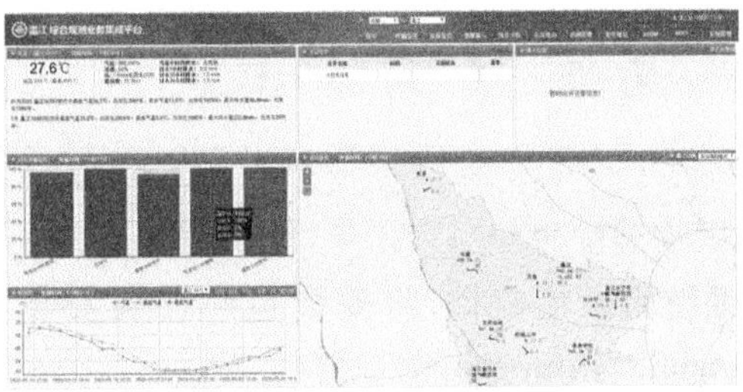

图 5-2-3　平台主界面

5.2.2　四川省精细化预报业务平台

四川省精细化预报业务平台实现了各类数值天气预报产品和城镇乡镇格点等预报指导产品的获取，省、市、县三级格点预报产品与服务产品一致性的编辑与联动，预警、预报服务产品制作，城镇乡镇降水、温度预报的质量检验，格点预报、预警信号、预警产品的质量检验等功能，于2017年6月投入业务运行。

1. 系统软硬件需求

精细化预报业务平台计算机配置要求如表5-2-1所示。

表5-2-1　精细化预报业务平台计算机配置要求

项目	配置或说明
处理器	主频3.3 G及以上
内存	8 G及以上
硬盘	160 G及以上
显卡	显存1 G及以上，支持OpenGL 3.2版本及以上。
显示器	宽屏，支持1280×768及以上分辨率
操作系统	Windows 7及以上版本、MAC OS、Linux等桌面操作系统， .Net FrameWork 4.0及以上， Google Chrome浏览器、360浏览器、Firefox、IE 10及IE 10以上浏览器、Edge浏览器(Windows 10自带)

注：建议使用Google Chrome浏览器，部分浏览器选用“极速模式”。

2. 功能简介

精细化预报业务平台功能结构图如图5-2-4所示。

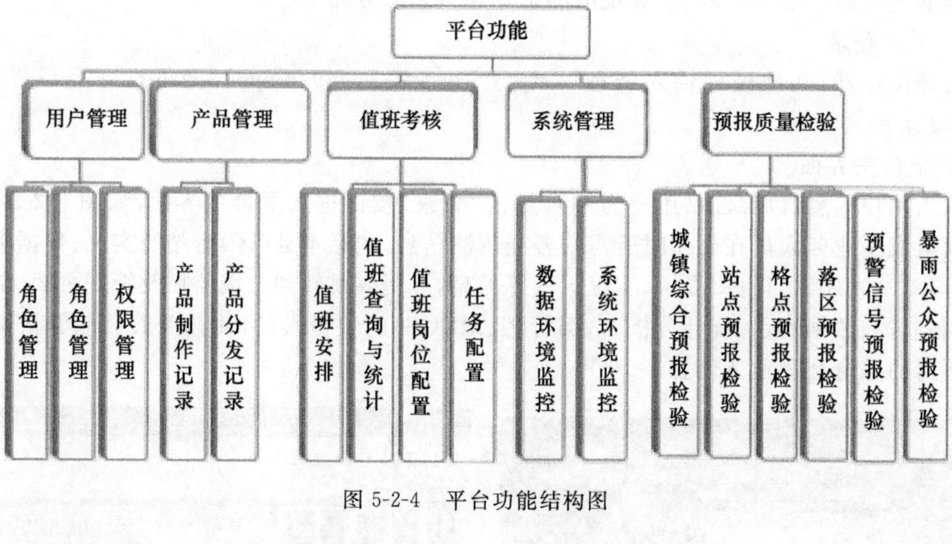

图5-2-4　平台功能结构图

3. 安装配置

系统为绿色软件，将安装包解压到安装目录即可，系统启动文件为：CMA.MICAPS.ShellApplication.exe。

系统配置文件夹“config”在软件安装根目录下，相关配置如下。

(1)服务器配置文件:config\\MainConfig. json。

- LocalStas——"TOWNFORE"中配置城镇预报包含的站点号。

(2)主配置文件:config\\ForecastConfig. json。

- CacheBase——配置数据本地缓存的路径。
- PublishCenter——配置本级单位名称。
- SuggestName——配置上级指导预报固定用户标识,是上级行政名称的拼音(用于市、县两级获取上级指导预报)。省级用户为空,市级用户配置为省级用户指定的标识,供数据上传和下载使用。
- ReviseName——配置本级订正预报固定用户标识(本级行政名称拼音)。

(3)MICAPS 文件配置:config\\DataFetchers. MicapsFile. json。

- FileServers——配置文件服务器,自命名服务器。
- RootPath——配置 MICAPS 文件所在的映射磁盘地址。
- CurrentEleMethodMap——配置文件所对应的服务器名称。

(4)地图配置:config\\Map\\map. ini。

- scale——配置地图缩放级别。
- lookat——配置地图中心点。

注:文件中的“. shp”文件可以由用户自己提供,放至“data\\shapefiles\\”文件夹下。

(5)乡镇预报:VillageStaDataManager/VillageStaConfig. json。

- StaCodes——只保留本市(州、盟)的 cc_Code。
- VillageStation——文件夹内只保留本市(州、盟)的“. xml 文件”和“SPCO. xml”文件。

(6)消息服务相关配置:config\\Message\\MessageConfig. json。

- LastSendTime——最晚发送消息的时间。
- SubscribeEle——配置订阅上级单位下发的要素。
- SuggestAreaCode——配置上级用户行政区划代码。
- SuggestAreaName——配置上级用户行政区划名称(全称)。

注:“SubscribeEle”“SuggestAreaCode”“SuggestAreaName”这三项省级用户配置为空。

(7)预警信号相关配置:config\\NowCasting\\WarningSignal. json。

- ExtractFromFile——用户提供的多边形区域的“. shp”文件。
- ExtractField——“. shp”文件提取预警信号地区的字段名。
- CountyPolygonFile——用户提供的县级多边形区域的“. shp”文件。
- CountyPolygonField——县级“. shp”文件提取预警信号地区的字段名。
- FaxPath——传真共享盘地址。
- PublishCenter——发布单位名称。

(8)预警产品相关配置:config\\WarnningData\\WarnningDataConfig. json。

- ExtractFromFile——用户提供的多边形区域的“. shp”文件。
- ExtractField——“. shp”文件提取预警信号地区的字段名。
- CountyPolygonFile——用户提供的县级多边形区域的“. shp”文件。
- CountyPolygonField——县级“. shp”文件提取预警信号地区的字段名。

(9)产品制作脚本相关配置:“config\\Scripts”文件夹下三个文件(warning. py、warningPic. py 和 ProductionService. py)。

(10)出图配置:config\\ServiceMap\\PicSupportConfig.json。

4. 平台登录窗口及主界面

平台登录窗口及主界面如图 5-2-5 和图 5-2-6 所示。

工具栏主要提供通用工具,包括漫游地图、数据的复制粘贴、数据源切换、下发数据、提交审核、登录控制、高程叠加和模式对比检验等工具的触发。

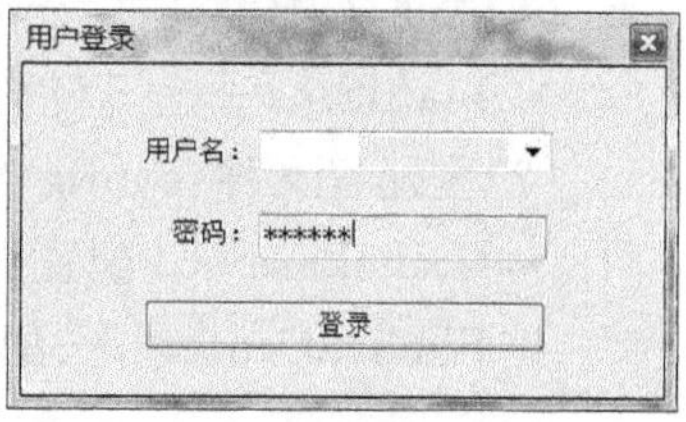

图 5-2-5 平台登录界面

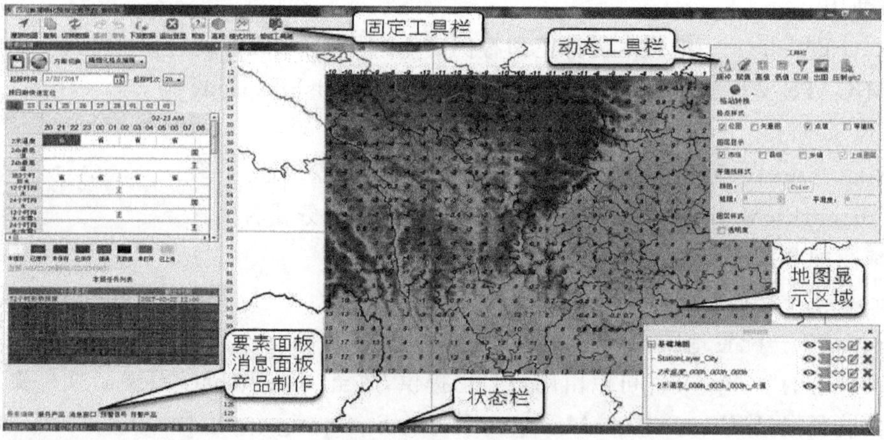

图 5-2-6 平台主界面

“要素编辑”面板提供的功能:下载参考数据到本地缓存,将编辑结果缓存到本地,将编辑结果保存到团体目录,解决方案切换,设定预报的起报时间、时次,根据日期对时间窗口进行快速定位,显示当前解决方案的要素、使用的参考数据类型,提供选择及右键菜单支持,提供图例对当前状态进行说明,显示登录者的岗位任务,如图 5-2-7 所示。

“服务产品”面板提供的功能:对产品名称、制作时间、签发人等信息进行选择,系统根据登录用户、产品名称进行主班和产品期数等信息的提取和更新,可以勾选“生成图片前打开预览”和“生成文档后打开编辑”,点击“制作”按钮可对生成图片和文档进行编辑,点击“分发”按钮可将产品按照配置发布到指定位置,如图 5-2-8 所示。

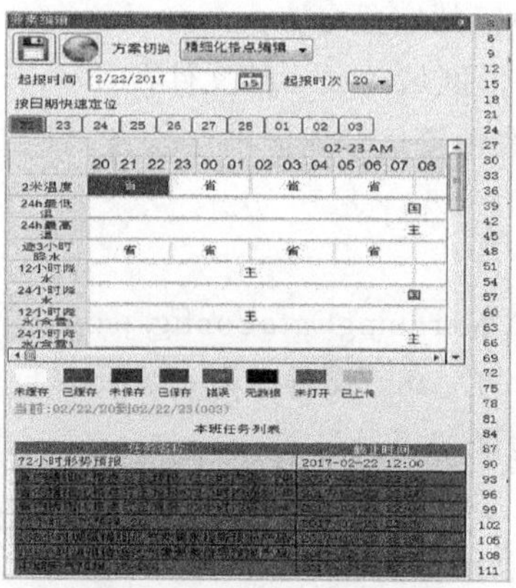

图 5-2-7 要素编辑窗口

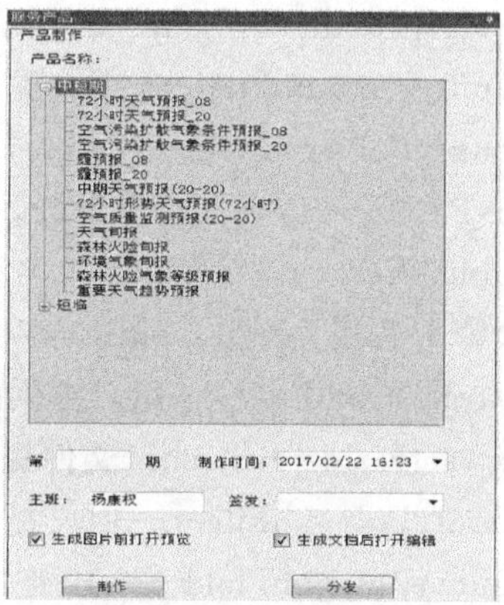

图 5-2-8 服务产品窗口

"消息窗口"面板用来查看上下级联动订正中的消息，整个流程是上级下发指导产品，下级订正并提交订正结果，上级对下级订正结果进行审核并返回审核结果或意见，如图 5-2-9 所示。

"预警信号"面板提供的功能：绘制预警信号落区，提取落区内行政区域信息，生成预警信号落区图，生成预警信号文档，将预警信号文档保存到指定的 FTP 服务器，首席授权进行发布，将预警信号信息发布到微博、保存到数据库，将预警信号制作和发布情况保存到数据库，以备在综合业务管理平台查看，如图 5-2-10 所示。

图 5-2-9　消息窗口

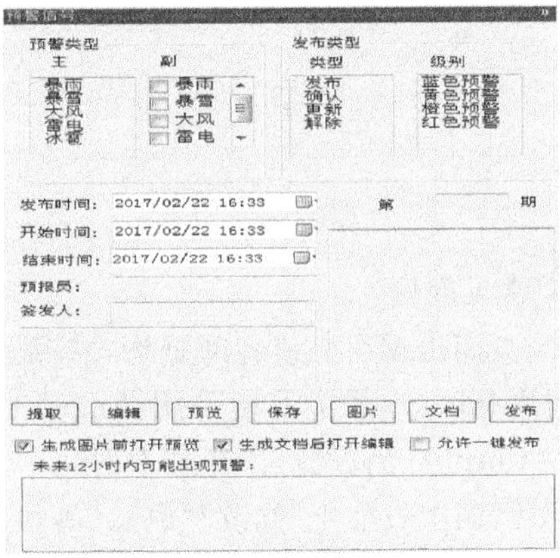

图 5-2-10　预警信号窗口

"预警产品"面板提供的功能：绘制预警落区，提取落区内行政区域信息，生成预警落区图、预警文档，将预警文档保存到指定的 FTP 服务器，将落区保存至格点服务器，首席授权进行发布，预报员和首席落区分别保存，以备分别检验，将预警产品制作和发布情况保存到数据库，以备在综合业务管理平台查看，如图 5-2-11 所示。

"地图显示区域"提供的功能：地理信息图层显示，数据图层显示，图例显示，编辑交互，如图 5-2-12 所示。

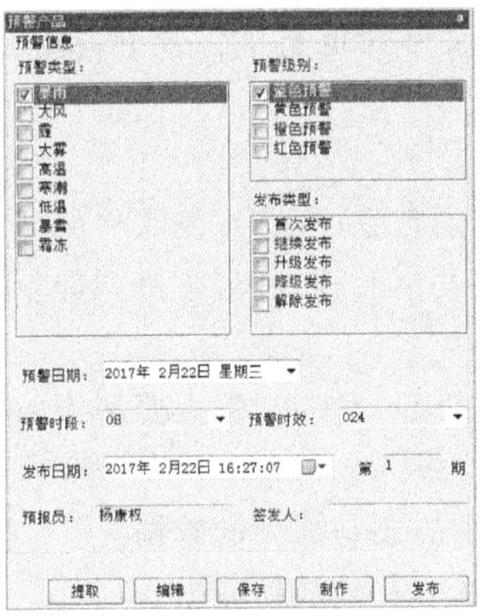

图 5-2-11　预警产品窗口

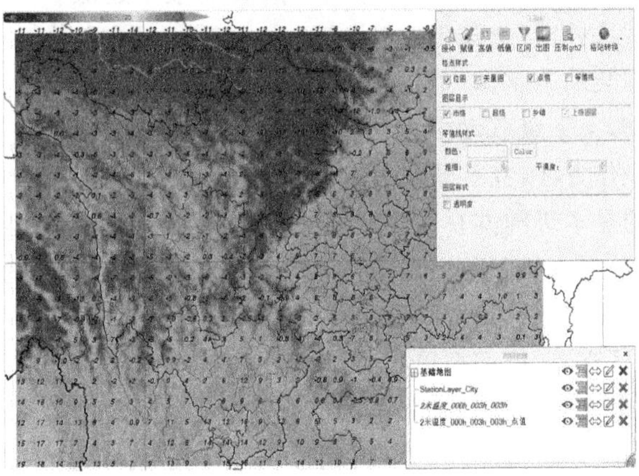

图 5-2-12　地图显示区域

"动态工具栏"的功能：提供格点编辑、天气现象编辑、风场编辑、出图、格点产品制作、格点转换和站点编辑工具，可进行格点样式、图层显示、等值线样式、图层样式、站点样式和综合浏览等设置操作，如图 5-2-13 所示。

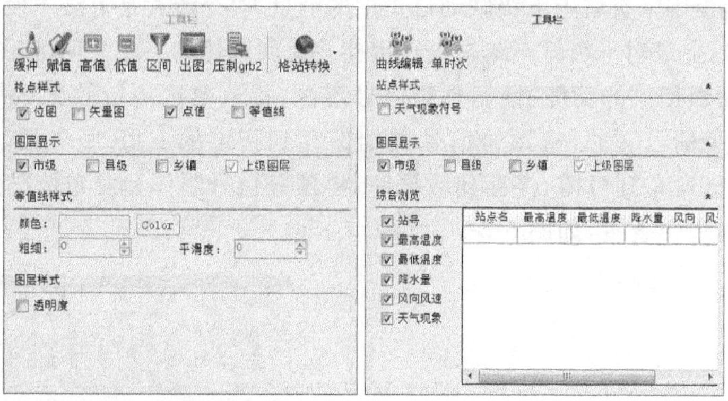

图 5-2-13　动态工具栏

5．常见问题

(1)页面出现{{}}或者网页格式错乱

解决办法：本系统前端采用 AngularJS 技术，不是所有浏览器都支持的，建议下载安装 Google Chrome 浏览器，再登录本网站。

(2)页面工具栏中“修改”“删除”等按钮不能点选

解决办法：在对某项内容进行修改或删除操作时，需先选择操作对象，再做相应操作，否则“修改”“删除”等按钮呈灰色显示状态，不能操作。

(3)点击数据时无反应，且切换解决方案时提示当前有下载

解决办法：说明 CIMISS 服务器无反应，将“config\\Plans\\Test.jso”文件中的"FetcherIds"：["Cache"," CIMISS"," MICAPSFILE"]，改为["Cache"," MICAPSFILE"," CIMISS"]，使系统优先从 MICAPS 共享盘中读取数据。

(4)格点编辑工具输入了修改值，编辑后格点赋值为默认或者上一次的修改值

现象分析：输入修改值之后没有键入回车。

(5)打开系统时，系统报错 OpenGL 版本过低

解决办法：尝试把安装包“Dependencies”文件夹下的所有文件拷贝至主目录下，检查系统是否安装幼圆字体，如果没有请下载安装。

(6)上下级联动中查看服务器上的共享数据

操作方法：在登录帐号的情况下获取的订正报是个人上传的数据，在不登录帐户的情况下获取的是本级的共享数据(如果获取的时效段在服务器上存在共享数据，则可下载到数据)。

(7)在有权限的情况下，切换用户、查看其他人做的数据

操作方法：通过指定用户功能，选择一个时效段，点击“指定用户”按钮，输入要切换的用户名，即可查看(可切换单个时效段，也可切换全要素)。

(8)上级接收到下级再次提交的数据，下载之后界面上显示的还是原来的数据

解决办法：选择时效段右键，缓存管理，清除缓存，再刷新就可看到最新数据。

(9)判断当前数据源以及查看其他数据源

操作方法：使用工具栏中的“切换数据”按钮，标明当前为正在查看的数据源，来切换要显示的数据源。

(10)模式对比检验中，曲线图切换填色图时没有反应

现象分析：填色图需要在界面上选择单一时效。

(11)设置所在行政区域的系统底图

操作方法:编辑“config\\Map\\map. ini”文件,设置 scale 和中心点经纬度 lookat,如有需要在边界 layer 中对边界数据源进行设置,如“file=data\\shapefiles\\Province. shp”,并将边界数据放在“data\\shapefiles\\”文件夹下,注意配置中的数据名称要和用户自己的边界数据名称保持一致。

(12)风场编辑中,加载风向动态流向时系统提示要求 OpenGL 版本大于 3. x

解决办法:检查电脑显卡,如果是集成显卡,升级到最新版本,如果问题不能解决,说明当前电脑不支持;如果是独立显卡,升级到最新版本;如果是双显卡,设置为独立显卡显示。

(13)加载子图层

操作方法:编辑“config\\LayerConfig. json”文件,在要素中加入 SubLayers,里面配置要显示的子图层,如果要同时加载子图层,需将 AutoLoad 值改为 true。

(14)启动提示更新文件出错

解决办法:点击“确定”“忽略”即可,还可以编辑“DevConfig”文件,使用“//”注释 OnlineUpdate 模块。

(15)启动界面不消失

解决办法:关闭软件,编辑“ForecastConfig. json”文件,将 Extension 里面的 ShowLogin 改为 false。

(16)添加新的解决方案

操作方法:在“config\\Plans”文件夹下,新建一个解决方案“. json”文件,参照该文件夹下任意文件格式对新的解决方案进行配置。然后将“解决方案 . json”添加到“config\\ForecastConfig. json”的“Plans”中,配置字段说明如下。

```
Name——解决方案名称
BeginHourRules——起报时间规则,{"Start":"0h","End":"12h","Use": "08h","Around":"0d" }
Elements——设置解决方案中包含的要素{
    Uid:"TEF2",  //要素标识
    Name:"2 米温度",  //要素名称
    Undef:"999999",  //缺省值
    InitialVal:"0",  //初始值
    EditMethodId:"CityRevise",  //编辑模式 ID
    MethodIds: [ " CityRevise "," ProvRevise "," T639-Thin "," EC-Thin ", " SCMOC03"], //预报方法
    FetcherIds: ["Cache","CIMISS","MICAPSFILE"], //下载方法
    PublisherIds: ["CIMISS"],  //发布方法
    Level-Desc:"要素的层次信息(int 型),不写此配置则用 0 代替,一般是在生成缓存文件名时用到,请求数据时建议各个 fetcher 自己单独进行配置",
    Level:"2",  //层次
    Markers:[ ], //特殊标记
    Periods-Desc: "这里的时效配置用于制作预报,模式中的是模式时效",
    Periods: [
```

```
            {
              Display："主"，//时效段显示名称
  TimeRange：{
              Start："0h"，     //开始时效
              End："168h"，      //结束时效
              Interval："3h"  //时效间隔
              }，
           Desc："0-168 小时的逐 3 小时预报"  //预报时效说明
            }
          ]
      }
```

(17)增加格点编辑中可以提取和反馈的要素

操作方法：非累积的要素在“config\\MinMaxEleEdit\\MinMaxEleEdit.json”中的“Contents”中添加，参照 TEF2 要素进行配置。

```
  {
    LowShortEle："TEF2"，          //低值短预报要素 Uid
    HighShortEle："TEF2"，         //高值短预报要素 Uid
    LowLongEle："TEF2N24"，          //提取出的低值长预报要素 Uid
    HighLongEle："TEF2X24"，       //提取出的高值长预报要素 Uid
    TargetEle："TEF2"            //反馈的要素 Uid
    }
```

累积类要素在“\\config\\TotalEdit\\CorrespondDataConfig.json”文件中进行添加，参照降水。

```
  Elements：[
    {
        TotalDataUid："TPE24H"，      //提取要素的 Uid
        PieceDataUid："TPE3H"        //反馈要素的 Uid
        }
     ]
```

(18)格点站点数据同步配置文件说明中添加要素

操作方法：配置“config\\GridStaUniform\\GridStaUniform.json”文件。

```
  DemDescFile："config/GridStaUniform/chinahgt.ctl"，//高程文件全路径
  InterpIndexSaveDir："config/GridStaUniform/"，//插值索引文件保存地址
  DemVarName："china"，                     //高程名称
```

在"UniformEles"：[ ]中进行添加，以 24h 低温为例说明怎样添加要素

```
  {
  Grid：{
        EleUid："TEF2N24"，      //格点要素的 uid
        Desc："24h 低温"，
        ShowOnOther：true    //是否可以与站点数据叠加，否改为 false
        }，
```

```
    Station: {
        EleUid: "TOWNFORE",       //站点要素 uid
        UniformFieldIndex: 13,  //要素所在站点数据中的索引号
        StaIdFiledIndex: 0,     //站号所在站点数据中的索引号
        Desc: "城镇 24h 低温",
        ShowOnOther: true         //是否可以与格点数据叠加,否改为 false
        },
```

Mode:"All", //All 表示既可以格点反馈到站点,也可以站点反馈到格点,另外还可以使用 Grid2Sta 和 Sta2Grid。

UniTime: ["24h", "48h", "72h","96","120","144","168"], //表示在哪些时间点上可以互相反馈,表示的是结束时间,如格点的 24 小时最高温度,可以与城镇的 12-24 的 24 小时最高温度反馈。

DemFunc: "Temp" //目前支持 Temp 和 None,也就是支持温度的地形插值和不考虑地形的普通插值。

}

5.2.3　四川省山洪精细化预警服务系统

四川省是全国气象灾害最严重的省份之一,每年因山洪泥石流造成的人员伤亡及财产损失占洪灾总损失的 70%以上。四川省山洪精细化预警服务系统作为山洪地质灾害防治工作的支撑系统之一,具备自动站、雷达探测、卫星、天气预报等信息的实时展示,基于降水阈值的实时显示和报警等功能,提高了气象灾害预警信息的时效性、针对性和覆盖面,系统于 2019 年 4 月投入业务运行。

1. 系统运行环境

系统运行在 Windows/MAC 环境下,使用 Google Chrome、IE 10 及以上版本或火狐浏览器进行浏览,显示分辨率为 1024×768 及以上。

2. 系统功能

用户操作功能如表 5-2-2 所示。

表 5-2-2　系统功能说明表

一级模块	二级功能	功能描述
实况监测	自动站	以站点值、等值线、色斑图三种方式显示自动站数据,并可按时间轴进行历史 3 小时数据播放
	雷达	以 5 km 为阈值,显示 5 km 及以上和 5 km 以下强回波展示,并可按时间轴进行历史 3 小时数据播放
	卫星云图	分为可见光及红外两种显示方式,其中红外方式又分为－52 ℃及－60 ℃亮温阈值,可见光分为 80%及 90%两种反照率
	闪电	点击闪电即会显示有闪电发生的地点,分正闪、负闪
强对流天气	雷暴大风外推	对用户所在行政区域内进行雷暴大风预报并外推 2 小时
	短时强降雨外推	对用户所在行政区域内进行强降雨预报并外推 2 小时
	冰雹外推	对用户所在行政区域内进行冰雹预报并外推 2 小时
	闪电外推	对用户所在行政区域内进行闪电预报并外推 2 小时

续表

一级模块	二级功能	功能描述
QPE/QPF	QPE	包含过去 10 分钟 QPE、过去 30 分钟 QPE、过去 1 小时 QPE 及过去 3 小时 QPE
	QPF	包含 0～3 小时 QPF、0～6 小时 QPF、0～12 小时 QPF 及 6～12 小时 QPF
数值预报	数值预报 WebGIS 显示	以格点、等值线、色斑图三种方式显示各层次气象要素
	降雨趋势分析	对不同预报时次，同一预报时段进行降雨趋势分析
	降雨极值	计算一段时间内 1 小时降水极大值，并以 WebGIS 方式展示
	TS 评分	计算某一区域一段时间内降雨 TS 评分
报警模块	大风报警	对用户所在行政区内超过 17 m/s 大风进行声音报警及 WebGIS 报警
	降雨报警	对用户所在行政区内超过 20 mm/h 降水进行声音报警及 WebGIS 报警
	冰雹报警	对用户所在行政区内发生的冰雹进行声音报警及 WebGIS 报警
	闪电报警	对用户所在行政区内发生的闪电进行声音报警及 WebGIS 报警
地图服务	矢量图	四川省地理信息数据
	谷歌卫星图	—
	谷歌地形图	—
	谷歌电子图	—
公共功能	登录/登出	用户登录/登出
	时间轴	实况监测显示历史 3 小时时间轴，数值预报显示未来 3 天时间轴
	图层切换	提供等值线、格点、色斑图三种图层
	图层清除	点击清楚页面图层
	数据存图	提供页面图片保存、图片信息编辑

3. 页面布局介绍

(1)系统登录

在浏览器地址栏输入 IP 地址，进入系统登录界面，如图 5-2-14 所示。

在上图标注①所示的输入框中输入用户名和密码，点击标注②所示"登录"按钮即可进入系统。

(2)主界面布局

进入系统后，默认显示四川省地图，并高亮显示用户所在行政区及边界，如图 5-2-15 所示。

图 5-2-14 系统登录界面

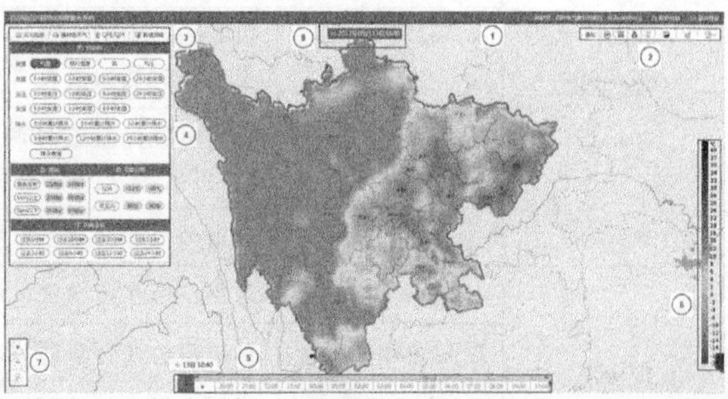

图 5-2-15 系统主界面

1)标注①为顶部状态栏,显示登录的用户信息、用户所在行政区的报警信息,可进行系统设置等操作。

2)标注②左侧三个按钮分别为“地图切换”“图层清除”“数据存图”;右侧三个按钮可设置图层显示方式(等值线、色斑图、格点)。“叠加”按钮可以同时显示自动站的站点数值及等值线。

3)标注③为一级菜单栏,分为“实况监测”“强对流天气”“QPE/QPF”“数值预报”四大模块。

4)标注④为二级菜单,根据所选一级菜单的不同而改变。

5)标注⑤为时间轴,实况监测模块显示过去 24 小时至当前时刻,数值预报模块显示未来 3 天时间。

6)标注⑥为色斑图图例,当图层显示方式切换至“色斑图”方式时,将在屏幕右下角显示图例。

7)标注⑦为地图操作按钮,点击“+”放大地图,点击“-”缩小地图,点击最下方 logo 则隐藏按钮。亦可滚动鼠标滚轮进行地图缩放操作。

8)标注⑧显示地图上已叠加图层的数据时间。

(3)主要功能模块操作界面

1)实况监测

实况监测包含四类数据:自动站、雷达、卫星云图和闪电定位。下方提供时间轴,自动站、雷达、卫星数据均可叠加指定时段的雷电资料,如图 5-2-16 所示。

2)强对流天气

该模块分为四类:短时强降水、雷暴大风、冰雹、雷电。根据相关技术进行强对流天气临近外推预报,从当前时刻外推预报 2 小时(时间间隔 30 分钟),如图 5-2-17 所示。

3)QPE/QPF

QPE 提供实时定量降水估测 10 分钟、30 分钟、1 小时、3 小时时间刻度。QPF 提供定量降水预测,预报时段为 0～3 小时、0～6 小时、6～12 小时等。如图 5-2-18 所示。

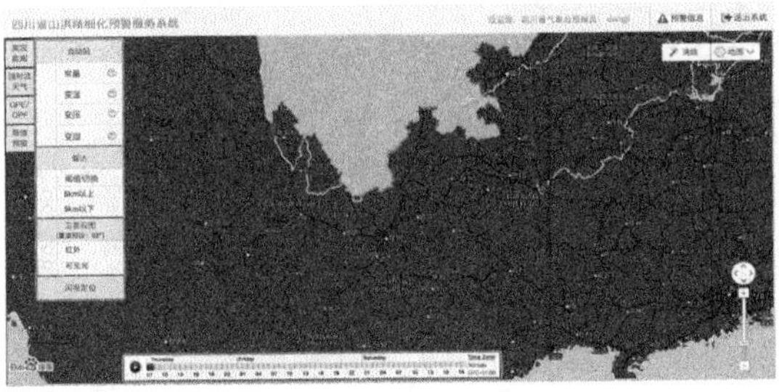

图 5-2-16　实况监测界面

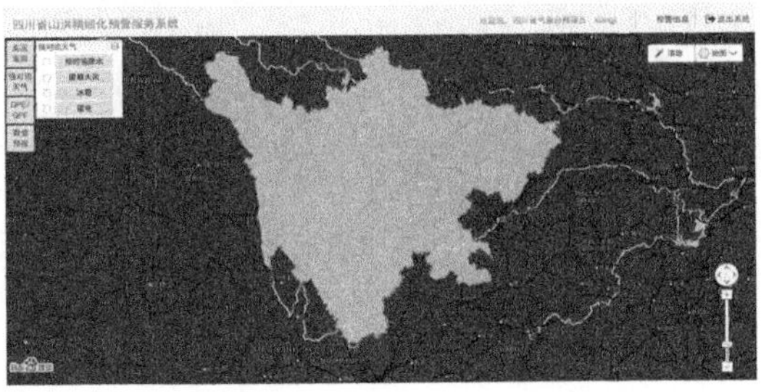

图 5-2-17　强对流天气界面

4)数值预报

提供的空间要素:地面(气温、海平面气压、风速风向、3 小时降水、累积降水、低云量、CAPE(对流有效位能)、0 ℃层高空、低空风切变)、200 hPa(气温、位势高度、空中风、相对湿度)、500 hPa(气温、位势高度、空中风、相对湿度、散度、涡度)、700 hPa(气温、位势高度、空中风、相对湿度、垂直速度)、850 hPa(气温、位势高度、空中风、相对湿度、散度)、950 hPa(气温、位势高度、空中风、相对湿度、散度)。

降水趋势分析：实现多个预报时段降水预报趋势分析，将多个预报时次降水信息进行对比，分析降水预报强度变化趋势。降水量极值：通过判断，选择显示预报时段内小时降水量最大值。

TS评分：对指定预报时段内模式降水预报进行TS评分，按经纬度矩形区域设置和以县级为行政单位圈划两种方式进行查询。

数值预报界面如图5-2-19所示。

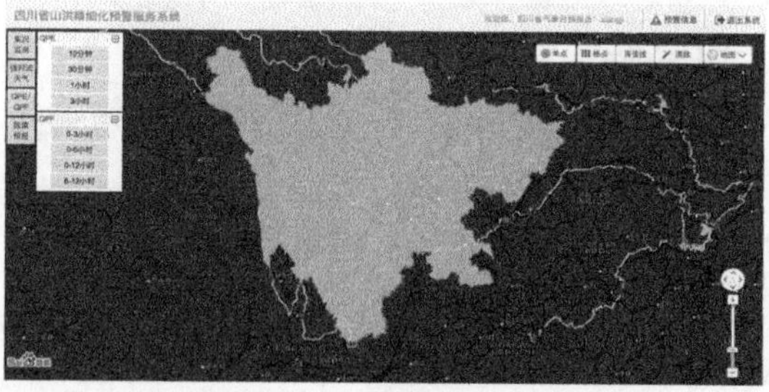

图5-2-18 QPE/QPF界面

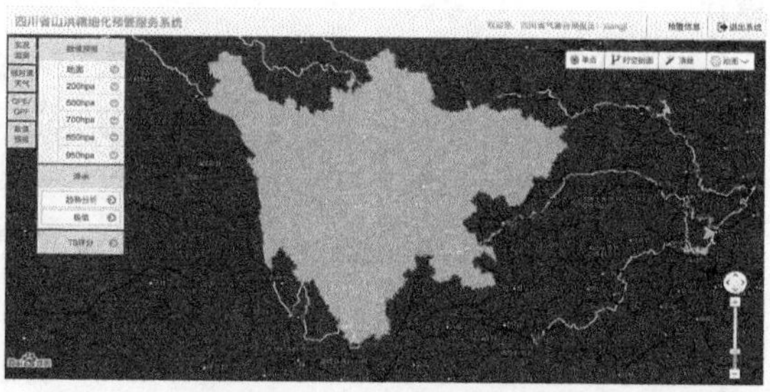

图5-2-19 数值预报界面

5)报警信息

报警信息分为四类：大风、降雨、冰雹及闪电。当用户所在行政区域内自动站大风数据超过17 m/s时、自动站降雨数据超过20 mm/h时、闪电与冰雹发生时，即报警。报警分为声音报警和WebGIS(网络地理信息系统)展示两种方式。

当产生报警时，系统会在地图上产生报警的站点标记相应的报警图标，点击该图标可以弹出报警的详细信息，点击“确认”按钮关闭弹窗。报警信息界面如图5-2-20所示。

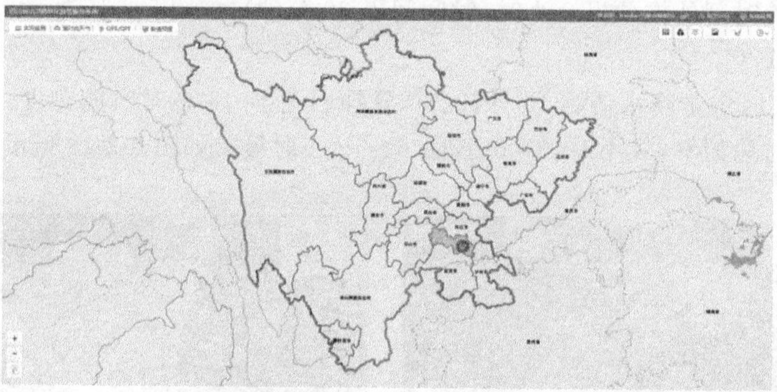

图5-2-20 报警信息界面

第6章 气象信息网络发展历程与规划

内容提要

本章介绍了现代气象业务发展趋势与要求，详细梳理了全国和基层台站气象信息系统发展历程以及信息化对气象业务的支撑作用，最后介绍了气象信息化发展规划，包括发展目标、总体布局和未来市县两级气象业务服务布局。

6.1 现代气象业务发展趋势与要求

发展现代气象业务的内涵。发展现代气象业务，是中国气象局党组深入贯彻落实党的十九大、《国务院关于加快气象事业发展的若干意见》(国发〔2006〕3号)文件精神，认真总结改革开放以来中国特色气象事业发展改革经验，深入分析我国经济社会发展对气象工作的需求，坚持“公共气象、安全气象、资源气象”发展理念，扎实推进业务技术体制改革，努力建设“四个一流”，实现气象现代化而提出的重大战略任务。发展现代气象业务的重点是发展以提高气象服务覆盖面和满意率为目标的公共气象服务业务，以提高预报预测准确率和精细化为核心的气象预报预测业务，以面向预报服务业务和发展需求且能连续、稳定、可靠运行为重点的综合气象观测业务，使其形成相互衔接、互为支撑的业务体系。发展现代气象业务的宗旨是提高整体水平，发挥总体效益，切实增强防御和减轻气象灾害以及应对气候变化的能力，为国民经济和社会发展以及人民福祉安康提供更加优质的气象服务。

现代气象业务的发展现状。按照中国气象局印发的《全面推进气象现代化行动计划(2018—2020年)》(气发〔2018〕65号)文件要求，我国气象现代化2020年的发展目标是：基本建成适应需求、结构完善、功能先进、保障有力，以智慧气象为重要标志的现代气象业务体系、服务体系、科技创新体系、治理体系，使我国气象部门基本具备全球监测、全球预报、全球服务、全球创新、全球治理能力，气象灾害预报预警、气象服务、气象卫星等领域达到世界领先水平。经过多年建设，截至2020年，我国现代气象业务体系基本建成，气象业务现代化整体实力再上台阶。综合气象观测能力达到世界先进水平，建成了乡镇全覆盖的近7万个地面自动气象站、216部雷达、7颗风云气象卫星组成的立体综合观测体系，全国卫星遥感应用体系基本建成，14个气象站被世界气象组织认定为百年气象站，与俄罗斯联合成立国际民航组织第四个全球空间天气中心。气象预报能力稳步提升，实现了从站点落区到数字格点的跨越，数值预报完成了从引进消化吸收到自主研发的重大转变。预报预测准确率稳步提升，强对流天气预警时间提前至38分钟，台风路径预报24小时误差缩小到70 km，客观化汛期降水预测准确率突破80分。气象信息化水平显著提高，气象信息支撑系统从独立、分散建设逐步向集约统筹、全面支撑气象业务建设方向迈进，物联网、大数据、人工智能等新技术广泛应用，高速气象网络、海量气象数据库发挥重要作用。

现代气象业务的发展趋势及要求。2020年12月，中国气象局印发《高质量推进气象现代化建设行动计划(2021—2023年)》，文件进一步明确，要坚定不移贯彻新发展理念，紧扣气象服务国家服务人民和保障生命安全、生产发展、生活富裕、生态良好的定位，瞄准加快建设气象强国的战略目标，固根基、扬优势、补短板、强弱项，推进《气象现代化建设指标体系及评价管理办法(试行)》各项指标任务落实落地，在充分把握新阶段气象现代化建设新特征的基础上，为建成适应需求、结构完善、功能先进、保障有力的现代气象业务体系，系统推进高水平、高质量气象现代化建设。文件强调，聚焦提高监测精密、预报精准、服务精细水平，要通过加密地面观测站网、弥补雷达观测盲区、提升气象卫星观测水平、拓展地球气候系统多圈层观测领域等措施，提升综合气象观测能力；集约发展数值预报模式，强化预报平台支撑，推进预报业务的合理分工，不断提高预报无缝隙、精准化、网格化、自动化水平；围绕保障生命安全、生产发展、生活富裕、生态良好需求，完善服务体系，拓宽气象服务领域，提升服务产品制作自动化、服务智能化、信息发布精准化水平，强化气象服务的供给力、传播力；针对提高气象信息支撑能力，要建成气象大数据云平台，强化数据安全管理，促进气象观测、预报、服务业务高度集约和高效协同；面对制约发展的科学问题和技术短板，要加强气象监测预报服务关键技术研发，加强应对气候变化科技支撑，优化科技创新体系布局，促进科技成果转化。

2022 年 4 月，国务院印发《气象高质量发展纲要(2022—2035 年)》(国发〔2022〕11 号)，文件提出发展目标为：到 2025 年，气象关键核心技术实现自主可控，现代气象科技创新、服务、业务和管理体系更加健全，监测精密、预报精准、服务精细能力不断提升，气象服务供给能力和均等化水平显著提高，气象现代化迈上新台阶。到 2035 年，气象关键科技领域实现重大突破，气象监测、预报和服务水平全球领先，国际竞争力和影响力显著提升，以智慧气象为主要特征的气象现代化基本实现。气象与国民经济各领域深度融合，气象协同发展机制更加完善，结构优化、功能先进的监测系统更加精密，无缝隙、全覆盖的预报系统更加精准，气象服务覆盖面和综合效益大幅提升，全国公众气象服务满意度稳步提高。

6.2 气象信息系统发展历程

6.2.1 全国气象信息系统发展历程

气象信息系统是综合观测、预报预测、公共气象服务、科研和管理等气象工作的基础系统和支撑系统，主要包括气象观测数据采集处理系统、气象通信网络系统、天气预报气候预测与公共气象服务信息基础设施平台、气象资料和数据收集存储管理与共享服务系统、高性能计算机系统、电子政务系统、气象数据容灾备份系统等基础设施，承担气象资料和产品的收集与分发、气象资料质量控制与产品加工、数据管理与服务、网络支撑、高性能计算等业务，是现代气象业务的中枢和纽带，是现代气象业务体系的重要组成部分，也是国家信息基础设施的重要组成部分，其中气象通信网络系统还是世界气象组织(WMO)全球电信系统(GTS)的重要节点。

经过几代气象人 70 多年的艰苦奋斗，通过不断运用先进技术，开展系统建设和技术创新，气象信息系统的发展取得了显著成就。初步建立了一套较为完整的信息收集、传输、加工处理、存储管理、信息服务的业务流程，形成了以观测、预报、服务、管理等业务发展需求为牵引，以快速发展的信息技术为驱动，以高效集约和标准化为准则，以制度、队伍和基础设施建设为保障，以高效支撑综合观测、预报预测、气象服务和现代化气象管理为核心目标的现代气象信息业务体系。气象信息系统从无到有、从小到大、从弱到强，实现了向现代化的跨越。

早在 20 世纪 40 年代，一些国家就开始建立气象信息系统。随着 1950 年 WMO 的成立，国际气象通信网络及业务系统开始迅速发展。1963 年第四次世界气象大会批准，启动世界天气监视计划，建立了全球电信系统，实现成员国之间的国际气象资料和相关信息交换共享，在推动各国气象业务发展方面发挥了积极作用。为满足 WMO 各项计划对数据交换共享需求以及适应信息技术的高速发展，2003 年 WMO 于第十四次世界气象大会决定建立一个通用、综合的信息服务平台 WMO 信息系统（WIS），一方面继续加强、扩展 GTS 以满足实时和关键业务数据收集和分发的需求；另一方面建立灵活的数据发现、获取和检索服务，扩展服务信息和服务方式。2012—2013 年，北京、埃克塞特、东京、奥芬巴赫、墨尔本等作为 WIS 的全球信息系统中心（GISC）先后投入运行。

新中国气象信息系统建设走过了不平凡的发展历程。新中国成立初期，在大力建设气象台站、开展气象观测的同时，积极推进气象通信系统的创建，组织气象观测资料的记录、存储和整编，支撑气象预测预报和气象服务工作，在新中国气象业务发展建设中发挥了重要作用。改革开放以来，中国气象事业开创了气象现代化的进程，以气象卫星、新一代气象雷达为标志的气象观测系统的更新和以高性能计算机、计算机网络、全国气象宽带网、气象信息综合分析处理系统为标志的气象信息系统的跃升，成为气象业务现代化的显著特征。进入新世纪，气象信息系统逐步从偏重硬件建设向软硬并举和应用支撑转变，从关注信息技术应用到更加关注数据转变，现代气象信息系统初步形成。2010 年以来，气象部门全面推进气象现代化，大力发展智慧气象，继续增强气象通信网络、数据存储和高性能计算机等能力，不断提高信息新技术在气象业务中应用的深度与广度，初具智慧气象特征的气象信息系统正在有力地支撑着现代气象监测预报预警体系、公共气象服务体系、气象科技创新和人才体系、气象管理体系的建设和发展。

气象通信系统不断发展和完善。1843 年，摩尔斯发明了电报以后，美国以及法国等多个国家开始用电报传送当日气象观测记录，绘制天气图，做出及时、有用的天气预报。20 世纪 40 年代，一些国家就开始建立气象信息系统。随着 1963 年世界气象大会批准建立全球电信系统，国际气象通信网络及业务系统得到迅速发展，实现了成员国之间的国际气象资料和相关信息交换共享。新中国成立之初的 1950 年 3 月 1 日，即成立了中央气象台通信组，采用莫尔斯电码方式播发气象数据广播，迈出了新中国气象通信发展的第一步。1956 年 10 月，北京与沈阳间开通新中国第一条气象专用有线长途电传电路。中国恢复联合国席位后正式加入世界气象组织，北京随后成为世界气象组织全球电信系统的重要区域通信枢纽。20 世纪 80 年代初投入业务运行的北京气象通信枢纽系统工程，是中国第一个真正意义上的气象国际通信系统，在全国通信行业中较早实现了计算机自动化通信，提高了中国在国际气象领域中的地位。

随着计算机网络通信、无线通信、移动通信以及互联网通信技术的飞速发展，中国气象通信系统也在不断发展完善。1986—1994 年，陆续建成北京、沈阳、上海、武汉、广州、成都、兰州七个区域气象通信枢纽，形成一套覆盖全国、比较完整的气象通信网。1991 年，引进了 VAX6320 等计算机系统和网络设备，使中国气象信息业务系统正式开始从计算机通信向计算机网络时代过渡，中国气象通信系统在技术上逐步与国际接轨。20 世纪 90 年代建设并投入运行的气象卫星综合业务系统（“9210 工程”），建立起覆盖国、省、市、县四级，以标准网络协议、“天地一体化”气象通信系统和气象信息综合分析处理系统为代表，功能完备的气象信息业务系统，使全国气象通信网络的整体水平和能力均有质的飞跃。气象卫星综合业务系统示意图如图 6-2-1 所示。

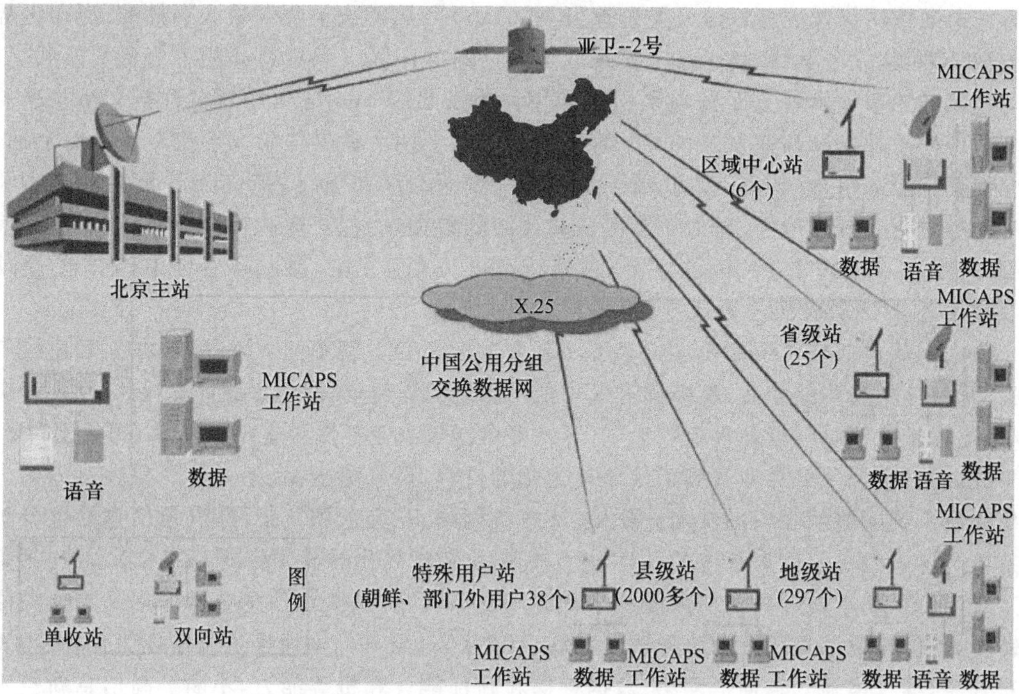

图 6-2-1　气象卫星综合业务系统示意图

2005 年以来,基于国家公共信息基础设施的全国气象广域网及气象数据卫星广播系统建成,由地面宽带网和卫星广播网组成的天地一体、联通全国、多重备份、7×24 小时可用的气象通信网成为国内行业应用的典范。地面广域网络接入速率国家级达 5 Gbit/s、区域级达 800 Mbit/s、省级达 400 Mbit/s,省-市、市-县两级线路平均速率分别达到 29.7 Mbit/s 和 10.88 Mbit/s,卫星广播系统分发速率达到 70 Mbit/s,系统每日实时收集数据量约 2.9 TB,卫星广播系统日播发数据量接近 300 GB。第一代全国电视会商系统于 2001 年开始建设,改变了传统的会商/会议模式,为各级领导、气象专家、预报员提供了面对面的交流环境,是预报员之间探讨预报技术和沟通预报思路的重要平台。2012—2015 年,覆盖全国县级以上气象台站的第二代高清远程会商系统正式投入业务运行,主视频、计算机辅流分辨率分别达到 1920×1080/30P和 1280×1024/15P。至 2019 年,高清会商已进入第三代,引入云视频会议技术和分布式传输技术,实现软硬件系统互联互通和用户自主调度。第一代至第三代全国电视会商系统如图 6-2-2～图 6-2-4 所示。

图 6-2-2　第一代全国标清电视会商系统

图 6-2-3　第二代全国高清电视会商系统

图 6-2-4　第三代全国高清电视会商系统

气象资料存储和处理分析经历了从手工纸质到海量自动化的跨越。新中国成立后的较长一段时期，中国气象资料的处理和存储主要采用纸质媒介和手工处理。1985 年，中国引进日本富士通 M360 中型计算机，用于气候资料的处理、分析和整编等工作，建成自动化业务系统。2007 年，国家级气象信息存储管理系统（MDSS）投入业务运行，实现全部实时观测资料和部分历史资料的在线联机存储，为国家级气象业务和科研应用提供统一的数据支持。2016 年 12 月，全国综合气象信息共享平台投入业务运行，以“统一技术标准、统一数据来源、统一数据流程、统一服务接口”的设计理念，首次统一了国省两级数据环境，初步形成支撑气象核心业务系统数据生态，数据应用集约化、标准化水平极大提高。CIMISS 管理数据资源 294 种，实时数据在线存储率达到 100%。气象数据统一服务接口（MUSIC）简化了数据应用服务，直接支撑 MICAPS4、CIPAS2、全国精细化气象格点预报等 114 个业务系统。CIMISS 业务化是气象信息化重要里程碑，为规范与持续推进全国气象业务信息化打下了坚实的技术基础。

2011 年实施的“基础气象资料专项工程”对 1951 年以来全部国家级观测资料及台站元数据进行了系统检查和更正，重建了基础气象资料和产品，开展了历史气象记录档案拯救工作。2013 年实施实时-历史气象资料一体化业务，开展气象数据格式标准化工作，推动气象资料业务向标准化、集约化方向发展。国家级气象资料存储检索系统存储各类气象数据总量达 145 TB；气象科学数据共享网（CDC）存储数据量 46 TB。目前，各省级气象局乃至各个科研人员手中（7～8 PB 规模）的气象卫星资料和数值天气预报产品存量就超过 10 PB，每日呈太字节级增长。

高性能计算机系统逐步成为气象业务和科研的关键基础设施。1969 年，中国气象科学研究院引进国产 DJS6 计算机，气象部门有了第一台每秒运算 5 万次以上的电子计算机。1978 年，国家气象中心引进日本日立公司每秒百万次运算能力的计算机，用于气象数据处理和数值预报，结束了中国没有数值预报业务的历史。1989 年和 1991 年，国家气象中心引进美国 CDC 公司（Control Data Corporation，美国控制数据公司）两台 CYBER 系列 64 位大型计算机，正式建立中国第一代中期数值天气预报业务系统。1993 年，每秒 4 亿次浮点运算的国产银河Ⅱ型巨型计算机的成功安装，结束了中国气象部门没有亿次巨型机的历史。银河Ⅱ型巨型计算机如图 6-2-5 所示。

2005 年 6 月，国家级新的大规模并行高性能计算机系统投入业务运行，峰值速度达每秒 21.5 万亿次浮点运算，为数值天气预报提供了更强的计算能力。2014 年，千万亿次高性能计算机系统建设完成。2018 年 3 月，新一代高性能计算机——“派”曙光系统业务化应用，系统峰值运算速度达到每秒 8189.5 万亿次，中国气象局高性能计算机系统总体规模当年跃居气象领域世界第二位，仅次于英国气象局。国家级高性能计算机总体峰值运算能力达到每秒 9800 万亿次以上，区域中心高性能计算能力也达到了 500 万亿次，为更加及时、准确和个性化气象预报提供了有力支撑。“派”曙光计算机如图 6-2-6 所示。

图 6-2-5　银河Ⅱ型巨型计算机

图 6-2-6　“派”曙光计算机

6.2.2　基层台站气象信息系统发展历程

伴随着省级以上气象信息系统的快速发展，基层台站气象信息系统经历了从人工到自动、从低速到高速、从单一传输到综合应用、从通信系统向信息系统的发展历程。

20 世纪 70 年代前，气象台站的主要业务工作为观测、通信、预报，气象通信的任务包括通信和填图。台站拥有的通信设备非常简单，接收上级气象信息的主要设备是无线电电子管收报机、收音机等。县级台站收听区域气象中心或本省（区、市）地方广播电台气象口语广播，手工记录电台播报的大范围天气形势预报和区域天气预报，结合本站天气实况等做出预报；一些市级气象台站还手工抄收区域气象广播电台莫尔斯电报，然后译码填图供预报员使用，如图 6-2-7和图 6-2-8 所示。

图 6-2-7　莫尔斯气象广播

图 6-2-8　报务员在收讯组报房工作

台站观测资料的上传方式一般为人工语音传输，也有少数台站采用短波电台莫尔斯电报方式发送。台站将本站观测资料手工编码为天气电报格式，通过专线电话人工话传至当地邮电局报房，经电信网络向省级传输集中后，再由省级向区域气象中心或国家气象中心统一编转。由于通信条件、人工操作的工作强度和效率等原因，气象台站常规观测资料的上传任务仅由国家基本气象站承担，编发内容为正点观测的温、湿、风、压等数据，根据观测任务的不同，资料上传频度至多每天 8 次。其他台站的观测资料上传主要包括少量的重要天气报告、航空危险报等。

1956 年 10 月北京与沈阳之间开通了我国第一条气象专用的有线长途电传电路，几年内国内气象干线电传网初步建成，基层台站也用上了电传通信，如图 6-2-9 所示。

图 6-2-9 操作员正在用传真发片机发送传真图

1970 年 1 月起，北京、兰州、乌鲁木齐、武汉和成都区域气象移频电传广播先后投入业务使用。1974 年 10 月起，北京、沈阳、上海、兰州、成都、广州和乌鲁木齐气象传真广播也相继建成。至 20 世纪 80 年代中期，市级台站逐步配备了 62 型短波单边带、79 型短波定频机等移频广播和无线传真广播接收设备，并配合 BD55 型、T1000 型等电传打字机和 CZ80、ZSQ 系列等传真机，自动打印接收到的移频广播天气电报、记录天气传真图，使得气象台站能够有选择地获取国内外主要地面高空测站资料和北京、东京、欧洲等地的气象传真预报产品，减少了收报、填绘图、分析等重复性劳动，工作效率明显提高。

始于 20 世纪 80 年代中期的气象现代化建设，较大地提升了省级及以下气象通信网络业务能力。在此期间，各省（区、市）陆续开始了气象辅助通信网的建设，结合各省份具体情况，气象辅助通信网主要以甚高频通信为主，西部省份由于地形、地域等原因，更多地采用了短波单边带通信技术，通过设置若干高山无人中转站，基本形成了覆盖省（区、市）内各气象台站，由省-市、市-县两级网络构成的省级及以下气象辅助通信网。气象辅助通信网主要采用无线对讲的通信方式，在气象情报的传输、天气会商、灾害性天气联防等方面发挥了重要作用。在此期间，各地还采用 VHF/UHF（甚高频/超高频）通信技术建立了气象警报系统，成为气象信息发布的主要手段之一。

1986 年以前，全国每天只有 700 个左右的国家基本站 4～8 次人工编发观测报告。而全月气象资料是由各级气象台站将观测簿上的观测记录，由手工抄录、校对、初算、复算、预审等工序形成纸质气象记录报表后，通过邮电局将各类气象记录报表寄到上级气候资料部门进行质量审核，时间周期在一年以上。

以 PC-1500 袖珍计算机应用为标志，计算机技术开始在气象台站业务得到应用。台站利用 PC-1500 进行地面观测报告的编制，录制地面气象月报表数据并上报数据磁带，在 PC-1500/CE-158 扩展接口基础上开发自动发报软硬件装置，实现了经专线电路与邮电局报房联机自动传报。部分省份还利用 PC-1500、IBM PC/XT、APPLE Ⅱ 计算机通过气象辅助通信网开展无线数据传输业务，如传输数据文件、省级气象传真指导产品、卫星云图等，为气象台站计算机数据通信应用进行了有益尝试。

20 世纪 80 年代末至 90 年代初，随着以 Novell 网络为支撑的省级气象实时业务系统建立，远程计算机终端技术在气象台站开始推广应用。通过程控电话拨号等方式，气象台站微机可远程接入省级计算机网络，方便调用各类预报服务指导产品，有效提高了气象台站的预报服务能力。

20世纪90年代末,"9210工程"开始在全国气象业务部门运行。"9210工程"建立了全国卫星广域网、话音网、气象数据单向广播和接收网、中国公用分组交换数据网地面备份系统和气象信息综合分析处理系统,是由1个国家级主站(NICC)、6个区域级站(RICC)、25个省级站、300多个市级站、2000多个县级站(PCVSAT)组成的,是以卫星通信为主、地面通信为辅、多种手段并用、天地一体、覆盖全国、集中控制、分级管理的五级气象信息网络系统,实现了网络环境下气象资料的收集、管理、分发和预报分析的人机交互应用,解决了长期制约我国气象事业发展的通信瓶颈问题,并带来了秩序和速度。气象通信能力得到了明显增强,通信速率由2400 bit/s增至9600 bit/s,卫星单向广播2 Mbit/s和双向传输512 kbit/s,省、市两级气象台站从主站接收的信息量比过去提高了20～30倍,地面天气图、高空天气图和国外数值预报产品的传输时效分别提前了1小时、3小时和2～3小时。

进入21世纪以来,计算机技术、网络技术和互联网的发展,通信营运商通信服务能力的增强,使得省级以下气象信息网络迎来了又一个新的历史发展时期,省级骨干网络升级为千兆网络,气象台站相继建立局域网,基于国家公共信息基础设施而建立的省级及以下气象广域网络覆盖到各级气象台站,省级气象门户网站、内联网等投入业务并不断完善。MICAPS系统、天气预报电视会商系统、天气实景监视系统、PCVSAT(DVB-S、CMACast)小站接收系统、气象政务管理信息系统、Lotus Notes电子邮件系统、灾情直报系统、国家突发事件预警信息发布系统等向县级台站延伸。到2020年底,全国共2477个国家自动气象站、60249个区域自动气象站自动上传观测资料,气象记录报表资料的处理周期已缩短到1个月。台站记录档案的管理由管理本站所有历史记录档案转变为主要管理近5年的原始观测记录档案、本地业务系统所需数据。综合观测、预报预测、公共气象服务等各类相关业务系统依托广域网络运行,气象信息网络承载的数据已由早期单纯的少数气象台站天气电报收发,扩展为对气象部门业务、服务、管理等几乎所有工作领域的信息支撑,基层台站气象信息系统的通信传输能力、数据处理能力、资料管理与服务能力获得了极大提升。

6.3 信息化对气象业务的支撑作用

经过几代气象人的艰苦奋斗,通过不断运用先进技术,开展系统建设和技术创新,气象信息系统的发展取得了显著成就,初步建成了现代气象信息系统,为气象业务的现代化进程提供了坚实支撑。

通信与网络升级助力气象业务高效运转。依托广泛互联的高速通信网和快速的信息处理能力,气象观测系统实现了数据快速收集传输、实时资料质量控制、设备状态远程监控与观测资料快速分发共享,主要要素观测和装备均实现了自动化,通信协议从FTP文件传输升级为消息传输、流传输,自动气象站资料2分钟内、天气雷达资料省(区、市)内3分钟省际5分钟内即可到达预报员桌面。

气象超级计算推动天气气候模式持续升级。在高性能计算机和通信网络的支持下,气象预报业务逐步从依赖预报员经验、手工统计和纸质天气图表转向以数值天气预报为基础的计算机人机交互作业,预报准确率和精细化程度持续提升。数值预报模式是气象科技的核心之"芯",需要强大算力支撑。"十三五"期间,利用"气候变化应对与决策支撑工程",建成超级计算机"派",浮点运算峰值达每秒9800万亿次,建立了动态资源调度管理系统,平均资源利用率超过85%,有效支撑了自主研发的天气气候和环境气象模式发展。GRAPES数值预报模式完整体系建立,全球模式水平分辨率达到 25 km，区域模式水平分辨率达到 3 km，全球集合预报水平分辨率达到 50 km，有 31 个集合成员；沙尘、雾-霾及大气化学等环境气象模式也得到了快速发展。

基础资料工程提升气象核心业务发展质量。中国气象局实施了基础气象资料建设工程，开展历史资料整编与档案数字化工作，形成了一套高质量的基础气象资料集；实施"气象资料质量控制及多源数据融合与再分析"气象科技创新工程，整合中国数字化、全球多来源观测数据，大幅提升了全球基础数据完整性，全球高空数据增加超过 83%，全球海表温度数据增加 134%，全球降水数据增加 460%，全球气温数据增加 169%，全球百年降水、温度序列分别增加 4000 多条和 2000 多条；建成了包括降水、陆面、海洋、三维大气与三维云等实时运行的多源数据融合分析系统，研制大气、海洋、陆面多要素协调一致的多源融合分析产品，精度达到(部分要素优于)国际同类水平；建立了我国第一代全球大气再分析业务，产品时间分辨率达 6 小时，水平分辨率达 34 km，垂直层次达 64 层，与国际主流全球大气再分析产品具有很好的可比性，改变我国对国际同类数据产品依赖。

大数据智能计算推动气象核心业务新发展。从历史数据中学习时间变化规律，从高分辨数据中学习空间分布特征，大数据驱动的机器学习方法借助 GPU、TPU 等加速器的算力加持，在观测资料质量改进、智能填补数据空白、天气系统时空特征识别与短时效预报、资料同化和融合分析、高分辨率空间降尺度及模式输出数据后处理等气象监测预报的全过程中取得显著的进展。人工智能(AI)技术在国家-省级气象部门不同业务中陆续得到应用，特别是面对海量输出的多中心集合预报产品应用(中央气象台、广东、福建等)、雾和强对流等天气现象识别以及短时强天气外推预报(广东、江苏、安徽、天津等)。其中广东 48 小时强降水网格预报达到原来 24 小时预报水平(22%左右)，基于 AI(人工智能)的外推较传统的光流法、交叉相关法方法有 6%～8%的提升。

逐步提升中国气象工作的国际影响力。中国气象信息系统的快速发展，使得中国在世界气象组织的地位不断提升。北京 GISC 是 WMO 首批批准投入业务运行的 GISC，连接蒙古、尼泊尔、巴基斯坦、朝鲜等六个责任区成员及日本、德国等 GISC。北京 GISC 通过中国气象局气象数据卫星广播系统、WMO 全球通信系统为 36 个 WMO 会员 120 个用户提供数据发现和访问服务，每日分发数据超过 500 GB，服务能力位居 WMO 信息系统前列，我国全球实时气象资料获取能力与 ECMWF(欧洲中期天气预报中心)相当。CMACast 成为地球观测组织的三个广播系统之一，广播覆盖亚太地区，为"一带一路"沿线 20 个国家提供实时数据服务，受到国际社会广泛赞誉。地球观测组织的全球三大广播系统服务区如图 6-3-1 所示。

推动气象服务国计民生能力提升。气象信息系统已成为我国信息化建设成果的重要组成部分，气象行业的信息化程度和信息处理能力赢得了社会各界的广泛认可，树立了气象部门科技型部门的良好形象。气象部门高度重视气象数据开放与共享。自 20 世纪 80 年代起，气象部门向民政、国土、环境、交通、水利、农业、林业、地震、海洋、石油、民航和国防等十多个行业部门实时传输气象信息，每日传输共享的数据量达 600 GB。2001 年开通了中国气象科学数据共享网，有力地支持了科研、重大工程建设和企业创新。中国气象科学数据共享网平台年访问量超过 1.2 亿人次，为企业产生经济效益超十亿元；服务国内科研单位 2000 余家，支撑国家重点科研项目 2360 余项。在信息系统和技术的支持下，气象服务渠道不断拓展、手段日益先进、产品更加多样，手机 APP、短信、网站、微博、微信等逐步发展成为社会公众获取气象信息的重要渠道。2015 年中国气象数据网正式上线，形成了多平台(网站、移动 APP、微信、微博、API 接口)双语言(中、英)的综合气象数据服务门户，累积用户数 18.7 万，访问量超过 1.7 亿人次，服务用户覆盖近 50 个行业，支持国家科技支撑计划、国家重点基础研究发展计划（“973 计划”）、国家高技术研究发展计划（“863 计划”）、自然科学基金等重点科研项目 400 余项。2015 年气象灾害预警信息全面纳入国家突发事件预警信息发布系统，得到了社会各界广泛肯定。

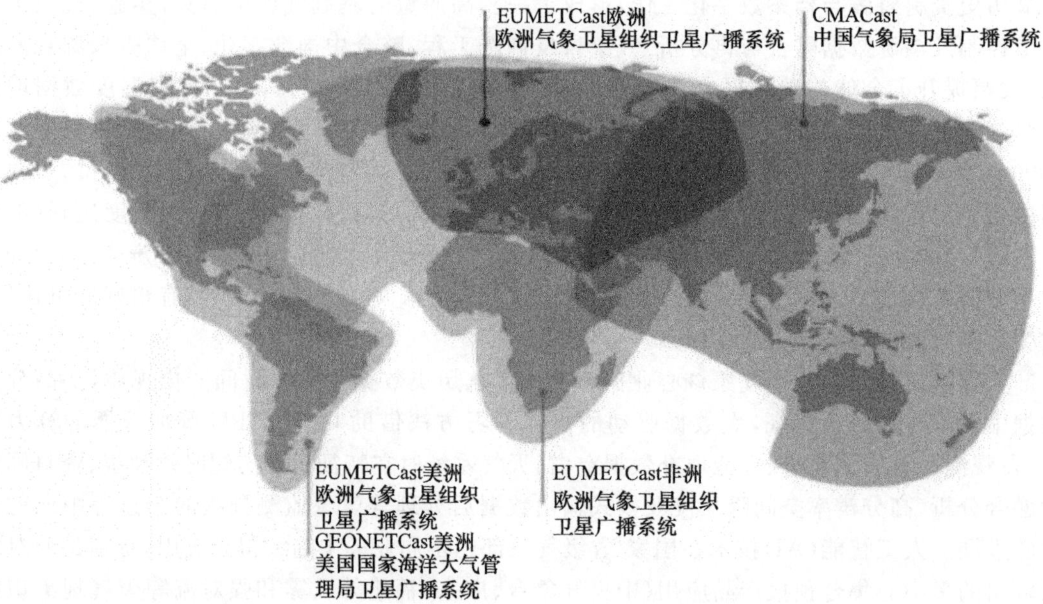

图 6-3-1　地球观测组织的全球三大广播系统服务区

推动气象核心业务集约化水平提升。“十三五”期间，中国气象局实施《气象信息化行动方案（2015—2016 年）》，开展资源整合和系统集成。发展了气象云基础设施，推进天气、气候、服务发展一体化业务系统，全国综合信息共享系统业务化，统一了国-省数据环境。实施《气象信息化发展规划（2018—2022 年）》，立项实施“气象信息化系统工程”，强化“算力”和“数据”的集约整合，初步构建和运行了业务生态基础——气象大数据云平台“天擎”，平台算力达到 9 万核，存储容量接近 100 PB，推动气象业务系统融入统一的数据平台。初步建成国-省统一的气象综合业务监控系统“天镜”。国-省带宽从 40～60 Mbit/s 提升到了 400～800 Mbit/s，为业务进一步向上集约提供了条件。2020 年，中国气象局提出了“大数据为中心”的气象业务技术体制改革，推进“云＋端”业务模式的发展。

助力提升政务管理现代化。由政务信息系统、电子公文、会计电算化、人力资源库等信息化系统组成的办公自动化系统，显著提升了气象管理工作的效率和决策的科学化水平。

6.4　气象信息化发展规划

2015 年 8 月，中国气象局印发《气象信息化行动方案（2015—2016 年）》，聚焦当时气象信息系统中存在的数据分散、信息孤岛和应用林立等突出问题，以资源整合和应用集约为抓手，推动气象信息化系列基础性工作的开展。以集约化为手段，以标准化为纽带，通过“三统一平”（统一构建数据环境，统一规划基础设施资源池，统一融入数据加工流水线，打通流程环节，实现业务、服务和管理信息组织的扁平化），初步完成数据、基础设施和业务应用等三类核心资源的整合。建立气象大数据在线集成与流通共享机制，营造“开放、协同、创新”的环境，推动业务的联动与融合，推动气象与社会的融合，逐步提升气象业务、服务和管理的互联化、数字化和智能化水平，为实施气象云工程、发展“智慧气象”奠定基础。

6.4.1　气象信息化发展目标

2017 年中国气象局印发《气象大数据行动计划(2017—2020 年)》《气象信息化发展规划(2018—2022 年)》，在《气象信息化行动方案(2015—2016 年)》基础上，根据新形势做出调整和延伸。《气象信息化发展规划(2018—2022 年)》明确了五年气象信息化发展目标：到 2022 年，气象数据资源开放共享程度和跨领域融合应用效益明显提高，气象信息系统集约化水平和应用协同能力显著提升，信息新技术在气象领域得到充分应用，依托智能泛在的气象信息感知网、统管共用的超算中心以及云平台、开放互联的气象大数据云平台构建的智慧气象生态体系初具规模，气象信息化治理体系趋于完备。未来五年气象信息化发展主要指标如表 6-4-1 所示。具体目标如下。

1. 气象数据更开放、更融合

通过推动气象数据开放共享和接口标准化，全面支持各类国家和行业标准，更好地融入国家统一的数据开放平台，融入国家政务信息系统，支持社会经济与行业生产。每日共享数据流量超过 1000 GB，支持 10000 人在线并发，10 亿次/天的公共气象数据访问频次。用气象大数据手段洞察民生气象需求，优化配置气象服务资源，提升公共服务水平，提高民生气象服务的在线化、便捷化、均等化水平，为人民生活提供及时的个性化气象服务，为社会生产提供专业化的气象服务，为做好防灾减灾等公共安全预警和应急处置等提供决策支持，提升政府治理能力和水平。

2. 气象服务更普惠、更高效

观测资料质量控制覆盖率达到 100%；气象观测资料总体可用率达到 98%；实现主要观测资料 1 分钟到达预报员桌面，业务系统毫秒级、社会用户秒级响应；信息系统支撑基本公共气象服务均等化，融入到国民经济各个领域和人们衣食住行之中；提高公共服务支撑，实现突发气象灾害预警信息在达到受影响地区前 10 分钟发布；气象信息实现对“一带一路”沿线港口、城市、海域和交通的全覆盖。

3. 信息系统更集约、更智能

整合基础设施资源，整合比例超过 90%，优化再造气象业务信息流，实现信息资源高效利用、流程高度集约、系统可靠运行。到 2022 年，日数据量将达到 40 TB 级别，考虑历史存量资料的存储与备份，气象部门需形成具有 100 PB 以上存储能力的共享数据存储和 9 万核的计算能力；具备 20 PFlops① 计算能力的高性能计算系统满足数值模式发展运行的需要。国家级主中心与异地备份中心之间接入线路带宽达到 2 Gbit/s，省级中心接入线路带宽达到 200 Mbit/s，满足国省信息互动和海量资料共享；实时气象观测资料 1 分钟内到达气象大数据中心，突发气象灾害预警信息发布后 10 分钟到达受影响地区。

4. 预报产品更精准、更丰富

增强高性能计算能力，提高气象预报准确率和精细化水平，实现天气预报产品时间分辨率由现有的 3 小时提高到 1 小时，空间分辨率由现有的 10 km 提升到 1 km。加快高分辨率数值预报模式的发展，实现全球数值天气预报模式分辨率由现有的 30 km 提升到 10 km，区域数值天气预报模式分辨率由现有的 5 km 提升到 1～3 km；资料综合利用率提高 50%，较传统方法

① 1 PFlops 表示每秒浮点运算次数，是衡量一个电脑计算能力的标准。

预报准确率提高10%以上，融合用户需求的针对性预报服务产品种类增加2～3倍；高时空分辨率模式生成产品后到达预报员桌面时间由60分钟缩减为10分钟。

5. 信息系统更安全、更可靠

完善信息安全管理体系，权责明确、规范有序。进一步完善中国气象局信息系统安全管理组织架构，落实相关信息安全管理制度、规范及应急响应流程。健全安全技术手段，完善被动防御能力，构建主动防御能力，信息安全等级保护制度得到全面落实，全面保障气象系统业务与信息安全，形成具有主动防御和协同管理能力的新一代气象信息安全保障技术体系。

表 6-4-1 五年气象信息化发展主要指标

指标	2015年	2022年
气象观测资料总体可用率(%)	90	98
观测资料质量控制覆盖率(%)	70	100
跨部门共享数据流量(GB/天)	600	1000
数据存储能力(PB)	<20	100
气象云计算能力(万核)	—	9
高性能计算机系统运算能力(PFlops)	<2	20
国家级主中心与异地备份中心间接入线路带宽(Mbit/s)	—	2000
省级中心接入线路带宽(Mbit/s)	36	200
气象数据服务网站访问能力——并发数	—	10000
气象数据服务网站访问能力——访问频次(亿次/天)	—	10
网格气象预报产品时间分辨率(小时)	3	1
网格气象预报产品空间分辨率(km)	10	1
高时空分辨率模式生成后到达预报员桌面时间(分钟)	60	10

气象观测资料总体可用率(C)是指根据相关观测资料质量统计办法计算出来的自动气象站、区域自动气象站、雷达等观测资料的质量。计算公式：

$$C=\frac{1}{n}\sum_{i=1}^{n}C_n \tag{6-1}$$

其中：

$$C_n=\frac{\text{通过质量检查的数据量}}{\text{应有数据量}}\times 100\% \tag{6-2}$$

观测资料质量控制覆盖率(X)计算公式：

$$X=\frac{\text{开展质量控制的观测数据种类}}{\text{全部观测数据种类}}\times 100\% \tag{6-3}$$

6.4.2 气象信息化总体布局

基于气象“专有云+公共云”，部署横向集成、纵向贯通、开放共享、标准统一的气象大数据云平台，构建“一级集约，两级部署，互联一体”(1个国家主/备气象数据中心，31个省级数据节点，公共云数据资源池)的全国气象大数据业务布局，助力智慧气象发展。气象大数据云平台国家-省级业务布局如图6-4-1所示。

气象大数据云平台软硬件系统在国家-省两级专有云部署，并在国家一级建设基于公共云的大数据平台。国家级数据中心综合考虑现有和未来的机房与存储条件，按照“物理分布存储，逻辑统一接口”的原则，科学规划国家卫星气象中心和公共气象服务中心的海量卫星、媒体数据资源，形成“1+2”布局，通过气象大数据云平台统管共享，为逐步向统一数据机房集约打下基础。在陕西西咸新区建设国家气象卫星遥感数据中心，与北京的主数据中心以高速网络互联，并逐步发展为国家级气象数据备份中心。国家级气象数据备份中心负责气象基础数据全集备份和国家级气象核心业务实时应急备份，同时“平急结合”，推动开展气象大数据的应用示范。加快、加强气象大数据的互联网布局，以目前的“数值预报云”为基础，与气象大数据云平台同架构，发展国家一级布局的公共云气象数据资源池，汇聚气象服务大数据、社会化观测资料以及智能网格预报等各类业务服务产品，与国家主/备气象数据中心一起形成国家一级的联合数据服务，向全球、全国气象部门和全社会提供气象数据服务。气象业务和公共服务的多样性以及气象融入地方大数据平台的现实需要，使得省级气象数据节点依然具有重要作用，是数据管理的权威性和数据服务的灵活敏捷性的统一。国家-省级气象大数据云平台通过统一的元数据管理体系，实现互联互通、互为备份、互为服务。

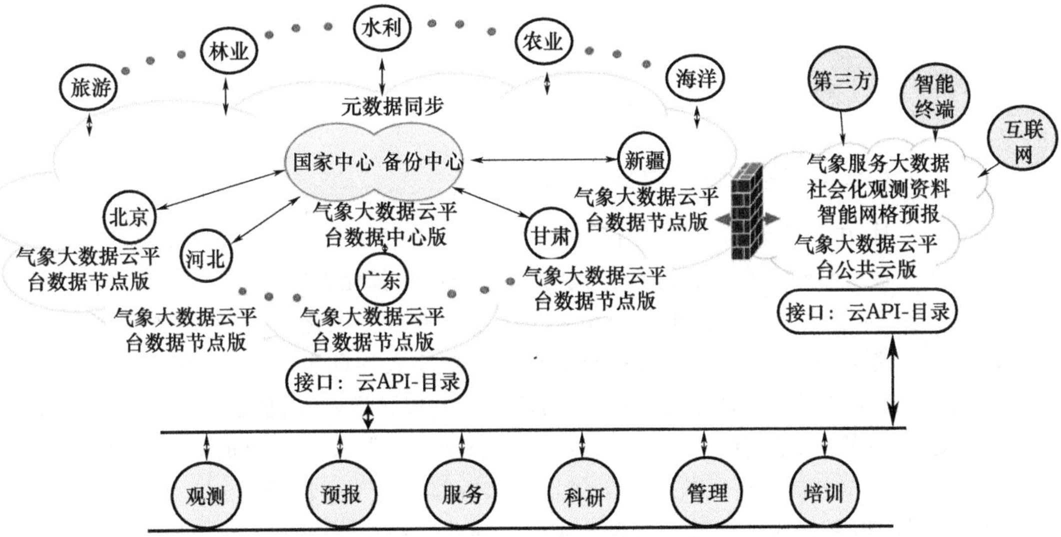

图 6-4-1　气象大数据云平台国家-省级业务布局

气象大数据云平台聚焦社会化需求，通过专有网、政务外网、互联网及物联网汇集气象观测数据；基于云计算平台，融合大数据、机器学习、人工智能等新技术改进预报服务算法；同时优化数据传输、加工、分析流程，开发满足个性化精准气象服务产品，以新技术、新业态、新模式提升预报智能化、观测网络化、管理高效化、服务便捷化的能力和水平，服务国家战略、行业发展和民生需要。各业务以气象大数据云平台为中心，构建“云+端”扁平流程并形成业务互动，将变革以往“观测-信息-预报-服务”的串行、链条式的业务关系。以气象大数据云平台为核心的“云+端”业务互动模式如图 6-4-2 所示。

气象大数据云平台由中国气象局牵头，联合省级气象部门，利用社会力量统一设计、统一开发，并加快统一部署实施，以保证数据的权威性、标准的统一性和应用的连通性。省级气象部门可开展以气象大数据应用为目标的探索性系统建设，利用新技术，遵循数据标准，对现有CIMISS进行大数据资源的整合与扩充，但不应开展数据和计算一体化，试图涵盖全方位业务的综合性大数据平台建设，也不能在没有明确应用需求的情况下开展通用型大数据平台建设，避免形成新的信息孤岛和应用烟囱。

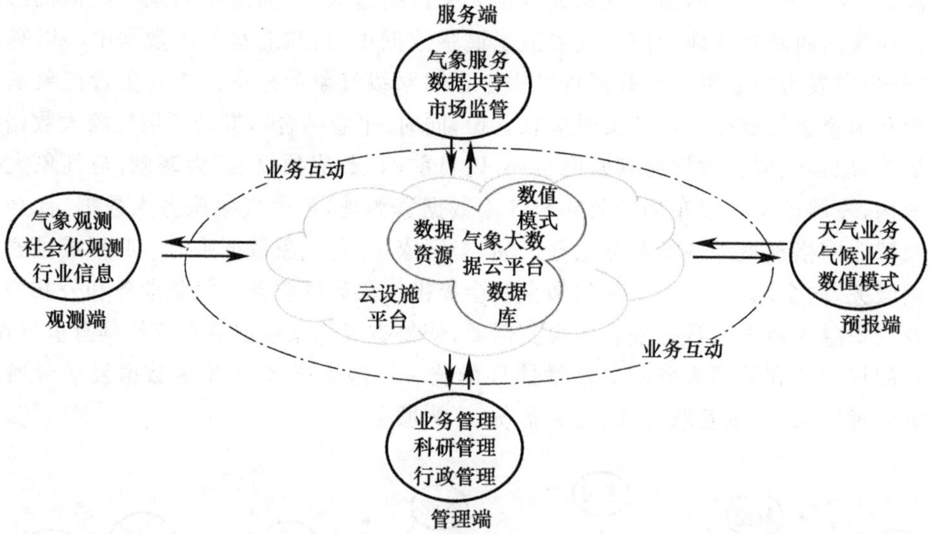

图 6-4-2　以气象大数据云平台为核心的“云+端”业务互动模式

6.4.3　未来市、县两级气象业务服务布局

2020 年 1 月，中国气象局印发《中国气象局关于推进气象业务技术体制重点改革的意见》（气发〔2020〕1 号），明确未来市、县两级气象业务服务布局优化方向。

继续强化以防灾减灾为重点的气象预警预报服务业务。细化市、县两级预警预报业务要求和业务流程，强化面向相关部门、基层政府和应急责任人的预警服务，提升以服务为导向的预报能力。市级主要开展灾害性天气监测、短临短期预报预警服务，提供对县级业务服务的技术和产品支持，统筹市、县两级声讯、网络、影视等公众气象服务。县级负责本级决策服务，在省级或市级指导下，开展责任区灾害性天气监测和短临短期预报预警服务。

着力加强因地制宜的生态与气候服务业务。强化市级生态与气候业务服务职能，市级在省级指导下，根据本地需求，开展精细化气候服务、生态气象服务、农业气象服务、人工影响天气服务、环境气象服务。县级在市级统筹和指导下，承担本地气象业务服务基础信息收集，利用上级指导产品，因地制宜开展气候、生态、农业、环境等专业气象观测和专项气象服务，开展人工影响天气作业以及上级部署的其他服务。在市、县两级推进遥感应用体系建设，开展遥感产品应用服务，协助开展产品真实性检验，并承担地基真实性检验台站建设。

优化以自动化为基础的新型观测业务。实现以自动化为主体的数据采集业务，优化观测业务布局，推进业务流程再造。市、县两级要按照质量管理体系要求开展运行，加强对观测业务运行的评估、认证和改进，确保观测系统高效稳定运行。建立省级支撑、市级主导、市县两级一体的装备保障业务体系，市级负责主要装备网络的维护保障，县级负责各类基础数据的获取、综合观测系统的运行维护、观测设备的巡视、装备网络日常维护。积极推进气象装备和信息网络的社会化保障。

建立面向业务和服务需求的基层研究型业务。以面向当地经济社会发展、满足气象业务服务需求为导向，推动市、县两级建立风格多样、各具特色的研究型业务。加强观测产品、基于影响和基于风险的预报预警产品、生态气候服务产品、服务指标等方面的开发和应用，加强智能网格预报的检验。促进科技成果转化和业务应用有机统一、协同发展。以省级为主体，组建

“市级牵头、县级参与、省级支持”的开发应用团队，建立相应管理机制和运行机制，提高市、县两级业务服务水平。加大人才培养力度，推动基层业务人员转型发展，创新基层人才考核评价激励机制。

6.5　气象信息网络业务发展规划

气象信息网络业务由气象数据业务，信息基础设施建设、运行，以及配套的标准、安全、技术和运维体系等构成。“十三五”期间，我国气象信息网络系统建设逐步向集约统筹、全面支撑气象业务方向迈进，信息化水平明显提高，数据、算力、算法支撑能力大幅提升。2021 年 12 月，中国气象局印发了《“十四五”气象信息网络业务发展规划》，规划的实施将推动气象信息网络业务高质量发展，为气象高质量发展提供动力支持、质量保障、安全后盾和效益保证。

6.5.1　气象信息网络业务发展目标

《“十四五”气象信息网络业务发展规划》提出的发展目标为：建成全球覆盖、要素完备、质量可信、开放有序的地球系统数据与分析应用体系；建成布局集约、流程简约、技术先进、安全可控的气象高性能计算、云计算与通信网络系统，建成持续聚合与共享气象公共数据和共性技术的智能化气象大数据云平台，形成气象业务与研发高度集约的“云＋端”新业态。五年气象信息网络业务发展主要指标如表 6-5-1 所示。具体目标如下。

更加集约的业务布局。建成“三地三中心”国家级绿色数据中心，国省协同打造“一朵云”，实现一个平台、一体数据、一证用户、一套标准、一致服务和公共气象数据一张图。

更加完备的数据体系。建成要素基本覆盖的地球大气、水/冰冻、陆地、生物、外太空等多圈层基础数据；更新气温、降水等百年序列；建立卫星、雷达遥感、GNSS/Met 长时序数据集；气象政务与运维大数据体系基本形成。

更高水平的数据分析。建成百米到千米级的“全球－中国－局部区域”一体化融合分析实况；发布我国第二代全球再分析产品，质量达到国际先进水平；初步构建与“真实”大气准实时同步的“数字”大气。

更加强大的算力资源。建立一级集约、峰值运算超 235 PFlops 高性能计算。国家级通用算力 20 PFlops，存储能力 500 PB，省级通用算力 1 PFlops，存储能力 5～10 PB。

更加敏捷智能的平台。升级气象大数据云平台，提供气象通用型人工智能支撑服务，实现应用为中心的敏捷数据服务；实现国省和省际的在线协同互操作。

更加畅通的数据循环。“地面＋移动互联＋卫星”数据通信网络，数据中心间骨干 20 Gbit/s以上，省-国家链路 2 Gbit/s 以上，国、省互联网出口分别超过 10 Gbit/s、2 Gbit/s，卫星数据广播能力倍增；气象信息服务中国区域无盲区，全球基本覆盖。

更加安全的防护体系。建成“数据安全、网络安全、业务安全”为一体的整体防御、智能防控的信息网络安全体系和业务备份中心。入网终端和用户的安全监管率 100%，移动办公(业务)安全应用显著提升；气象大数据云平台管理的数据全部实现安全分级和产权分类。

更加高效的运行体系。行政管理效率实现倍增，跨领域决策分析成为常态；气象智能运维效率显著提升，资源利用率明显提高，全国气象业务整体运维人力显著减少。

表 6-5-1 气象信息网络业务发展主要指标

	气象信息化指标	2020 年	2023 年	2025 年	属性
气象信息网络基础支撑能力	气象高性能计算系统运算峰值(PFlops)	9.8	~38	>200	预期性
	国家级通用算力(PFlops)	1.3	~5	20	预期性
	省级节点通用计算能力(PFlops)	<0.5	~1	~2.0	预期性
	国家级多圈层数据与海量模式存储能力(PB)	70	250	~500	预期性
	省级数据存储规模(PB):因地制宜	~1	2.5	5~10	预期性
	国家级骨干环网高速链路(Gbit/s)	1.2	5	20	约束性
	国家一省级链路(Gbit/s)	0.4	1.0	>2.0	约束性
	市县直连省级云节点链路(Mbit/s)	10~50	50~100	>200	约束性
	国家级互联网出口带宽(Gbit/s)	5	10	20	约束性
气象信息网络发展质量水平	模式可扩展性(并发万核数)	0.8	3~5	10	预期性
	绿色数据中心能效指标(PUE)	1.6	1.4	1.3	约束性
	全国气象信息集约化程度(%)	30	70	85	约束性
	主要观测数据质控与评估覆盖率(%)	65	85	100	约束性
	气象大数据管理能力成熟度模型(国标 5 级)	2	3	3~4	预期性
气象信息网络业务运行效率	主要观测资料到达桌面时效(>90%到达时间,分钟)	8	2	<1	约束性
	气象大数据云平台性能(200ms 内获取数据的成功率,%)	50	80	90	约束性
	管理效率(主要管理流程时间缩减比率,%)	—	50	100	预期性
气象信息网络安全	气象高性能计算支撑技术自主可控能力	20	40	60	预期性
	入网终端和用户的安全监管率(%)	—	80	100	约束性
气象数据业务能力	气候基本变量(ECVs)的覆盖度(%)	50	65	80	预期性
	全球融合分析网格水平分辨率(km)	25	10	5	约束性
	中国区域融合分析网格水平分辨率(km)	5	1~5	<1	预期性
	再分析时间序列长度(年)	40	40	75	约束性
	中国及周边三维大气分析分辨率(km)	13	5	<3	约束性
	人工智能应用数据集(个)	0	3	6	约束性
气象信息化发展效益	气象数据开放(GB/天)	100	300	1000	预期性
	中国气象数据用户覆盖国家(个)	71	85	100	预期性
	中国气象开放数据订阅用户增长率(%/年)	10			预期性
	气象大数据中心品牌力	国内一流,国际有影响力			预期性

注:算力与存储需求,匹配数值模式 2025 年发展时空精度需求,在现有基准上推算获得。

6.5.2 总体布局

1. 气象信息网络业务布局

“十四五”期间,气象信息网络为两级重点布局,技术上从“国省联通”的两级架构向“国省协同”的一级架构演变,建成全国气象“一朵云”,整体支撑全国各级气象业务、管理、科研、服务和现场应急。气象云由国家级主节点和省级分节点组成,如图 6-5-1 所示。

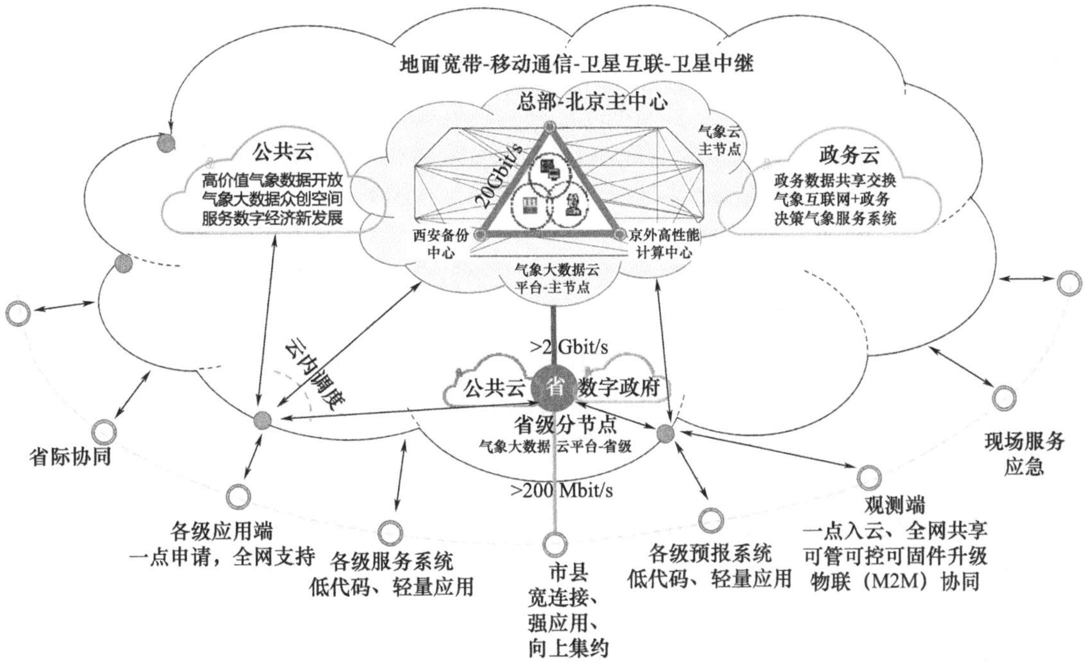

图 6-5-1　国省一体的气象大“云”与多级“端”应用协同

(1)国家级建设气象云主节点

按照绿色低碳发展要求，建成“北京主中心-西安备份中心-京外高性能计算中心”万兆互联的“三地三中心”气象云主节点。

(2)省级建设气象云分节点

统一标准建设省级节点。坚持全国统一设计和标准规范开展省级气象信息网络建设和基础设施资源扩容，建成全国一朵“云”的省级分节点，位于贴近用户的气象大云“边缘”。因地制宜建设省内主、备气象广域网，坚持效益为先，逐步推进市和县扁平接入全省一张网，减少网络层级。

按需开展数据存储管理。部署气象大数据云平台省级版本，除本省观测、预报和服务数据外，其他全国共性数据一般不保存长时间序列，按需从国家级获得服务。保留非共享数据区，其他数据默认为气象大数据云平台调度，依许可条件共享。

强化国省、省际协同。利用国家级备份中心开展本省核心业务备份。开展气象实况、数字智能预报等气象核心业务向上一级集约试点。基于气象大数据云平台调度，与国家级数据中心协同，利用全网数据产品支持，服务地方发展；畅通省际数据流动，若干省级节点可形成逻辑一体数据中心，服务区域一体化、流域气象等业务。参与算法研制、模式研发等国省协同创新。建立与国家级中心一体化的安全和运维协同。

面向市县提供平台服务。凝练省、市、县气象业务与服务的共性数据产品和算法需求，加强共享服务能力建设，支持市县业务系统向省级气象大数据云平台集约建设。避免“一市一库”“一系统一专题”等云上分散建设。加强省市县一体化应用平台建设，兼顾好集约化建设和地方特色应用。完善全省集约布局下，省-市县网络因灾中断时本地服务的应急处置和备份通信能力。

建设省级数据共享交换平台。畅通与省级数字政府链路，用好数字政府内交换共享机制，加强与各相关部门数据的交换共享，收集汇聚气象相关的行业数据。提供数据汇交入口，为社会组织和个人开展数据汇交提供支撑。

提升对外气象信息服务能力。既要利用气象公共数据开放平台等国家级统一建设的资源开展统一数据服务，也要积极发展公众媒体平台、电台广播、北斗卫星通信、5G 网络等多种技术手段，提供有效覆盖海洋、荒漠无人区等的预警预报信息服务。

(3)市县发挥“端”业务功能

向上集约建设。市和县是全国气象业务神经末梢，也是预报预测、预警服务最前沿阵地。市县信息化建设要宽连接，强应用，向上集约，开展数据的广泛收集。依托省级数据和监控平台，开展本地业务系统的集约建设，开展本地个性化监控能力建设。

计算与网络建设。市县级逐步实现扁平接入全省一张网，按需加强计算终端和网络连接能力。如非时效不足，一般应利用省级气象与数字政府通道，为“城市大脑”提供数据和产品。

加强数据收集。完善部门间数据共享机制，加强社会化观测、灾情等数据收集，引导接入气象云统一标准入口后共享使用。有条件的市县气象部门，可建设边缘计算节点，分析处理本地接入社会视频、图像和高流量传感器信息，确保隐私保护和公共安全前提下，形成气象监测要素，提供本地应用，并通过省级气象大数据云平台实现全网共享。

强化市县“端”应用。依托气象大数据云平台省级节点，按需建设市县特色应用系统，但要避免与全省一体化平台同质化重复建设。强化监测预警“端”，为基层防灾减灾、生态文明建设和重大活动(现场)保障等提供监测预警服务；强化智能观测“端”，实现与远程观测设备交互，必要时实施多观测设备协同观测。

(4)融入国家大数据中心体系

拓宽气象政务部门间数据共享，强化国家气象科学数据中心数据开放力度和权威声音，成为全国一体化大数据中心“数网”体系重要节点。畅通国省两级气象部门与国省数字政府的数据通道，通达各级“城市大脑”，融入全国一体化大数据中心“数链”体系。融入全国一体化政务服务平台和国家“互联网＋监管”系统，提高气象“互联网＋政务服务”效能。

2.气象大数据体系与管理

数据是基础性战略资源。完善新形势下的气象大数据管理体系，是气象事业高质量发展的必然要求。

(1)气象大数据体系构成

气象大数据定义。气象部门管理和使用的数据体量大、更新快、种类庞杂、价值高，具有明显的大数据特征，包括地球系统大数据、气象政务大数据和气象运维大数据，其中跨业务、跨部门、跨流程、跨系统共享的主数据是三者主要交集，包括人员、机构、地理信息、观测站网、项目等信息。

气象大数据体系构成。气象大数据资源分类分层体系如图 6-5-2 所示，三类大数据可按“数据－信息－知识－智慧”的 DIKW 层级模型组织为“基础数据－分析/预测数据－专题支撑数据－专项服务产品”，一是从数据增值视角更容易为用户理解和使用，帮助准确定位“高价值气象数据集”，二是 DIKW 模型同层级可以采用相似的技术处理方法、数据治理策略和信息技术平台。

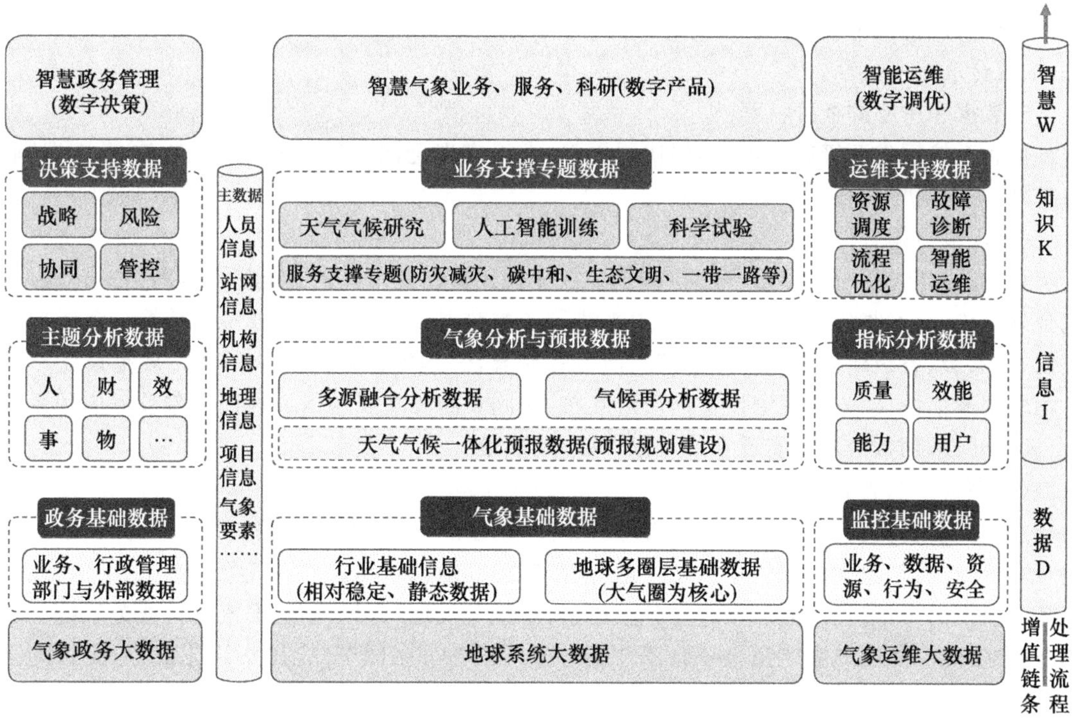

图 6-5-2　气象大数据资源分类分层体系

(2)气象大数据资源建设

数据是气象发展与创新的新型基础设施,注意标准先行,适度超前。各级气象部门都要加强部门间共享交换机制建设,开展地球大气相关圈层数据、相关行业基础信息等基础数据收集与共享;加强图像、视频和各类传感器信息的分析提取,形成气象要素共享。国家级业务单位牵头,省级部门参与,开展多源融合分析产品、全球/区域大气、陆面和大气化学再分析资料等分析数据建设;国家级业务单位建立规范,开展示范建设,各级气象部门积极作为,开展天气气候研究、人工智能训练、专项服务和综合科学试验等专题数据建设。各级气象政务管理信息系统应当在确保安全和隐私保护的情况下,加大气象政务管理数据的开放互联、汇聚分析,构建气象政务大数据。各级气象业务、政务管理系统应当纳入综合气象业务实时监控系统“天镜”的统一监控,自动汇聚形成气象运维大数据。

(3)气象大数据资源管理

气象大数据资源标识。气象部门管理的数据都赋予统一数字对象唯一标志符(MOID),遵循世界气象组织、中国气象局和相关行业标准完善气象元数据,保证气象数据来源权威和数据可信。利用知识图谱、元数据等方式构建数据标签体系,明确产权属性、应用领域、特征标注、质量指标、关联信息。通过数据标签类目体系建设,使气象大数据能确权、易发现、易理解、易使用、可管控。

气象大数据安全管理。实施数据安全分级、产权分类。从传统数据安全角度,加强数据“采集、传输、处理、存储、服务、归档、销毁”全生命周期安全防护,加强“谁使用、谁负责”安全责任要求。严格数据合法性管理,确保数据的获取与保管符合国家安全与隐私保护的法律法规;加强用户权限和数据流向监管,确保数据产权得到保护;加强标准化管理,确保不因数据标准混乱影响业务价值;加强质量管理,确保不因数据质量不佳影响应用价值和经济价值。国家和省级气象大数据云平台按照统一标准管理各类数据,并根据安全分级、各类产权和使用许可条件,依规合法有序共享。

3.数据为中心的业务流程

信息系统国省两级布局不变,但协同更强,真正实现全国气象“一朵云”,夯实“云+端”业务基础与运行机制。

(1)规范数据直传协议

各类数据实现“一点入云,全网共享”。在气象云就近接入口建立统一解码和格式转换,规范台站上传、全球收集、社会汇交的气象观测等各类数据标准。台站完成观测数据设备级质量控制,国家级、省级建立面向应用的统一质量控制算法,国家级开展质量评估。规范设备-设备物联网通信协议,支持观测设备间质量互校、协同观测等交互通信。加快气象政务应用系统“上云”,开放“用数”接口,实现在线汇聚,“赋能”决策。

(2)完善产品直算流程

大数据分析实现“云算、云存、云享”。所有“业务准入”的数据解码、质控、分析和预报算法,纳入国-省气象大数据云平台统一运行管理,提高运行效率。利用气象大数据云平台建设业务和研发的中试仿真环境,推进业务应用“云原生”,实现“低代码”建设或重构业务系统。支撑“气象实况一张图”“数字预报一张图”“基本公共服务一张图”等全国集约化业务,完善网络化数据环境,实现一点更改,全网更新。

(3)优化服务直通机制

数据服务实现“一点申请,全网支持”。气象大数据云平台向云操作系统发展,实现一次登陆,全网认证。实施网络安全分区划域,畅通国-省和省际安全通道,支持数据和有限计算资源的全网调度,服务区域共性、特色业务的区域一体化发展。各级气象部门用户在任何地方、任何时候,无需关注气象云内部调度逻辑,都可依其用户权限均等访问全网数据服务。建设业务含义丰富的气象大数据标签体系,适配气象服务的各类场景,调度元数据注册的专网和互联网数据资源,提供精准数据服务。

主要参考书目

黑马程序员,2019. 计算机组装与维护[M]. 北京:人民邮电出版社.

雷震甲,2004. 网络工程师教程[M]. 北京:清华大学出版社.

李集明,2011. 气象台站信息技术应用[M]. 北京:气象出版社.

刘勇,2016. 计算机网络基础[M]. 北京:清华大学出版社.

汤小丹,梁红兵,哲凤屏,等,2007. 计算机操作系统(第三版)[M]. 西安:西安电子科技大学出版社.

谢希仁,2017. 计算机网络(第7版)[M]. 北京:电子工业出版社.

杨静,林春茂,姜鹏,2009. 电脑组装与维护实训教程[M]. 北京:航空工业出版社.

张功萱,顾一禾,邹建伟,等,2005. 计算机组成原理[M]. 北京:清华大学出版社.

《中国气象百科全书》总编委会,2016. 中国气象百科全书·气象观测与信息网络卷[M]. 北京:气象出版社.

朱胜涛,温哲,位华,等,2020. 注册信息安全专业人员培训教材[M]. 北京:北京师范大学出版社.